数字信号处理基础
(第二版)

李亚峻　主　编

严新忠　安　阳　何　静　副主编

清華大學出版社

北　京

内容简介

本书系统地介绍了数字信号处理经典部分的基本理论、基本分析方法及其应用。理论部分主要包括离散时间信号与系统的时域分析和频域分析、*z* 变换、有限长序列及其离散傅里叶变换、快速傅里叶变换、离散时间系统的网络结构。应用部分主要包括谱分析、有限脉冲响应(IIR)与无限脉冲响应(FIR)数字滤波器的设计。基于以上内容精心安排了 4 个 MATLAB 仿真实验，实验任务结合书上例题及课后习题，并配有预习思考题。

本书注重各个知识点的内在联系，淡化了数学推导，图文并茂，条理清晰，深入浅出，适合作为高等院校电子信息类、自动化类、电气类、仪器类等专业本科生的教材，也可作为相关专业教师、研究生和工程技术人员的参考书。

图书在版编目(CIP)数据

数字信号处理基础/李亚峻主编. —2 版. —北京：清华大学出版社，2020.8(2023.9重印)
ISBN 978-7-302-56025-8

Ⅰ. ①数…　Ⅱ. ①李…　Ⅲ. ①数字信号处理　Ⅳ. ①TN911.72

中国版本图书馆 CIP 数据核字(2020)第 127069 号

责任编辑： 孟　攀
封面设计： 李　坤
责任校对： 吴春华
责任印制： 丛怀宇
出版发行： 清华大学出版社
　　网　　址： http://www.tup.com.cn, http://www.wqbook.com
　　地　　址： 北京清华大学学研大厦 A 座　　**邮　　编：** 100084
　　社 总 机： 010-83470000　　**邮　　购：** 010-62786544
　　投稿与读者服务： 010-62776969, c-service@tup.tsinghua.edu.cn
　　质量反馈： 010-62772015, zhiliang@tup.tsinghua.edu.cn
　　课件下载： http://www.tup.com.cn, 010-62791865
印 装 者： 大厂回族自治县彩虹印刷有限公司
经　　销： 全国新华书店
开　　本： 185mm×260mm　　**印　张：** 13.5　　**字　数：** 325 千字
版　　次： 2013 年 1 月第 1 版　2020 年 8 月第 2 版　　**印　次：** 2023 年 9 月第 2 次印刷
定　　价： 39.00 元

产品编号：084913-02

第二版前言

数字信号处理经典部分采用时域和频域两种方法分析各种类型的离散时间信号通过线性时不变系统的输入输出关系和系统特性，并将其应用于谱分析和数字滤波器的设计中。

本书的主要内容安排如下。

绪论部分介绍数字信号处理的基本概念、研究方向、特点、应用、涉及的理论。

第 1 章离散时间信号与系统的时域分析。介绍常用的典型序列、正弦序列的周期性、线性卷积的求解；离散系统的线性、时不变、因果、稳定性的判断；数字信号处理系统的基本组成、时域采样定理。

第 2 章离散时间信号与系统的频域分析。介绍无限长序列的离散时间傅里叶变换(DTFT)和 z 变换、z 反变换、周期序列的离散傅里叶级数(DFS)，其中时域卷积定理、DTFT 的共轭对称性和 z 变换的时移特性是 3 个重要性质；分析 z 变换收敛域与序列类型的关系，并将其用于求解 z 反变换；介绍系统的 4 种描述方式(系统函数 $H(z)$、差分方程、频率响应函数 $H(\mathrm{e}^{\mathrm{j}\omega})$、单位脉冲响应 $h(n)$)之间的转换以及如何用 $H(z)$ 的收敛域判断线性时不变系统的因果稳定性；综述傅里叶变换、z 变换、拉普拉斯变换的关系。

第 3 章有限长序列及其离散傅里叶变换(DFT)是数字信号处理理论的核心，它使得用计算机或数字信号处理器分析和处理信号成为可能。主要内容包括 DFT 与 DFS、DTFT、z 变换之间的关系；有限长序列的翻褶与循环移位、有限长共轭对称序列、DFT 的共轭对称性、有限长序列循环卷积的求解及与线性卷积的关系、用 DFT 求解循环卷积的原理；用 DFT 对信号进行谱分析。

第 4 章快速傅里叶变换(FFT)是 DFT 的快速算法，它使得用计算机或数字信号处理器分析和处理信号成为现实。本章介绍最基本的时域抽取(DIT)和频域抽取(DIF)基 2FFT 算法的原理与特点、离散傅里叶反变换的快速算法。重点掌握蝶形运算流图的画法及其计算、基 2DIT-FFT 算法的运算量与直接计算 DFT 所需的运算量。

第 5 章离散时间系统的网络结构。主要内容有网络结构与差分方程、系统函数之间的关系；二阶网络结构；IIR 系统、FIR 系统的特点及其基本网络结构。

第 6 章 IIR 数字滤波器的设计和第 7 章 FIR 数字滤波器的设计是数字信号处理经典部分的重要应用。第 6 章主要介绍脉冲响应不变法和双线性变换法，第 7 章主要介绍线性相位系统和窗函数设计法，并综述 IIR 与 FIR 的优缺点。学习的重点在于理解设计思路、设计原理和设计步骤，正确给出滤波器的设计指标。

第 8 章 MATLAB 仿真实验是学习理论知识的必要补充。实验内容包括线性卷积、循环卷积、傅里叶变换(DTFT、DFT、FFT)、谱分析、IIR 和 FIR 数字滤波器的设计。实验任务结合书上例题和课后习题，并配有基本原理和预习思考题。

附录 1 归纳总结了各种类型信号及其傅里叶变换之间的关系，并以矩形脉冲信号为例，画出了相应的波形。

附录 2 MATLAB 操作快速入门可以起到帮助初学者较快熟悉 MATLAB 操作环境的作用。

附录 3 给出了书中涉及的专业术语中英文对照表及主要符号释义。

本书主要在以下几个方面对第一版教材进行了补充、删减或修正。

(1) 在 1.1 节综述了欧拉公式的特点。欧拉公式贯穿全书的始终，各章节分别用到了它的某个特点，有的特点在不同章节重复出现。把这些特点综述在一起，便于查阅，并可精减其他章节的重复部分。

(2) 在 1.3.2 小节补充了一道例题，用差分方程描述系统，从输入输出关系判断系统的因果稳定性。

(3) 在 2.2.7 小节补充了共轭对称信号和共轭反对称信号的相角特点，并补充解释了专业术语“共轭对称”的由来。

(4) 在 2.3 节删除了周期序列 DFS 的公式推导过程，直接仿照连续周期信号的傅里叶级数公式给出周期序列的 DFS 及其反变换公式，进一步淡化数学推导。

(5) 在 2.6.2 小节用部分分式法求 z 反变换中，补充用待定系数法求部分分式系数的方法，简单实用。

(6) 在 4.2.1 小节补充了一道例题，用一次 N 点 DFT 计算 $x(n)$ 的 $2N$ 点 DFT $X(k)$，体会时域抽取基 2FFT 算法和 DFT 的共轭对称性的优越性。

(7) 在 6.2.3 小节补充介绍数字全通系统及其应用。在 7.3 节补充描述第一类线性相位理想高通、带通、带阻滤波器与全通滤波器、低通滤波器的关系。

(8) 重新编写了 8.1 节例 8-1 动态演示线性卷积求解过程的实验例程，使程序不仅适用于任意两个序列的线性卷积，而且使图中的翻褶移位、相乘、相加这几个过程的变量符号与数值实时变化，使运算过程与运算结果清晰明了。

(9) 修改了附录 2 MATLAB 操作快速入门，补充了附录 3 书中主要符号释义。

(10) 全书统稿，对部分章节编排、内容描述进行了重新调整。

本书的绪论和前 7 章可作为 32～40 学时的授课内容，第 8 章的 4 个 MALTAB 仿真实验可分别用 2 学时完成，余下的学时用于习题讲解、课堂讨论和随堂测验等。数字信号处理的先修课程是信号与系统、高等数学、复变函数与积分变换，书中有些内容(如差分方程、z 变换、留数定理、MATLAB 仿真实验)可以根据学生已有的知识基础进行适当的调整。建议用几个学时回顾信号与系统和数学中的相关知识，如连续周期信号的傅里叶级数、连续非周期信号的傅里叶变换、欧拉公式和留数定理。另外，如果学时不够，建议按以下顺序删减章节内容：4.3 节、2.7.3 小节与 5.4.4 小节、7.5 节、3.2.2 小节与 3.2.3 小节、2.2.6 小节与 2.2.7 小节。

本书是中国轻工业“十三五”规划教材。参与本次修订工作的有李亚峻(绪论和第 2、3 章，附录，习题解答)、安阳(第 1 章)、严新忠(第 4、5 章)、何静(第 6～8 章，习题解答)，张春霞(习题解答)，全书由李亚峻主编和统稿。感谢这些年来天津科技大学电子信息与自动化学院选课学生对教材的修订提出了许多可行的建议。

党的二十大首次将“推进教育数字化”写进报告中，提出了“建设全民终身学习的学习型社会、学习型大国”，这是以习近平同志为核心的党中央作出的重大战略部署，赋予了教育在全面建设社会主义现代化国家中新的使命任务，明确了教育数字化未来发展的行动纲领，具有重大意义。

我们将深入贯彻落实党的二十大精神，以习近平新时代中国特色社会主义思想为指导，坚持守正创新，着力提升自身的数字化素养和能力，积极运用人工智能、大数据等技术助学、助教、助研，不断把教育数字化推向深入。

希望此书能够对读者有所帮助，不妥之处敬请批评指正。

李亚峻

第一版前言

伴随着计算机技术、信息技术和微电子学的飞速发展，以 1965 年快速傅里叶变换(FFT)算法的提出为标志，数字信号处理理论与技术日益成熟，其应用领域不断扩大，在电子消费产品、通信系统、航空航天、生物医学、地质勘探、声呐等领域均有广泛应用。

数字信号处理经典部分采用时域和频域两种方法分析各种类型的离散时间信号通过线性时不变系统的输入输出关系和系统特性，并将其应用于谱分析和数字滤波器的设计中。它是电子信息类专业本科生必须掌握的知识。

本书是天津市教育科学“十二五”规划课题“‘数字信号处理’课程与教学改革研究”(课题批准号：HEYP6021)的研究成果。全书内容安排如下。

第 1 章离散时间信号与系统的时域分析，主要内容包括：几种典型序列及其运算、正弦序列的周期性；线性时不变系统的输入输出关系——线性卷积、用单位脉冲响应 $h(n)$ 判断线性时不变系统的因果稳定性、无限脉冲响应(IIR)系统和有限脉冲响应(FIR)系统的定义；时域采样定理。

第 2 章离散时间信号与系统的频域分析，介绍无限长序列的离散时间傅里叶变换(DTFT)和 z 变换、周期序列的离散傅里叶级数(DFS)以及三者的内在联系，其中时域卷积定理、DTFT 的共轭对称性和 z 变换的时移特性是 3 个重要性质；分析序列类型与 z 变换收敛域之间的关系，并将其用于求解 z 反变换；介绍如何用系统函数 $H(z)$ 的收敛域判断线性时不变系统的因果稳定性。

第 3 章有限长序列及其离散傅里叶变换(DFT)是数字信号处理理论的核心，它使得用计算机或数字信号处理器分析和处理信号成为可能。主要内容包括：DFT 与 DTFT、DFS、z 变换之间的关系；有限长序列的循环移位、DFT 的共轭对称性、有限长序列循环卷积的计算及与线性卷积的关系；用 DFT 对信号进行谱分析。

第 4 章快速傅里叶变换(FFT)是 DFT 的快速算法，它使得用计算机或数字信号处理器分析和处理信号成为现实。本章将介绍最基本的时域抽取和频域抽取基 2FFT 算法的原理及特点。

第 5 章离散时间系统的网络结构，主要内容有：差分方程、系统函数和网络结构之间的关系；IIR 系统和 FIR 系统的特点及其基本网络结构。

第 6 章 IIR 数字滤波器的设计和第 7 章 FIR 数字滤波器的设计是数字信号处理经典部分的重要应用。第 6 章主要介绍脉冲响应不变法和双线性变换法，第 7 章主要介绍线性相位系统和窗函数设计法。学习的重点在于理解设计思路、设计原理和设计步骤以及正确给出滤波器的设计指标。

第 8 章的仿真实验在 MATLAB 环境下实现，内容包括线性卷积、循环卷积、傅里叶变换(DTFT、DFT、FFT)、谱分析、IIR 和 FIR 数字滤波器的设计。实验任务结合书上例题及课后习题，并配有基本原理和预习思考题。

本书前 7 章可作为 32～40 学时的授课内容，第 8 章的 MALTAB 仿真实验可用 8 学时完成，余下的学时用于习题讲解、课堂讨论和随堂测验等。数字信号处理的先修课程是信

号与系统、高等数学、复变函数与积分变换，书中有些内容(如差分方程、z 变换、留数定理)可以根据学生已有的基础进行适当的调整。建议用几个学时回顾信号与系统和数学中的相关知识，如连续周期信号的傅里叶级数、连续非周期信号的傅里叶变换、欧拉公式和留数定理。另外，如果学时不够多，建议按以下顺序删减章节内容：4.3 节、3.3.2 小节、3.3.3 小节、2.2.6 小节、2.2.7 小节和 7.4 节。

数字信号处理各知识点的联系比较紧密，善于发现并牢固掌握它们的内在联系势必能够达到事半功倍的效果。例如，由于序列类型不同(无限长序列、周期序列、有限长序列)，才导致了相应的傅里叶变换公式(DTFT、DFS、DFT)有所不同。因为将无限长序列进行周期延拓可以得到周期序列，截取周期序列在一个完整周期内的值可以得到有限长序列，所以 DTFT、DFS 和 DFT 之间必然存在着确定的关系。本书淡化了数学公式的推导，更多地采用图表的形式引导大家找到各知识点的内在联系，从而更好地理解和掌握数字信号处理的基本理论和基本分析方法。

全书由李亚峻统稿。感谢严新忠、黄建民、张勇和课题组成员何静、张春霞、孔凡芝、李毅在资料搜集、例题和习题编排、MATLAB 编程、图形绘制等方面所做的大量工作。特别感谢这些年来天津科技大学电子信息与自动化学院选课学生对教材的修订提出了许多可行的建议。

希望此书能够对读者有所帮助，不妥之处敬请批评指正。

李亚峻

目　录

绪　论

0.1　信号与系统的基本概念

1. 信号及其分类

信号是信息的载体，是信息的物理表现形式，而信息是信号的具体内容。根据载体的不同，信息的表现形式有电、磁、机械、热、声、光等，如无线电信号是靠电磁波传送的。

可以用不同的载体传送相同的信息，如用语音、图形文字、肢体语言向别人表达自己的想法。在不同环境下同一个信号所携带的信息有可能不同。例如，红绿发光二极管发出的是光信号，把它们放在饮水机上，红灯传递的信息是“正在加热中”，绿灯传递的信息是“已烧开”；把它们放在十字路口就是交通红绿灯，传递的信息是红灯“停止”，绿灯“通行”。

可以从不同角度对信号进行分类，信号处理中常用的几种分类方式如下。

(1) 一维信号、二维信号、多维信号。

信号是一个变量的函数称为一维信号，是两个变量的函数称为二维信号，是多个变量的函数称为多维信号。例如，语音信号是一维的，图像信号是二维的。本书研究的是一维信号。

(2) 确定性信号、随机信号。

描述信号的基本方法是写出它的数学表达式，一般是时间的函数。确定性信号能够用确定的时间函数表示，在每个指定时刻有确定的函数值，如正弦信号。本书研究的是确定性信号。

随机信号不能用确定的时间函数表示，只能给出它的统计特性。例如，投硬币，在硬币落地之前无从知道此次投币的结果是正面朝上还是背面朝上，但是经过大量的试验次数之后，可以确定的是二者出现的概率相同。

(3) 周期信号、非周期信号。

周期信号是以一定的时间间隔周而复始、无始无终的信号。例如，以 T_0 为周期的连续周期信号 $\tilde{x}(t)$ 可以表示为

$$\tilde{x}(t+mT_0)=\tilde{x}(t) \tag{0-1}$$

式中，m 为任意整数($m\in\mathbf{Z}$)。不具有周期性的信号为非周期信号。

(4) 连续信号、离散信号、数字信号。

在所讨论的时间范围内，除了若干个不连续点之外，在任意时刻都能够给出确定函数值的信号为连续时间信号(简称连续信号)，如锯齿波、方波和图 0-1 所示的 $x(t)$。时间和幅度都连续的信号又称为模拟信号，如正弦波。本书对连续信号、模拟信号不加以区分。

在时间上是离散的，只在某些不连续的规定瞬时有确定函数值的信号为离散时间信号(简称离散信号、序列)，用 $x(n)$ 表示，$n\in\mathbf{Z}$。

如图 0-1 所示，可以通过对连续信号 $x(t)$ 等间隔采样得到离散信号 $x(n)$，即

$$x(n)=x(t)\big|_{t=nT_s} \tag{0-2}$$

式中，T_s 为采样间隔。$x(n)$ 只在 T_s 的整数倍点处有定义，在其他时刻没有定义，所以 n 只能取整数。注意，“没有定义”是指在其他时刻没有对 $x(t)$ 采样，并不表示其值为零。

离散信号尽管在时间上是离散的，但在幅度上是连续的。当 T_s 趋近于零时，离散信号逼近于连续信号。

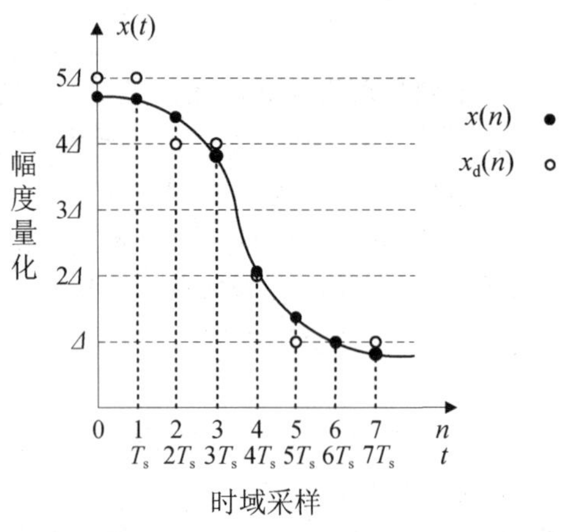

图 0-1　连续信号 $x(t)$、离散信号 $x(n)$、数字信号 $x_d(n)$ 的关系

数字信号是将离散信号各离散时间点上的幅度值归并到有限的若干个幅度电平上，并用数字表示出来。这一过程称为幅度量化，在计算机中用有限位二进制编码表示。

将图 0-1 中每个 n 时刻的 $x(n)$ 值归并到离它最近的 $\varDelta$ 的整数倍点处，得到的 $x_d(n)$ 即为数字信号，其中 $\varDelta$ 为最小量化电平，每一个 n 时刻的值均为 $\varDelta$ 的整数倍，所以数字信号在时间上和幅度上都是离散的。当 $\varDelta$ 趋近于零时，数字信号逼近于离散信号。

举例说明连续信号、离散信号与数字信号的关系。例如，流过灯管的电流本身是连续信号，每隔一段时间测得的电流值是离散信号，从数字万用表上读出来的电流值是数字信号。从数字万用表上读出来的并不是准确值，它的精度与测量仪器的精度有关，最小量化电平反映的就是精度。安培表的精度是 0.1A，毫安表的精度是 0.1mA。显然，毫安表的精度比安培表高，在测量时选择适当的挡位即可。

自然界中的实际信号非常复杂，有连续的，也有离散的，有无限长的，也有有限长的。然而，计算机或数字信号处理器只能处理离散有限长的序列。所以，当处理对象为连续信号时，需要经过采样、量化将其离散化；当处理对象为无限长序列时，需要将它截断为有限长序列。

2. 系统

系统观念是马克思主义基本原理的主要内容，强调系统是由若干个相互作用、相互依赖的事物组成的具有特定功能的整体。在信号处理领域，可以把系统理解为按照人们的要求将信号进行处理或变换的各种设备。按所处理的信号种类不同，将系统分为模拟系统(或连续系统)、离散系统和数字系统。

系统可以用软件编程实现，也可以用硬件实现。软件实现灵活，只需要改变程序中的相关参数，但是运算速度慢，一般达不到实时处理的要求，适用于进行算法研究和仿真。硬件实现的运算速度快，可以达到实时处理要求，但是不灵活。

本书研究的是离散时间信号与系统。按说既然叫数字信号处理，就应该研究数字信号与数字系统，实际上却不是这样。这是因为离散线性时不变系统的理论已经比较成熟，便于讲解。另外，从对离散信号和数字信号的定义可知二者的联系，数字信号就是对离散信号幅度量化的结果。量化等级越多，最小量化电平值越小，量化误差越小，处理精度越高，数字信号越逼近于离散信号。

0.2 数字信号处理概述

1. 数字信号处理的研究方向

数字信号处理(Digital Signal Processing，DSP)经典部分研究的是离散时间信号通过线性时不变系统的问题，用系统对含有信息的信号进行处理或变换，以获得希望的输出响应，从而达到提取信息、便于利用的目的。

当输入信号 $x(n)$、系统的单位脉冲响应 $h(n)$ 和系统的输出响应 $y(n)$ 中有两个量已知，则可以求出另一个量。由此可知，信号处理的研究方向包括 3 个方面[见表 0-1]。

(1) 已知 $x(n)$ 与 $h(n)$，求 $y(n)$，这是信号处理问题。

(2) 已知 $x(n)$ 与 $y(n)$，求 $h(n)$，这是系统设计或系统辨识问题。系统设计是指已知输入信号和希望得到的输出响应，设计一个系统实现相应的功能。系统辨识是指由输入信号和输出响应判断系统实现了什么功能，如何实现的。此时系统相当于一个黑箱，通过输入几组简单的测试信号得到输出响应，根据输入信号与输出响应的关系来辨识系统。

(3) 已知 $h(n)$ 与 $y(n)$，求 $x(n)$，这是信号的反演问题，如电子侦察。

表 0-1　信号处理的研究方向

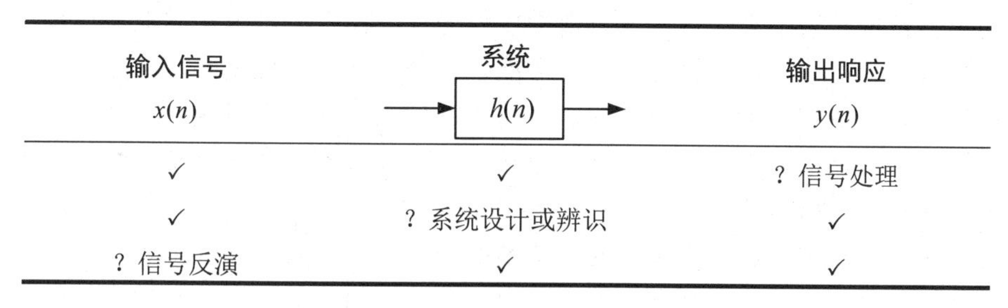

输入信号 $x(n)$	系统 $h(n)$	输出响应 $y(n)$
✓	✓	? 信号处理
✓	? 系统设计或辨识	✓
? 信号反演	✓	✓

2. 数字信号处理的特点与应用

数字信号处理理论与技术具有明显优势，使其一出现就受到了各学科领域专家们的极大关注，成为发展最快、应用最广泛、成效最显著的新学科之一。与模拟信号处理相比，数字信号处理的优势主要体现在以下几个方面。

(1) 数字信号处理用数值计算方法实现信号处理。数字信号可以存储，数字系统可以进行各种复杂的变换和运算，使其不再仅仅局限于对模拟系统的逼近，它可以实现模拟系统无法实现的诸多功能。例如，在数字信号处理中可以将信号存储起来，用延时的方法实现非因果系统，从而提高了系统的性能指标。又如，有限脉冲响应系统可以做到具有严格

的线性相位特性。

(2) 对于以数字信号处理器为核心的数字系统，通过编程很容易改变数字信号处理系统的参数，从而使系统实现各种不同的处理功能。这些参数存储在存储器中，很容易改变，体现了它的灵活性。而对于模拟系统，只有通过重新设计系统、更换元器件才能改变系统性能。

(3) 对于数字系统，只要扰动在 $\pm\Delta/2$ 范围内(Δ 为最小量化电平)，它的值就不会改变，从而提高了系统的稳定性和可靠性，尤其是在使用超大规模集成 DSP 芯片之后，使设备的体积更小、重量更轻、精度更高。而模拟系统由运算放大器、电阻、电容、电感、三极管等元器件焊接而成，器件特性会随着环境参数(如温度、湿度)的改变而变化，微小的扰动就会使器件特性曲线的形状发生改变。

(4) 数字设备具有高度的规范性，模块化设计便于大规模集成与生产，使其价格不断下降，这是 DSP 芯片和超大规模可编程器件迅速发展的主要原因之一。

当今，信息化已经成为社会发展的大趋势，信息化、数字化浪潮席卷全球、方兴未艾，创新性、渗透性、辐射带动性日益凸显，在世界范围内不断引发新的变革、创造新的机遇，使得 IT（信息技术）行业成为热门行业。习近平总书记指出："信息化为中华民族带来了千载难逢的机遇"、"世界各大国均把信息化作为国家战略重点和优先发展方向"、"当今时代，数字技术、数字经济是世界科技革命和产业变革的先机，是新一轮国际竞争重点领域，我们一定要抓住先机、抢占未来发展制高点"，他在党的二十大报告中提出构建新一代信息技术、人工智能等一批新的增长引擎，它为我国新一代信息技术产业发展指明了方向。这就要求我们必须站在把握信息时代新机遇、构筑国家竞争新优势的高度，切实增强"现代化建设、信息化先行"的责任感、使命感、紧迫感，加快推进网络强国、数字中国建设，努力抢占发展制高点、赢得战略主动权。

由于信息化是以数字化为背景的，而数字化的技术基础是数字信号处理，它的任务是由通用或专用的数字信号处理器来完成的，可想而知数字信号处理的应用非常广泛，几乎在所有的工程技术领域中都会涉及。目前数字信号处理技术已广泛应用在通信系统、遥感遥测、航空航天、雷达、模式识别、人工智能、语音处理、图像处理、故障检测、自动控制、自动化仪表、生物医学、地质勘探、声呐等领域。例如，在机械制造中，将基于快速傅里叶变换算法的频谱分析仪用于振动分析和机械故障诊断；在医学中用数字信号处理技术对心电（ECG）和脑电（EEG）等生物电信号进行分析、处理。

随着各种电子技术及计算机技术的飞速发展，数字信号处理的理论、方法和技术还在不断地丰富和完善，新理论、新技术层出不穷。对数字信号处理理论与技术的研究正朝着由简单运算向复杂运算、由低频向高频、由一维向多维的方向发展。

0.3 数字信号处理涉及的理论

与数字信号处理相关的学科领域非常广泛。用到的数学工具有高等数学、复变函数与积分变换、线性代数、随机过程等课程；它的理论基础有信号与系统、神经网络等课程；它的实现涉及计算机、DSP 技术、微电子技术、专用集成电路设计和程序设计等方面。

国际上一般把 1965 年作为数字信号处理的开端，将那一年提出的快速傅里叶变换(FFT)算法作为这门学科的标志，经过几十年的发展基本上形成了一套完整的理论体系。数字信号处理被分为经典部分和现代部分。经典部分采用时域和频域两种方法分析离散时间信号与系统，研究离散时间信号通过线性时不变系统的输入输出关系和系统特性。其理论部分主要包括无限长序列、周期序列、有限长序列的傅里叶变换，快速傅里叶变换、z 变换，线性卷积、循环卷积、共轭对称性，系统的线性时不变因果稳定性、网络结构，系统各种描述方式之间的转换等。谱分析和选频滤波器的设计是其重要应用。现代部分属于随机信号处理范畴，研究非平稳信号、非高斯信号、非线性时变系统，处理方法有自适应滤波、离散小波变换、高阶统计量、盲源分离、混沌与分形等。

由此可见，要想从事数字信号处理的理论研究和应用开发工作，需要学习的知识很多。数字信号处理是一门理论性比较强的课程，掌握它的基本原理和基本分析方法是今后学习上述专业知识和技术的奠基石。数字信号处理各知识点的联系比较紧密，善于发现并牢固掌握它们的内在联系势必能够达到事半功倍的效果。

第 1 章　离散时间信号与系统的时域分析

1.1　离散时间信号——序列

离散时间信号又称为离散信号、序列，用 $x(n)$ 表示，$-\infty < n < \infty$，$n \in \mathbf{Z}$ ($\mathbf{Z}$ 为整数)。$x(n)$ 无限长，自变量 n 只能取整数，使得离散信号与系统有不同于连续信号与系统的特性。

序列 $x(n)$ 可以通过对连续信号 $x(t)$ 等间隔采样得到，即

$$x(n) = x(t)|_{t=nT_s} = x(nT_s) \tag{1-1}$$

式中，T_s 为采样间隔，T_s 的倒数为采样频率 F_s，即

$$F_s = \frac{1}{T_s} \tag{1-2}$$

【例 1-1】 用采样间隔 $T_s = 0.1\text{ms}$ 对连续正弦信号 $x(t) = 0.9\sin 2\pi f_0 t$ 进行等间隔采样，其中信号频率 $f_0 = 1.25\text{ kHz}$。写出采样序列 $x(n)$ 的表达式，并求采样频率 F_s。

解： 连续正弦信号的角频率 $\Omega_0 = 2\pi f_0 = 2500\pi\text{ rad/s}$，周期 $T_0 = 1/f_0 = 0.8\text{ ms}$。

正弦序列 $x(n) = x(t)|_{t=nT_s} = 0.9\sin 2500\pi nT_s = 0.9\sin(\pi n/4)$。

采样频率 $F_s = 1/T_s = 10\text{ kHz}$。

如图 1-1 所示，$x(t)$ 的周期 $T_0 = 0.8$ ms，采样间隔 $T_s = 0.1$ ms，所以 $x(n)$ 相当于对 $x(t)$ 每周期等间隔采 8 个点，$x(n)$ 是以 8 为周期的周期序列。

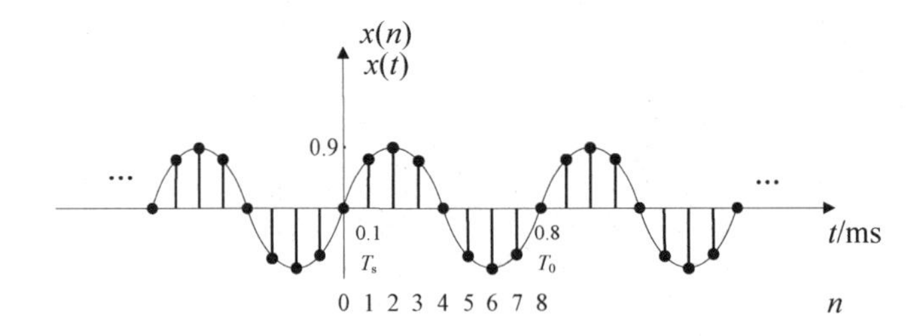

图 1-1　连续信号 $x(t)$ 的采样序列 $x(n)$

只有当采样间隔 T_s 足够小时，才能使 $x(n)$ 的包络逼近于 $x(t)$。如果在例 1-1 中取采样间隔 $T_s = 0.4$ ms，则只能采到 $x(t)$ 的过零点，此时的 $x(n)$ 不能反映 $x(t)$ 的全部信息。

例 1-1 给出了序列的两种表示方法，即数学表达式和波形。画序列的波形时，用一定长度的、顶端带黑点的竖线表示每个采样点处的值。无限长序列通常只在有限区间范围内有非零值，在其他点处其值均为零，此时只需要画出有效数据的波形和离非零值最近的左右各一个零点就可以了，表示从这两点开始向左和向右其值均为零。对于周期序列和无限长序列，在其无限延伸方向加省略号。

图 1-1 中的 $x(n)$ 在 $n<0$ 时有非零值，这样的序列称为非因果序列。在 $n<0$ 时其值均为 0，而在 $n>0$ 之后有非零值的序列称为因果序列。

下面介绍几种常用的典型序列。

1. 单位脉冲序列 $\delta(n)$

如图 1-2(a)所示，仅在 $n=0$ 时其值为 1，在其他 n 时刻其值均为零的序列称为单位脉冲序列，用 $\delta(n)$ 表示，即

$$\delta(n)=\begin{cases}1, & n=0\\ 0, & n\neq 0\end{cases} \tag{1-3}$$

将 $\delta(n)$ 右移 1 位得到 $\delta(n-1)$ [见图 1-2(b)]，右移 2 位得到 $\delta(n-2)$ [见图 1-2(c)]。由此可知，将 $\delta(n)$ 右移 m 位将得到 $\delta(n-m)$ 。

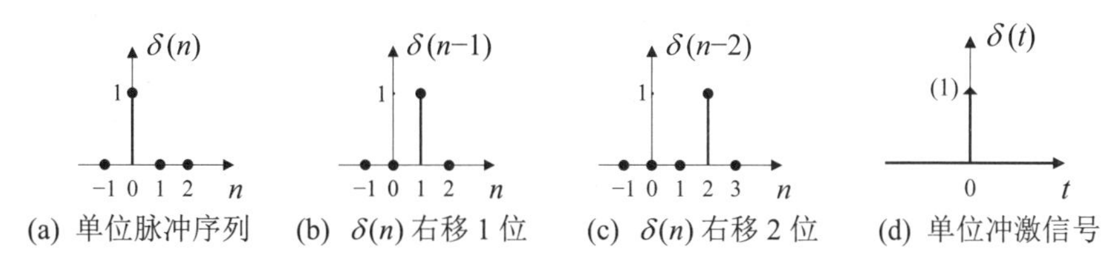

(a) 单位脉冲序列　(b) $\delta(n)$ 右移 1 位　(c) $\delta(n)$ 右移 2 位　(d) 单位冲激信号

图 1-2　单位脉冲序列及其移位、单位冲激信号

连续信号中的单位冲激信号 $\delta(t)$ 的定义为

$$\begin{cases}\delta(t)=0, & t\neq 0\text{时}\\ \int_{-\infty}^{\infty}\delta(t)\mathrm{d}t=\int_{0^-}^{0^+}\delta(t)\mathrm{d}t=1\end{cases} \tag{1-4}$$

如图 1-2(d)所示，$t\neq 0$ 时，$\delta(t)$ 均为零；$t=0$ 时，$\delta(t)$ 趋向于 ∞ ；对 $\delta(t)$ 从 $-\infty$ 到 ∞ 的积分为 1，即 $\delta(t)$ 的冲激强度为 1。

所以，$\delta(t)$ 是连续信号，t 从 $-\infty$ 到 ∞ 连续变化。而 $\delta(n)$ 是离散信号，n 只能取从 $-\infty$ 到 ∞ 范围内的整数。

2. 单位阶跃序列 $u(n)$

如图 1-3(a)所示，在 $n\geqslant 0$ 时其值均为 1、在 $n<0$ 时其值均为 0 的序列称为单位阶跃序列，用 $u(n)$ 表示，即

$$u(n)=\begin{cases}1, & n\geqslant 0\\ 0, & n<0\end{cases} \tag{1-5}$$

$u(n)$ 是因果序列，任何非因果序列 $x(n)$ 与其相乘的结果 $x(n)u(n)$ 是因果序列。$u(n)$ 可以用 $\delta(n)$ 的“移位加权和”形式表示为

$$u(n)=\delta(n)+\delta(n-1)+\cdots=\sum_{m=0}^{\infty}\delta(n-m)=\sum_{m=-\infty}^{\infty}u(m)\delta(n-m) \tag{1-6}$$

$\delta(n-m)$ 在 $m\geqslant 0$ 时的权系数 $u(m)$ 均为 1；在 $m<0$ 时的权系数 $u(m)$ 均为 0。

将 $u(n)$ 以 $n=0$ 为对称中心翻褶后左移 1 位可以得到 $u(-n-1)$，即

$$u(-n-1)=\begin{cases}1, & n\leqslant -1\\ 0, & n\geqslant 0\end{cases} \tag{1-7}$$

如图 1-3(c)所示，在 $n<0$ 时 $u(-n-1)\neq 0$，所以 $u(-n-1)$ 是非因果序列。这类在 $n>0$ 时其值均为零、在 $n<0$ 时有非零值的序列称为纯左边序列。

经常用 $u(n)$ 、$u(n-n_0)$ 、$u(-n-1)$ 的组合来表示分段序列。例如，将 $u(n)$ 右移 1 位可以得到 $u(n-1)$ ，如图 1-3(b)所示。而 $\delta(n)$ 可表示为

$$\delta(n)=u(n)-u(n-1) \tag{1-8}$$

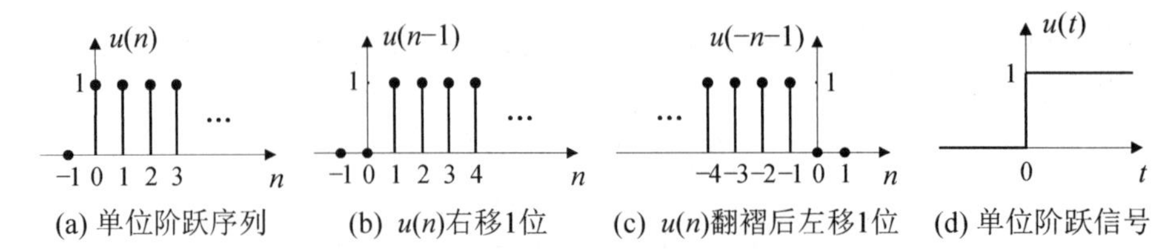

图 1-3　单位阶跃序列及其移位、单位阶跃信号

要会正确区分单位阶跃序列$u(n)$与连续信号中的单位阶跃信号$u(t)$。如图 1-3(d)所示，$u(t)$在$t>0$时其值均为 1，在$t<0$时其值均为 0，在$t=0$时无定义，即

$$u(t)=\begin{cases}1, & t>0\\ 0, & t<0\end{cases} \tag{1-9}$$

3. 矩形脉冲序列 $R_N(n)$

只在$0\leqslant n\leqslant N-1$范围内其值均为 1，在其他$n$时刻其值均为 0 的序列称为矩形脉冲序列，用$R_N(n)$表示，即

$$R_N(n)=\begin{cases}1, & 0\leqslant n\leqslant N-1\\ 0, & 其他n\end{cases} \tag{1-10}$$

其有效数据长度为N。经常用$R_N(n)$与其他序列的乘积表示有限长序列。

$R_N(n)$可以用单位脉冲序列$\delta(n)$的“移位加权和”形式表示为

$$R_N(n)=\sum_{m=0}^{N-1}\delta(n-m)=\sum_{m=-\infty}^{\infty}R_N(m)\delta(n-m) \tag{1-11}$$

$R_N(n)$还可以用单位阶跃序列$u(n)$及其移位序列$u(n-N)$的组合表示为

$$R_N(n)=u(n)-u(n-N) \tag{1-12}$$

$N=4$的矩形脉冲序列$R_4(n)$与$u(n)$、$u(n-4)$的关系如图 1-4 所示。

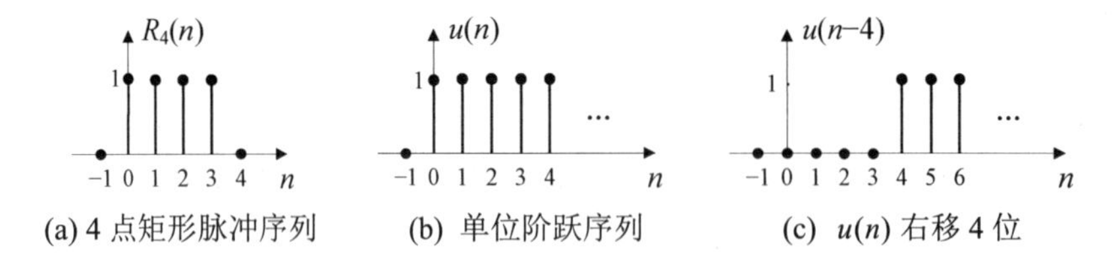

图 1-4　$R_4(n)=u(n)-u(n-4)$ 图示

$$R_4(n)=u(n)-u(n-4)=\{1,1,1,1\}\ (0\leqslant n\leqslant 3) \tag{1-13}$$

这里给出了另一种常用的序列表示方法，将序列$x(n)$的有效数据按照时间先后顺序一一列出，用逗号隔开，用大括号括起来，在其后标明n的取值范围。

4. 单边实指数序列

$$x(n)=a^n u(n)\qquad a\ 为非零实数 \tag{1-14}$$

a^n为双边实指数序列。由于$u(n)$是因果序列，所以$a^n u(n)$也是因果序列，只在$n\geqslant 0$时有非零值，在$n<0$时其值均为零，称$a^n u(n)$为单边实指数序列。

如图1-5所示，当$0<a<1$时，$a^n u(n)$单调下降，序列收敛；当$a>1$时，$a^n u(n)$单调增长，序列发散。

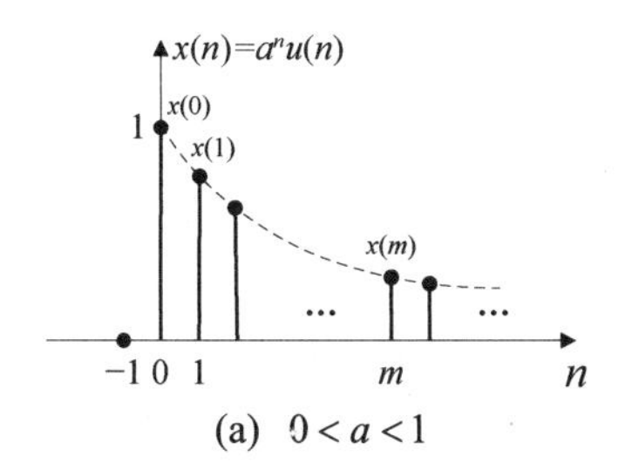

(a) $0<a<1$

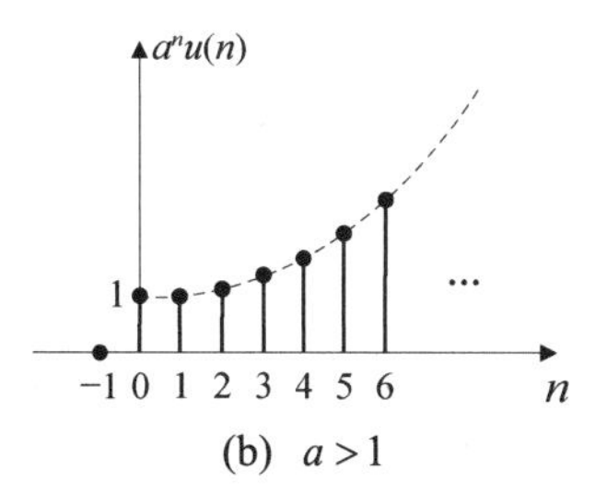

(b) $a>1$

图1-5 单边实指数序列

单边实指数序列可以用单位脉冲序列$\delta(n)$的“移位加权和”形式表示为

$$a^n u(n) = \sum_{m=0}^{\infty} a^m \delta(n-m) = \sum_{m=-\infty}^{\infty} a^m u(m)\delta(n-m) \tag{1-15}$$

5. 任意序列

由式(1-6)、式(1-11)和式(1-15)可知，任何序列$x(n)$都可以用单位脉冲序列$\delta(n)$的“移位加权和”形式表示为

$$x(n) = \sum_{m=-\infty}^{\infty} x(m)\delta(n-m) = x(n)*\delta(n) \tag{1-16}$$

其中，$x(m)\delta(n-m)$是$x(n)$在$n=m$时刻的值$x(m)$。称$x(n)*\delta(n)$为$x(n)$与$\delta(n)$的线性卷积。同理，$x(n-n_0)$也可以用$\delta(n-n_0)$的“移位加权和”形式表示为

$$x(n-n_0) = \sum_{m=-\infty}^{\infty} x(m)\delta(n-n_0-m) = x(n)*\delta(n-n_0) \tag{1-17}$$

以上两式对于简化运算非常有用。

【例1-2】 化简$u(n)*[\delta(n)-\delta(n-4)]$。

解： $u(n)*[\delta(n)-\delta(n-4)] = u(n)*\delta(n) - u(n)*\delta(n-4)$

$= u(n)-u(n-4) = R_4(n) = \{1,1,1,1\}\ (0\leqslant n\leqslant 3)$

6. 周期序列

周期序列用$\tilde{x}(n)$或$x((n))_N$表示，它是以N为周期周而复始、无始无终的序列。

周期序列可以通过对连续周期信号$\tilde{x}(t)$每k（$k\in \mathbf{Z}^+$）个周期等间隔采N个点得到，即

$$\tilde{x}(n) = \tilde{x}(n+mN) \tag{1-18}$$

式中，$n\in\mathbf{Z}$，$m\in\mathbf{Z}$，$N\in\mathbf{Z}^+$，N为$\tilde{x}(n)$的最小正周期。

例如，图1-1中的$x(n)$就是以8为周期的周期序列，它是通过对连续周期信号$x(t)=0.9\sin 2500\pi t$每周期等间隔采8个点得到的。

周期序列也可以通过将离散非周期序列$x(n)$以N为周期进行周期延拓得到，即

$$x((n))_N = \sum_{i=-\infty}^{\infty} x(n+iN) \tag{1-19}$$

例如，$x(n)=R_4(n)$是图1-4(a)所示的4点矩形脉冲序列，将$x(n)$以$N=8$为周期进行周期延拓，得到图1-6所示的周期序列$x((n))_8$。

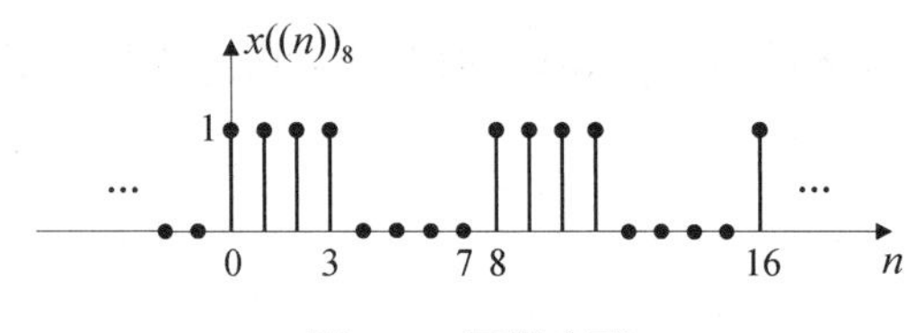

图 1-6　周期序列

7. 正弦序列

1) 正弦序列的周期性

根据序列与连续信号的关系，可以通过对连续正弦信号 $\sin\Omega t$ 等间隔采样得到离散正弦序列 $\sin\omega n$，即

$$\sin\Omega t\big|_{t=nT_s}=\sin\Omega nT_s=\sin\omega n \tag{1-20}$$

式中，Ω 为连续正弦信号的模拟角频率，ω 为离散正弦序列的数字角频率，T_s 为采样间隔。由式(1-20)可知 ω 与 Ω 的关系为

$$\omega=\Omega T_s \tag{1-21}$$

式(1-21)表明，只要正弦序列是通过对连续正弦信号等间隔采样得到的，其数字角频率 ω 与连续正弦信号的模拟角频率 Ω 就呈线性关系。

根据

$$\sin(\alpha+\beta)=\sin\alpha\cos\beta+\cos\alpha\sin\beta \tag{1-22}$$

可得 $\sin\Omega t$ 关于 Ωt、$\sin\omega n$ 关于 ωn 均以 2π 为周期，即

$$\sin(\Omega t+2\pi m)=\sin\Omega t \tag{1-23}$$

$$\sin(\omega n+2\pi m)=\sin\omega n \tag{1-24}$$

式中，$m\in\mathbf{Z}$，$n\in\mathbf{Z}$。

正弦序列 $\sin\omega n$ 与连续正弦信号 $\sin\Omega t$ 的唯一不同点是：$\sin\omega n$ 中的 n 只能取整数，而 $\sin\Omega t$ 中的 t 为连续时间变量，可以取小数。恰恰是这个唯一的不同点导致了 $\sin\omega n$ 随 ω 的变化规律与 $\sin\Omega t$ 随 Ω 的变化规律截然不同，也导致了 $\sin\omega n$ 随 n 的变化规律与 $\sin\Omega t$ 随 t 的变化规律截然不同。

(1) 以 Ω 和 ω 为变量时，

$$\sin(\Omega+2\pi m)t=\sin(\Omega t+2\pi mt)\neq\sin\Omega t \tag{1-25}$$

$$\sin(\omega+2\pi m)n=\sin(\omega n+2\pi mn)=\sin\omega n \tag{1-26}$$

式中，$m\in\mathbf{Z}$。式(1-25)表明，由于 t 是连续变量，可以取小数，所以 $mt\notin\mathbf{Z}$，不满足式(1-23)，连续正弦信号 $\sin\Omega t$ 关于变量 Ω 不具有周期性；而式(1-26)表明，由于 n 只能取整数，所以 $mn\in\mathbf{Z}$，满足式(1-24)，$\sin\omega n$ 关于变量 ω 始终以 2π 为周期。

根据欧拉公式，复指数序列 $e^{j\omega n}=\cos\omega n+j\sin\omega n$，所以 $e^{j\omega n}$ 关于变量 ω 也始终以 2π 为周期。这个结论在数字信号处理的频域分析中非常重要。将时域信号变换到频域去分析，用的是傅里叶变换，复指数序列是其重要组成部分，它使得无限长序列的离散时间傅里叶变换关于 ω 具有周期性，周期为 2π。

(2) 以 t 和 n 为变量时，

$$\sin\Omega\left(t+m\frac{2\pi}{\Omega}\right)=\sin\Omega t \tag{1-27}$$

式中，$m\in\mathbf{Z}$。显然，$\sin\Omega t$ 关于变量 t 始终以 $T_0=2\pi/\Omega$ 为周期。而要使 $\sin\omega n$ 关于变量

n 具有周期性，需要满足

$$\sin \omega(n+mN)=\sin(\omega n+m\omega N)=\sin \omega n \tag{1-28}$$

式中，$n\in\mathbf{Z}$，$m\in\mathbf{Z}$，$N\in\mathbf{Z}^+$。也就是必须使

$$\omega N=2\pi k \Rightarrow N=\frac{2\pi}{\omega}k \tag{1-29}$$

式中，$k\in\mathbf{Z}^+$。式(1-29)表明，由于 N 和 k 只能取正整数，使得某些连续正弦信号被离散后不再具有周期性，只有当 ω 是“有理数×π”的形式时，正弦序列才具有周期性，才能够找到最小正整数 k，从而求出最小正整数 N，N 即为正弦序列的周期。

【例 1-3】 判断序列 $x_1(n)=0.9\sin(\pi n/4)$ 的周期性，若是周期序列，则求出其周期 N。

解： $\omega=\pi/4$，是有理数×π 的形式，$x_1(n)$ 具有周期性。

$$N=2\pi k/\omega=8k \qquad k=1\text{时，}\quad N=8$$

所以，$x_1(n)$ 是以 8 为周期的周期序列，如图 1-1 所示。

【例 1-4】 判断序列 $x_2(n)=0.9\sin(n/4)$ 的周期性，若是周期序列，则求出其周期 N。

解： $\omega=1/4$，不是有理数×π 的形式，$x_2(n)$ 不具有周期性。

所以 $x_2(n)$ 不是周期序列。

验证如下：

$$N=2\pi k/\omega=8\pi k$$

N、k 必须为正整数，无论 k 取任何正整数，N 都是无理数，找不到最小正整数 N，所以 $x_2(n)$ 确实不是周期序列。

本书将正弦序列 $\sin\omega n$、余弦序列 $\cos\omega n$ 和复指数序列 $\mathrm{e}^{\pm \mathrm{j}\omega n}$ 统称为正弦序列，它们关于 ω、关于 n 是否具有周期性的规律相同。因为由欧拉公式可知，复指数序列可以用正余弦序列的组合表示为

$$\mathrm{e}^{\pm \mathrm{j}\omega n}=\cos\omega n\pm \mathrm{j}\sin\omega n \tag{1-30}$$

式中，j 为虚部单位；反之，正余弦序列可以用正负复指数序列的组合表示为

$$\sin\omega n=\frac{\mathrm{e}^{\mathrm{j}\omega n}-\mathrm{e}^{-\mathrm{j}\omega n}}{2\mathrm{j}} \tag{1-31}$$

$$\cos\omega n=\frac{\mathrm{e}^{\mathrm{j}\omega n}+\mathrm{e}^{-\mathrm{j}\omega n}}{2} \tag{1-32}$$

2) $\mathrm{e}^{\mathrm{j}\omega n}$ 的特点

(1) 特殊点的值。

$$\mathrm{e}^{\mathrm{j}0}=1 \tag{1-33}$$

$$\mathrm{e}^{\pm \mathrm{j}\frac{\pi}{2}}=\cos\frac{\pi}{2}\pm \mathrm{j}\sin\frac{\pi}{2}=\pm \mathrm{j} \tag{1-34}$$

$$\mathrm{e}^{\pm \mathrm{j}\pi}=\cos\pi\pm \mathrm{j}\sin\pi=-1 \tag{1-35}$$

$$\mathrm{e}^{\pm \mathrm{j}2\pi}=\cos 2\pi\pm \mathrm{j}\sin 2\pi=1 \tag{1-36}$$

(2) $\mathrm{e}^{\pm \mathrm{j}\omega n}$ 关于 ω 以 2π 为周期。

利用式(1-36)可得

$$\mathrm{e}^{\pm \mathrm{j}(\omega+2\pi m)n}=\mathrm{e}^{\pm \mathrm{j}\omega n}\mathrm{e}^{\pm \mathrm{j}2\pi mn}=\mathrm{e}^{\pm \mathrm{j}\omega n} \qquad m\in\mathbf{Z}，\ n\in\mathbf{Z} \tag{1-37}$$

(3) $\mathrm{e}^{\pm \mathrm{j}\omega n}$ 的模为 1，ω 只反映相位信息。

$$|\mathrm{e}^{\pm \mathrm{j}\omega n}|=|\cos\omega n\pm \mathrm{j}\sin\omega n|=\sqrt{\cos^2\omega n+\sin^2\omega n}=1 \tag{1-38}$$

(4) $e^{j\omega n}=(e^{-j\omega n})^*$，即

$$e^{-j\omega n}=\cos\omega n-j\sin\omega n=(\cos\omega n+j\sin\omega n)^*=(e^{j\omega n})^* \tag{1-39}$$

e的负的复指数等于e的复指数的共轭。$e^{j\omega n}$具有共轭对称性，其实部$\cos\omega n$偶对称，虚部$\sin\omega n$奇对称，模$|e^{j\omega n}|$偶对称。

(5) $\int_{-\pi}^{\pi}e^{\pm j\omega n}d\omega=2\pi\delta(n)$，即

$$\int_{-\pi}^{\pi}e^{\pm j\omega n}d\omega=\begin{cases}\int_{-\pi}^{\pi}d\omega=2\pi, & n=0\\ \int_{-\pi}^{\pi}(\cos\omega n\pm j\sin\omega n)d\omega=0, & n\neq 0\end{cases}=2\pi\delta(n) \tag{1-40}$$

其中$\cos\omega n$、$\sin\omega n$关于ω在$[-\pi,\pi]$完整周期内的积分为零。

1.2 序列的运算

序列的基本运算包括相乘、相加、抽取、插值、翻褶和移位。更复杂的运算(如线性卷积)是对它们的综合运用。

1.2.1 相乘、相加

两个序列$x_1(n)$与$x_2(n)$相乘或者相加，等于它们每个相同n时刻的序列值对应位相乘或相加，所以两个序列的长度必须相等。

一个数与一个序列相乘等于该数与序列中的每个数相乘，形成新的序列。

$\sum_{n=-\infty}^{\infty}x(n)$是将序列$x(n)$中的所有值相加，得到一个数值。

1.2.2 抽取$x(mn)$、插值$x(n/m)$

已知序列$x(n)$的波形如图1-7(d)所示，当m为正整数时，依次抽取序列$x(n)$中mn点处的值组成$x(n)$的抽取序列$x(mn)$，即每隔m点抽取$x(n)$中的一个数据，图1-7(a)所示为$x(2n)$；而在$x(n)$中n的m倍点之间插入$m-1$个零组成的序列为$x(n)$的插值序列$x(n/m)$，图1-7(b)所示为$x(n/2)$。

1.2.3 翻褶$x(-n)$

$x(n)$是无限长序列，将其以$n=0$为对称中心左右翻褶，$x(0)$的值保持不变，得到$x(n)$的翻褶序列$x(-n)$，如图1-7(f)所示。

当$x(n)$为实序列时，它能够被分解为偶对称分量$x_{re}(n)$[见图1-7(h)]与奇对称分量$x_{ro}(n)$[见图1-7(i)]之和的形式，即

$$x(n)=x_{re}(n)+x_{ro}(n) \tag{1-41}$$

其中

$$x_{re}(n)=\frac{1}{2}[x(n)+x(-n)] \tag{1-42}$$

$$x_{ro}(n)=\frac{1}{2}[x(n)-x(-n)] \tag{1-43}$$

1.2.4　移位 $x(n\pm n_0)$、翻褶移位 $x(\pm n_0-n)$

n_0 为正整数时，将序列 $x(n)$ 左移 n_0 位得到 $x(n+n_0)$，图 1-7(c)所示为 $x(n+1)$；将 $x(n)$ 右移 n_0 位得到 $x(n-n_0)$，图 1-7(e)所示为 $x(n-1)$。先将 $x(n)$ 翻褶为 $x(-n)$，然后将 $x(-n)$ 左移 n_0 位得到 $x(-n_0-n)$，将 $x(-n)$ 右移 n_0 位得到 $x(n_0-n)$，图 1-7(g)所示为 $x(1-n)$。

不必死记硬背变换后的序列相对于原序列 $x(n)$ 应该往哪边移，只需看 $x(n\pm n_0)$、$x(\pm n_0-n)$ 中的 $x(0)$ 相对于 $x(n)$ 中的 $x(0)$ 移向哪边即可。例如，n_0 为正整数，$x(n_0-n)$ 中的 $x(0)$ 值位于 $n=n_0$ 处，$n=n_0$ 在 $n=0$ 的右侧，所以 $x(n_0-n)$ 是将 $x(n)$ 翻褶为 $x(-n)$ 后再向右移 n_0 位。

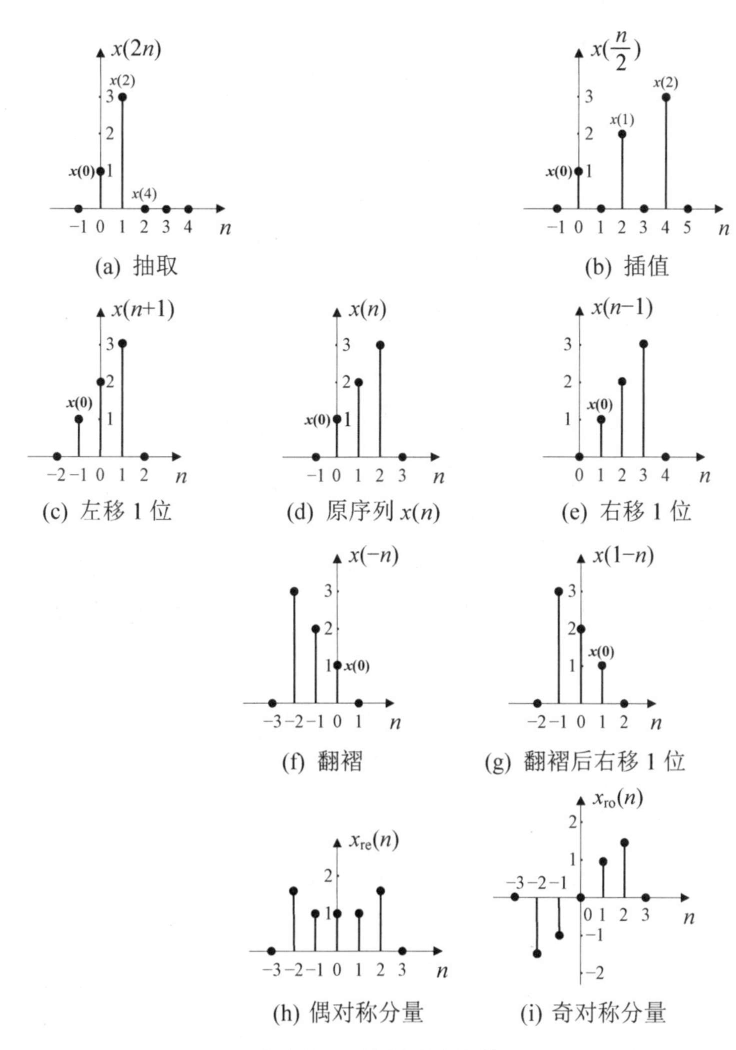

(a) 抽取　(b) 插值

(c) 左移 1 位　(d) 原序列 $x(n)$　(e) 右移 1 位

(f) 翻褶　(g) 翻褶后右移 1 位

(h) 偶对称分量　(i) 奇对称分量

图 1-7　序列的基本运算

1.2.5 线性卷积

设 $x(n)$ 、 $h(n)$ 为两个无限长序列，有

$$y(n)=\sum_{m=-\infty}^{\infty}x(m)h(n-m)=x(n)*h(n)\quad -\infty<n<\infty \tag{1-44}$$

称 $y(n)$ 为 $x(n)$ 与 $h(n)$ 的线性卷积。

线性卷积满足交换律、结合律和分配律，所以也可以用下式表示，即

$$y(n)=\sum_{m=-\infty}^{\infty}h(m)x(n-m)=h(n)*x(n)\quad -\infty<n<\infty \tag{1-45}$$

从定义出发，线性卷积的时域求解方法有两类：一类以 m 为变量，另一类以 n 为变量。下面分别详述这两类求解方法。

1. 以 m 为变量求解线性卷积

由简入繁，先来分析 $x(n)$ 、 $h(n)$ 都是因果有限长序列且在 $n=0$ 时有非零值的情况，即

$$x(n)=\begin{cases}x(n), & 0\leqslant n\leqslant M-1\\ 0, & 其他n\end{cases} \tag{1-46}$$

$$h(n)=\begin{cases}h(n), & 0\leqslant n\leqslant N-1\\ 0, & 其他n\end{cases} \tag{1-47}$$

$x(n)$ 有 M 个有效数据， $h(n)$ 有 N 个有效数据。

当 $n=n_0$ 时，由

$$y(n_0)=\sum_{m=-\infty}^{\infty}x(m)h(n_0-m) \tag{1-48}$$

可求出 $y(n_0)$ 。依次取 n ($-\infty<n<\infty$)为某一确定值，求出全部 $y(n)$ 值。可见此类求解方法是翻褶移位、相乘、相加这几种运算的综合运用。

图 1-8 描述了以 m 为变量求解线性卷积的运算过程(箭头方向代表初始序列的方向)：首先将 $x(n)$ 、 $h(n)$ 变量代换成 $x(m)$ 、 $h(m)$ ，然后将 $h(m)$ 翻褶为 $h(-m)$ 、移位到 $h(n_0-m)$ ，与序列 $x(m)$ 对应位相乘得到新序列 $x(m)h(n_0-m)$ ，将所得序列的所有值相加 $\sum\limits_{m=-\infty}^{\infty}x(m)h(n_0-m)$ 得到 $y(n_0)$ 。将 n 依次从 $-\infty$ 到 ∞ 取值，重复上述步骤，求出全部 $y(n)$ 值。

用这种方法求解线性卷积时，建议把短序列作为翻褶移位的对象。

从图 1-8 中可以看出：①在 $n<0$ 和 $n>M+N-2$ 时， $x(m)$ 与 $h(n-m)$ 没有公共非零区间，此时的 $y(n)$ 为零，所以只需要依次求出 $0\leqslant n\leqslant M+N-2$ 时的 $y(n)$ 值即可，共 $M+N-1$ 个点；②当 $x(n)$ 与 $h(n)$ 的有效区间范围分别在 $0\leqslant n\leqslant M-1$ 和 $0\leqslant n\leqslant N-1$ 时，则 $y(n)$ 的有效区间范围在 $0\leqslant n\leqslant M+N-2$ ， $y(n)$ 的左边界就是 $x(n)$ 与 $h(n)$ 的左边界之和， $y(n)$ 的右边界就是 $x(n)$ 与 $h(n)$ 的右边界之和；③ $\sum\limits_{m=-\infty}^{\infty}x(m)h(n-m)$ 是将 $x(m)$ 与 $h(n-m)$ 这两个序列在公共非零区间范围内的值对应位相乘后相加。

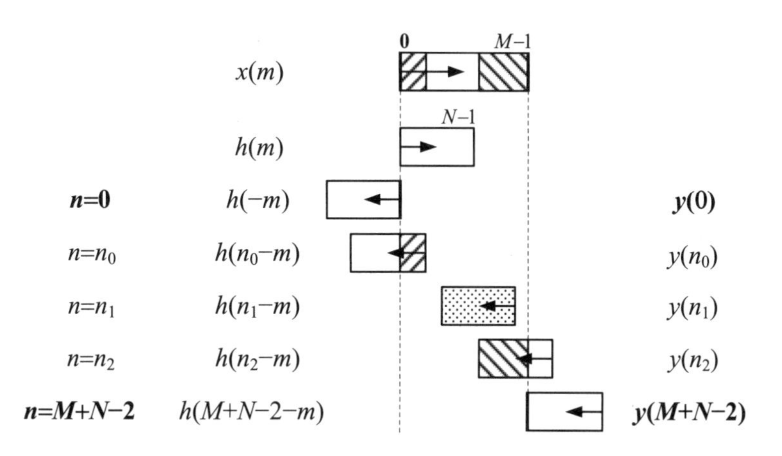

图 1-8　两个因果序列的线性卷积求解过程示意图(以 m 为变量)

图 1-8 中画出了 $x(m)$ 与 $h(n-m)$ 公共非零区间的所有可能情况。

当 $n=0$ 时，$x(m)$ 最左侧第一个非零值与 $h(-m)$ 最右侧最后一个非零值相乘，即为 $y(0)$。

当 $n=n_0$ 时，$x(m)$ 左半部分与 $h(n_0-m)$ 右半部分(图中 $x(m)$ 与 $h(n_0-m)$ 的左斜线纹理部分)对应位相乘后相加，得到 $y(n_0)$。

当 $n=n_1$ 时，$x(m)$ 与 $h(n_1-m)$ 公共非零区间范围内的值对应位相乘后相加，得到 $y(n_1)$。

当 $n=n_2$ 时，$x(m)$ 右半部分与 $h(n_2-m)$ 左半部分(图中 $x(m)$ 与 $h(n_2-m)$ 的右斜线纹理部分)对应位相乘后相加，得到 $y(n_2)$。

当 $n=M+N-2$ 时，$x(m)$ 最右侧最后一个非零值与 $h(M+N-2-m)$ 最左侧第一个非零值相乘，即为 $y(M+N-2)$。

【例 1-5】 已知 $x(n)=(n+1)R_3(n)$，$h(n)=R_4(n)+R_2(n-1)$，求 $x(n)$ 与 $h(n)$ 的线性卷积 $y(n)=x(n)*h(n)$。

解： 由 $R_N(n)$ 定义式(1-10)可知，$R_3(n)=\{1,1,1\}$ ($0\leqslant n\leqslant 2$)，$R_4(n)=\{1,1,1,1\}$ ($0\leqslant n\leqslant 3$)，$R_2(n-1)=\{1,1\}$ ($1\leqslant n\leqslant 2$)，可得 $x(n)=\{1,2,3\}$ ($0\leqslant n\leqslant 2$)，$h(n)=\{1,2,2,1\}$ ($0\leqslant n\leqslant 3$)。

$x(n)$ 比 $h(n)$ 的有效数据少，将其作为翻褶移位的对象，即用

$$y(n)=\sum_{m=-\infty}^{\infty} h(m)x(n-m)$$

求线性卷积。

(1) 图解法。

先将 $x(n)$、$h(n)$ 变量代换为 $x(m)$、$h(m)$，如图 1-9(a)、图 1-9(b)所示。

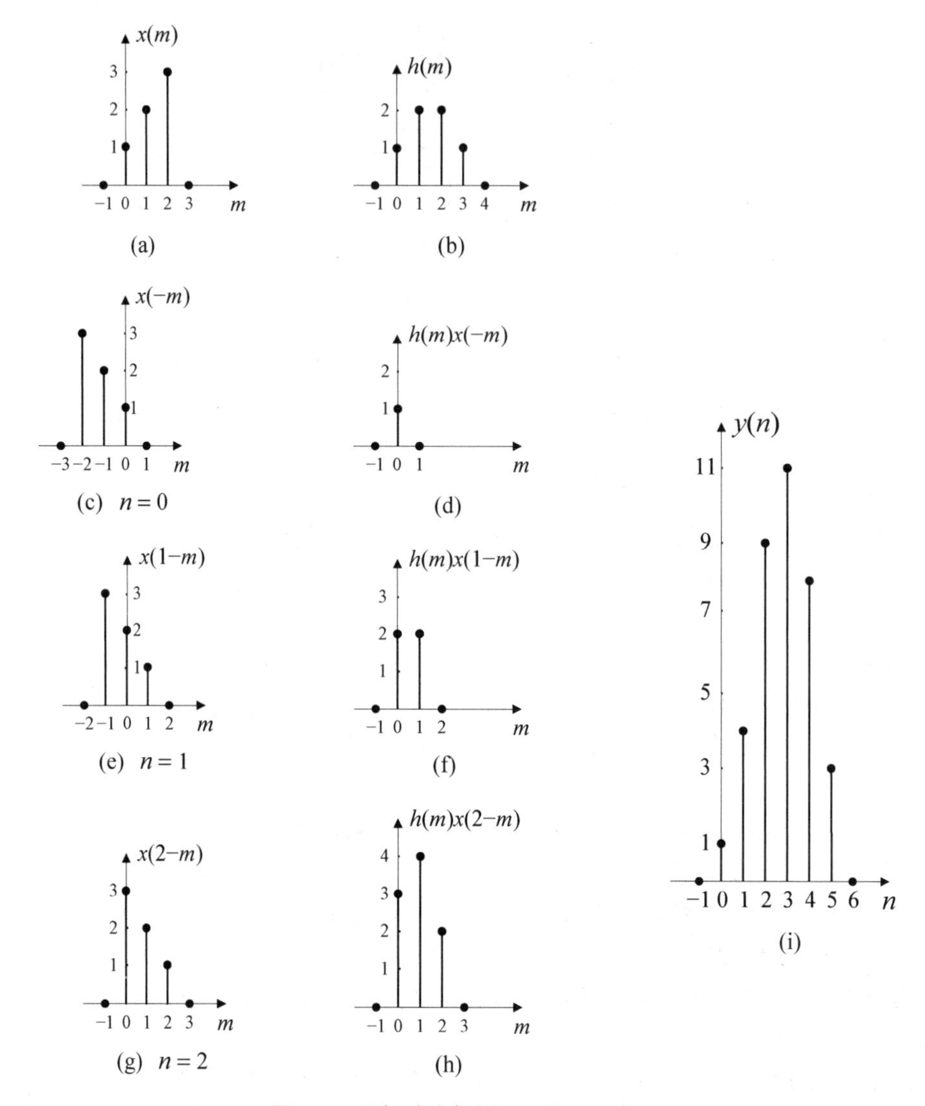

图 1-9　图解法求解例 1-5 的线性卷积

当 $n=0$ 时，如图 1-9(b)~图 1-9(d)所示，将序列 $h(m)$ 与 $x(-m)$ 对应位相乘，得到新序列 $h(m)x(-m)$，$h(m)x(-m)$ 只在 $m=0$ 时其值为 1，在其他 m 时刻其值均为 0；将序列 $h(m)x(-m)$ 的所有值相加，得到 $y(0)=1$，即图 1-9(i)在 $n=0$ 处的值。

当 $n<0$ 时，$x(n-m)$ 向左移，此时 $h(m)$ 与 $x(n-m)$ 没有公共非零区间，序列 $h(m)x(n-m)$ 的所有值均为 0，所以 $y(n)=0$。

当 $n>0$ 时，$x(n-m)$ 向右移。

当 $n=1$ 时，如图 1-9(b)、图 1-9(e)、图 1-9(f)所示，将 $h(m)$ 与 $x(1-m)$ 对应位相乘，得到新序列 $h(m)x(1-m)=\{2,2\}$ ($0\leqslant m\leqslant 1$)；将 $h(m)x(1-m)$ 的所有值相加，得到 $y(1)=2+2=4$，即图 1-9(i)在 $n=1$ 处的值。

当 $n=2$ 时，如图 1-9(b)、图 1-9(g)、图 1-9(h)所示，将 $h(m)$ 与 $x(2-m)$ 对应位相乘，得到新序列 $h(m)x(2-m)=\{3,4,2\}$ ($0\leqslant m\leqslant 2$)；将 $h(m)x(2-m)$ 的所有值相加，得到 $y(2)=3+4+2=9$，即图 1-9(i)在 $n=2$ 处的值。

依此类推，求出 $y(n)$ 的全部有效数据，如图 1-9(i)所示，$y(n)=\{1,4,9,11,8,3\}$ ($0\leqslant n\leqslant 5$)。

当 $n\geqslant 6$ 时 $y(n)=0$，因为此时 $h(m)$ 与 $x(n-m)$ 没有公共非零区间，序列 $h(m)x(n-m)$ 的所有值均为 0。

画图既耗时又占纸面，在实际做题时并不可取，可以将图中每个值用数值表示出来，采用列表法求解线性卷积。

(2) 列表法。

将序列 $h(m)$、$x(m)$ 在有效区间范围内的值列写出来，每个值的位置与自变量 m 的取值相对应。将 $x(m)$ 的翻褶移位序列 $x(n-m)$ ($0\leqslant n\leqslant M+N-2$)依次列出，$n$ 时刻的线性卷积结果 $y(n)$ ($0\leqslant n\leqslant M+N-2$)写在相应行的最右侧。例 1-5 的列表法求解过程如表 1-1 所示。

表 1-1　列表法求解例 1-5 的线性卷积(以 m 为变量)

	m	-2	-1	0	1	2	3	
	$h(m)$			**1**	**2**	**2**	**1**	
	$x(m)$			1	2	3		$y(n)$
$n=0$	$x(-m)$	3	2	**1**				1
$n=1$	$x(1-m)$		3	**2**	**1**			4
$n=2$	$x(2-m)$			**3**	**2**	**1**		9
$n=3$	$x(3-m)$				**3**	**2**	**1**	11
$n=4$	$x(4-m)$					**3**	**2**	8
$n=5$	$x(5-m)$						**3**	3

所以，$y(n)=\{1,4,9,11,8,3\}$ ($0\leqslant n\leqslant 5$)。

这种以 m 为变量求解线性卷积的方法，在 n 每取一个确定值 n_0 之后(例 1-5 中的 n_0 从 0 到 5)需要将 $h(m)$ 与翻褶移位序列 $x(n_0-m)$ 在公共非零区间范围内的值对应位相乘后相加，得到 $y(n_0)$。而表 1-1 中的公共非零区间只可能出现在 $h(m)$ 的有效区间范围内($0\leqslant m\leqslant 3$)，故在 $h(m)$ 有效数据的两端各画了一条竖线，便于快速找到公共非零区间。又由于 $x(4-m)$、$x(5-m)$ 右侧落在公共非零区间之外的数据对运算结果没有影响，所以没有列写出来。

由例 1-5 中 $x(n)$ ($0\leqslant n\leqslant 2$)、$h(n)$ ($0\leqslant n\leqslant 3$)和 $y(n)$ ($0\leqslant n\leqslant 5$)中 n 的有效区间范围可以验证 $y(n)$ 的左边界正好是 $x(n)$ 与 $h(n)$ 的左边界之和，$y(n)$ 的右边界也正好是 $x(n)$ 与 $h(n)$ 的右边界之和。$x(n)$ 的有效数据长度 $M=3$，$h(n)$ 的有效数据长度 $N=4$，则 $y(n)$ 的有效数据长度为 $M+N-1=3+4-1=6$。

上面以 m 为变量求解线性卷积的方法是在 $x(n)$ 与 $h(n)$ 均为因果有限长序列且在 $n=0$ 时有非零值的情况下给出的。当 $x(n)$ 与 $h(n)$ 为任意有限长序列时，运算过程仍然为变量代换、翻褶移位、相乘、相加，只是 n 的有效区间范围发生了相应的变化。

如图 1-10 所示，对于更一般的情况，假设 $x(n)$ 的有效区间范围在 $n_{xl}\leqslant n\leqslant n_{xu}$，$h(n)$ 的有效区间范围在 $n_{hl}\leqslant n\leqslant n_{hu}$，则 $y(n)$ 的第一个有效数据出现在 $n=n_{xl}+n_{hl}$ 处，$y(n)$ 的最后一个有效数据出现在 $n=n_{xu}+n_{hu}$ 处，即 $y(n)$ 的有效区间范围在 $n_{xl}+n_{hl}\leqslant n\leqslant n_{xu}+n_{hu}$，$y(n)$ 在其他 n 时刻的值均为零，$y(n)$ 的有效数据长度等于 $x(n)$ 与 $h(n)$ 的有效数据长度之和

减 1。表 1-2 列出了 $x(n)$、$h(n)$ 为因果序列和任意序列时 $y(n)$ 与 $x(n)$、$h(n)$ 的有效区间范围、有效数据长度的关系。

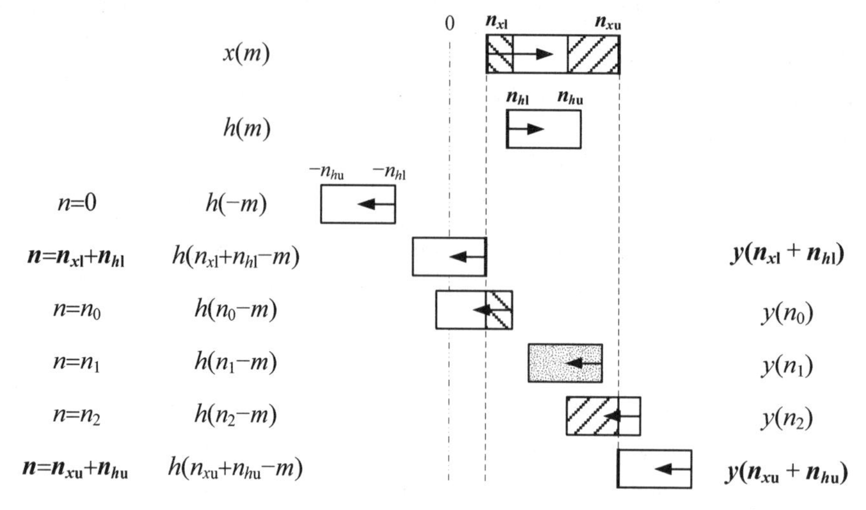

图 1-10　两个任意序列的线性卷积求解过程示意图(以 m 为变量)

表 1-2　$y(n)$ 与 $x(n)$、$h(n)$ 的有效区间范围、有效数据长度的关系

序列	$x(n)$、$h(n)$ 为因果序列		$x(n)$、$h(n)$ 为任意序列	
	n 的有效区间范围	有效数据长度	n 的有效区间范围	有效数据长度
$x(n)$	$0 \leqslant n \leqslant M-1$	M	$n_{xl} \leqslant n \leqslant n_{xu}$	$n_{xu}-n_{xl}+1$
$h(n)$	$0 \leqslant n \leqslant N-1$	N	$n_{hl} \leqslant n \leqslant n_{hu}$	$n_{hu}-n_{hl}+1$
$y(n)$	$0 \leqslant n \leqslant M+N-2$	$M+N-1$	$n_{xl}+n_{hl} \leqslant n \leqslant n_{xu}+n_{hu}$	$n_{xu}+n_{hu}-n_{xl}-n_{hl}+1$

由图 1-8 和图 1-10 可知，$y(n)$ 的第一个有效数据是 $x(m)$ 最左侧的有效数据与 $h(n-m)$ 最右侧的有效数据相乘，$y(n)$ 的最后一个有效数据是 $x(m)$ 最右侧的有效数据与 $h(n-m)$ 最左侧的有效数据相乘。当 $x(n)$ 与 $h(n)$ 的有效数据值没有任何变化，只是 n 的取值范围发生了移位时，将使 $y(n)$ 的取值范围发生相应的改变，而 $y(n)$ 的有效数据值保持不变。

因此，在用以 m 为变量的方法求两个任意序列 $x(n)$ 与 $h(n)$ 的线性卷积时，完全可以先不考虑它们的有效区间范围，只把它们当成因果序列来看待，仿照表 1-1 求出 $y(n)$ 值，最后只需将 $y(n)$ 的有效区间范围调整为 $n_{xl}+n_{hl} \leqslant n \leqslant n_{xu}+n_{hu}$ 即可。

以 m 为变量的方法，其特点是逐一求出每个 n 时刻的 $y(n)$ 值，特别适用于只求几个特殊点处的 $y(n)$ 值的场合。翻褶移位序列可以放在原序列的存储空间，这种方法占用的存储空间少。其缺点是需要对序列进行变量代换和翻褶。

另外，以 m 为变量求解线性卷积这类方法中除了图解法和列表法外，常用的还有解析法(见 2.5 节例 2-9)。这里对解析法不进行详细描述，其求解思路是：已知式(1-44)中 $x(n)$ 与 $h(n)$ 的解析表达式，确定 $x(m)$ 与 $h(n-m)$ 关于变量 m 的有效区间范围，分段讨论 n 的取值范围，找到 $x(m)$ 与 $h(n-m)$ 的公共非零区间范围，即找到式(1-44)关于 m 的求和上下限，从而求出每段 n 的取值范围内的 $y(n)$ 表达式。

2. 以 n 为变量求解线性卷积——移位加权和法

当 $x(n)$ 的有效区间范围在 $n_{xl} \leqslant n \leqslant n_{xu}$，用以 n 为变量的方法求 $x(n)$ 与 $h(n)$ 的线性卷积时，式(1-44)的求和区间范围可以缩小到权系数 $x(m)$ 的有效区间范围内 $n_{xl} \leqslant m \leqslant n_{xu}$，即

$$y(n)=\sum_{m=-\infty}^{\infty} x(m)h(n-m)=\sum_{m=n_{xl}}^{n_{xu}} x(m)h(n-m) \tag{1-49}$$

将求和项展开，有

$$y(n)=x(n_{xl})h(n-n_{xl})+x(n_{xl}+1)h(n-n_{xl}-1)+\cdots+x(n_{xu})h(n-n_{xu}) \tag{1-50}$$

可见其他 $x(m)$ 为 0 的项对 $y(n)$ 没有影响。式(1-50)指出线性卷积 $y(n)$ 是对 $h(n)$ 的"移位加权和"。其求解过程是：当 $m=n_{xl}$ 时，将 $h(n)$ 移位到 $h(n-n_{xl})$，乘以权系数 $x(n_{xl})$；当 $m=n_{xl}+1$ 时，将 $h(n)$ 移位到 $h(n-n_{xl}-1)$，乘以权系数 $x(n_{xl}+1)$； m 依次从 n_{xl} 到 n_{xu} 取值，得到 $x(m)h(n-m)$ 的全部序列；将所有序列相同 n 时刻的值对应位相加，得到 $y(n)$ ($n_{xl}+n_{hl} \leqslant n \leqslant n_{xu}+n_{hu}$)。

同理，当 $h(n)$ 的有效区间范围在 $n_{hl} \leqslant n \leqslant n_{hu}$ 时，式(1-45)的求和区间范围可以缩小到权系数 $h(m)$ 的有效区间范围内 $n_{hl} \leqslant m \leqslant n_{hu}$，有

$$y(n)=\sum_{m=-\infty}^{\infty} h(m)x(n-m)=\sum_{m=n_{hl}}^{n_{hu}} h(m)x(n-m) \tag{1-51}$$

即线性卷积 $y(n)$ 是对 $x(n)$ 的"移位加权和"。

用移位加权和法求解线性卷积时，建议把短序列作为权系数，使求和项更少、运算更简捷。

【例 1-6】 已知 $x(n)=\{1,2,3\}$ ($0 \leqslant n \leqslant 2$)， $h(n)=\{1,2,2,1\}$ ($0 \leqslant n \leqslant 3$)，求 $x(n)$ 与 $h(n)$ 的线性卷积 $y(n)=x(n)*h(n)$。

解： 由 $x(n)$ 与 $h(n)$ 的有效区间范围可知， $y(n)$ 的有效区间范围在 $0 \leqslant n \leqslant 5$。

$$\begin{aligned} y(n) &= \sum_{m=-\infty}^{\infty} x(m)h(n-m)=\sum_{m=0}^{2} x(m)h(n-m) \\ &= x(0)h(n)+x(1)h(n-1)+x(2)h(n-2)=h(n)+2h(n-1)+3h(n-2) \end{aligned}$$

例 1-6 的移位加权和法求解线性卷积的过程如表 1-3 所示。

表 1-3　移位加权和法求解例 1-6 的线性卷积(以 n 为变量)

n	0	1	2	3	4	5
$h(n)$	1	2	2	1		
$2h(n-1)$		2	4	4	2	
$3h(n-2)$			3	6	6	3
$y(n)$	1	4	9	11	8	3

所以， $y(n)=\{1,4,9,11,8,3\}$ ($0 \leqslant n \leqslant 5$)。

式(1-50)还可以用矩阵方程的形式表示为

$$
\begin{bmatrix} y(n_{xl}+n_{hl}) \\ y(n_{xl}+n_{hl}+1) \\ \vdots \\ y(n_{xu}+n_{hu}) \end{bmatrix} = \begin{bmatrix} & 0 & 0 & \cdots & 0 \\ \boldsymbol{hn}^{\mathrm{T}} & & 0 & \ddots & \vdots \\ & \boldsymbol{hn}^{\mathrm{T}} & & \ddots & \vdots \\ 0 & & \boldsymbol{hn}^{\mathrm{T}} & & 0 \\ \vdots & 0 & & \ddots & \\ \vdots & \vdots & \ddots & & \boldsymbol{hn}^{\mathrm{T}} \\ 0 & 0 & \cdots & 0 & \end{bmatrix} \begin{bmatrix} x(n_{xl}) \\ x(n_{xl}+1) \\ \vdots \\ x(n_{xu}) \end{bmatrix}
$$

$$
= [\boldsymbol{h}_0 \ \ \boldsymbol{h}_1 \ \ \boldsymbol{h}_2 \ \ \cdots \ \ \boldsymbol{h}_{M-1}] \begin{bmatrix} x(n_{xl}) \\ x(n_{xl}+1) \\ \vdots \\ x(n_{xu}) \end{bmatrix} \tag{1-52}
$$

设 $x(n)$ 与 $h(n)$ 的有效数据长度分别为 M 、 N ，其中 $M=n_{xu}-n_{xl}+1$ 、 $N=n_{hu}-n_{hl}+1$ ，则 $y(n)$ 的有效数据长度为 $M+N-1$ 。 $\boldsymbol{hn}=[h(n_{hl})\ h(n_{hl}+1)\ \cdots\ h(n_{hu})]$ 是 N 维行向量， $\boldsymbol{h}_0=[\boldsymbol{hn}\ 0\ \cdots\ 0]^{\mathrm{T}}$ 是 $M+N-1$ 维列向量，是由在 $\boldsymbol{hn}$ 后面补 $M-1$ 个 0 扩展而成。 $\boldsymbol{h}_1=[0\ \boldsymbol{hn}\ 0\ \cdots\ 0]^{\mathrm{T}}$ 相对于 $\boldsymbol{h}_0$ 下移 1 位，上面空余位置补 0。也可以将 $\boldsymbol{h}_1$ 看作对 $\boldsymbol{h}_0$ 循环下移 1 位得到，即所有的数据向下移 1 位，最下面的数据移到最上面。依此类推，第 M 列(最后一列) $\boldsymbol{h}_{M-1}$ 相对于第 1 列 $\boldsymbol{h}_0$ 循环下移了 $M-1$ 位。由 $[\boldsymbol{h}_0\ \ \boldsymbol{h}_1\ \ \boldsymbol{h}_2\ \ \cdots\ \ \boldsymbol{h}_{M-1}]$ 构成的矩阵是 $(M+N-1)\times M$ 维的。

【例 1-7】已知 $x(n)=\{1,2,3\}$ ($0\leqslant n\leqslant 2$)， $h(n)=\{1,2,2,1\}$ ($0\leqslant n\leqslant 3$)，求 $x(n)$ 与 $h(n)$ 的线性卷积 $y(n)=x(n)*h(n)$ 。

解： 由 $x(n)$ 与 $h(n)$ 的有效区间范围可知 $y(n)$ 的有效区间范围在 $0\leqslant n\leqslant 5$ 。

由 $x(n)$ 与 $h(n)$ 的有效数据长度分别为 $M=3$ 与 $N=4$ 可知， $y(n)$ 的有效数据长度为

$$M+N-1=3+4-1=6$$

用 $h(n)$ 构造 6×3 维矩阵，其中第 1 列为 $[1\ 2\ 2\ 1\ 0\ 0]^{\mathrm{T}}$ ，第 2 列与第 3 列依次通过对前一列循环下移 1 位得到，由此可得

$$
\begin{bmatrix} y(0) \\ y(1) \\ y(2) \\ y(3) \\ y(4) \\ y(5) \end{bmatrix} = \begin{bmatrix} 1 & 0 & 0 \\ 2 & 1 & 0 \\ 2 & 2 & 1 \\ 1 & 2 & 2 \\ 0 & 1 & 2 \\ 0 & 0 & 1 \end{bmatrix} \begin{bmatrix} 1 \\ 2 \\ 3 \end{bmatrix} = \begin{bmatrix} 1 \\ 4 \\ 9 \\ 11 \\ 8 \\ 3 \end{bmatrix}
$$

所以， $y(n)=\{1,4,9,11,8,3\}$ ($0\leqslant n\leqslant 5$)。

这种以 n 为变量的求解方法体现了线性卷积定义式的“移位加权和”思想，很容易理解，便于理论分析。移位加权和法的求解过程省去了以 m 为变量的求解方法中的变量代换和翻褶过程，简单实用。这种方法的缺点是占用的存储空间较大，每个移位加权序列都要占用一定的存储空间。

本节例题中的两个序列都很短，重要的是通过例题明白以 m 为变量求解线性卷积的运算过程：变量代换、翻褶移位、相乘、相加；明白以 n 为变量求解线性卷积的运算过程：移位加权和。更长序列线性卷积的求解交由计算机去完成，MATLAB 中有专门的语句实现，详见 8.1 节。

1.3　离散时间系统

数字信号处理经典部分研究的是离散时间信号通过线性时不变系统的输入输出关系和系统特性。系统具有线性、时不变性是分析问题的前提条件，因果性反映了系统的可实现性，稳定性是系统能够正常工作的条件。系统的这 4 个特性是相互独立的，要会正确判断系统的线性、时不变性、因果性和稳定性。

1.3.1　系统的线性、时不变性

系统可以被看作将输入信号变换为期望的输出响应的一种运算，记为T[·]。设输入信号 $x(n)$ 通过离散系统之后的输出响应为 $y(n)$，可用 $y(n)=\mathrm{T}[x(n)]$ 来表示，如图 1-11 所示。这种用输入输出关系描述系统的方式称为差分方程。

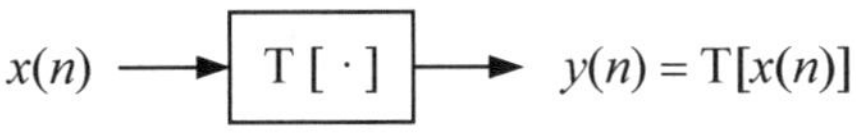

$$x(n) \longrightarrow \boxed{\mathrm{T}[\cdot]} \longrightarrow y(n)=\mathrm{T}[x(n)]$$

图 1-11　离散系统的输入输出运算关系

1. 线性系统

同时满足可加性和比例性的系统称为线性系统。

设 $x_1(n)$、$x_2(n)$ 为输入信号，它们的输出响应分别为 $\mathrm{T}[x_1(n)]$、$\mathrm{T}[x_2(n)]$。若系统满足可加性，则

$$\mathrm{T}[x_1(n)+x_2(n)]=\mathrm{T}[x_1(n)]+\mathrm{T}[x_2(n)] \tag{1-53}$$

若系统满足比例性，则

$$\mathrm{T}[ax(n)]=a\mathrm{T}[x(n)] \quad a\text{ 为常数} \tag{1-54}$$

式(1-53)表明，两个信号相加之后通过系统的输出响应等于每个信号分别通过系统之后的输出响应之和。式(1-54)表明，信号乘以常系数之后通过系统的输出响应等于信号通过系统之后的输出响应乘以常系数。

只有当式(1-53)与式(1-54)同时满足时，该系统才是线性系统。只要其中的任何一个条件不满足，则该系统都是非线性系统。可以将以上两式合二为一，写成

$$\mathrm{T}[ax_1(n)+bx_2(n)]=a\mathrm{T}[x_1(n)]+b\mathrm{T}[x_2(n)] \quad a\text{、}b\text{ 为常数} \tag{1-55}$$

若等式成立，则该系统为线性系统；否则该系统为非线性系统。

由式(1-54)可知，对于线性系统，当输入为 0 时，其输出响应必为 0。

2. 时不变系统

时不变系统是指输入发生什么样的延时，则输出响应发生相同的延时，即系统的输入输出关系不随时间的改变而改变，用公式表示为

$$\mathrm{T}[x(n-n_0)]=y(n-n_0) \quad n_0\in\mathbf{Z} \tag{1-56}$$

式(1-56)表明，若输入信号 $x(n)$ 延时 n_0 个时间单位，则输出响应 $y(n)$ 同样延时 n_0 个时间单位。不满足式(1-56)的系统称为时变系统。

同时具有线性和时不变性的系统称为线性时不变(Linear Time Invariant，LTI)系统。

【例 1-8】 判断由差分方程 $y(n)=nx(n)+x(n-1)+3$ 描述的系统是否为线性时不变系统。

解： $y(n)=\mathrm{T}[x(n)]=nx(n)+x(n-1)+3$

设 $\mathrm{T}[x_1(n)]=nx_1(n)+x_1(n-1)+3$，$\mathrm{T}[x_2(n)]=nx_2(n)+x_2(n-1)+3$

$\mathrm{T}[ax_1(n)+bx_2(n)]=n[ax_1(n)+bx_2(n)]+ax_1(n-1)+bx_2(n-1)+3$

$$a\mathrm{T}[x_1(n)]+b\mathrm{T}[x_2(n)]=a[nx_1(n)+x_1(n-1)+3]+b[nx_2(n)+x_2(n-1)+3]$$
$$=n[ax_1(n)+bx_2(n)]+ax_1(n-1)+bx_2(n-1)+3(a+b)$$

可知 $\mathrm{T}[ax_1(n)+bx_2(n)]\neq a\mathrm{T}[x_1(n)]+b\mathrm{T}[x_2(n)]$

所以该系统是非线性系统。

$\mathrm{T}[x(n-n_0)]=nx(n-n_0)+x(n-n_0-1)+3$

$y(n-n_0)=(n-n_0)x(n-n_0)+x(n-n_0-1)+3$

可知 $\mathrm{T}[x(n-n_0)]\neq y(n-n_0)$。

所以该系统是时变系统。

需要注意的是，$\mathrm{T}[x(n-n_0)]$ 与 $y(n-n_0)$ 的运算过程不同，$\mathrm{T}[x(n-n_0)]$ 是先延时、后变换，$y(n-n_0)$ 是先变换、后延时。如图 1-12 所示，$\mathrm{T}[x(n-n_0)]$ 是对 $x(n-n_0)$ 进行变换，将差分方程中与 $x(n)$ 有关的量都换成与 $x(n-n_0)$ 有关。如图 1-13 所示，$y(n-n_0)$ 是将 $y(n)$ 延时 n_0 个时间单位，也就是将差分方程中的所有 n 换成 $n-n_0$。

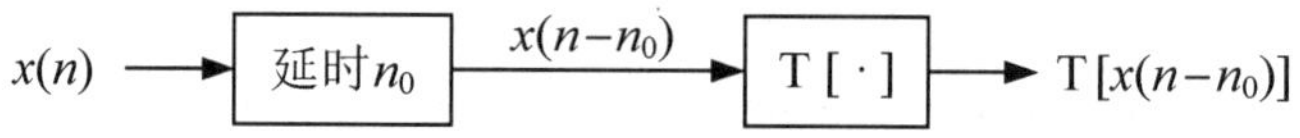

$x(n)$ → [延时n_0] → $x(n-n_0)$ → [T[·]] → $\mathrm{T}[x(n-n_0)]$

图 1-12 $\mathrm{T}[x(n-n_0)]$ 的运算过程

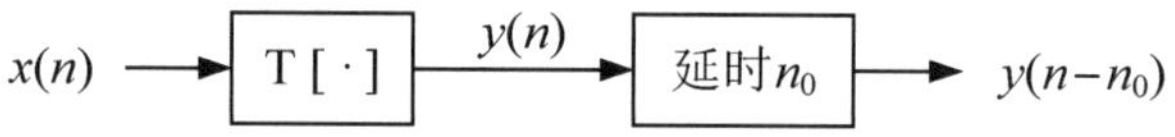

$x(n)$ → [T[·]] → $y(n)$ → [延时n_0] → $y(n-n_0)$

图 1-13 $y(n-n_0)$ 的运算过程

3. 线性时不变(LTI)系统的输入输出关系

由 1.1 节式(1-16)可知，任何序列 $x(n)$ 都可以用单位脉冲序列 $\delta(n)$ 的“移位加权和”形式表示，即

$$x(n)=\sum_{m=-\infty}^{\infty}x(m)\delta(n-m)=x(n)*\delta(n) \tag{1-57}$$

让序列 $x(n)$ 通过线性时不变系统，其输出响应为

$$y(n)=\mathrm{T}[x(n)]=\mathrm{T}\left[\sum_{m=-\infty}^{\infty}x(m)\delta(n-m)\right] \tag{1-58}$$

由于系统为线性系统，满足式(1-55)，所以

$$y(n)=\sum_{m=-\infty}^{\infty}x(m)\mathrm{T}[\delta(n-m)] \tag{1-59}$$

在这里，定义输入为单位脉冲序列 $\delta(n)$ 时的零状态响应为系统的单位脉冲响应，用 $h(n)$ 表示，即

$$T[\delta(n)] = h(n) \tag{1-60}$$

由于系统具有时不变性，满足式(1-56)，所以

$$T[\delta(n-m)] = h(n-m) \tag{1-61}$$

将其代入式(1-59)中，可得

$$y(n) = \sum_{m=-\infty}^{\infty} x(m)h(n-m) = x(n) * h(n) \tag{1-62}$$

可见输入信号 $x(n)$ 通过线性时不变系统之后的输出响应 $y(n)$ 是 $x(n)$ 与系统单位脉冲响应 $h(n)$ 的线性卷积。既然 $x(n)$ 代表输入信号、$y(n)$ 代表输出响应，那么 $h(n)$ 反映的就是系统特性，通常将 $h(n)$ 写在矩形框内代表系统，如图 1-14 所示。

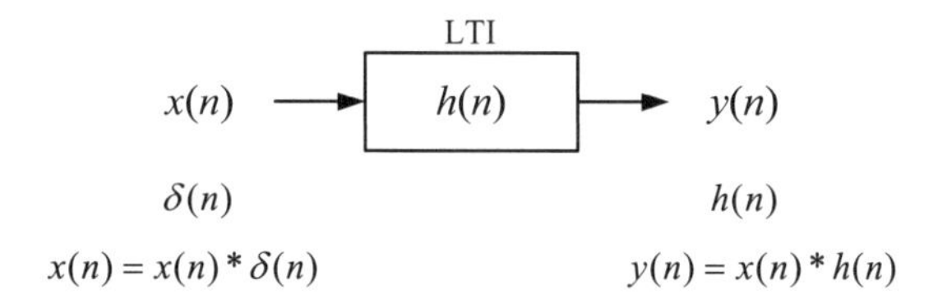

图 1-14　离散线性时不变系统的输入输出关系

通过比较式(1-57)和式(1-62)可知，输入信号 $x(n)$ 可以表示为 $x(n)$ 与 $\delta(n)$ 的线性卷积，则 $x(n)$ 通过线性时不变系统之后的输出响应 $y(n)$ 可以表示为 $x(n)$ 与 $h(n)$ 的线性卷积。因此，对于线性时不变系统，只需要求出 $\delta(n)$ 通过该系统的零状态响应 $h(n)$，然后在输出端将 $x(n)$ 与 $h(n)$ 进行线性卷积，即可得到 $y(n)$。

需要强调的是，“输出响应 $y(n)$ 是输入信号 $x(n)$ 与系统单位脉冲响应 $h(n)$ 的线性卷积”这一重要结论的前提条件是系统必须具有线性时不变性。

1.3.2　系统的因果、稳定性

1. 因果系统

从输入输出关系来看，因果系统是指系统 n 时刻的输出只取决于 n 时刻及 n 时刻以前的输入，而与 n 时刻以后的输入无关，即

$$y(n) = \sum_{m=0}^{M} b_m x(n-m) \quad M \in \mathbf{Z}^+ \tag{1-63}$$

如果系统 n 时刻的输出还取决于 n 时刻以后的输入，在时间上违背了因果性，系统无法实现，则该系统为非因果系统。可见，系统的因果性反映了系统的可实现性。例如，$y(n) = x(n) + x(n+1)$ 为非因果系统。

系统具有线性时不变性是对数字信号处理经典部分进行研究的前提条件。从系统特性来看，LTI 系统是因果系统的充要条件为

$$n < 0 \text{ 时}，\quad h(n) = 0 \tag{1-64}$$

我们只通过对其充分性的证明来理解记忆这一结论。已知 $n<0$ 时，$h(n)=0$，证明 $y(n)$ 只与 $x(n)$ 及 $x(n)$ 以前时刻的值有关。

证明：LTI 系统的输入输出关系为

$$y(n)=x(n)*h(n)=\sum_{m=-\infty}^{\infty}x(m)h(n-m)$$

已知 $n<0$ 时，$h(n)=0$，所以 $n-m<0$ 时，$h(n-m)=0$。也就是说，只有当 $m\leqslant n$ 时，$h(n-m)$ 才有非零值，则上式的求和区间范围可以缩小为

$$y(n)=\sum_{m=-\infty}^{n}x(m)h(n-m)$$

此时输入信号 $x(m)$ 的值均为 n 时刻及 n 时刻以前的值，与因果系统的定义式(1-63)相符。

2. 稳定系统

从输入输出关系来看，稳定系统是指系统的有界输入产生有界输出，即

$$|x(n)|\leqslant C_x<\infty\Rightarrow|y(n)|<\infty\quad C_x\text{为常数}\tag{1-65}$$

从系统特性来看，LTI 系统是稳定系统的充要条件是 $h(n)$ 绝对可和，即

$$\sum_{n=-\infty}^{\infty}|h(n)|=C_h<\infty\quad C_h\text{为常数}\tag{1-66}$$

我们也是只通过对其充分性的证明来理解记忆这一结论。已知 $|x(n)|\leqslant C_x<\infty$，$\sum\limits_{n=-\infty}^{\infty}|h(n)|=C_h<\infty$，证明输出响应 $y(n)$ 有界。

证明：LTI 系统的输入输出关系为

$$y(n)=h(n)*x(n)=\sum_{m=-\infty}^{\infty}h(m)x(n-m)$$

将等号两端取绝对值，采用放缩法，可得

$$|y(n)|=\left|\sum_{m=-\infty}^{\infty}h(m)x(n-m)\right|\leqslant\sum_{m=-\infty}^{\infty}|h(m)||x(n-m)|\leqslant C_x\sum_{m=-\infty}^{\infty}|h(m)|=C_xC_h<\infty$$

输出有界，与稳定系统的定义式(1-65)相符。

只有当系统具有线性时不变性时，才能够用“$n<0$ 时，$h(n)=0$”和“$h(n)$ 绝对可和”这两个条件判断系统的因果稳定性；否则只能从系统的输入输出关系来判断。

【例 1-9】 判断由差分方程 $y(n)=nx(n)+x(n-1)+3$ 描述的系统是否为因果稳定系统。

解： $y(n)$ 只与 $x(n)$ 及其前一时刻的输入 $x(n-1)$ 有关，与 n 时刻以后的输入无关，该系统是因果系统。

$|x(n)|\leqslant C_x<\infty$ 时，$|y(n)|=|nx(n)+x(n-1)+3|\leqslant(|n|+1)C_x+3$。

当 $|n|\to\infty$ 时，$|y(n)|\to\infty$，该系统是不稳定系统。

【例 1-10】 已知 LTI 系统的单位脉冲响应 $h(n)=a^nu(n)$，其中 a 为非零实数，讨论该系统的因果稳定性。

解： 由 $u(n)$ 定义式(1-5)可知，$n<0$ 时，$u(n)=0$，所以 $h(n)=0$，该系统是因果系统。

$$\sum_{n=-\infty}^{\infty}|h(n)|=\sum_{n=-\infty}^{\infty}|a^nu(n)|=\sum_{n=0}^{\infty}|a|^n=\begin{cases}\dfrac{1}{1-|a|}, & 0<|a|<1\\ \infty, & |a|\geqslant 1\end{cases}$$

所以，当 $0<|a|<1$ 时，系统稳定；当 $|a|\geqslant 1$ 时，系统不稳定。

【例 1-11】 已知 LTI 系统的单位脉冲响应 $h(n)=-a^nu(-n-1)$，其中 a 为非零实数，讨论该系统的因果稳定性。

解： 由$u(-n-1)$定义式(1-7)可知，$n<0$时，$u(-n-1)=1$，所以$h(n)=-a^n\neq 0$，该系统是非因果系统。

$$\sum_{n=-\infty}^{\infty}|h(n)|=\sum_{n=-\infty}^{\infty}|-a^n u(-n-1)|=\sum_{n=-\infty}^{-1}|a|^n \xlongequal{m=-n} \sum_{m=1}^{\infty}|a|^{-m}$$

$$=\begin{cases}\dfrac{|a|^{-1}}{1-|a|^{-1}}, & |a|^{-1}<1\\ \infty, & |a|^{-1}\geqslant 1\end{cases}=\begin{cases}\dfrac{1}{|a|-1}, & |a|>1\\ \infty, & 0<|a|\leqslant 1\end{cases}$$

所以，当$|a|>1$时，系统稳定；当$0<|a|\leqslant 1$时，系统不稳定。

在例 1-10 和例 1-11 中用到了无穷项等比级数求和公式，即

$$|q|<1\text{时，}\sum_{n=n_1}^{\infty}q^n=\frac{q^{n_1}}{1-q} \tag{1-67}$$

公比为q，首项为q^{n_1}。当$|q|<1$时，级数收敛。

1.4　N阶线性常系数差分方程

离散系统的输入输出关系可以用差分方程描述。N阶线性常系数差分方程为

$$y(n)=\sum_{m=0}^{M}b_m x(n-m)-\sum_{k=1}^{N}a_k y(n-k)\quad b_m\text{、}a_k\text{为常数} \tag{1-68}$$

差分方程的阶数是$y(n-k)$中变量k的最大值与最小值之差，式(1-68)中的$0\leqslant k\leqslant N$，所以该差分方程的阶数为N阶。线性是指各$y(n-k)$、$x(n-m)$项都只有一次幂，且不存在它们的乘积项。常系数是指系数b_m、a_k均为常数。

当a_k($1\leqslant k\leqslant N$)有非零值时，输出响应$y(n)$不仅与输入信号有关，而且与n时刻以前的输出响应有关，这类系统称为无限脉冲响应(Infinite Impulse Response，IIR)系统。IIR系统的单位脉冲响应$h(n)$为无限长序列。

当a_k($1\leqslant k\leqslant N$)全为零时，输出响应$y(n)$只与输入信号有关，与n时刻以前的输出响应无关，这类系统称为有限脉冲响应(Finite Impulse Response，FIR)系统，写成

$$y(n)=\sum_{m=0}^{M}b_m x(n-m) \tag{1-69}$$

FIR 系统的单位脉冲响应$h(n)$为有限长序列。

求解线性常系数差分方程的方法有时域方法和z变换法。z变换法利用了z变换的时移特性，将差分方程变成代数运算的形式，实际使用简便有效。时域方法包括以下 3 种。

(1) 经典解法。该方法需要分别求出差分方程的通解和特解，然后代入初始条件求出待定系数。求解过程比较麻烦，不适于解决实际问题。

(2) 递推迭代法。该方法将输入信号和初始条件代入差分方程中，通过递推迭代求解，找序列的通项公式。该方法简单，但只能得到数值解，且阶次较高的差分方程不易得到封闭解，不容易写出它的通项公式。在 MATLAB 中有现成的语句实现递推迭代求解单位脉冲响应$h(n)$和系统的输出响应$y(n)$，见 8.1 节。

(3) 卷积法。该方法只适用于 LTI 系统，当输入信号$x(n)$为任意序列时，其输出响应

$y(n)=x(n)*h(n)$。特别地，当输入 $x(n)=\delta(n)$、系统的初始状态为零时，其输出响应 $y(n)=h(n)$，因为 $h(n)=\delta(n)*h(n)$。

这里只以例题的形式介绍如何用递推迭代法求解系统的单位脉冲响应 $h(n)$。

【例 1-12】 已知 LTI 系统用差分方程描述为

$$y(n)=x(n)+ay(n-1)$$

式中，a 为非零实数。输入信号 $x(n)=\delta(n)$，初始条件 $y(-1)=0$，求系统的输出响应 $y(n)$。

单位脉冲响应 $h(n)$ 是单位脉冲序列 $\delta(n)$ 通过 LTI 系统的零状态响应，即

$$x(n)=\delta(n)\text{时},\quad y(n)=h(n),\quad y(-1)=h(-1)=0$$

所以，这道题可以用另一种方式描述：已知 LTI 系统 $y(n)=x(n)+ay(n-1)$，求其单位脉冲响应 $h(n)$。

解： $h(n)=\delta(n)+ah(n-1)$

$n\leqslant -1$ 时，$\delta(n)=0$，$h(-1)=0$，$h(n-1)=[h(n)-\delta(n)]/a=h(n)/a$，所以 $h(n)=0$

$n=0$ 时，$\delta(0)=1$，$h(-1)=0$，$h(0)=\delta(0)+ah(-1)=\delta(0)=1$

$n\geqslant 1$ 时，$\delta(n)=0$，依次递推迭代求解 $h(n)=ah(n-1)$

$n=1$ 时，$h(1)=ah(0)=a$

$n=2$ 时，$h(2)=ah(1)=a^2$

$\vdots$

n 时，$h(n)=ah(n-1)=a^n$

所以系统的单位脉冲响应为

$$h(n)=\begin{cases}0, & n<0\\ a^n, & n\geqslant 0\end{cases}=a^n u(n)$$

由 1.3.2 小节例 1-10 可知，该系统是因果系统。当 $0<|a|<1$ 时，系统稳定。由式(1-68)可知该系统为无限脉冲响应(IIR)系统，而单位脉冲响应 $h(n)=a^n u(n)$ 确实是无限长序列。

1.5 连续信号的时域采样与恢复

DSP 技术是利用计算机或专用数字信号处理器、采用数值计算方法对数字信号进行分析与处理。然而，现实世界中的信号绝大多数是模拟信号(如温度、速度、压力、电流、电压等)。为了用 DSP 技术对连续信号进行分析与处理，必须先将模拟信号经过模数(A/D)转换器采样、量化，转换成数字信号。由于信号在时域被采样，在频域将发生周期延拓，为了使频域周期延拓不发生混叠，从而将信号不失真地恢复出来，采样间隔应该如何选取？当采样间隔无法满足时，应该采取何种措施？另外，数字信号经数字信号处理器处理之后的输出响应仍然是数字的，还需要用数模(D/A)转换器将其恢复为连续的输出响应，如何恢复？下面就来回答这些问题。

1.5.1 数字信号处理系统的基本组成

图 1-15 是模拟信号的数字化处理系统框图。

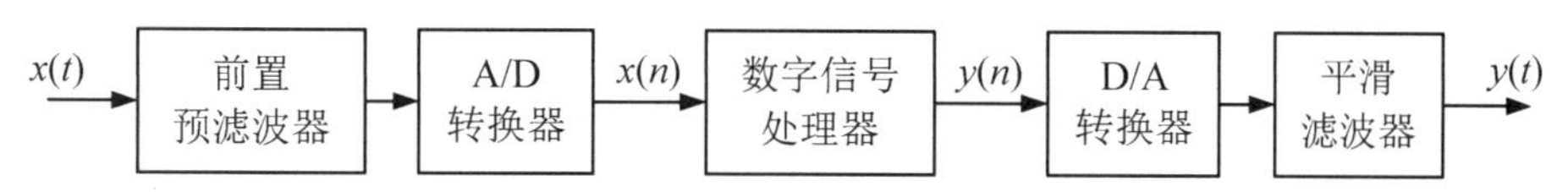

图 1-15　数字信号处理系统框图

在用数字信号处理方法近似地对信号进行分析和处理之前，需要把连续信号离散化成数字信号，用图 1-15 所示的模数(A/D)转换器对连续信号进行时域等间隔采样和幅度量化。在用数字信号处理方法处理之后，还要将数字信号用数模(D/A)转换器解码、保持，转换成模拟信号。

D/A 转换之后的平滑滤波器的作用是滤除在采样过程中引入的高频分量，使输出响应更平滑。A/D 转换之前的前置预滤波器(又称为防混叠滤波器)的作用是防止信号的频谱混叠，只有在对模拟信号采样时采样间隔 T_s 达不到设计指标要求时才需要加它。

1.5.2　连续信号的采样——时域采样定理

采样就是用周期性的采样脉冲信号从连续信号 $x(t)$ 中抽取一系列离散时刻的值。可以将采样脉冲信号看成一个电子开关，开关每隔 T_s 秒闭合一次，使输入信号得以被采样，得到连续信号 $x(t)$ 的采样信号，用 $\hat{x}(t)$ 表示。实际采样都有一定的闭合时间，理想采样的闭合时间趋近于零，如图 1-16(b)所示，在理想情况下，周期性的采样脉冲信号就是冲激强度为 1 的单位冲激串 $p_\delta(t)$，即

$$p_\delta(t)=\sum_{n=-\infty}^{\infty}\delta(t-nT_s) \tag{1-70}$$

式中，T_s 为采样间隔，其倒数 $F_s=1/T_s$ 为采样频率，$\Omega_s=2\pi/T_s$ 为采样角频率。设 $p_\delta(t)$ 的傅里叶变换为 $P_\delta(\mathrm{j}\Omega)$，有

$$P_\delta(\mathrm{j}\Omega)=\Omega_s\sum_{k=-\infty}^{\infty}\delta(\Omega-k\Omega_s) \tag{1-71}$$

$P_\delta(\mathrm{j}\Omega)$ 如图 1-16(f)所示。

$p_\delta(t)$ 虽然为连续信号，但是它只在 T_s 的整数倍点处才有非零值，所以它又具有离散信号的特点，根据傅里叶变换性质中离散与周期的对应关系，其傅里叶变换 $P_\delta(\mathrm{j}\Omega)$ 具有周期性，周期为 Ω_s。又由于 $p_\delta(t)$ 是以 T_s 为周期的周期信号，所以其傅里叶变换 $P_\delta(\mathrm{j}\Omega)$ 是离散的，以 Ω_s 为间隔。也就是说，$p_\delta(t)$ 与 $P_\delta(\mathrm{j}\Omega)$ 均是周期、离散的。

对连续信号 $x(t)$ 在时域进行理想采样，只有当 $t=nT_s$ 时，$\delta(t-nT_s)$ 才有非零值，所以

$$\hat{x}(t)=x(t)p_\delta(t)=\sum_{n=-\infty}^{\infty}x(t)\delta(t-nT_s)=\sum_{n=-\infty}^{\infty}x(nT_s)\delta(t-nT_s)=\sum_{n=-\infty}^{\infty}x(n)\delta(t-nT_s) \tag{1-72}$$

在这里注意采样信号 $\hat{x}(t)$ 与序列 $x(n)$ 的概念不同，波形画法不同。

采样信号 $\hat{x}(t)$ 是连续信号，在每个 $t=nT_s$ $(-\infty<n<\infty)$时刻，$\hat{x}(t)$ 的冲激强度等于对连续信号的采样值 $x(nT_s)$；在 $t\neq nT_s$ 的非采样点处，$\hat{x}(t)$ 的幅值为零。如图 1-16(c)所示，采样信号 $\hat{x}(t)$ 用竖线加箭头表示。

序列 $x(n)$ 只在 n 为整数时才有定义，n 不为整数时无定义。如图 1-16(d)所示，序列 $x(n)$ 用竖线加点表示。

如果序列 $x(n)$ 是通过对连续信号 $x(t)$ 采样得到的，则 $x(n)$ 的序列值等于采样信号 $\hat{x}(t)$ 的冲激强度，等于对连续信号的采样值 $x(nT_{\mathrm{s}})$，这是二者之间的联系，用式(1-72)描述。

下面求采样信号 $\hat{x}(t)$ 的傅里叶变换 $\hat{X}(\mathrm{j}\Omega)$。设 $x(t)$ 的傅里叶变换为 $X(\mathrm{j}\Omega)$，根据傅里叶变换性质中的频域卷积定理(时域乘积、频域卷积)，并将式(1-71)代入，有

$$\hat{X}(\mathrm{j}\Omega)=\frac{1}{2\pi}X(\mathrm{j}\Omega)*P_{\delta}(\mathrm{j}\Omega)=\frac{1}{2\pi}X(\mathrm{j}\Omega)*\left[\Omega_{\mathrm{s}}\sum_{k=-\infty}^{\infty}\delta(\Omega-k\Omega_{\mathrm{s}})\right] \tag{1-73}$$

再利用卷积的分配律和 1.1 节式(1-17)，可得

$$\hat{X}(\mathrm{j}\Omega)=\frac{\Omega_{\mathrm{s}}}{2\pi}\sum_{k=-\infty}^{\infty}[X(\mathrm{j}\Omega)*\delta(\Omega-k\Omega_{\mathrm{s}})]=\frac{1}{T_{\mathrm{s}}}\sum_{k=-\infty}^{\infty}X(\mathrm{j}\Omega-\mathrm{j}k\Omega_{\mathrm{s}}) \tag{1-74}$$

设连续信号 $x(t)$ 的频带宽度有限，其傅里叶变换 $X(\mathrm{j}\Omega)$ 的幅频特性曲线 $|X(\mathrm{j}\Omega)|$ 如图 1-16(e)所示，信号的最高角频率为 Ω_{c}。式(1-72)与式(1-74)表明，在时域以采样间隔 T_{s} 对 $x(t)$ 进行等间隔采样得到采样信号 $\hat{x}(t)$，在频域 $X(\mathrm{j}\Omega)$ 以采样角频率 Ω_{s} 为周期进行周期延拓，幅值变为原来的 $1/T_{\mathrm{s}}$，得到 $\hat{X}(\mathrm{j}\Omega)$。这符合傅里叶变换性质中的时域离散、频域周期的对应关系。

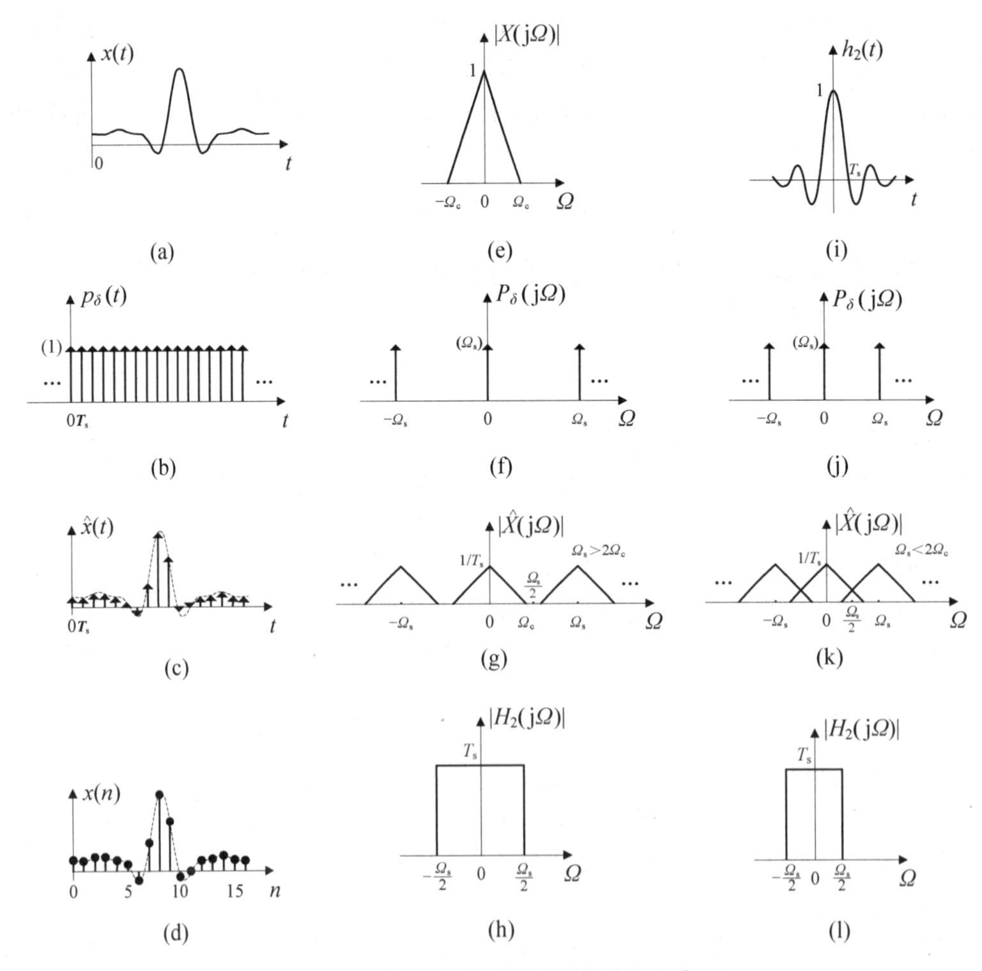

图 1-16　连续信号的时域采样与恢复示意图

由图 1-16(g)可知，当 $\Omega_s \geqslant 2\Omega_c$ 时，频域周期延拓不会发生混叠。此时，让采样信号 $\hat{x}(t)$ 通过一个如图 1-16(h)所示的平滑滤波器 $H_2(\mathrm{j}\Omega)$，它是幅值为 T_s、截止角频率为 $\Omega_s/2$ 的理想低通滤波器，有

$$\hat{X}(\mathrm{j}\Omega)H_2(\mathrm{j}\Omega)=X(\mathrm{j}\Omega) \tag{1-75}$$

可以无失真地恢复出原来的连续信号 $x(t)$。

加大采样间隔 T_s，会使 Ω_s 减小。当 $\Omega_s<2\Omega_c$ 时[见图 1-16(j)]，使采样信号的频谱 $\hat{X}(\mathrm{j}\Omega)$ 在 $\Omega_s/2+m\Omega_s$（$m\in\mathbf{Z}$）附近发生混叠[见图 1-16(k)]。让这样的采样信号 $\hat{x}(t)$ 通过一个如图 1-16(l)所示的平滑滤波器 $H_2(\mathrm{j}\Omega)$，有

$$\hat{X}(\mathrm{j}\Omega)H_2(\mathrm{j}\Omega)\neq X(\mathrm{j}\Omega) \tag{1-76}$$

不能无失真地恢复出原来的连续信号 $x(t)$。

因此，在时域对连续信号进行采样时，采样间隔 T_s 必须足够小。当然也不是越小越好，T_s 越小，采样频率 F_s 越高，硬件实现越困难。所以只要采样间隔 T_s 满足一定条件即可，这个条件用时域采样定理描述如下。

若连续信号的频带宽度有限，信号最高频率为 f_c。在时域以采样间隔 T_s 对连续信号进行等间隔采样时，在频域其频谱以采样频率 F_s 为周期进行周期延拓。若 F_s 与 f_c 满足

$$F_s \geqslant 2f_c \tag{1-77}$$

则频域周期延拓不会发生混叠，此时可以无失真地恢复出原来的连续信号。时域采样定理用角频率的关系描述，则为

$$\Omega_s \geqslant 2\Omega_c \tag{1-78}$$

由于理想低通滤波器不可实现，实际的低通滤波器都有过渡带，因此在工程实际中通常选择 $F_s>(3\sim4)f_c$。

【例 1-13】 已知连续正弦信号 $x(t)=0.9\sin 2\pi f_0 t$，$f_0=1.25\ \text{kHz}$。

(1) 求 $x(t)$ 的周期 T_0、最小采样频率 $F_{s\min}$、最大采样间隔 $T_{s\max}$。

(2) 若选取采样间隔 $T_s=0.1\ \text{ms}$，判断是否满足时域采样定理。

解：(1) 连续正弦信号 $x(t)$ 的周期 $T_0=1/f_0=0.8\text{ms}$，最高频率 $f_c=f_0=1.25\ \text{kHz}$。

根据时域采样定理，必须满足 $F_s\geqslant 2f_c=2.5\ \text{kHz}$，所以最小采样频率 $F_{s\min}=2.5\ \text{kHz}$。

采样间隔 $T_s=1/F_s$，所以最大采样间隔 $T_{s\max}=1/F_{s\min}=0.4\ \text{ms}$。

(2) $T_s=0.1\ \text{ms}$，$F_s=1/T_s=10\ \text{kHz}>2.5\ \text{kHz}$。

因为 $F_s>2f_c$，所以选 $T_s=0.1\ \text{ms}$ 满足时域采样定理。

当信号的频带比较宽时，要求有更高的采样频率 F_s，更短的采样间隔 T_s，但是用硬件很难实现使 T_s 足够小，因此不能满足时域采样定理。此时为了防止频谱混叠，在对信号进行模数转换之前先加一个前置预滤波器 $H_1(\mathrm{j}\Omega)$，即

$$X_1(\mathrm{j}\Omega)=X(\mathrm{j}\Omega)H_1(\mathrm{j}\Omega) \tag{1-79}$$

如图 1-17(b)所示，前置预滤波器是一个低通滤波器，根据已知的采样间隔 T_s 设置该滤波器的截止角频率 $\Omega_s/2$。由于信号的频率集中在低频端，经过前置预滤波保留了信号的主要频率成分而滤除其高频成分[见图 1-17(a)~图 1-17(c)]。

对滤波之后的信号进行采样，其频谱将以 Ω_s 为周期进行周期延拓，不会发生混叠[见图 1-17(d)]。所以只有在采样间隔无法达到设计指标要求时才需要在模数转换之前加前置

预滤波器，用于防止信号在采样后发生频谱混叠，其代价是损失信号的一部分高频成分。

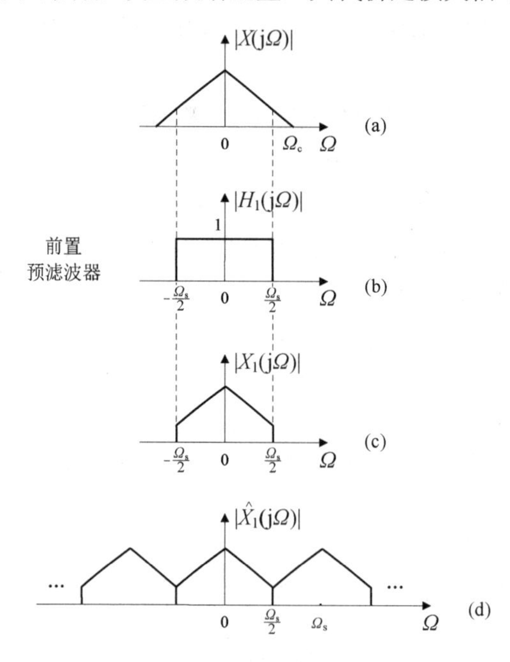

图 1-17　前置预滤波器的防混叠作用

1.5.3　连续信号的恢复——时域内插公式

如图 1-16(h)所示，理想低通滤波器的频率响应函数 $H_2(\mathrm{j}\Omega)$ 是一个矩形脉冲，幅值为 T_s，脉宽为 Ω_s，有

$$H_2(\mathrm{j}\Omega)=\begin{cases}T_s, & |\Omega|\leqslant\dfrac{\Omega_s}{2}\\ 0, & 其他\Omega\end{cases}\tag{1-80}$$

其傅里叶反变换 $h_2(t)$ 为抽样函数，有

$$h_2(t)=\frac{\sin\left(\dfrac{\Omega_s t}{2}\right)}{\dfrac{\Omega_s t}{2}}=\mathrm{Sa}\left(\frac{\Omega_s t}{2}\right)\tag{1-81}$$

如图 1-16(i)所示，$h_2(0)=1$ 是最大值，$h_2(t)$ 以 $t=0$ 为对称中心向两边衰减振荡，$t=mT_s$（$m\in\mathbf{Z}$，$m\neq 0$）是 $h_2(t)$ 的过零点。

由图 1-16(e)、图 1-16(g)、图 1-16(h)的关系可知，当满足时域采样定理时，有

$$X(\mathrm{j}\Omega)=\hat{X}(\mathrm{j}\Omega)H_2(\mathrm{j}\Omega)\tag{1-82}$$

根据时域卷积定理，当 $\hat{X}(\mathrm{j}\Omega)$ 与 $H_2(\mathrm{j}\Omega)$ 在频域做乘法运算时，$\hat{x}(t)$ 与 $h_2(t)$ 在时域做卷积运算，将式(1-72)代入，有

$$x(t)=\hat{x}(t)*h_2(t)=\left[\sum_{n=-\infty}^{\infty}x(n)\delta(t-nT_s)\right]*h_2(t)\tag{1-83}$$

利用卷积的分配律和 1.1 节式(1-17)，可得

$$x(t)=\sum_{n=-\infty}^{\infty}\{x(n)[\delta(t-nT_s)*h_2(t)]\}=\sum_{n=-\infty}^{\infty}x(n)h_2(t-nT_s)$$
$$=\cdots+x(0)h_2(t)+x(1)h_2(t-T_s)+x(2)h_2(t-2T_s)+\cdots \tag{1-84}$$

如图 1-18 所示，$h_2(t-nT_s)$ 使得在各采样点处(即 $t=nT_s$ 时刻)的值等于采样序列 $x(n)$ 的值；将各采样值 $x(n)$ 与 $h_2(t-nT_s)$ 相乘后叠加起来，恢复的是各采样点之间的值。

可见，$h_2(t)$ 的作用是在各采样点之间内插、恢复未采样时刻的信号，因此 $h_2(t)$ 被称为内插函数，式(1-84)称为时域内插公式。

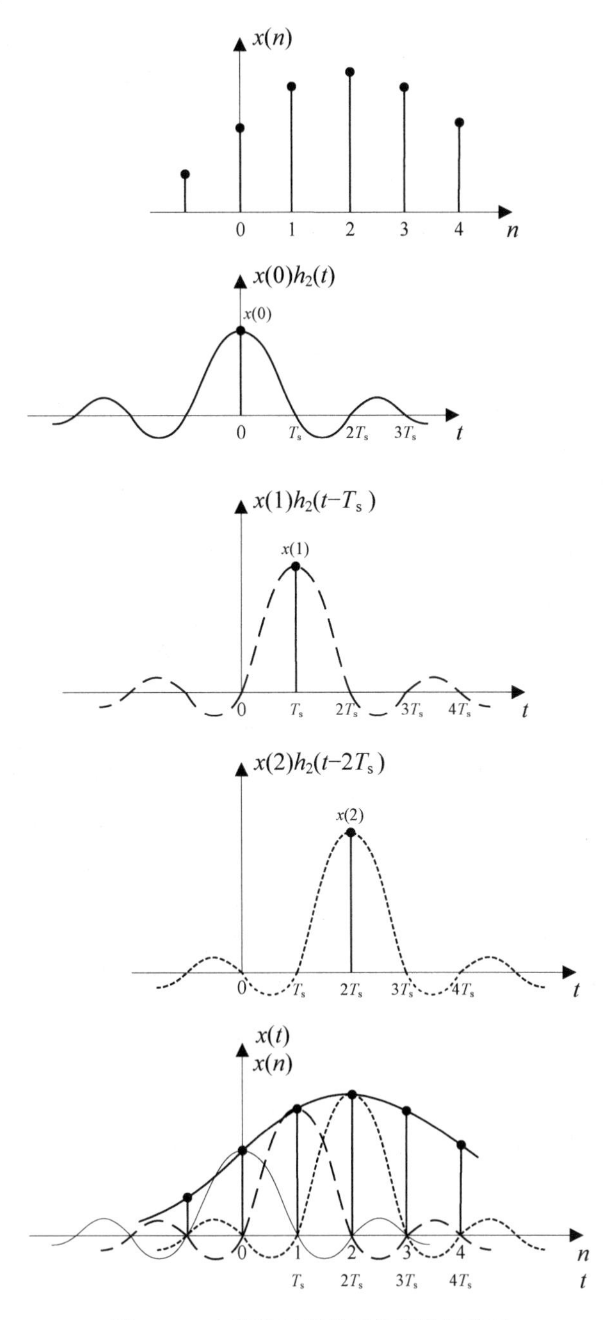

图 1-18　由离散时间信号恢复连续信号

习 题 1

1-1 将图 1-19 所示序列 $x(n)$ 用单位脉冲序列 $\delta(n)$ 及其移位加权和的形式表示出来。

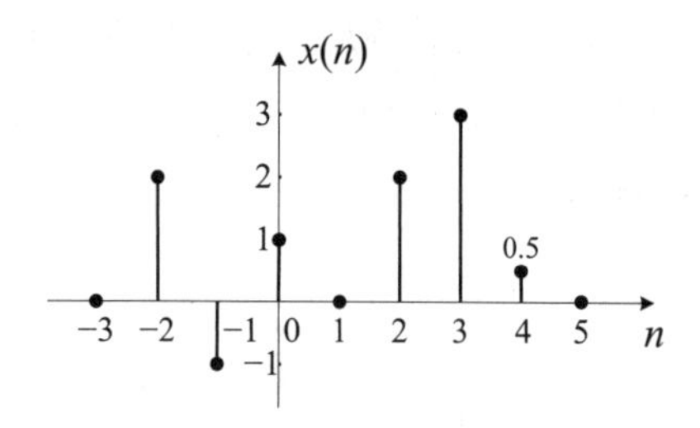

图 1-19 题 1-1 图

1-2 判断序列 $x(n)$ 的周期性，若是周期序列则求出其周期 N。

(1) $x(n)=3\sin\left(\frac{4\pi}{5}n+1\right)$ (2) $x(n)=2\cos\left(\frac{3}{7}n-\frac{\pi}{8}\right)$

(3) $x(n)=\sin(\sqrt{3}\pi n)$ (4) $x(n)=\mathrm{e}^{\mathrm{j}(n/8-\pi)}$

(5) $x(n)=\mathrm{e}^{-\mathrm{j}(\pi n/6-\pi)}$

(6) $x(n)=\cos\left(\frac{\pi}{8}n\right)+\sin\left(\frac{\pi}{4}n\right)-2\cos\left(\frac{5\pi}{16}n+\pi\right)$

1-3 对连续正弦信号 $x(t)=2\cos(20\pi t+\pi)$ 进行等间隔采样，采样间隔 $T_s=0.02$ s。

(1) 求连续正弦信号 $x(t)$ 的周期 T_0。

(2) 写出采样序列 $x(n)$ 的表达式。

(3) 判断 $x(n)$ 是否具有周期性，若是周期序列则求出其周期 N。

1-4 已知序列 $x(n)=(n+1)R_5(n)$。

(1) 画出 $x(n-2)$、$x(2n)$、$x(-n)$ 和 $x(2-n)$ 的波形。

(2) 计算 $y_1(n)=x(n)+x(2n)$、$y_2(n)=x(n)x(2n)$。

(3) 计算 $y_3(n)=x(n)*x(2n)$。

1-5 设 $x(n)$ 为输入信号，$y(n)$ 为系统的输出响应。判断下列系统的线性、时不变、因果、稳定性，并说明理由。

(1) $y(n)=3x(n)+2$ (2) $y(n)=nx(n)$

(3) $y(n)=x(n-1)+3x(n)$ (4) $y(n)=x(n+1)-x(n-1)$

(5) $y(n)=x(n^2)$ (6) $y(n)=x^2(n)$

(7) $y(n)=x(n)\sin(\omega n)$，$\omega\neq m\pi$，$m\in\mathbf{Z}$

(8) $y(n)=g(n)x(n)$，$|g(n)|<C_g<\infty$，C_g 为常数

1-6 已知离散线性时不变(LTI)系统的单位脉冲响应 $h(n)$，判断下列系统的因果、稳定性，并说明理由。

(1) $h(n)=\delta(n+3)$

(2) $h(n)=2\delta(n)+\delta(n-1)-\delta(n-3)-2\delta(n-4)$

(3) $h(n)=4^{-n}u(n)$ (4) $h(n)=4^{-n}u(-n-1)$

(5) $h(n)=(-4)^n u(n)$　　　　(6) $h(n)=-4^n u(-n-1)$

(7) $h(n)=2^n R_4(n)$　　　　(8) $h(n)=(-0.5)^n u(n-1)$

1-7 求序列 $x(n)$ 与 $h(n)$ 的线性卷积 $y(n)=x(n)*h(n)$，并画出 $x(n)$、$h(n)$ 和 $y(n)$ 的波形。

(1) $x(n)=\{3,1,2,2\}$（$0\leqslant n\leqslant 3$），$h(n)=\{2,1,0,-1,-2\}$（$0\leqslant n\leqslant 4$）

(2) $x(n)=\{-1,0,1\}$（$0\leqslant n\leqslant 2$），$h(n)=(4-n)R_4(n)$

(3) $x(n)=\delta(n)-\delta(n-2)$，$h(n)=2[u(n)-u(n-4)]$

(4) $x(n)=(n+3)R_3(n+2)$，$h(n)=R_4(n+1)+R_2(n)$

(5) $x(n)=-\delta(n+2)+\delta(n-1)+2\delta(n-3)$，$h(n)=2^{(1-n)}R_3(n)$

(6) $x(n)=R_5(n-3)$，$h(n)=\begin{cases}1, & n=0\\ 2\times(-0.5)^n, & 1\leqslant n\leqslant 4\\ 0, & \text{其他}n\end{cases}$

1-8 如图 1-20 所示，$x(n)$ 为输入信号，$h(n)$ 为离散线性时不变(LTI)系统的单位脉冲响应，求 $x(n)$ 通过该系统之后的输出响应 $y(n)$，并画出 $y(n)$ 的波形。

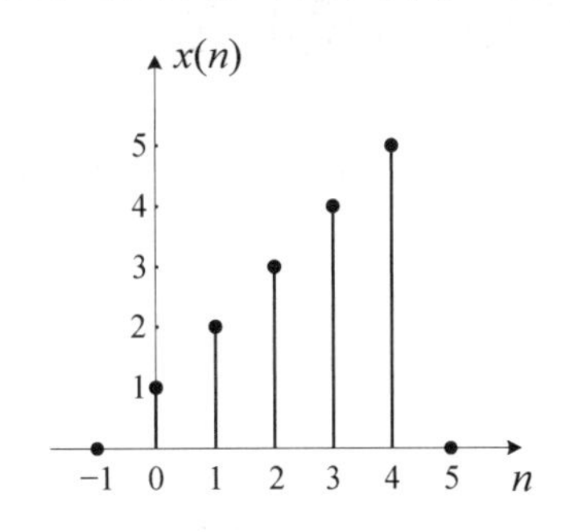

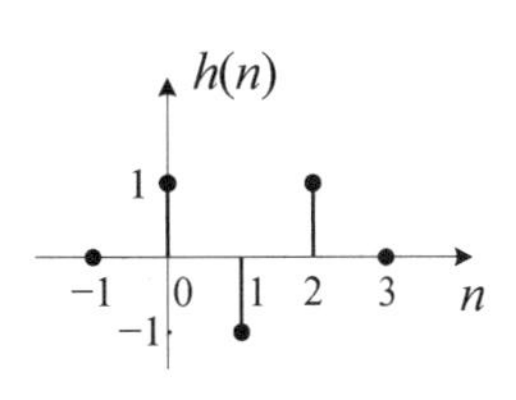

图 1-20　题 1-8 图

1-9 一个因果系统用一阶线性常系数差分方程描述为

$$y(n)=x(n)-0.5x(n-1)-0.5y(n-1)$$

用递推迭代法求解系统的单位脉冲响应 $h(n)$。

1-10 一个因果系统用二阶线性常系数差分方程描述为

$$y(n)=2x(n)+\frac{1}{3}x(n-1)-\frac{1}{3}y(n-1)+\frac{2}{9}y(n-2)$$

(1) 用递推迭代法求解系统的单位脉冲响应 $h(n)$。

(2) 判断该系统是无限脉冲响应(IIR)系统还是有限脉冲响应(FIR)系统，并说明理由。

1-11 已知连续信号

$$x(t)=\cos 8\pi t+\sin 16\pi t-2\cos(20\pi t+\pi)$$

以采样频率 $F_s=64$ Hz 对其进行等间隔采样。

(1) 求信号 $x(t)$ 的最高频率 f_c，判断以 $F_s=64$ Hz 对 $x(t)$ 采样是否满足时域采样定理。

(2) 写出采样序列 $x(n)$ 的表达式。

1-12 对连续正弦信号 $x(t)=\cos 1000\pi t$ 在每 3 个周期内等间隔采 7 个点。问：

(1) 采样频率 F_s 是多少？

(2) 该采样频率是否足以避免频谱混叠？

第 2 章　离散时间信号与系统的频域分析

将信号由时域变换到频域的数学工具是傅里叶变换。根据时域信号类型的不同，分为连续周期信号的傅里叶级数(FS)、连续非周期信号的傅里叶变换(FT)、无限长序列的离散时间傅里叶变换(DTFT)、周期序列的离散傅里叶级数(DFS)和有限长序列的离散傅里叶变换(DFT)。另外，还有 DFT 的快速算法——快速傅里叶变换(FFT)、FT 的推广——拉普拉斯变换(LT)和 DTFT 的推广——z 变换(ZT)。FS、FT、DTFT、DFS、DFT 的表达式有所不同，是由时域信号的类型不同导致的，而实际上各种类型的时域信号之间及其傅里叶变换之间有着紧密的联系。第 2～4 章将指出它们的内在联系，并充分展示“为什么要将信号与系统变换到频域去分析？”

2.1　序列的离散时间傅里叶变换

序列的离散时间傅里叶变换(Discrete Time Fourier Transform，DTFT)简称为序列的傅里叶变换，可以由连续非周期信号的傅里叶变换公式引出。

连续非周期信号的傅里叶变换(Fourier Transform，FT)为

$$X(\mathrm{j}\Omega)=\mathrm{FT}[x(t)]=\int_{-\infty}^{\infty}x(t)\mathrm{e}^{-\mathrm{j}\Omega t}\mathrm{d}t \tag{2-1}$$

$X(\mathrm{j}\Omega)$ 通常为复数形式。

对连续信号 $x(t)$ 以采样间隔 T_s 进行等间隔采样，得到序列 $x(n)$，即

$$x(n)=x(t)|_{t=nT_\mathrm{s}} \tag{2-2}$$

同时，有

$$\mathrm{e}^{-\mathrm{j}\Omega t}|_{t=nT_\mathrm{s}}=\mathrm{e}^{-\mathrm{j}\Omega T_\mathrm{s}n}=\mathrm{e}^{-\mathrm{j}\omega n} \tag{2-3}$$

数字角频率 ω 与模拟角频率 Ω 的关系是 $\omega=\Omega T_\mathrm{s}$。

由于 n 只能取整数，所以对连续变量 t 的积分换成了对离散变量 n 求和，从而导出序列的离散时间傅里叶变换(DTFT)公式，即

$$X(\mathrm{e}^{\mathrm{j}\omega})=\mathrm{DTFT}[x(n)]=\sum_{n=-\infty}^{\infty}x(n)\mathrm{e}^{-\mathrm{j}\omega n} \tag{2-4}$$

$X(\mathrm{e}^{\mathrm{j}\omega})$ 一般为复数形式，可以用实部加 j× 虚部的形式表示，也可以用模和相角的形式表示，即

$$X(\mathrm{e}^{\mathrm{j}\omega})=X_\mathrm{r}(\mathrm{e}^{\mathrm{j}\omega})+\mathrm{j}X_\mathrm{i}(\mathrm{e}^{\mathrm{j}\omega})=|X(e^{\mathrm{j}\omega})|e^{\mathrm{j}\arg[X(e^{\mathrm{j}\omega})]} \tag{2-5}$$

在频域分析中通常用后者，常被称为频谱。将模 $|X(\mathrm{e}^{\mathrm{j}\omega})|$ 称为幅频特性，其波形称为幅频特性曲线或幅度谱，将相角 $\arg[X(\mathrm{e}^{\mathrm{j}\omega})]$ 称为相频特性，其波形称为相位谱。

利用 1.1 节式(1-38)可得

$$|X(\mathrm{e}^{\mathrm{j}\omega})|\leqslant\sum_{n=-\infty}^{\infty}|x(n)\mathrm{e}^{-\mathrm{j}\omega n}|=\sum_{n=-\infty}^{\infty}|x(n)||\mathrm{e}^{-\mathrm{j}\omega n}|=\sum_{n=-\infty}^{\infty}|x(n)| \tag{2-6}$$

所以序列的傅里叶变换存在(即 $|X(\mathrm{e}^{\mathrm{j}\omega})|<\infty$)的条件是 $x(n)$ 绝对可和，即

$$\sum_{n=-\infty}^{\infty}|x(n)|<\infty \tag{2-7}$$

根据傅里叶变换性质中时域特性与频域特性的对应关系，序列 $x(n)$ 是非周期的，其 DTFT $X(\mathrm{e}^{\mathrm{j}\omega})$ 一定是连续的；序列 $x(n)$ 是离散的，其 DTFT $X(\mathrm{e}^{\mathrm{j}\omega})$ 一定是周期的。由 1.1 节式(1-37)可知，$\mathrm{e}^{-\mathrm{j}\omega n}$ 关于 ω 以 2π 为周期，使得 $X(\mathrm{e}^{\mathrm{j}\omega})$ 同样关于 ω 以 2π 为周期。用 $X(\mathrm{e}^{\mathrm{j}\omega})$ 表示序列的傅里叶变换，而没有写成类似于连续信号傅里叶变换 $X(\mathrm{j}\Omega)$ 的形式，正是反映了序列的傅里叶变换不仅通常为复数形式，而且是以 2π 为周期的。

由于 $X(\mathrm{e}^{\mathrm{j}\omega})$ 以 2π 为周期，所以在 $\omega=2\pi$ 附近与在 $\omega=0$ 附近一样，都是数字信号的低频端，而在 $\omega=\pi$ 附近是数字信号的高频端。因此，在画 $X(\mathrm{e}^{\mathrm{j}\omega})$ 的幅频特性曲线 $|X(\mathrm{e}^{\mathrm{j}\omega})|$ 时通常只画 ω 在 $[-\pi,\pi]$ 或 $[0,2\pi]$ 一个完整周期内的波形即可。

在 1.5.2 小节介绍过连续采样信号 $\hat{x}(t)$ [见图 1-16(c)]与序列 $x(n)$ [见图 1-16(d)]的区别和联系，以及它们与连续信号 $x(t)$ [见图 1-16(a)]的关系。知道了 $\hat{x}(t)$ 的傅里叶变换 $\hat{X}(\mathrm{j}\Omega)$ [见图 1-16(g)]是对连续信号 $x(t)$ 的傅里叶变换 $X(\mathrm{j}\Omega)$ [见图 1-16(e)]以 Ω_{s} 为周期进行周期延拓。既然 $x(n)$ 是对 $x(t)$ 的等间隔采样，那么 $x(n)$ 的傅里叶变换 $X(\mathrm{e}^{\mathrm{j}\omega})$ 就与 $\hat{X}(\mathrm{j}\Omega)$ 的波形相同，只不过自变量不同而已，使横坐标的取值发生了相应变化。如图 2-1 所示，$\hat{X}(\mathrm{j}\Omega)$ 的周期是 Ω_{s}，$X(\mathrm{e}^{\mathrm{j}\omega})$ 的周期是 2π，而 $\Omega_{\mathrm{s}}=2\pi/T_{\mathrm{s}}$，符合数字角频率 ω 与模拟角频率 Ω 的线性关系 $\omega=\Omega T_{\mathrm{s}}$，即

$$X(\mathrm{e}^{\mathrm{j}\omega})=\hat{X}(\mathrm{j}\Omega)\big|_{\Omega=\omega/T_{\mathrm{s}}} \tag{2-8}$$

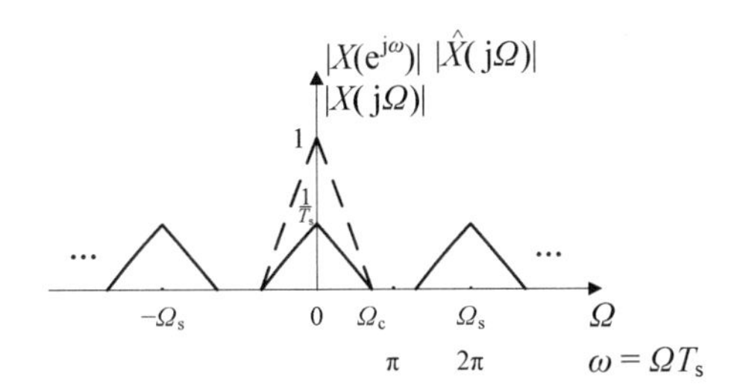

图 2-1　数字角频率 ω 与模拟角频率 Ω 的关系

[虚线为 $|X(\mathrm{j}\Omega)|$，实线为 $|X(\mathrm{e}^{\mathrm{j}\omega})|$ 与 $|\hat{X}(\mathrm{j}\Omega)|$]

下面推导出序列的离散时间傅里叶反变换(IDTFT)公式。

已知 $X(\mathrm{e}^{\mathrm{j}\omega})$ 与 $\mathrm{e}^{\mathrm{j}\omega n}$ 关于 ω 以 2π 为周期，将式(2-4)等号两端同乘以 $\mathrm{e}^{\mathrm{j}\omega m}$（$m\in\mathbf{Z}$），在 $[-\pi,\pi]$ 一个完整周期内对 ω 积分，再除以 2π，经推导可得

$$\begin{aligned}\frac{1}{2\pi}\int_{-\pi}^{\pi}X(\mathrm{e}^{\mathrm{j}\omega})\mathrm{e}^{\mathrm{j}\omega m}\mathrm{d}\omega&=\frac{1}{2\pi}\int_{-\pi}^{\pi}\left[\sum_{n=-\infty}^{\infty}x(n)\mathrm{e}^{-\mathrm{j}\omega n}\right]\mathrm{e}^{\mathrm{j}\omega m}\mathrm{d}\omega\\&=\sum_{n=-\infty}^{\infty}x(n)\left[\frac{1}{2\pi}\int_{-\pi}^{\pi}\mathrm{e}^{-\mathrm{j}\omega(n-m)}\mathrm{d}\omega\right]=\sum_{n=-\infty}^{\infty}x(n)\delta(n-m)=x(m)\end{aligned} \tag{2-9}$$

其中，根据 1.1 节式(1-40)有

$$\int_{-\pi}^{\pi}\mathrm{e}^{-\mathrm{j}\omega(n-m)}\mathrm{d}\omega=\begin{cases}2\pi, & n=m\\0, & n\neq m\end{cases}=2\pi\delta(n-m) \tag{2-10}$$

所以，序列的傅里叶反变换为

$$x(n)=\text{IDTFT}[X(\mathrm{e}^{\mathrm{j}\omega})]=\frac{1}{2\pi}\int_{-\pi}^{\pi}X(\mathrm{e}^{\mathrm{j}\omega})\mathrm{e}^{\mathrm{j}\omega n}\mathrm{d}\omega \tag{2-11}$$

【例 2-1】 求矩形脉冲序列 $x(n)=R_N(n)$ 的离散时间傅里叶变换(DTFT) $X(\mathrm{e}^{\mathrm{j}\omega})$。

解： 由 DTFT 公式(2-4)可得

$$X(\mathrm{e}^{\mathrm{j}\omega})=\text{DTFT}[R_N(n)]=\sum_{n=-\infty}^{\infty}R_N(n)\mathrm{e}^{-\mathrm{j}\omega n}=\sum_{n=0}^{N-1}\mathrm{e}^{-\mathrm{j}\omega n}=\frac{1-\mathrm{e}^{-\mathrm{j}\omega N}}{1-\mathrm{e}^{-\mathrm{j}\omega}}$$

$$=\frac{\mathrm{e}^{-\mathrm{j}\omega N/2}(\mathrm{e}^{\mathrm{j}\omega N/2}-\mathrm{e}^{-\mathrm{j}\omega N/2})}{\mathrm{e}^{-\mathrm{j}\omega/2}(\mathrm{e}^{\mathrm{j}\omega/2}-\mathrm{e}^{-\mathrm{j}\omega/2})}=\mathrm{e}^{-\mathrm{j}\omega\left(\frac{N-1}{2}\right)}\frac{\sin\left(\frac{\omega N}{2}\right)}{\sin\left(\frac{\omega}{2}\right)}$$

相位特性：$\phi(\omega)=-(N-1)\omega/2$，由于 $\phi(\omega)$ 与 ω 呈线性关系，故称 $X(\mathrm{e}^{\mathrm{j}\omega})$ 具有线性相位特性。

幅频特性：$|X(\mathrm{e}^{\mathrm{j}\omega})|=\left|\frac{\sin(\omega N/2)}{\sin(\omega/2)}\right|$，是偶对称的。由于 $|\sin(\omega/2)|$ 以 2π 为周期，$|\sin(\omega N/2)|$ 以 $2\pi/N$ 为周期，所以 $|X(\mathrm{e}^{\mathrm{j}\omega})|$ 以 2π 为周期。

为了定性地画出 $X(\mathrm{e}^{\mathrm{j}\omega})$ 的幅频特性曲线，需要知道它的波形特点，在一个周期内找到几个特殊点(峰值和过零点)的位置并求出其幅值。

峰值：$\lim\limits_{\omega\to 0}\left|\frac{\sin(\omega N/2)}{\sin(\omega/2)}\right|=\lim\limits_{\omega\to 0}\frac{\omega N/2}{\omega/2}=N$

一个周期 $[0,2\pi]$ 内的过零点：$\omega N/2=m\pi$，即 $\omega=2\pi m/N$，$1\leqslant m\leqslant N-1$，$m\in\mathbf{Z}$。

以 $N=4$ 为例，有

$$X(\mathrm{e}^{\mathrm{j}\omega})=\text{DTFT}[R_4(n)]=\frac{1-\mathrm{e}^{-\mathrm{j}4\omega}}{1-\mathrm{e}^{-\mathrm{j}\omega}}=\mathrm{e}^{-\mathrm{j}\frac{3}{2}\omega}\frac{\sin(2\omega)}{\sin\left(\frac{\omega}{2}\right)}$$

$$|X(\mathrm{e}^{\mathrm{j}\omega})|=\left|\frac{\sin(2\omega)}{\sin\left(\frac{\omega}{2}\right)}\right|$$

根据上述分析，可定性地画出 $R_4(n)$ 的 DTFT 的幅频特性曲线 $|X(\mathrm{e}^{\mathrm{j}\omega})|$，如图 2-2(b)所示。$|X(\mathrm{e}^{\mathrm{j}\omega})|$ 以 2π 为周期；其峰值为 4，在 $\omega=0$ 处；在 $[0,2\pi]$ 范围内有 3 个过零点，在 $\pi/2$、π 和 $3\pi/2$ 处；在 $[0,2\pi]$ 范围内其波形关于 $\omega=\pi$ 偶对称，在 $[0,\pi]$ 范围内波形衰减振荡。

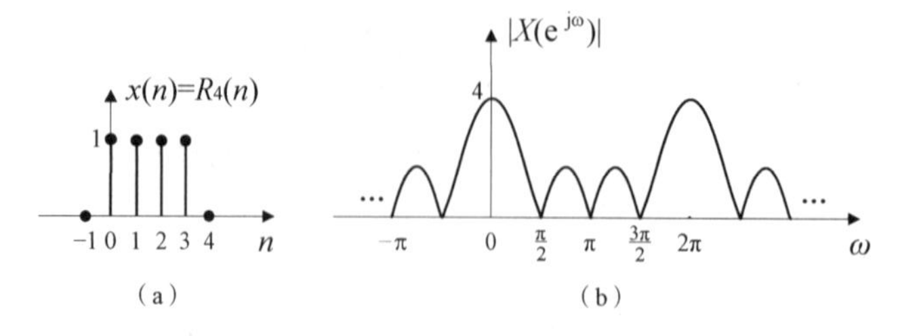

图 2-2　无限长序列 $R_4(n)$ 及其 DTFT 的幅频特性曲线 $|X(\mathrm{e}^{\mathrm{j}\omega})|$

在例 2-1 中用到了有限项等比级数求和公式，即

$$\sum_{n=n_1}^{n_2} q^n = q^{n_1} + q^{n_1+1} + \dots + q^{n_2} = \frac{q^{n_1}(1-q^{n_2-n_1+1})}{1-q} \tag{2-12}$$

共 $n_2 - n_1 + 1$ 项求和，公比为 q，首项为 q^{n_1}。

2.2 DTFT 的主要性质和定理

数字信号处理理论的经典部分所涉及的序列的傅里叶变换性质主要包括周期性、线性、时移、频移、卷积、共轭对称性、能量守恒定理等，需要通过对性质的证明重点掌握信号的时域特性与频域特性的对应关系。这些性质的证明思路都是从序列的傅里叶变换和傅里叶反变换的定义出发，遇到二重积分(或求和)时，先交换积分(或求和)次序再做。本节着重介绍 DTFT 的共轭对称性，其他性质只给出结论和部分证明过程。

设 $X_1(e^{j\omega}) = \text{DTFT}[x_1(n)]$， $X_2(e^{j\omega}) = \text{DTFT}[x_2(n)]$， $X(e^{j\omega}) = \text{DTFT}[x(n)]$， $H(e^{j\omega}) = \text{DTFT}[h(n)]$， $Y(e^{j\omega}) = \text{DTFT}[y(n)]$。

2.2.1 周期性

$x(n)$ 是无限长的、离散的非周期序列，它的 DTFT $X(e^{j\omega})$ 是以 2π 为周期的连续谱。

结论：时域离散，频域周期；时域非周期，频域连续。

2.2.2 线性

$$\text{DTFT}[ax_1(n) + bx_2(n)] = aX_1(e^{j\omega}) + bX_2(e^{j\omega}) \tag{2-13}$$

式中，a、b 为常数。

2.2.3 时移与频移

$$\text{DTFT}[x(n-n_0)] = e^{-j\omega n_0} X(e^{j\omega}) \tag{2-14}$$

$$\text{DTFT}[x(n)e^{j\omega_0 n}] = X(e^{j\omega - j\omega_0}) \tag{2-15}$$

结论：时域时移，频域相移；时域相移，频域频移。

【例 2-2】 证明 $\text{DTFT}[1] = 2\pi \sum_{k=-\infty}^{\infty} \delta(\omega - 2\pi k)$，并用其求 $\text{DTFT}[e^{j\omega_0 n}]$，其中 $-\pi < \omega_0 < \pi$，$2\pi / \omega_0$ 为有理数。

证明：用求 $2\pi \sum_{k=-\infty}^{\infty} \delta(\omega - 2\pi k)$ 的傅里叶反变换(IDTFT)的方法来证，将其代入式(2-11)中，有

$$\frac{1}{2\pi}\int_{-\pi}^{\pi}\left[2\pi \sum_{k=-\infty}^{\infty} \delta(\omega - 2\pi k)\right] e^{j\omega n} d\omega = \int_{-\pi}^{\pi} \delta(\omega) e^{j\omega n} d\omega = \int_{0^-}^{0^+} \delta(\omega) d\omega = 1$$

只有当 $\omega=2\pi k$ 时才能使上式中的 $\delta(\omega-2\pi k)\neq 0$，而对 ω 的积分区间从 $-\pi$ 到 π，所以只取 $k=0$，再利用式(1-4)即可得证。

可见常数 1 的 DTFT 是以 2π 为周期的冲激串，冲激强度为 2π。

由式(2-15)的频移特性，可得

$$\text{DTFT}[\mathrm{e}^{\mathrm{j}\omega_0 n}]=2\pi\sum_{k=-\infty}^{\infty}\delta(\omega-\omega_0-2\pi k) \tag{2-16}$$

式(2-16)表明，角频率为 ω_0 的正弦序列 $\mathrm{e}^{\mathrm{j}\omega_0 n}$ 的 DTFT 非常简单，只在 $\omega=\omega_0+2\pi k$ ($-\infty<k<\infty$)处有非零值。这是信号处理频域分析方法的优越性之一。

2.2.4 卷积定理

1. 时域卷积定理

若 $y(n)=x(n)*h(n)$，则

$$Y(\mathrm{e}^{\mathrm{j}\omega})=X(\mathrm{e}^{\mathrm{j}\omega})H(\mathrm{e}^{\mathrm{j}\omega}) \tag{2-17}$$

证明：利用 DTFT 公式(2-4)和线性卷积公式(1-44)，有

$$\begin{aligned}Y(\mathrm{e}^{\mathrm{j}\omega})&=\text{DTFT}[y(n)]=\text{DTFT}[x(n)*h(n)]=\sum_{n=-\infty}^{\infty}[x(n)*h(n)]\mathrm{e}^{-\mathrm{j}\omega n}\\&=\sum_{n=-\infty}^{\infty}\left[\sum_{m=-\infty}^{\infty}x(m)h(n-m)\right]\mathrm{e}^{-\mathrm{j}\omega n}=\sum_{m=-\infty}^{\infty}x(m)\left[\sum_{n=-\infty}^{\infty}h(n-m)\mathrm{e}^{-\mathrm{j}\omega(n-m)}\right]\mathrm{e}^{-\mathrm{j}\omega m}\\&=\sum_{m=-\infty}^{\infty}x(m)\mathrm{e}^{-\mathrm{j}\omega m}H(\mathrm{e}^{\mathrm{j}\omega})=X(\mathrm{e}^{\mathrm{j}\omega})H(\mathrm{e}^{\mathrm{j}\omega})\end{aligned}$$

结论：时域卷积，频域乘积。

数字信号处理时域分析的一个重要结论是：线性时不变系统的输出响应 $y(n)$ 是输入信号 $x(n)$ 与系统单位脉冲响应 $h(n)$ 的线性卷积[见 1.3.1 小节]，线性卷积的求解必须熟练掌握。时域卷积定理给出了在频域求解线性卷积的方法，先求出 $x(n)$、$h(n)$ 的离散时间傅里叶变换 $X(\mathrm{e}^{\mathrm{j}\omega})$、$H(\mathrm{e}^{\mathrm{j}\omega})$，然后求二者乘积的离散时间傅里叶反变换，得到 $y(n)$。显然，乘法运算比卷积运算简单，这是信号处理频域分析方法的优越性之一。

时域卷积定理在数字信号处理经典部分的一个重要应用是数字滤波器的设计，如 6.1 节图 6-1、图 6-2 所示，详细的设计步骤见第 6 章和第 7 章。

2. 频域卷积定理

$$\text{DTFT}[x_1(n)x_2(n)]=\frac{1}{2\pi}X_1(\mathrm{e}^{\mathrm{j}\omega})*X_2(\mathrm{e}^{\mathrm{j}\omega}) \tag{2-18}$$

结论：时域乘积，频域卷积。

频域卷积定理在 1.5.2 小节分析时域采样需要满足什么条件时被用到，并将在 7.4.1 小节分析矩形窗的截断效应时被用到。只不过前者的时域信号与系统是连续的，后者是离散的，它们所用傅里叶变换的性质是相通的。

2.2.5　帕斯维尔能量守恒定理

$$\sum_{n=-\infty}^{\infty}|x(n)|^2=\frac{1}{2\pi}\int_{-\pi}^{\pi}|X(e^{j\omega})|^2\,d\omega \tag{2-19}$$

证明：利用 IDTFT 公式(2-11)、1.1 节式(1-39)和 DTFT 公式(2-4)，有

$$\sum_{n=-\infty}^{\infty}|x(n)|^2=\sum_{n=-\infty}^{\infty}x(n)x^*(n)=\sum_{n=-\infty}^{\infty}\left[\frac{1}{2\pi}\int_{-\pi}^{\pi}X(e^{j\omega})e^{j\omega n}d\omega\right]x^*(n)$$

$$=\frac{1}{2\pi}\int_{-\pi}^{\pi}X(e^{j\omega})\left[\sum_{n=-\infty}^{\infty}x^*(n)e^{j\omega n}\right]d\omega=\frac{1}{2\pi}\int_{-\pi}^{\pi}X(e^{j\omega})\left[\sum_{n=-\infty}^{\infty}x(n)(e^{j\omega n})^*\right]^*d\omega$$

$$=\frac{1}{2\pi}\int_{-\pi}^{\pi}X(e^{j\omega})\left[\sum_{n=-\infty}^{\infty}x(n)e^{-j\omega n}\right]^*d\omega=\frac{1}{2\pi}\int_{-\pi}^{\pi}X(e^{j\omega})X^*(e^{j\omega})d\omega=\frac{1}{2\pi}\int_{-\pi}^{\pi}|X(e^{j\omega})|^2\,d\omega$$

$x(n)$、$X(e^{j\omega})$ 只是同一个信号在时域和频域的不同表现形式而已，帕斯维尔(Parseval)能量守恒定理反映了信号不变则能量不变。

2.2.6　复序列共轭的 DTFT

$$\mathrm{DTFT}[x^*(n)]=X^*(e^{-j\omega}) \tag{2-20}$$

$$\mathrm{DTFT}[x^*(-n)]=X^*(e^{j\omega}) \tag{2-21}$$

证明：利用 DTFT 公式(2-4)和 1.1 节式(1-39)，有

$$\mathrm{DTFT}[x^*(-n)]=\sum_{n=-\infty}^{\infty}x^*(-n)e^{-j\omega n}=\sum_{n=-\infty}^{\infty}[x(-n)e^{j\omega n}]^*=\left[\sum_{n=-\infty}^{\infty}x(-n)e^{j\omega n}\right]^*$$

$$\xlongequal{m=-n}\left[\sum_{m=-\infty}^{\infty}x(m)e^{-j\omega m}\right]^*=X^*(e^{j\omega})$$

2.2.7　DTFT 的共轭对称性

对于实序列 $x(n)$，当 $x(n)=x(-n)$ 时，$x(n)$ 具有偶对称性；当 $x(n)=-x(-n)$ 时，$x(n)$ 具有奇对称性，其对称中心在 $n=0$。实序列只是复序列的特例，本小节分析复序列及其离散时间傅里叶变换的共轭对称性。

1. 共轭对称信号

对于复序列，用 $x_e(n)$ 表示共轭对称序列，它满足

$$x_e(n)=x_e^*(-n) \tag{2-22}$$

$n=0$ 是它的对称中心。

令 $x_e(n)$ 的实部为 $x_{er}(n)$，虚部为 $x_{ei}(n)$，模为 $|x_e(n)|$，相角为 $\arg[x_e(n)]$，则 $x_e(n)$ 可以表示为

$$x_e(n)=x_{er}(n)+jx_{ei}(n)=|x_e(n)|\,e^{j\arg[x_e(n)]} \tag{2-23}$$

对 n 取反，有

$$x_{\rm e}(-n)=x_{\rm er}(-n)+{\rm j}x_{\rm ei}(-n) \tag{2-24}$$

再对等式两端取共轭，有

$$x_{\rm e}^*(-n)=x_{\rm er}(-n)-{\rm j}x_{\rm ei}(-n) \tag{2-25}$$

由于 $x_{\rm e}(n)$ 为共轭对称序列，满足式(2-22)，所以式(2-23)与式(2-25)等号右侧的实部、虚部分别对应相等，即

$$x_{\rm er}(n)=x_{\rm er}(-n) \tag{2-26}$$

$$x_{\rm ei}(n)=-x_{\rm ei}(-n) \tag{2-27}$$

$$|x_{\rm e}(n)|=\sqrt{x_{\rm er}^2(n)+x_{\rm ei}^2(n)} \tag{2-28}$$

结论：共轭对称序列的实部 $x_{\rm er}(n)$ 偶对称，虚部 $x_{\rm ei}(n)$ 奇对称，模 $|x_{\rm e}(n)|$ 偶对称，相角 $\arg[x_{\rm e}(n)]$ 奇对称。

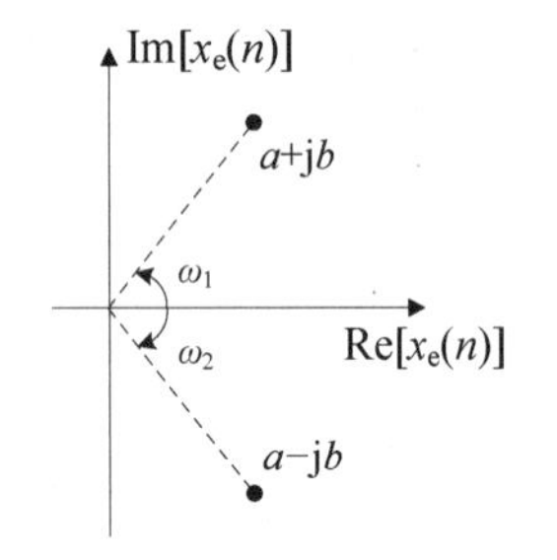

图 2-3　$x_{\rm e}(n)$ 的相角奇对称

复数取共轭就是实部不变、虚部取反。复序列 $x_{\rm e}(n)$ 以 $n=0$ 为对称中心两两共轭成对，所以被称为共轭对称序列。

如图 2-3 所示，$a+{\rm j}b$ 与 $a-{\rm j}b$ 是 $x_{\rm e}(n)$ 中关于 $n=0$ 共轭对称的两个点，相角 $\omega_2=-\omega_1$。

不仅满足式(2-22)的离散序列具有共轭对称性，若

$$X_{\rm e}({\rm e}^{{\rm j}\omega})=X_{\rm e}^*({\rm e}^{-{\rm j}\omega}) \tag{2-29}$$

则 $X_{\rm e}({\rm e}^{{\rm j}\omega})$ 也具有共轭对称性，$\omega=0$ 是它的对称中心，$X_{\rm e}({\rm e}^{{\rm j}\omega})$ 是关于 ω 连续变化的。例如，由 1.1 节式(1-39)可知，${\rm e}^{{\rm j}\omega n}$ 关于 ω 具有共轭对称性。

2. 共轭反对称信号

对于复序列，用 $x_{\rm o}(n)$ 表示共轭反对称序列，它满足

$$x_{\rm o}(n)=-x_{\rm o}^*(-n) \tag{2-30}$$

$n=0$ 是它的对称中心。

令 $x_{\rm o}(n)$ 的实部为 $x_{\rm or}(n)$，虚部为 $x_{\rm oi}(n)$，模为 $|x_{\rm o}(n)|$，相角为 $\arg[x_{\rm o}(n)]$。经过与上面类似的推导过程可得

$$x_{\rm or}(n)=-x_{\rm or}(-n) \tag{2-31}$$

$$x_{\rm oi}(n)=x_{\rm oi}(-n) \tag{2-32}$$

$$|x_{\rm o}(n)|=\sqrt{x_{\rm or}^2(n)+x_{\rm oi}^2(n)} \tag{2-33}$$

结论：共轭反对称序列的实部 $x_{\rm or}(n)$ 奇对称，虚部 $x_{\rm oi}(n)$ 偶对称，模 $|x_{\rm o}(n)|$ 偶对称，相角 $\arg[x_{\rm o}(n)]$ 没有对称性。

如图 2-4 所示，$c+{\rm j}d$ 与 $-c+{\rm j}d$ 是 $x_{\rm o}(n)$ 中关于 $n=0$ 共轭反对称的两个点，相角 $\omega_4=\pi-\omega_3$。

同样，不仅满足式(2-30)的离散序列具有共轭反对称性，若

$$X_{\rm o}({\rm e}^{{\rm j}\omega})=-X_{\rm o}^*({\rm e}^{-{\rm j}\omega}) \tag{2-34}$$

则 $X_{\rm o}({\rm e}^{{\rm j}\omega})$ 也具有共轭反对称性，$\omega=0$ 是它的对称中心，$X_{\rm o}({\rm e}^{{\rm j}\omega})$ 是关于 ω 连续变化的。

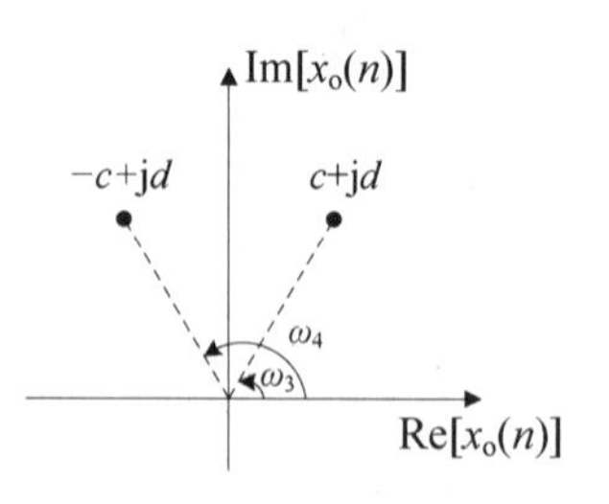

图 2-4　$x_{\rm o}(n)$ 的相角没有对称性

3. 复信号的分解

当 $x(n)$ 为复序列时，令 $x(n)$ 的实部为 $x_{\mathrm{r}}(n)$，虚部为 $x_{\mathrm{i}}(n)$，其中 $x_{\mathrm{r}}(n)$ 与 $x_{\mathrm{i}}(n)$ 均为实序列，则可将 $x(n)$ 分解为

$$x(n)=x_{\mathrm{r}}(n)+\mathrm{j}x_{\mathrm{i}}(n) \tag{2-35}$$

即任何序列都可以分解为实部加 j× 虚部的形式。

对式(2-35)两端取共轭，有

$$x^{*}(n)=x_{\mathrm{r}}(n)-\mathrm{j}x_{\mathrm{i}}(n) \tag{2-36}$$

由以上两式可导出 $x_{\mathrm{r}}(n)$、$x_{\mathrm{i}}(n)$，用 $x(n)$ 与 $x^{*}(n)$ 的组合表示为

$$x_{\mathrm{r}}(n)=\frac{1}{2}[x(n)+x^{*}(n)] \tag{2-37}$$

$$x_{\mathrm{i}}(n)=\frac{1}{2\mathrm{j}}[x(n)-x^{*}(n)] \tag{2-38}$$

当 $x(n)$ 为复序列时，令 $x(n)$ 的共轭对称分量为 $x_{\mathrm{e}}(n)$，共轭反对称分量为 $x_{\mathrm{o}}(n)$，其中 $x_{\mathrm{e}}(n)$ 与 $x_{\mathrm{o}}(n)$ 均为复序列，则可将 $x(n)$ 分解为

$$x(n)=x_{\mathrm{e}}(n)+x_{\mathrm{o}}(n) \tag{2-39}$$

即任何序列都可以分解为共轭对称分量与共轭反对称分量之和的形式。

对式(2-39)中的 n 取反，再对等式两端取共轭，利用式(2-22)和式(2-30)，可得

$$x^{*}(-n)=x_{\mathrm{e}}^{*}(-n)+x_{\mathrm{o}}^{*}(-n)=x_{\mathrm{e}}(n)-x_{\mathrm{o}}(n) \tag{2-40}$$

由以上两式可导出 $x_{\mathrm{e}}(n)$、$x_{\mathrm{o}}(n)$，用 $x(n)$ 与 $x^{*}(-n)$ 的组合表示为

$$x_{\mathrm{e}}(n)=\frac{1}{2}[x(n)+x^{*}(-n)] \tag{2-41}$$

$$x_{\mathrm{o}}(n)=\frac{1}{2}[x(n)-x^{*}(-n)] \tag{2-42}$$

实序列是复序列的特例，只有实部，没有虚部。当 $x(n)$ 为实序列时，式(2-35)和式(2-36)中的 $x_{\mathrm{i}}(n)=0$，则

$$x(n)=x^{*}(n)=x_{\mathrm{r}}(n) \tag{2-43}$$

设实序列 $x(n)$ 的共轭对称分量为 $x_{\mathrm{re}}(n)$，共轭反对称分量为 $x_{\mathrm{ro}}(n)$，根据式(2-39)、式(2-41)和式(2-42)，可将实序列 $x(n)$ 分解为

$$x(n)=x_{\mathrm{re}}(n)+x_{\mathrm{ro}}(n) \tag{2-44}$$

其中

$$x_{\mathrm{re}}(n)=\frac{1}{2}[x(n)+x(-n)] \tag{2-45}$$

$$x_{\mathrm{ro}}(n)=\frac{1}{2}[x(n)-x(-n)] \tag{2-46}$$

结论：实序列可以分解为偶对称分量与奇对称分量之和的形式。

$x_{\mathrm{re}}(n)$ 与 $x_{\mathrm{ro}}(n)$ 只有实部，没有虚部。共轭对称分量的实部偶对称，共轭反对称分量的实部奇对称，所以 $x_{\mathrm{re}}(n)$ 是实的偶对称序列，$x_{\mathrm{ro}}(n)$ 是实的奇对称序列。式(2-44)～式(2-46)与 1.2.3 小节式(1-41)～式(1-43)一致，如图 1-7(d)、图 1-7(f)、图 1-7(h)、图 1-7(i)所示，$x(n)=\{1,2,3\}$ ($0\leqslant n\leqslant 2$)、$x(-n)$、$x_{\mathrm{re}}(n)$ 和 $x_{\mathrm{ro}}(n)$ 的波形验证了以上结论。

类似地，$X(\mathrm{e}^{\mathrm{j}\omega})$ 可以分解为实部加 j× 虚部的形式，即

$$X(\mathrm{e}^{\mathrm{j}\omega}) = X_{\mathrm{r}}(\mathrm{e}^{\mathrm{j}\omega}) + \mathrm{j}X_{\mathrm{i}}(\mathrm{e}^{\mathrm{j}\omega}) \tag{2-47}$$

其中

$$X_{\mathrm{r}}(\mathrm{e}^{\mathrm{j}\omega}) = \frac{1}{2}[X(\mathrm{e}^{\mathrm{j}\omega}) + X^*(\mathrm{e}^{\mathrm{j}\omega})] \tag{2-48}$$

$$X_{\mathrm{i}}(\mathrm{e}^{\mathrm{j}\omega}) = \frac{1}{2\mathrm{j}}[X(\mathrm{e}^{\mathrm{j}\omega}) - X^*(\mathrm{e}^{\mathrm{j}\omega})] \tag{2-49}$$

$X(\mathrm{e}^{\mathrm{j}\omega})$ 也可以分解为共轭对称分量与共轭反对称分量之和的形式，即

$$X(\mathrm{e}^{\mathrm{j}\omega}) = X_{\mathrm{e}}(\mathrm{e}^{\mathrm{j}\omega}) + X_{\mathrm{o}}(\mathrm{e}^{\mathrm{j}\omega}) \tag{2-50}$$

其中

$$X_{\mathrm{e}}(\mathrm{e}^{\mathrm{j}\omega}) = \frac{1}{2}[X(\mathrm{e}^{\mathrm{j}\omega}) + X^*(\mathrm{e}^{-\mathrm{j}\omega})] \tag{2-51}$$

$$X_{\mathrm{o}}(\mathrm{e}^{\mathrm{j}\omega}) = \frac{1}{2}[X(\mathrm{e}^{\mathrm{j}\omega}) - X^*(\mathrm{e}^{-\mathrm{j}\omega})] \tag{2-52}$$

4. DTFT 的共轭对称性

设复序列 $x(n)$ 的离散时间傅里叶变换(DTFT)为 $X(\mathrm{e}^{\mathrm{j}\omega})$，则 DTFT 的共轭对称性在时域和频域的对应关系为

$$\begin{array}{rcccccc} \text{时域} & x(n) & = & x_{\mathrm{r}}(n) & + & \mathrm{j}x_{\mathrm{i}}(n) \\ \mathrm{DTFT}\downarrow & \downarrow & & \downarrow & & \downarrow \\ \text{频域} & X(\mathrm{e}^{\mathrm{j}\omega}) & = & X_{\mathrm{e}}(\mathrm{e}^{\mathrm{j}\omega}) & + & X_{\mathrm{o}}(\mathrm{e}^{\mathrm{j}\omega}) \end{array} \tag{2-53}$$

其中

$$\mathrm{DTFT}[x_{\mathrm{r}}(n)] = X_{\mathrm{e}}(\mathrm{e}^{\mathrm{j}\omega}) \tag{2-54}$$

$$\mathrm{DTFT}[\mathrm{j}x_{\mathrm{i}}(n)] = X_{\mathrm{o}}(\mathrm{e}^{\mathrm{j}\omega}) \tag{2-55}$$

结论：实序列的傅里叶变换具有共轭对称性，纯虚序列的傅里叶变换具有共轭反对称性。

$$\begin{array}{rcccccc} \text{时域} & x(n) & = & x_{\mathrm{e}}(n) & + & x_{\mathrm{o}}(n) \\ \mathrm{DTFT}\downarrow & \downarrow & & \downarrow & & \downarrow \\ \text{频域} & X(\mathrm{e}^{\mathrm{j}\omega}) & = & X_{\mathrm{r}}(\mathrm{e}^{\mathrm{j}\omega}) & + & \mathrm{j}X_{\mathrm{i}}(\mathrm{e}^{\mathrm{j}\omega}) \end{array} \tag{2-56}$$

其中

$$\mathrm{DTFT}[x_{\mathrm{e}}(n)] = X_{\mathrm{r}}(\mathrm{e}^{\mathrm{j}\omega}) \tag{2-57}$$

$$\mathrm{DTFT}[x_{\mathrm{o}}(n)] = \mathrm{j}X_{\mathrm{i}}(\mathrm{e}^{\mathrm{j}\omega}) \tag{2-58}$$

结论：共轭对称序列的傅里叶变换只有实部，共轭反对称序列的傅里叶变换只有 j× 虚部。

证明：由式(2-37)、式(2-20)和式(2-51)，有

$$\mathrm{DTFT}[x_{\mathrm{r}}(n)] = \frac{1}{2}\mathrm{DTFT}[x(n) + x^*(n)] = \frac{1}{2}[X(\mathrm{e}^{\mathrm{j}\omega}) + X^*(\mathrm{e}^{-\mathrm{j}\omega})] = X_{\mathrm{e}}(\mathrm{e}^{\mathrm{j}\omega})$$

由式(2-38)、式(2-20)和式(2-52)，有

$$\mathrm{DTFT}[\mathrm{j}x_{\mathrm{i}}(n)] = \frac{1}{2}\mathrm{DTFT}[x(n) - x^*(n)] = \frac{1}{2}[X(\mathrm{e}^{\mathrm{j}\omega}) - X^*(\mathrm{e}^{-\mathrm{j}\omega})] = X_{\mathrm{o}}(\mathrm{e}^{\mathrm{j}\omega})$$

由式(2-41)、式(2-21)和式(2-48)，有

$$\text{DTFT}[x_e(n)]=\frac{1}{2}\text{DTFT}[x(n)+x^*(-n)]=\frac{1}{2}[X(e^{j\omega})+X^*(e^{j\omega})]=X_r(e^{j\omega})$$

由式(2-42)、式(2-21)和式(2-49)，有

$$\text{DTFT}[x_o(n)]=\frac{1}{2}\text{DTFT}[x(n)-x^*(-n)]=\frac{1}{2}[X(e^{j\omega})-X^*(e^{j\omega})]=jX_i(e^{j\omega})$$

数字信号处理中的时域信号通常为实序列。根据式(2-54)，实序列的傅里叶变换具有共轭对称性，它的实部和模偶对称，虚部奇对称。例如，将 2.1 节例 2-1 中 $R_4(n)$ 的 DTFT $X(e^{j\omega})$ 写成实部加 j×虚部的形式，有

$$\begin{aligned}X(e^{j\omega})&=\text{DTFT}[R_4(n)]=e^{-j\frac{3}{2}\omega}\frac{\sin(2\omega)}{\sin\left(\frac{\omega}{2}\right)}\\&=\cos\left(\frac{3\omega}{2}\right)\frac{\sin(2\omega)}{\sin\left(\frac{\omega}{2}\right)}-j\sin\left(\frac{3\omega}{2}\right)\frac{\sin(2\omega)}{\sin\left(\frac{\omega}{2}\right)}\end{aligned}\tag{2-59}$$

可验证 $X(e^{j\omega})$ 的实部具有偶对称性，虚部具有奇对称性。而图 2-2(b)中的幅频特性曲线也显示了模 $|X(e^{j\omega})|$ 具有偶对称性。由于 $X(e^{j\omega})$ 关于 ω 以 2π 为周期，又考虑到 $|X(e^{j\omega})|$ 的偶对称性，利用这两个特点，在画幅频特性曲线时通常只画 $\omega\in[0,\pi]$ 区间范围内的波形即可。

下面分析实序列的两个特例——实的偶对称序列和实的奇对称序列傅里叶变换的特点。

利用式(2-44)将实序列 $x_r(n)$ 分解为共轭对称分量 $x_{re}(n)$ 与共轭反对称分量 $x_{ro}(n)$ 之和的形式，其中 $x_{re}(n)$ 为实的偶对称序列，$x_{ro}(n)$ 为实的奇对称序列。相应地，根据 DTFT 的共轭对称性，仿照式(2-56)把 $x_r(n)$ 的 DTFT $X_e(e^{j\omega})$ 分解为实部 $X_{er}(e^{j\omega})$ 加 j×虚部 $X_{ei}(e^{j\omega})$ 的形式，即

$$\begin{array}{rccccc}\text{时域} & x_r(n) & = & x_{re}(n) & + & x_{ro}(n)\\ \text{DTFT}\downarrow & \downarrow & & \downarrow & & \downarrow\\ \text{频域} & X_e(e^{j\omega}) & = & X_{er}(e^{j\omega}) & + & jX_{ei}(e^{j\omega})\end{array}\tag{2-60}$$

其中

$$\text{DTFT}[x_{re}(n)]=X_{er}(e^{j\omega})\tag{2-61}$$

$$\text{DTFT}[x_{ro}(n)]=jX_{ei}(e^{j\omega})\tag{2-62}$$

由于 $x_r(n)$ 为实序列，所以 $X_e(e^{j\omega})$ 共轭对称，其实部 $X_{er}(e^{j\omega})$ 偶对称，虚部 $X_{ei}(e^{j\omega})$ 奇对称。

结论：实的偶对称序列的傅里叶变换仍然是实的偶对称的，而实的奇对称序列的傅里叶变换是纯虚的奇对称的。

2.3　周期序列的离散傅里叶级数

在连续信号与系统中已经知道，以 T_0 为周期的连续周期信号 $\tilde{x}(t)$ 的傅里叶级数(Fourier Series，FS) $X(k)$ 及其反变换(IFS)公式为

$$X(k)=\mathrm{FS}[\tilde{x}(t)]=\int_{-T_0/2}^{T_0/2}\tilde{x}(t)\mathrm{e}^{-\mathrm{j}\frac{2\pi}{T_0}kt}\mathrm{d}t \quad -\infty<k<\infty,\quad k\in\mathbf{Z} \tag{2-63}$$

$$\tilde{x}(t)=\mathrm{IFS}[X(k)]=\frac{1}{T_0}\sum_{k=-\infty}^{\infty}X(k)\mathrm{e}^{\mathrm{j}\frac{2\pi}{T_0}kt} \tag{2-64}$$

根据傅里叶变换性质中时域特性与频域特性的对应关系(时域连续，频域非周期；时域周期，频域离散)，$X(k)$ 为非周期的离散谱。

FS 与 IFS 公式的构成规律如下：e 的复指数 $\mathrm{e}^{\pm\mathrm{j}2\pi kt/T_0}$ 中的系数 $2\pi/T_0$ 为“2π/周期”。在正变换 FS 公式(2-63)中，$\tilde{x}(t)$ 乘以 e 的负的复指数，由于 $\tilde{x}(t)$ 以 T_0 为周期，所以对 t 在 $\tilde{x}(t)$ 的一个完整周期内(从 $-T_0/2$ 到 $T_0/2$)积分，t 为连续变量所以用积分。在反变换 IFS 公式(2-64)中，$X(k)$ 乘以 e 的正的复指数，由于 $X(k)$ 没有周期性，所以对 k 从 $-\infty$ 到 ∞ 求和，再乘以周期 T_0 的倒数，k 为离散变量所以用求和。

与式(2-63)和式(2-64)类似，可以得到以 N 为周期的周期序列 $\tilde{x}(n)$ 的离散傅里叶级数(Discrete Fourier Series，DFS) $\tilde{X}(k)$ 及其反变换(IDFS)公式，即

$$\tilde{X}(k)=\mathrm{DFS}[\tilde{x}(n)]=\sum_{n=0}^{N-1}\tilde{x}(n)\mathrm{e}^{-\mathrm{j}\frac{2\pi}{N}kn} \quad -\infty<k<\infty,\quad k\in\mathbf{Z} \tag{2-65}$$

$$\tilde{x}(n)=\mathrm{IDFS}[\tilde{X}(k)]=\frac{1}{N}\sum_{k=0}^{N-1}\tilde{X}(k)\mathrm{e}^{\mathrm{j}\frac{2\pi}{N}kn} \quad -\infty<n<\infty,\quad n\in\mathbf{Z} \tag{2-66}$$

由

$$\mathrm{e}^{-\mathrm{j}\frac{2\pi}{N}(k+mN)n}=\mathrm{e}^{-\mathrm{j}\frac{2\pi}{N}kn}\mathrm{e}^{-\mathrm{j}2\pi mn}=\mathrm{e}^{-\mathrm{j}\frac{2\pi}{N}kn} \quad N\in\mathbf{Z}^{+} \tag{2-67}$$

可知，式(2-65)中的 $\mathrm{e}^{-\mathrm{j}2\pi kn/N}$ 关于 k 以 N 为周期，即 $\tilde{X}(k)$ 以 N 为周期。所以，周期序列 $\tilde{x}(n)$ 及其离散傅里叶级数 $\tilde{X}(k)$ 均是离散的、以 N 为周期的序列。因此，在式(2-65)和式(2-66)中对 n 与 k 都是在一个周期内(从 0 到 $N-1$)求和。

通过比较式(2-65)与式(2-4)，还可以得到周期序列的离散傅里叶级数(DFS) $\tilde{X}(k)$ 与无限长序列的离散时间傅里叶变换(DTFT) $X(\mathrm{e}^{\mathrm{j}\omega})$ 之间的关系，即

$$\omega=\frac{2\pi}{N}k \quad -\infty<k<\infty,\quad k\in\mathbf{Z} \tag{2-68}$$

$\tilde{X}(k)$ 以 N 为周期，$X(\mathrm{e}^{\mathrm{j}\omega})$ 以 2π 为周期。在频域，$\tilde{X}(k)$ 是对 $X(\mathrm{e}^{\mathrm{j}\omega})$ 在每 2π 周期内的 N 点等间隔采样。在时域，周期序列 $\tilde{x}(n)$ 是对无限长序列 $x(n)$ 以 N 为周期进行周期延拓。

【例 2-3】 设 $x(n)=R_4(n)$，将 $x(n)$ 以 $N=8$ 为周期进行周期延拓，求其离散傅里叶级数(DFS) $\tilde{X}(k)$，并画出其幅频特性曲线 $|\tilde{X}(k)|$。

解：在 2.1 节例 2-1 中已经求出序列 $x(n)=R_4(n)$ 的 DTFT，即

$$X(\mathrm{e}^{\mathrm{j}\omega})=\frac{1-\mathrm{e}^{-\mathrm{j}4\omega}}{1-\mathrm{e}^{-\mathrm{j}\omega}}=\mathrm{e}^{-\mathrm{j}\frac{3}{2}\omega}\frac{\sin(2\omega)}{\sin\left(\dfrac{\omega}{2}\right)}$$

$x(n)$ 与 $|X(\mathrm{e}^{\mathrm{j}\omega})|$ 的波形如图 2-2 所示。将 $x(n)$ 以 $N=8$ 为周期进行周期延拓得到 $\tilde{x}(n)$ [见图 2-5(a)]，根据 DTFT 与 DFS 的关系，只需将 $\omega=2\pi k/N=\pi k/4$ 代入上式即可得到此周期序列的 DFS，即

$$\tilde{X}(k)=\frac{1-\mathrm{e}^{-\mathrm{j}\pi k}}{1-\mathrm{e}^{-\mathrm{j}\pi k/4}}=\mathrm{e}^{-\mathrm{j}\frac{3}{8}\pi k}\frac{\sin\left(\frac{\pi k}{2}\right)}{\sin\left(\frac{\pi k}{8}\right)}\quad -\infty<k<\infty$$

幅频特性：$|\tilde{X}(k)|=\left|\frac{\sin(\pi k/2)}{\sin(\pi k/8)}\right|$

峰值：$|\tilde{X}(0)|=\frac{\pi k/2}{\pi k/8}=4$

一个周期内的过零点：$\pi k/2=m\pi\Rightarrow k=2m$（$m=1,2,3$）。

$\tilde{X}(k)$ 的幅频特性曲线 $|\tilde{X}(k)|$ 如图 2-5(b)所示，它可以通过在 $|X(\mathrm{e}^{\mathrm{j}\omega})|$ 的每 2π 周期内等间隔采 8 个点得到，图 2-5(b)中的虚线即为 $|X(\mathrm{e}^{\mathrm{j}\omega})|$，它是 $|\tilde{X}(k)|$ 的包络。

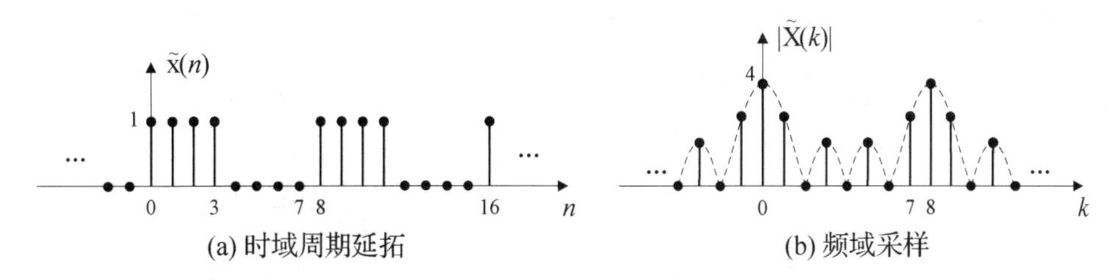

图 2-5　周期序列 $\tilde{x}(n)$ 及其 DFS 的幅频特性曲线 $|\tilde{X}(k)|$

此题当然也可以直接用 DFS 公式(2-65)求解。

2.4　序列的 z 变换

傅里叶变换在解决实际问题中有许多方便之处，得到了广泛的应用。例如，正弦信号的傅里叶变换非常简单，只在特定频率处有幅值；利用卷积定理可以将时域卷积运算转换为频域乘法运算。但是要想使序列的傅里叶变换存在，必须满足序列绝对可和的条件，这限制了某些增长、发散序列的傅里叶变换的存在。为了使更多的序列存在变换，提出了 z 变换(z Transform，ZT)。

2.4.1　z 变换的定义及收敛域

1. z 变换的定义

$$X(z)=\mathrm{ZT}[x(n)]=\sum_{n=-\infty}^{\infty}x(n)z^{-n}\quad R_{x^-}<|z|<R_{x^+}\tag{2-69}$$

当 $R_{x^-}<|z|<R_{x^+}$ 时，序列 $x(n)$ 的 z 变换 $X(z)$ 存在。z 是复变量，所在的复平面称为 z 平面。

比较式(2-69)与式(2-4)，可得序列的 z 变换 $X(z)$ 与序列的离散时间傅里叶变换(DTFT) $X(\mathrm{e}^{\mathrm{j}\omega})$ 之间的关系，即

$$X(\mathrm{e}^{\mathrm{j}\omega})=X(z)|_{z=\mathrm{e}^{\mathrm{j}\omega}}\tag{2-70}$$

由 1.1 节式(1-38)可知，$|\mathrm{e}^{\mathrm{j}\omega}|=1$，所以 $X(\mathrm{e}^{\mathrm{j}\omega})$ 是 $X(z)$ 在单位圆上的特例[见图 2-6]，而 $X(z)$

是 $X(e^{j\omega})$ 的推广。所以，当 $X(z)$ 的收敛域 $R_{x^-}<|z|<R_{x^+}$ 包含单位圆($|z|=1$)时，$X(e^{j\omega})$ 才存在。

2. z 变换的收敛域

z 变换存在的条件是使 $|X(z)|<\infty$，即

$$|X(z)|\leqslant\sum_{n=-\infty}^{\infty}|x(n)z^{-n}|<\infty \tag{2-71}$$

也就是说，为了使 $X(z)$ 收敛，$x(n)z^{-n}$ 必须满足绝对可和的条件，这个条件比傅里叶变换存在的条件"$x(n)$ 绝对可和"放宽了。

对于任意给定的序列 $x(n)$，使其 z 变换 $X(z)$ 收敛的所有 $|z|$ 的取值范围就是 $X(z)$ 的收敛域(Region of Convergence，ROC)。如图 2-7 所示，收敛域是圆环域，$R_{x^-}<|z|<R_{x^+}$，其中 R_{x^-} 与 R_{x^+} 是收敛半径，为正实数。R_{x^-} 有可能趋向于 0，R_{x^+} 有可能趋向于 ∞。

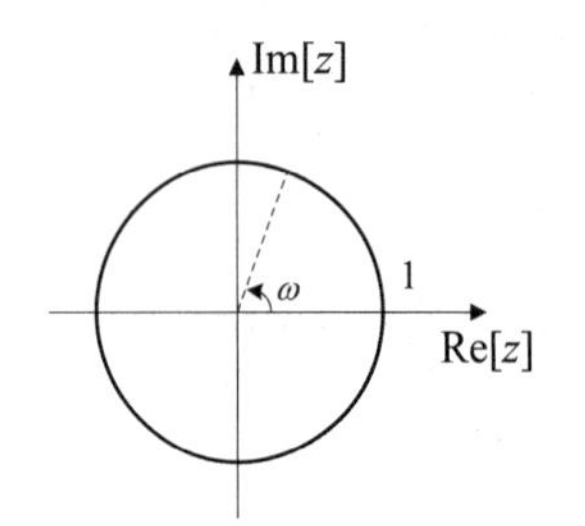

图 2-6　z 变换与 DTFT 的关系

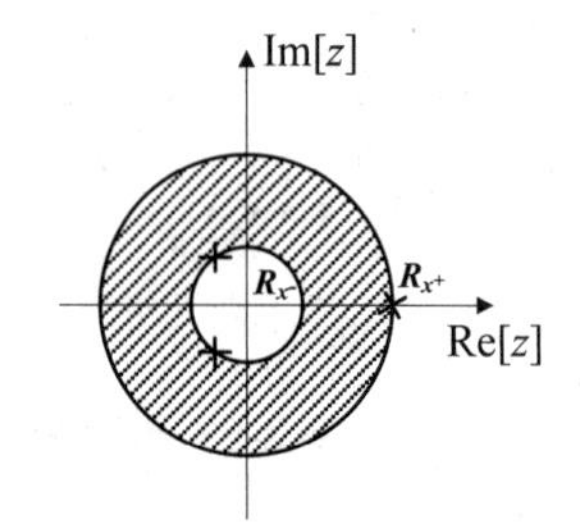

图 2-7　z 变换的收敛域

3. 零点、极点

z 变换可以用有理分式表示为

$$X(z)=A\frac{(z-c_1)(z-c_2)^M}{(z-d_1)(z-d_2)^N}\quad M\in\mathbf{Z}^+,\ N\in\mathbf{Z}^+ \tag{2-72}$$

使 $X(z)=0$ 的 z 的取值称为零点，在 z 平面中用"○"表示；使 $X(z)\to\infty$ 的 z 的取值称为极点，在 z 平面中用"×"表示。由于极点是使 $X(z)\to\infty$ 的点，使 $X(z)$ 不收敛，所以收敛域中一定不包含极点，并且收敛域总是以极点为边界。

在式(2-72)中，c_1 为 $X(z)$ 的一阶零点，c_2 为 $X(z)$ 的 M 阶零点，d_1 为 $X(z)$ 的一阶极点，d_2 为 $X(z)$ 的 N 阶极点。

4. 收敛域的求法

由 z 变换公式(2-69)可知，z 变换是无穷级数的形式，判断正向无穷级数是否收敛的方法有比值法和根值法。

比值法是求一般项的后项与前项之比的极限，绝对值小于 1 则收敛，即

$$\lim_{n\to\infty}\left|\frac{x(n+1)z^{-(n+1)}}{x(n)z^{-n}}\right|<1 \tag{2-73}$$

根值法是计算一般项绝对值的 n 次方根的极限，也是小于 1 则收敛，即

$$\lim_{n\to\infty}\sqrt[n]{\left|x(n)z^{-n}\right|}<1 \tag{2-74}$$

2.4.2　z 变换收敛域与序列类型的关系

先来回答一个问题：在 $z=0$ 与 $z\to\infty$ 时，z^{-n} 是否收敛？

这取决于 n 的符号。当 $n>0$ 时，$0^{-n}\to\infty$，$\infty^{-n}\to 0$；当 $n<0$ 时，$0^{-n}\to 0$，$\infty^{-n}\to\infty$。这个结论将用于分析下面 4 种类型序列的 z 变换收敛域中是否包含 $z=0$ 和 $z\to\infty$ 这两个点。

1. 有限长序列

只在 $n_1\leqslant n\leqslant n_2$ 范围内有非零值，在其他 n 时刻其值均为 0 的序列称为有限长序列，即

$$x(n)=\begin{cases}x(n), & n_1\leqslant n\leqslant n_2\\ 0, & 其他n\end{cases} \tag{2-75}$$

其 z 变换为

$$X(z)=\sum_{n=n_1}^{n_2}x(n)z^{-n}=x(n_1)z^{-n_1}+x(n_1+1)z^{-(n_1+1)}+\cdots+x(n_2)z^{-n_2} \tag{2-76}$$

等式两端取绝对值，用放缩法可得

$$|X(z)|\leqslant|x(n_1)z^{-n_1}|+|x(n_1+1)z^{-(n_1+1)}|+\cdots+|x(n_2)z^{-n_2}| \tag{2-77}$$

如果 $|X(z)|<\infty$，则收敛。

由于序列 $x(n)$ 的幅值有界（$|x(n)|\leqslant C_x<\infty$），又为有限项求和（$n_1\leqslant n\leqslant n_2$），所以 $|X(z)|$ 在整个有限 z 平面收敛，其收敛域至少为 $0<|z|<\infty$。而 $z=0$ 和 $z\to\infty$ 是否在 $X(z)$ 的收敛域范围内，由 n_1、n_2 的符号决定。

1) 当 $n_1<n_2<0$ 时[见图 2-8]

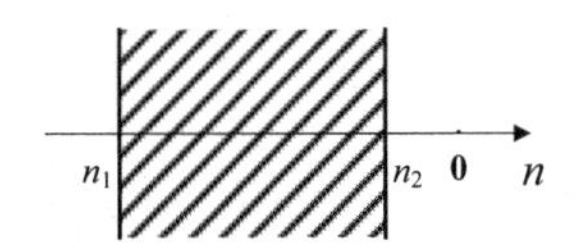

图 2-8　纯左边有限长序列($n_2<0$ 时)

在这种情况下，由于 $n>0$ 时 $x(n)=0$，所以 $x(n)$ 为纯左边序列。

将 $z=0$ 和 $z\to\infty$ 分别代入式(2-77)中。$z=0$ 时，$0^{-n_1}\to 0$、$0^{-n_2}\to 0$，使 $|X(z)|=0$ 收敛，收敛域包含 $z=0$；$z\to\infty$ 时，$\infty^{-n_1}\to\infty$、$\infty^{-n_2}\to\infty$，使 $|X(z)|\to\infty$ 不收敛，收敛域不包含 ∞。所以，$X(z)$ 的收敛域为 $0\leqslant|z|<\infty$。

2) 当 $n_1<0$、$n_2=0$ 时[见图 2-9]

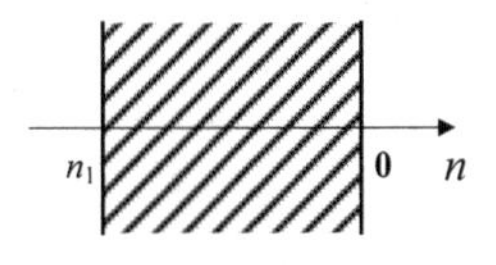

图 2-9　纯左边有限长序列($n_2=0$ 时)

在这种情况下，由于 $n>0$ 时 $x(n)=0$，所以 $x(n)$ 为纯左边序列。

$$X(z)=\sum_{n=n_1}^{0}x(n)z^{-n}=x(n_1)z^{-n_1}+\cdots+x(-2)z^2+x(-1)z+x(0) \tag{2-78}$$

$z=0$ 时，$0^{-n_1}\to 0$，$|X(z)|=|x(0)|$ 收敛，收敛域包含 $z=0$；$z\to\infty$ 时，$\infty^{-n_1}\to\infty$，使 $|X(z)|\to\infty$ 不收敛，收敛域不包含 ∞。所以，$X(z)$ 的收敛域为 $0\leqslant|z|<\infty$。

3) 当 $n_1<0$、$n_2>0$ 时[见图 2-10]

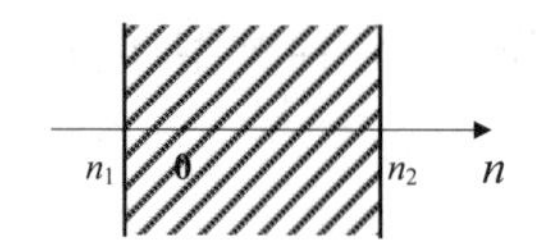

图 2-10　有限长序列($n_1<0$、$n_2>0$ 时)

这种情况的 $x(n)$ 在 $n<0$ 和 $n>0$ 时都有非零值，所以 $x(n)$ 既不是纯左边序列也不是因果序列。

$n_2>0$，在 $z=0$ 时，$0^{-n_2}\to\infty$；$n_1<0$，在 $z\to\infty$ 时，$\infty^{-n_1}\to\infty$。所以 $z=0$ 和 $z\to\infty$ 均使式(2-77)中的 $|X(z)|\to\infty$ 不收敛，二者均不在收敛域范围内。所以，$X(z)$ 的收敛域为 $0<|z|<\infty$。

4) 当 $n_1=0$、$n_2>0$ 时[见图 2-11]

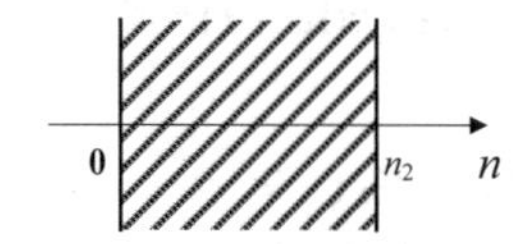

图 2-11　因果有限长序列($n_1=0$ 时)

在这种情况下，由于 $n<0$ 时 $x(n)=0$，所以 $x(n)$ 为因果序列。

$$X(z)=\sum_{n=0}^{n_2}x(n)z^{-n}=x(0)+x(1)z^{-1}+x(2)z^{-2}+\cdots+x(n_2-1)z^{-(n_2-1)}+x(n_2)z^{-n_2} \tag{2-79}$$

$z=0$ 时，$0^{-n_2}\to\infty$，使 $|X(z)|\to\infty$ 不收敛，收敛域不包含 $z=0$；$z\to\infty$ 时，$\infty^{-n_2}\to 0$，$|X(z)|=|x(0)|$ 收敛，收敛域包含 ∞。所以，$X(z)$ 的收敛域为 $0<|z|\leqslant\infty$。

5) 当 $0<n_1<n_2$ 时[见图 2-12]

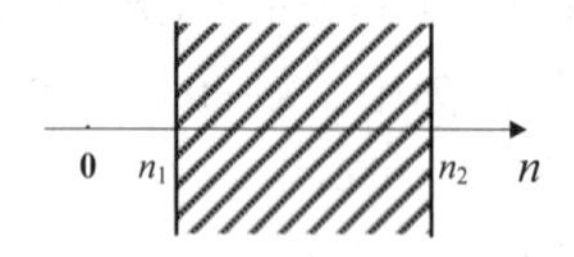

图 2-12　因果有限长序列($n_1>0$ 时)

在这种情况下，由于 $n<0$ 时 $x(n)=0$，所以 $x(n)$ 为因果序列。

将 $z=0$ 和 $z\to\infty$ 分别代入式(2-77)中。$z=0$ 时，$0^{-n_1}\to\infty$、$0^{-n_2}\to\infty$，使 $|X(z)|\to\infty$ 不收敛，收敛域不包含 $z=0$；$z\to\infty$ 时，$\infty^{-n_1}\to 0$、$\infty^{-n_2}\to 0$，使 $|X(z)|=0$ 收敛，收敛域包含 ∞。所以，$X(z)$ 的收敛域为 $0<|z|\leqslant\infty$。

2. 右边序列

在 $n \geqslant n_1$ 之后有非零值，在 $n < n_1$ 之前均为 0 的序列称为右边序列，即

$$x(n)=\begin{cases}0, & n<n_1 \\ x(n), & n \geqslant n_1\end{cases} \tag{2-80}$$

其 z 变换为

$$X(z)=\sum_{n=n_1}^{\infty} x(n) z^{-n}=x(n_1) z^{-n_1}+x(n_1+1) z^{-(n_1+1)}+\cdots \tag{2-81}$$

等式两端取绝对值，用放缩法可得

$$|X(z)| \leqslant |x(n_1) z^{-n_1}|+|x(n_1+1) z^{-(n_1+1)}|+\cdots \tag{2-82}$$

用根值法求它的收敛域

$$\lim_{n \rightarrow \infty} \sqrt[n]{|x(n) z^{-n}|}<1 \Rightarrow |z|>\lim_{n \rightarrow \infty} \sqrt[n]{|x(n)|}=R_{x^-} \tag{2-83}$$

可见，右边序列的收敛域是以 R_{x^-} 为半径的圆的外部。由于极点使 $|X(z)| \rightarrow \infty$，所以收敛域内不可能有极点，且收敛域总是以极点为边界，故 R_{x^-} 是 $X(z)$ 的最外侧极点的半径。

再由 n_1 的符号判断收敛域中是否包含 ∞。

1) 当 $n_1<0$ 时[见图 2-13]

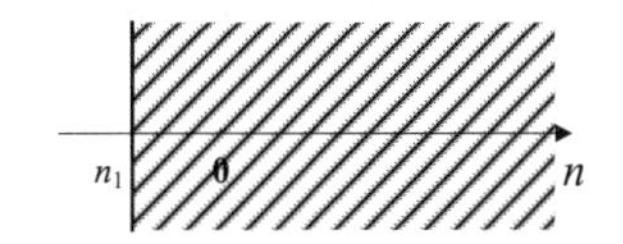

图 2-13　右边序列($n_1<0$ 时)

$z \rightarrow \infty$ 时，$\infty^{-n_1} \rightarrow \infty$，使 $|X(z)| \rightarrow \infty$ 不收敛。在这种情况下，$X(z)$ 的收敛域为 $R_{x^-}<|z|<\infty$，不包含 ∞。

2) 当 $n_1=0$ 时[见图 2-14]

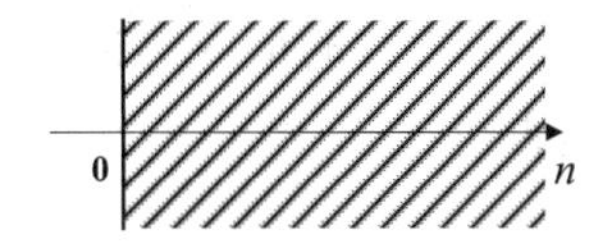

图 2-14　因果序列($n_1=0$ 时)

$$X(z)=\sum_{n=0}^{\infty} x(n) z^{-n}=x(0)+x(1) z^{-1}+x(2) z^{-2}+\cdots \tag{2-84}$$

$z \rightarrow \infty$ 时，∞ 的负次幂趋向于 0，$|X(z)|=|x(0)|$ 收敛。在这种情况下，$x(n)$ 为因果序列，$X(z)$ 的收敛域为 $R_{x^-}<|z| \leqslant \infty$，包含 ∞，写成 $|z|>R_{x^-}$ 即可。

3) 当 $n_1>0$ 时[见图 2-15]

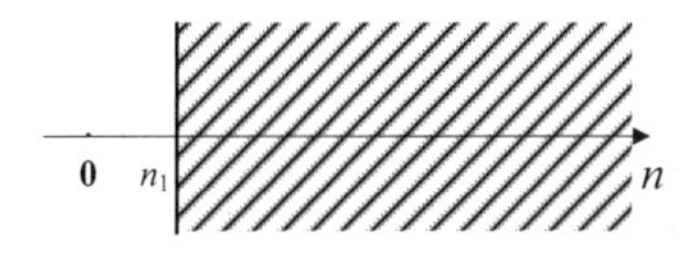

图 2-15　因果序列($n_1>0$ 时)

$z \to \infty$ 时，$\infty^{-n_1} \to 0$，使式(2-82)的$|X(z)|=0$收敛。在这种情况下，$x(n)$为因果序列，$X(z)$的收敛域为$R_{x^-} < |z| \leqslant \infty$，包含$\infty$，写成$|z| > R_{x^-}$即可。

图 2-16 所示为因果序列及其 z 变换的收敛域示意图。

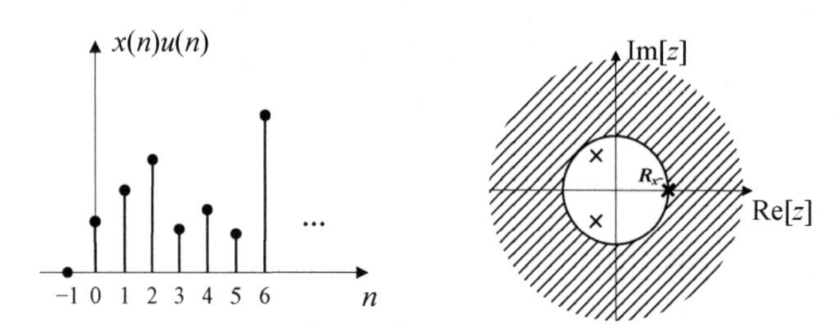

图 2-16　因果序列及其 z 变换的收敛域示意图

结论：因果序列 z 变换的收敛域在最外侧极点的外部，且包含∞；反之，如果序列 z 变换的收敛域包含∞，则该序列必为因果序列。

3. 左边序列

在$n \leqslant n_2$之前有非零值，在$n > n_2$之后均为 0 的序列称为左边序列，即

$$x(n)=\begin{cases} x(n), & n \leqslant n_2 \\ 0, & n > n_2 \end{cases} \tag{2-85}$$

其 z 变换为

$$X(z)=\sum_{n=-\infty}^{n_2} x(n)z^{-n} = \cdots + x(n_2-1)z^{-(n_2-1)} + x(n_2)z^{-n_2} \xlongequal{m=-n} \sum_{m=-n_2}^{\infty} x(-m)z^{m} \tag{2-86}$$

用根值法求它的收敛域，有

$$\lim_{m\to\infty}\sqrt[m]{|x(-m)z^m|} < 1 \Rightarrow |z| < \frac{1}{\lim\limits_{m\to\infty}\sqrt[m]{|x(-m)|}} = R_{x^+} \tag{2-87}$$

可见，左边序列的收敛域是以R_{x^+}为半径的圆的内部。由于收敛域内不可能有极点，且收敛域总是以极点为边界，故R_{x^+}是$X(z)$的最内侧极点的半径。

再由n_2的符号判断收敛域中是否包含$z=0$。

1) 当$n_2 > 0$时[见图 2-17]

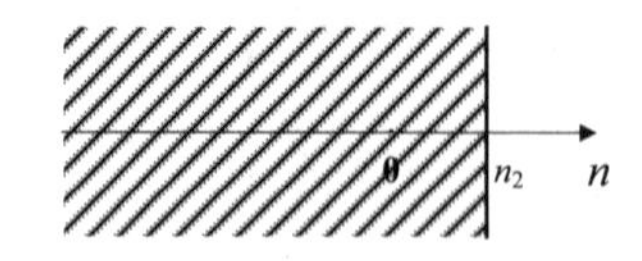

图 2-17　左边序列($n_2 > 0$时)

$z=0$时，$0^{-n_2} \to \infty$，使$|X(z)| \to \infty$不收敛。在这种情况下，$X(z)$的收敛域为$0 < |z| < R_{x^+}$，不包含$z=0$。

2) 当$n_2 = 0$时[见图 2-18]

$$X(z)=\sum_{n=-\infty}^{0} x(n)z^{-n} = \cdots + x(-2)z^{2} + x(-1)z + x(0) \tag{2-88}$$

$z=0$时，0 的正次幂为 0，$|X(z)|=|x(0)|$收敛。在这种情况下，$x(n)$为纯左边序列，

$X(z)$ 的收敛域为 $0 \leqslant |z| < R_{x^+}$，包含 $z=0$，写成 $|z| < R_{x^+}$ 即可。

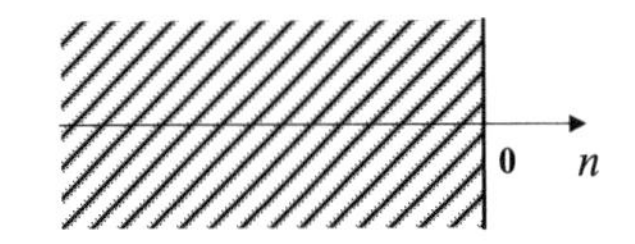

图 2-18　纯左边序列($n_2 = 0$ 时)

3) 当 $n_2 < 0$ 时[见图 2-19]

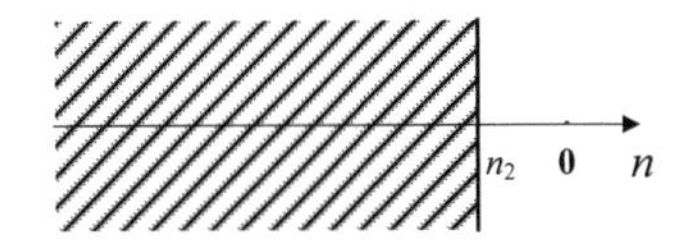

图 2-19　纯左边序列($n_2 < 0$ 时)

$z=0$ 时，$0^{-n_2} \to 0$，使式(2-86)的 $|X(z)|=0$ 收敛。在这种情况下，$x(n)$ 为纯左边序列，$X(z)$ 的收敛域为 $0 \leqslant |z| < R_{x^+}$，包含 $z=0$，写成 $|z| < R_{x^+}$ 即可。

图 2-20 所示为纯左边序列及其 z 变换的收敛域示意图。

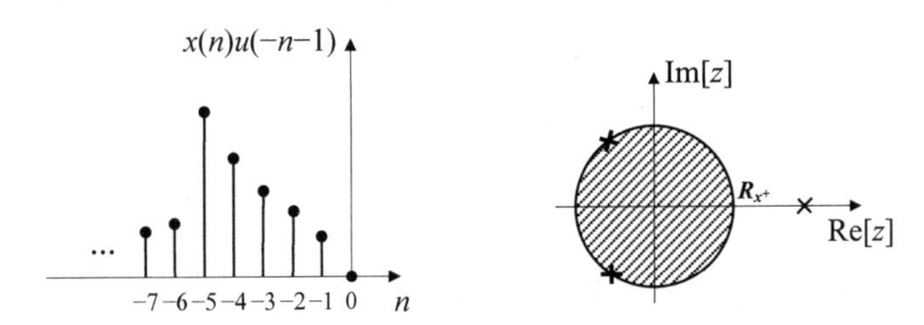

图 2-20　纯左边序列及其 z 变换的收敛域示意图

结论：纯左边序列 z 变换的收敛域在最内侧极点的内部，且包含 $z=0$；反之，如果序列 z 变换的收敛域包含 $z=0$，则该序列必为纯左边序列。

4. 双边序列

双边序列 $x(n)$ 的有效区间范围在 $-\infty < n < \infty$。可将双边序列看作纯左边序列与因果序列的组合，将其 z 变换分解为纯左边序列 z 变换与因果序列 z 变换之和的形式，即

$$X(z) = \sum_{n=-\infty}^{-1} x(n) z^{-n} + \sum_{n=0}^{\infty} x(n) z^{-n} \tag{2-89}$$

等号右侧第一项纯左边序列 z 变换的收敛域为 $0 \leqslant |z| < R_{x^+}$，第二项因果序列 z 变换的收敛域为 $R_{x^-} < |z| \leqslant \infty$，双边序列 z 变换的收敛域取二者的交集。

当 $R_{x^-} < R_{x^+}$ 时，收敛域为 $R_{x^-} < |z| < R_{x^+}$，是圆环域，如图 2-21 所示；当 $R_{x^-} \geqslant R_{x^+}$ 时，收敛域为空，$|X(z)|$ 不收敛。

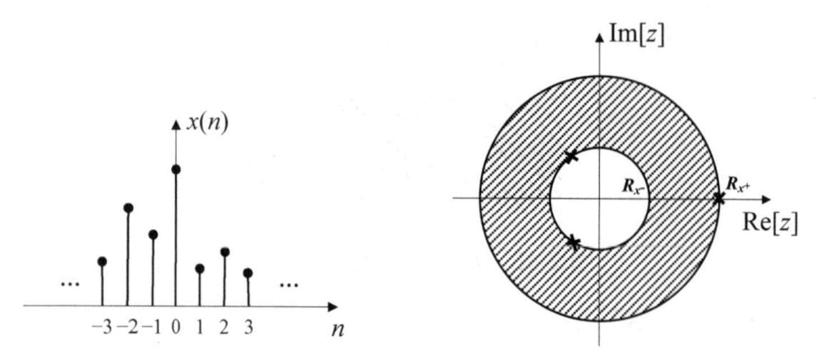

图 2-21　双边序列及其 z 变换的收敛域示意图

【例 2-4】 求序列 $x(n)=R_N(n)$ 的 z 变换 $X(z)$、零极点及收敛域。

解： $R_N(n)$ 为因果有限长序列。

利用 z 变换公式(2-69)、$R_N(n)$ 定义式(1-10)和有限项等比级数求和公式[见 2.1 节式(2-12)]可得

$$X(z)=\mathrm{ZT}[R_N(n)]=\sum_{n=-\infty}^{\infty}R_N(n)z^{-n}=\sum_{n=0}^{N-1}z^{-n}=\frac{1-z^{-N}}{1-z^{-1}}=\frac{z^N-1}{z^{N-1}(z-1)} \tag{2-90}$$

在 $z=1$ 处发生了零极点对消，所以 $z=1$ 既不是 $X(z)$ 的零点也不是 $X(z)$ 的极点。

零点：$z^N=1\Rightarrow z=\mathrm{e}^{\mathrm{j}2\pi k/N}$ $(1\leqslant k\leqslant N-1)$，是单位圆上 N 等分点，不包括 $z=1$。

极点：$z=0$ ($N-1$ 阶)。

收敛域：$|z|>0$。

把式(2-70)代入式(2-90)中，可得 $R_N(n)$ 的离散时间傅里叶变换 $X(\mathrm{e}^{\mathrm{j}\omega})$，与 2.1 节例 2-1 结果一致。

特别地，当 $N=4$ 时，$R_4(n)$ 的 z 变换及收敛域为

$$\mathrm{ZT}[R_4(n)]=\sum_{n=0}^{3}z^{-n}=1+z^{-1}+z^{-2}+z^{-3}=\frac{1-z^{-4}}{1-z^{-1}}\quad |z|>0 \tag{2-91}$$

【例 2-5】 求序列 $x(n)=a^n u(n)$ 的 z 变换 $X(z)$、零极点及收敛域。

解： $a^n u(n)$ 为因果序列[见 1.1 节图 1-5]

利用 z 变换公式(2-69)、$u(n)$ 定义式(1-5)和无穷项等比级数求和公式[见 1.3.2 小节式(1-67)可得

$$\begin{aligned}X(z)&=\mathrm{ZT}[a^n u(n)]=\sum_{n=-\infty}^{\infty}a^n u(n)z^{-n}=\sum_{n=0}^{\infty}a^n z^{-n}\\&=\frac{1}{1-az^{-1}}=\frac{z}{z-a}\quad 当|az^{-1}|<1时\end{aligned} \tag{2-92}$$

零点：$z=0$；极点：$z=a$；收敛域：$|z|>|a|$。

特别地，当 $a=1$ 时，$x(n)$ 为单位阶跃序列 $u(n)$，其 z 变换及收敛域为

$$\mathrm{ZT}[u(n)]=\sum_{n=0}^{\infty}z^{-n}=\frac{1}{1-z^{-1}}=\frac{z}{z-1}\quad |z|>1 \tag{2-93}$$

【例 2-6】 求序列 $x(n)=-a^n u(-n-1)$ 的 z 变换 $X(z)$、零极点及收敛域。

解： $-a^n u(-n-1)$ 为纯左边序列。

利用 z 变换公式(2-69)、$u(-n-1)$ 定义式(1-7)和无穷项等比级数求和公式(1-67)可得

$$X(z)=\mathrm{ZT}[-a^n u(-n-1)]=-\sum_{n=-\infty}^{\infty}a^n u(-n-1)z^{-n}=-\sum_{n=-\infty}^{-1}a^n z^{-n}$$

$$\overset{m=-n}{=\!=\!=} -\sum_{m=1}^{\infty} a^{-m}z^{m} = \frac{-a^{-1}z}{1-a^{-1}z} = \frac{z}{z-a} \quad \text{当}|a^{-1}z|<1\text{时} \tag{2-94}$$

零点：$z=0$；极点：$z=a$；收敛域：$|z|<|a|$。

需要注意的是，$a^n u(n)$、$-a^n u(-n-1)$ 是两个不同的序列，它们的 z 变换表达式完全相同，不同的是它们 z 变换的收敛域。这表明在给出 z 变换的同时必须给出收敛域的范围才能唯一确定序列。

【例 2-7】 求序列 $x(n)=a^{|n|}$ (a 为正实数)的 z 变换 $X(z)$、零极点及收敛域。

解： $a^{|n|}$ 为双边序列。

利用 z 变换公式(2-69)和无穷项等比级数求和公式(1-67)可得

$$X(z)=\text{ZT}[a^{|n|}]=\sum_{n=-\infty}^{\infty} a^{|n|}z^{-n}=\sum_{n=-\infty}^{-1} a^{-n}z^{-n}+\sum_{n=0}^{\infty} a^{n}z^{-n}=\sum_{m=1}^{\infty} a^{m}z^{m}+\sum_{n=0}^{\infty} a^{n}z^{-n}$$

当 $|az|<1 \Rightarrow |z|<a^{-1}$ 时，$\displaystyle\sum_{m=1}^{\infty} a^{m}z^{m}=\frac{az}{1-az}=-\frac{z}{z-a^{-1}}$

当 $|az^{-1}|<1 \Rightarrow |z|>a$ 时，$\displaystyle\sum_{n=0}^{\infty} a^{n}z^{-n}=\frac{1}{1-az^{-1}}=\frac{z}{z-a}$

① 当 $0<a<1$ 时，$a^{-1}>1$，$|z|>a$ 与 $|z|<a^{-1}$ 有公共交集部分，收敛域为 $a<|z|<a^{-1}$。

$$X(z)=-\frac{z}{z-a^{-1}}+\frac{z}{z-a}=\frac{(a-a^{-1})z}{(z-a)(z-a^{-1})}$$

零点：$z=0$，$z\to\infty$；极点：$z=a$，$z=a^{-1}$。

② 当 $a\geqslant 1$ 时，$|z|>a$ 与 $|z|<a^{-1}$ 没有公共交集部分，收敛域为空集，$X(z)$ 不收敛。

理解记忆序列类型与 z 变换收敛域的关系，对于求解 z 反变换非常有用。这里给出一种记忆方法：如图 2-22 所示，设最外侧极点的极半径为 R_{x^+}，最内侧极点的极半径为 R_{x^-}。只看正实轴，收敛域 $|z|>R_{x^+}$ 在最外侧极点的外部，在正实轴上 R_{x^+} 的右侧，对应于右边序列；收敛域包含 ∞ 时对应于因果序列。收敛域 $|z|<R_{x^-}$ 在最内侧极点的内部，在正实轴上 R_{x^-} 的左侧，对应于左边序列；收敛域包含 $z=0$ 时对应于纯左边序列。收敛域 $R_{x^-}<|z|<R_{x^+}$ 为圆环域对应于双边序列。上述 3 种序列类型(右边、左边、双边)均为无限长序列，其 z 变换在有限 z 平面($0<|z|<\infty$)上均有极点存在，收敛域以极点为边界。

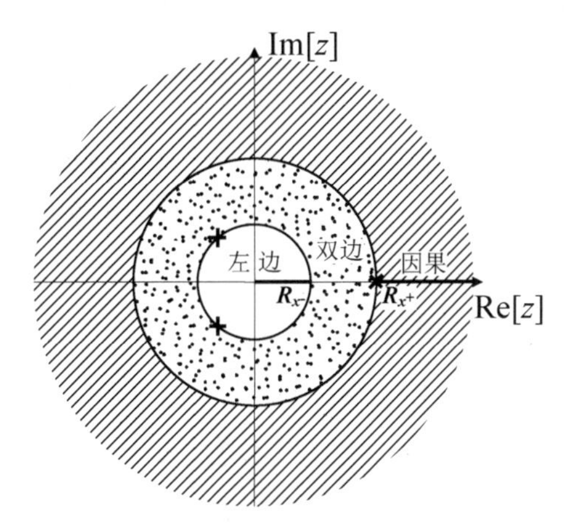

图 2-22　序列类型与 z 变换收敛域的关系

有限长序列 z 变换的收敛域为整个有限 z 平面($0<|z|<\infty$)。若为纯左边序列，则收敛域包含 $z=0$ ；若为因果序列，则收敛域包含 ∞ 。

2.5 z 变换的主要性质和定理

z 变换是傅里叶变换的推广，其性质与傅里叶变换的性质是相通的。

设 $X_1(z)=\mathrm{ZT}[x_1(n)]$ ， $R_{x_1^-}<|z|<R_{x_1^+}$ ； $X_2(z)=\mathrm{ZT}[x_2(n)]$ ， $R_{x_2^-}<|z|<R_{x_2^+}$ ； $X(z)=\mathrm{ZT}[x(n)]$ ， $R_{x^-}<|z|<R_{x^+}$ ； $H(z)=\mathrm{ZT}[h(n)]$ ， $R_{h^-}<|z|<R_{h^+}$ ； $Y(z)=\mathrm{ZT}[y(n)]$ ， $R_{y^-}<|z|<R_{y^+}$ 。

1. 线性

$$\mathrm{ZT}[ax_1(n)+bx_2(n)]=aX_1(z)+bX_2(z) \tag{2-95}$$

式中， a 、 b 为任意常数；收敛域 $\max(R_{x_1^-},R_{x_2^-})<|z|<\min(R_{x_1^+},R_{x_2^+})$ 。

两个序列线性组合之后的 z 变换的收敛域一般为这两个序列 z 变换的公共收敛域。但是如果它们的 z 变换在线性组合之后发生了零极点对消，则收敛域范围有可能扩大。

2. 时移

$$\mathrm{ZT}[x(n-n_0)]=z^{-n_0}X(z) \tag{2-96}$$

式中， $n_0\in\mathbf{Z}$ ，收敛域 $R_{x^-}<|z|<R_{x^+}$ 。

证明： $\mathrm{ZT}[x(n-n_0)]=\sum\limits_{n=-\infty}^{\infty}x(n-n_0)z^{-n}=\sum\limits_{n=-\infty}^{\infty}x(n-n_0)z^{-(n-n_0)}z^{-n_0}=z^{-n_0}X(z)$ 。

时移特性的重要性在于可以将时域差分方程的求解转换到 z 域进行代数运算，这是数字信号处理频域分析方法的优越性之一。

【例 2-8】 求序列 $x(n)=u(n)-u(n-4)$ 的 z 变换 $X(z)$ 。

解： 利用式(2-95)、式(2-93)和式(2-96)可得

$$X(z)=\mathrm{ZT}[u(n)-u(n-4)]=\mathrm{ZT}[u(n)]-\mathrm{ZT}[u(n-4)]=\frac{z}{z-1}-z^{-4}\frac{z}{z-1}, \quad |z|>1$$

$$=\frac{z^4-1}{z^3(z-1)}=\frac{z^3+z^2+z+1}{z^3}=1+z^{-1}+z^{-2}+z^{-3}, \quad |z|>0$$

由于在 $z=1$ 处发生了零极点对消， $z=1$ 不是 $X(z)$ 的极点，收敛域由 $|z|>1$ 扩大为 $|z|>0$ 。

由 z 变换公式(2-69)可得序列 $x(n)=R_4(n)=\{1,1,1,1\}(0\leqslant n\leqslant 3)$ ，与式(1-13)一致。 $R_4(n)$ 是因果有限长序列，根据序列类型与 z 变换收敛域的关系进一步证实了其 z 变换的收敛域为 $|z|>0$ ，与式(2-91)的结果一致。

3. 乘以指数序列

$$\mathrm{ZT}[a^n x(n)]=X(a^{-1}z) \tag{2-97}$$

式中， a 为任意非零常数；收敛域 $|a|R_{x^-}<|z|<|a|R_{x^+}$ 。

证明： $\mathrm{ZT}[a^n x(n)]=\sum\limits_{n=-\infty}^{\infty}a^n x(n)z^{-n}=\sum\limits_{n=-\infty}^{\infty}x(n)(a^{-1}z)^{-n}=X(a^{-1}z)$ 。

4. 时域卷积定理

若 $y(n) = x(n) * h(n)$，则

$$Y(z) = X(z)H(z) \tag{2-98}$$

收敛域 $\max(R_{x^-}, R_{h^-}) < |z| < \min(R_{x^+}, R_{h^+})$。

证明：利用 z 变换公式(2-69)和线性卷积公式(1-44)可得

$$\begin{aligned}
Y(z) &= \mathrm{ZT}[y(n)] = \mathrm{ZT}[x(n) * h(n)] = \sum_{n=-\infty}^{\infty} [x(n) * h(n)] z^{-n} \\
&= \sum_{n=-\infty}^{\infty} \left[\sum_{m=-\infty}^{\infty} x(m) h(n-m) \right] z^{-n} = \sum_{m=-\infty}^{\infty} x(m) \left[\sum_{n=-\infty}^{\infty} h(n-m) z^{-n} \right] \\
&= \sum_{m=-\infty}^{\infty} x(m) \left[\sum_{n=-\infty}^{\infty} h(n-m) z^{-(n-m)} \right] z^{-m} = \sum_{m=-\infty}^{\infty} x(m) z^{-m} H(z) = X(z)H(z)
\end{aligned}$$

或者利用式(1-44)、式(2-95)、式(2-96)和式(2-69)可得

$$\begin{aligned}
\mathrm{ZT}[x(n) * h(n)] &= \mathrm{ZT}\left[\sum_{m=-\infty}^{\infty} x(m) h(n-m) \right] = \sum_{m=-\infty}^{\infty} x(m)\, \mathrm{ZT}[h(n-m)] \\
&= \sum_{m=-\infty}^{\infty} x(m) z^{-m} H(z) = X(z)H(z)
\end{aligned}$$

【例 2-9】 已知线性时不变(LTI)系统的单位脉冲响应 $h(n) = b^n u(n) - ab^{n-1} u(n-1)$，求输入信号 $x(n) = a^n u(n)$ 通过该 LTI 系统之后的输出响应 $y(n)$。

解：LTI 系统的输入输出关系为 $y(n) = x(n) * h(n)$。

(1) z 变换法。

由式(2-93)可知

$$\mathrm{ZT}[u(n)] = \frac{z}{z-1} \quad |z| > 1$$

利用式(2-97)，将上式中的 z 用 $a^{-1}z$ 代换，可得 $x(n)$ 的 z 变换为

$$X(z) = \mathrm{ZT}[x(n)] = \mathrm{ZT}[a^n u(n)] = \frac{z}{z-a} \quad |z| > |a|$$

利用式(2-95)～式(2-97)，可得 $h(n)$ 的 z 变换为

$$\begin{aligned}
H(z) &= \mathrm{ZT}[h(n)] = \mathrm{ZT}[b^n u(n) - ab^{n-1} u(n-1)] = \mathrm{ZT}[b^n u(n)] - az^{-1} \mathrm{ZT}[b^n u(n)] \\
&= (1 - az^{-1}) \frac{z}{z-b} = \frac{z-a}{z-b} \quad |z| > |b|
\end{aligned}$$

根据时域卷积定理，可得 $y(n)$ 的 z 变换为

$$Y(z) = \mathrm{ZT}[y(n)] = X(z)H(z) = \frac{z}{z-b} \quad |z| > |b|$$

$Y(z)$ 在 $z = a$ 处发生了零极点对消。由收敛域 $|z| > |b|$ 可知，$Y(z)$ 的 z 反变换 $y(n)$ 为因果序列，即

$$y(n) = \mathrm{IZT}[Y(z)] = b^n u(n)$$

(2) 卷积法。

$$y(n) = x(n) * h(n) = \sum_{m=-\infty}^{\infty} h(m) x(n-m) = \sum_{m=-\infty}^{\infty} [b^m u(m) - ab^{m-1} u(m-1)] a^{n-m} u(n-m)$$

$$= \sum_{m=-\infty}^{\infty} b^m a^{n-m} u(m)u(n-m) - \sum_{m=-\infty}^{\infty} ab^{m-1} a^{n-m} u(m-1)u(n-m)$$

$$= a^n \sum_{m=0}^{n} b^m a^{-m} - a^{n+1} b^{-1} \sum_{m=1}^{n} b^m a^{-m}$$

$$= a^n \frac{1-(ba^{-1})^{n+1}}{1-ba^{-1}} - a^{n+1} b^{-1} \frac{ba^{-1}[1-(ba^{-1})^n]}{1-ba^{-1}} = b^n \quad n \geqslant 0$$

显然，卷积法比 z 变换法的计算量大，需要把 $u(m)u(n-m)$、$u(m-1)u(n-m)$ 的公共非零区间找到，进行有限项等比级数求和，再把复杂的表达式化简。

2.6 z 反变换

已知序列 $x(n)$ 的 z 变换 $X(z)$ 及其收敛域求序列 $x(n)$ 的过程称为 z 反变换(IZT)，有

$$x(n) = \text{IZT}[X(z)] = \frac{1}{2\pi j} \oint_c X(z) z^{n-1} dz \quad 围线 c \in (R_{x^-}, R_{x^+}) \tag{2-99}$$

围线 c 是在 $X(z)$ 收敛域内画的一条逆向封闭包含坐标原点的曲线，如图 2-23 所示。在给出 z 变换 $X(z)$ 的同时必须给出 $X(z)$ 的收敛域，才能画出围线 c，从而唯一确定序列 $x(n)$。由此可见 z 变换收敛域的重要性。

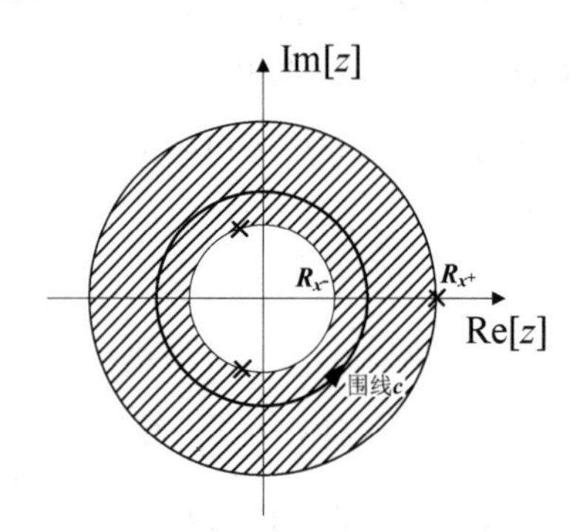

图 2-23 收敛域内的围线 c

证明：将 z 变换公式(2-69)等号两端同乘以 z^{m-1}，然后取围线积分，再除以 $2\pi j$

$$\frac{1}{2\pi j}\oint_c X(z) z^{m-1} dz = \frac{1}{2\pi j}\oint_c \left[\sum_{n=-\infty}^{\infty} x(n) z^{-n}\right] z^{m-1} dz = \frac{1}{2\pi j}\sum_{n=-\infty}^{\infty} x(n) \oint_c z^{m-n-1} dz$$

$$= \sum_{n=-\infty}^{\infty} x(n)\delta(n-m) = x(m)$$

将 m 换成 n，式(2-99)得证。

上式中

$$\oint_c z^{m-n-1} dz = 2\pi j \delta(n-m) \tag{2-100}$$

证明：令 $z = \gamma e^{j\omega}$，进行坐标变换，则 $dz = j\gamma e^{j\omega} d\omega$，利用 1.1 节式(1-40)可得

$$\oint_c z^{m-n-1} dz = \int_0^{2\pi} (\gamma e^{j\omega})^{m-n-1} j\gamma e^{j\omega} d\omega = j\gamma^{m-n} \int_0^{2\pi} e^{j\omega(m-n)} d\omega$$

$$=\begin{cases}2\pi j, & n=m\\ 0, & n\neq m\end{cases}=2\pi j\delta(n-m)$$

写成更一般的情况为

$$\oint_c (z-z_k)^{n-1}dz=\begin{cases}2\pi j, & n=0\\ 0, & n\neq 0\end{cases}=2\pi j\delta(n) \tag{2-101}$$

式(2-101)表明，只有 $(z-z_k)^{-1}$ 的围线积分是 $2\pi j$，$z-z_k$ 的其他各次方的围线积分均为 0。

求 z 反变换的方法有留数法、部分分式法和幂级数法，其中幂级数法是根据序列特性与 z 变换收敛域的关系将 $X(z)$ 展开成 z 的幂级数形式，由 z 变换公式(2-69)可知幂级数的系数即为 $x(n)$。这里详细介绍前两种方法，即留数法和部分分式法。

2.6.1　留数法求 z 反变换

先来回顾一下留数(Residue)的定义，令

$$F(z)=X(z)z^{n-1} \tag{2-102}$$

如果在收敛域围线 c 内 $F(z)$ 只有一个一阶极点 z_k，则可以将 $F(z)$ 展开为 $z-z_k$ 的洛朗级数形式，即

$$F(z)=C_{-1}(z-z_k)^{-1}+C_0+C_1(z-z_k)+\cdots+C_n(z-z_k)^n+\cdots \tag{2-103}$$

对式(2-103)等号两端取围线积分，利用式(2-101)可得

$$\oint_c F(z)dz=C_{-1}\oint_c (z-z_k)^{-1}dz=2\pi jC_{-1} \tag{2-104}$$

C_{-1} 被称为 $F(z)$ 在极点 z_k 处的留数，用 $\mathrm{Res}[F(z),z_k]$ 表示，即

$$\mathrm{Res}[F(z),z_k]=C_{-1}=\frac{1}{2\pi j}\oint_c F(z)dz \tag{2-105}$$

式(2-105)把求 $F(z)$ 的围线积分转换成了求 $F(z)$ 在极点 z_k 处的留数。

根据留数定理，当 $F(z)$ 在收敛域围线 c 内有多个极点时，可以用围线内所有极点的留数和求 $x(n)$，即

$$x(n)=\sum_k \mathrm{Res}[F(z),z_k]\quad z_k\text{是围线}c\text{内的极点} \tag{2-106}$$

也可以用围线外所有极点的留数和求 $x(n)$，此时需要在求和号前面加一个负号，因为围线是有方向的，即

$$x(n)=-\sum_m \mathrm{Res}[F(z),z_m]\quad z_m\text{是围线}c\text{外的极点} \tag{2-107}$$

用围线外极点的留数和求 $x(n)$ 时，要求 $F(z)$ 的分母多项式阶次必须比分子多项式阶次高两阶以上。本书只研究 $X(z)$ 具有一阶极点，且当 $z=0$ 是 $F(z)$ 的高阶极点时 $F(z)$ 的分母多项式阶次都比分子多项式阶次高两阶以上的情况。此时，可以直接用式(2-107)求解，从而避免求围线内高阶极点的留数，因此只需要知道如何求解一阶极点的留数。

将式(2-103)等号两端同乘以 $z-z_k$，有

$$(z-z_k)F(z)=C_{-1}+C_0(z-z_k)+C_1(z-z_k)^2+\cdots+C_n(z-z_k)^{n+1}+\cdots \tag{2-108}$$

可得一阶极点的留数为

$$\mathrm{Res}[F(z),z_k]=C_{-1}=[(z-z_k)F(z)]\big|_{z=z_k} \tag{2-109}$$

综上所述，用留数法求 z 反变换的步骤如下。

(1) 将 $X(z)$ 整理为 $X(z)=z^{N-M}\dfrac{\sum\limits_{m=0}^{M}b_m z^{M-m}}{\prod\limits_{k=1}^{N}(z-d_k)}$，求出 $X(z)$ 的全部极点。

(2) 根据 $X(z)$ 的收敛域判断 $x(n)$ 的序列类型(有限长、因果、纯左边、双边)。

对于线性时不变系统，在由系统函数 $H(z)$ 求系统的单位脉冲响应 $h(n)$ 时，$H(z)$ 的收敛域通常不直接给出，而是需要根据系统的因果、稳定性自行判断。

(3) 令 $F(z)=X(z)z^{n-1}$，求出 $F(z)$ 的全部极点。

(4) 根据 $z=0$ 是否是 $F(z)$ 的高阶极点，对 $-\infty<n<\infty$ 进行分段讨论。

(5) 用留数定理求 $x(n)$。

在收敛域围线 c 内只有一阶极点时用式(2-106)，在收敛域围线 c 内有高阶极点 $z=0$ 时用式(2-107)。

(6) 用式(2-109)求一阶极点的留数。

其中，第(4)步根据 $z=0$ 是否是 $F(z)$ 的高阶极点而对 n 进行分段讨论，决定了第(5)步是用围线内的还是用围线外的极点留数和求 $x(n)$。第(2)步根据收敛域判断序列类型可以减少计算量，如因果序列在 $n<0$ 时其值都为 0，只需要计算 $n\geqslant 0$ 时的情况；而纯左边序列在 $n>0$ 时其值都为 0，只需要计算 $n\leqslant 0$ 时的情况。第(1)步先将 $X(z)$ 按 z 的正幂次降幂排列，然后将分母按极点分解为连乘积的形式，z 前的系数均为 1。这样做的好处是不仅很容易找到极点(极点与收敛域有关)，而且在用式(2-109)求留数时 $z-z_k$ 会与 $F(z)$ 分母中相应的极点对消，可简化运算。

【例 2-10】 已知 $X(z)=\dfrac{(a^2-1)z^{-1}}{a-(a^2+1)z^{-1}+az^{-2}}$，$0<a<1$，求其 z 反变换 $x(n)$。

解： $X(z)=\dfrac{(a-a^{-1})z}{z^2-(a+a^{-1})z+1}=\dfrac{(a-a^{-1})z}{(z-a)(z-a^{-1})}$

$X(z)$ 的极点：$z=a$，$z=a^{-1}$。

题中并没有给出 $X(z)$ 的收敛域，需要分情况讨论。根据 $X(z)$ 的极点可知，有 3 种可能的收敛域，即 $|z|>a^{-1}$、$|z|<a$、$a<|z|<a^{-1}$。

$$F(z)=X(z)z^{n-1}=\frac{(a-a^{-1})z^n}{(z-a)(z-a^{-1})}$$

$F(z)$ 的极点：$z=a$，$z=a^{-1}$(一阶极点)；$n<0$ 时，$z=0$ 是 $F(z)$ 的 $-n$ 阶极点。

(1) 收敛域 $|z|>a^{-1}$。

由收敛域可知，$x(n)$ 为因果序列。

① $n<0$ 时，$x(n)=0$。

② $n\geqslant 0$ 时，$z=0$ 不是 $F(z)$ 的极点，如图 2-24 所示，$F(z)$ 在围线 c 内只有两个一阶极点 $z=a$ 和 $z=a^{-1}$，用围线内所有极点的留数和求 $x(n)$。

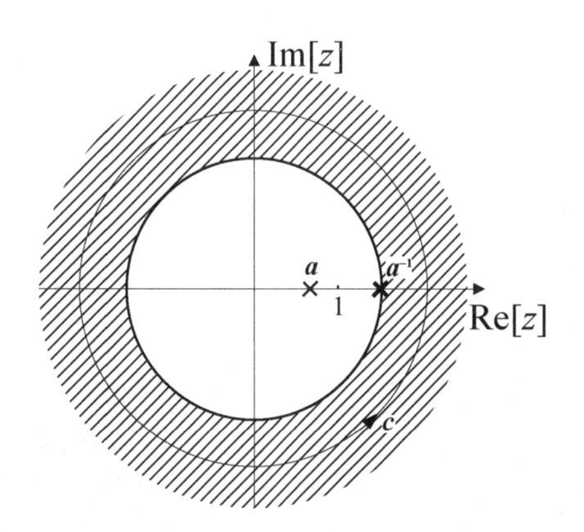

图 2-24　$|z|>a^{-1}$ 时 $F(z)$ 的极点在围线 c 内外的分布($n\geqslant 0$ 时)

$$x(n)=\text{Res}[F(z),a]+\text{Res}[F(z),a^{-1}]=[(z-a)F(z)]\Big|_{z=a}+[(z-a^{-1})F(z)]\Big|_{z=a^{-1}}$$

$$=\frac{(a-a^{1})z^{n}}{z-a^{-1}}\Bigg|_{z=a}+\frac{(a-a^{-1})z^{n}}{z-a}\Bigg|_{z=a^{-1}}=a^{n}-a^{-n}$$

综上，$x(n)=(a^{n}-a^{-n})u(n)$。

(2) 收敛域$|z|<a$。

由收敛域可知，$x(n)$为纯左边序列。

① $n\geqslant 0$时，$x(n)=0$。

此时$z=0$不是$F(z)$的极点。如图 2-25(a)所示，$F(z)$在围线c内无极点，故$x(n)=0$。

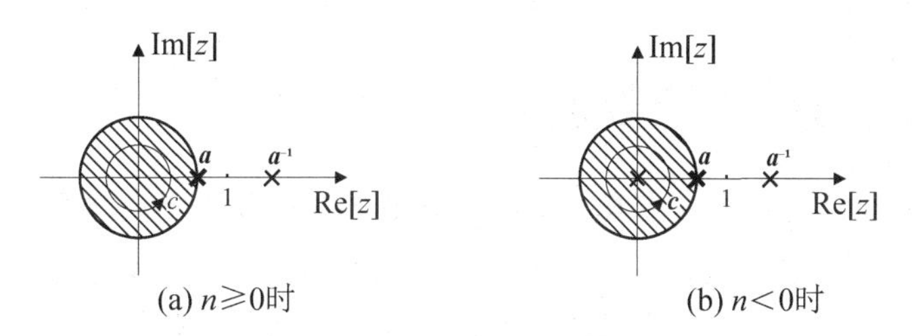

图 2-25　$|z|<a$ 时 $F(z)$ 的极点在围线 c 内外的分布

② $n<0$时，$z=0$是$F(z)$在围线c内的$-n$阶极点。如图 2-25(b)所示，此时围线c外只有两个一阶极点($z=a$和$z=a^{-1}$)，且$F(z)$的分母多项式阶次($2-n$阶)比分子多项式阶次(0 阶)高两阶以上。用围线外所有极点的留数和求$x(n)$，即

$$x(n)=-\text{Res}[F(z),a]-\text{Res}[F(z),a^{-1}]=-[(z-a)F(z)]\Big|_{z=a}-[(z-a^{-1})F(z)]\Big|_{z=a^{-1}}$$

$$=-\frac{(a-a^{-1})z^{n}}{z-a^{-1}}\Bigg|_{z=a}-\frac{(a-a^{-1})z^{n}}{z-a}\Bigg|_{z=a^{-1}}=-a^{n}-(-a^{-n})=a^{-n}-a^{n}$$

综上，$x(n)=(a^{-n}-a^{n})u(-n-1)$。

(3) 收敛域$a<|z|<a^{-1}$。

由收敛域可知，$x(n)$为双边序列。

① $n\geqslant 0$时，$z=0$不是$F(z)$的极点。如图 2-26(a)所示，$F(z)$在围线c内只有一个一阶极点$z=a$，用围线内所有极点的留数和求$x(n)$，即

$$x(n)=\text{Res}[F(z),a]=[(z-a)F(z)]\Big|_{z=a}=\left.\frac{(a-a^{-1})z^n}{z-a^{-1}}\right|_{z=a}=a^n$$

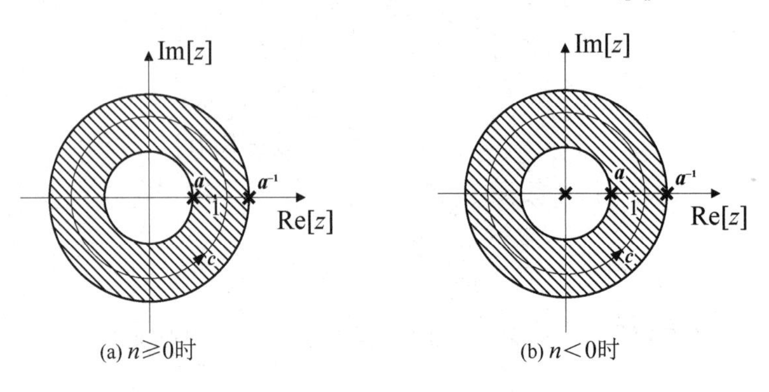

图 2-26　$a<|z|<a^{-1}$ 时 $F(z)$ 的极点在围线 c 内外的分布

② $n<0$ 时，$z=0$ 是 $F(z)$ 的极点。如图 2-26(b)所示，$F(z)$ 在围线 c 内有一个一阶极点 $z=a$ 和一个 $-n$ 阶极点 $z=0$，在围线 c 外只有一个一阶极点 $z=a^{-1}$，且 $F(z)$ 的分母多项式阶次($2-n$ 阶)比分子多项式阶次(0 阶)高两阶以上。用围线外所有极点的留数和求 $x(n)$，即

$$x(n)=-\text{Res}[F(z),a^{-1}]=-[(z-a^{-1})F(z)]\Big|_{z=a^{-1}}=-\left.\frac{(a-a^{-1})z^n}{z-a}\right|_{z=a^{-1}}=a^{-n}$$

综上，$x(n)=a^{-n}u(-n-1)+a^nu(n)=a^{|n|}$。

第(3)种情况正是 2.4 节例 2-7 的反过程。

2.6.2　部分分式法求 z 反变换

前人已将一些常用序列的 z 变换及其收敛域整理成表格形式，方便查找。当 $X(z)$ 为有理分式时，可以把它展开成常用序列 z 变换的部分分式和的形式，然后查表得到其时域序列。以下 3 种典型序列的 z 变换对用部分分式法求 z 反变换非常有用。

$$\text{ZT}[\delta(n)]=1\quad 收敛域为整个\ z\ 平面 \tag{2-110}$$

$$\text{ZT}[a^nu(n)]=\frac{z}{z-a}\quad |z|>|a| \tag{2-111}$$

$$\text{ZT}[-a^nu(-n-1)]=\frac{z}{z-a}\quad |z|<|a| \tag{2-112}$$

后两式的求解见 2.4 节例 2-5、例 2-6。

部分分式法特别适用于 $X(z)$ 只含有一阶极点的情况，此时可以将 $X(z)$ 按极点展开成部分分式和的形式，即

$$X(z)=A_0+\sum_k\frac{A_kz}{z-z_k} \tag{2-113}$$

然后根据收敛域的范围由式(2-110)～式(2-112)直接写出原序列 $x(n)$。

【例 2-11】 已知 $X(z)=\dfrac{8(1+z^{-1})}{15-2z^{-1}-z^{-2}}$ 的收敛域为 $5^{-1}<|z|<3^{-1}$，求其 z 反变换 $x(n)$。

解： 由 $X(z)$ 的收敛域可知，$x(n)$ 为双边序列。

$$X(z)=\frac{8z^2+8z}{15z^2-2z-1}=\frac{8z^2+8z}{(3z-1)(5z+1)}=\frac{B_1z}{3z-1}+\frac{B_2z}{5z+1}=\frac{(5B_1+3B_2)z^2+(B_1-B_2)z}{(3z-1)(5z+1)}$$

用待定系数法求系数 B_1、B_2，即

$$\begin{cases}5B_1+3B_2=8\\ B_1-B_2=8\end{cases}$$

可得 $B_1=4$，$B_2=-4$，所以

$$X(z)=\frac{4z}{3z-1}+\frac{-4z}{5z+1}=\frac{4}{3}\cdot\frac{z}{z-3^{-1}}-\frac{4}{5}\cdot\frac{z}{z+5^{-1}}$$

由 $X(z)$ 的收敛域为 $5^{-1}<|z|<3^{-1}$ 可知，$z/(z-3^{-1})$ 的极点为 3^{-1}，收敛域为 $|z|<3^{-1}$，根据式(2-112)可得

$$\text{IZT}\left[\frac{z}{z-3^{-1}}\right]=-(3^{-1})^n u(-n-1)=-3^{-n}u(-n-1)$$

而 $z/(z+5^{-1})$ 的极点为 -5^{-1}，收敛域为 $|z|>5^{-1}$，根据式(2-111)可得

$$\text{IZT}\left[\frac{z}{z+5^{-1}}\right]=(-5^{-1})^n u(n)=(-5)^{-n}u(n)$$

所以，$x(n)=-\frac{4}{3}\times 3^{-n}u(-n-1)-\frac{4}{5}\times(-5)^{-n}u(n)=-4\times 3^{-n-1}u(-n-1)+4\times(-5)^{-n-1}u(n)$

对于二阶形式的 $X(z)$，式(2-113)中的系数 A_k 用待定系数法很容易求出来。

$$\begin{aligned}X(z)&=\frac{b_0z^2+b_1z+b_2}{(z-z_1)(z-z_2)}=A_0+\frac{A_1z}{z-z_1}+\frac{A_2z}{z-z_2}\\&=\frac{(A_0+A_1+A_2)z^2+[-(z_1+z_2)A_0-z_2A_1-z_1A_2]z+z_1z_2A_0}{(z-z_1)(z-z_2)}\end{aligned} \tag{2-114}$$

其中

$$\begin{cases}A_0+A_1+A_2=b_0\\ -(z_1+z_2)A_0-z_2A_1-z_1A_2=b_1\\ z_1z_2A_0=b_2\end{cases} \tag{2-115}$$

由式(2-115)即可求出 A_0、A_1 和 A_2。

还可以用留数法求系数 A_k。将式(2-113)等号两端同除以 z，有

$$\frac{X(z)}{z}=\frac{A_0}{z}+\sum_k\frac{A_k}{z-z_k} \tag{2-116}$$

A_k 就是 $(z-z_k)^{-1}$ 的系数，即 A_k 是 $X(z)/z$ 在一阶极点 $z=z_k$ 处的留数，由式(2-109)可得

$$A_0=\text{Res}\left[\frac{X(z)}{z},0\right]=X(z)\big|_{z=0} \tag{2-117}$$

$$A_k=\text{Res}\left[\frac{X(z)}{z},z_k\right]=\left[(z-z_k)\frac{X(z)}{z}\right]\bigg|_{z=z_k} \tag{2-118}$$

例如，用留数法求例 2-11 中的系数，有

$$X(z)=\frac{8z(z+1)}{15(z-3^{-1})(z+5^{-1})}=\frac{A_1z}{z-3^{-1}}+\frac{A_2z}{z+5^{-1}}$$

$$\frac{X(z)}{z}=\frac{8(z+1)}{15(z-3^{-1})(z+5^{-1})}=\frac{A_1}{z-3^{-1}}+\frac{A_2}{z+5^{-1}}$$

$$A_1=\text{Res}\left[\frac{X(z)}{z},3^{-1}\right]=\left[(z-3^{-1})\frac{X(z)}{z}\right]\Bigg|_{z=3^{-1}}=\frac{8(z+1)}{15(z+5^{-1})}\Bigg|_{z=3^{-1}}=\frac{4}{3}$$

$$A_2=\text{Res}\left[\frac{X(z)}{z},-5^{-1}\right]=\left[(z+5^{-1})\frac{X(z)}{z}\right]\Bigg|_{z=-5^{-1}}=\frac{8(z+1)}{15(z-3^{-1})}\Bigg|_{z=-5^{-1}}=-\frac{4}{5}$$

得到与例 2-11 相同的部分分式和，即

$$X(z)=\frac{4}{3}\cdot\frac{z}{z-3^{-1}}-\frac{4}{5}\cdot\frac{z}{z+5^{-1}}$$

2.7　利用 z 变换分析系统特性

数字信号处理研究的是离散时间信号通过线性时不变系统的输入输出关系和系统特性。我们已经知道，可以用单位脉冲响应 $h(n)$ 与线性常系数差分方程来描述离散时间系统。既然 $h(n)$ 的离散时间傅里叶变换是 $H(e^{j\omega})$，$h(n)$ 的 z 变换是 $H(z)$。可想而知，也可以用 $H(e^{j\omega})$ 与 $H(z)$ 来描述系统，其中 $H(e^{j\omega})$ 被称为频率响应函数，$H(z)$ 被称为系统函数，$H(z)$ 更常被用来分析系统特性。

2.7.1　系统的 4 种描述方式之间的转换

1. 系统函数 $H(z)$ 与单位脉冲响应 $h(n)$ 的互求

系统函数 $H(z)$ 是系统的单位脉冲响应 $h(n)$ 的 z 变换，即

$$H(z)=\text{ZT}[h(n)]=\sum_{n=-\infty}^{\infty}h(n)z^{-n}\qquad R_{h^-}<|z|<R_{h^+}\tag{2-119}$$

反之，$h(n)$ 是 $H(z)$ 的 z 反变换。

2. 系统函数 $H(z)$ 与差分方程的互求

线性时不变(LTI)系统的输入输出关系如图 2-27 所示，输出响应 $y(n)$ 是输入信号 $x(n)$ 与系统单位脉冲响应 $h(n)$ 的线性卷积，有

$$y(n)=x(n)*h(n)\tag{2-120}$$

又根据 z 变换性质中的时域卷积定理，可得

$$Y(z)=X(z)H(z)\Rightarrow H(z)=\frac{Y(z)}{X(z)}\tag{2-121}$$

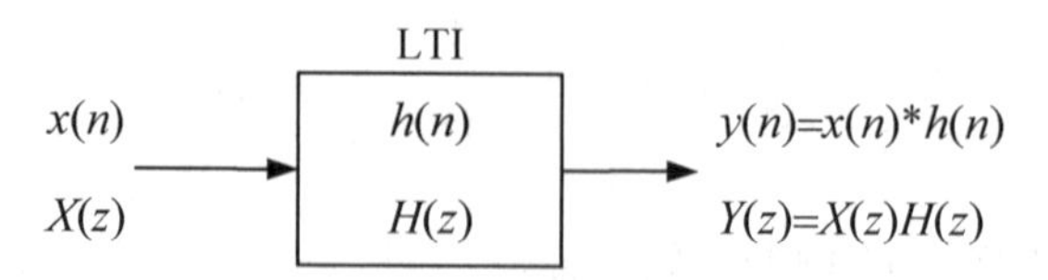

图 2-27　线性时不变系统的输入输出关系

N 阶线性常系数差分方程表示为

$$y(n)=\sum_{m=0}^{M}b_m x(n-m)-\sum_{k=1}^{N}a_k y(n-k)\qquad b_m、a_k\text{ 为常数}\tag{2-122}$$

利用 2.5 节式(2-96)，根据 z 变换的时移特性，由差分方程可以得到系统函数 $H(z)$，即

$$Y(z)+\sum_{k=1}^{N}a_k z^{-k}Y(z)=\sum_{m=0}^{M}b_m z^{-m}X(z) \tag{2-123}$$

$$H(z)=\frac{Y(z)}{X(z)}=\frac{\sum_{m=0}^{M}b_m z^{-m}}{1+\sum_{k=1}^{N}a_k z^{-k}} \tag{2-124}$$

反之，已知系统函数 $H(z)$，由式(2-124)～式(2-122)反向推导可得差分方程。

3. 频率响应函数 $H(\mathrm{e}^{\mathrm{j}\omega})$ 与单位脉冲响应 $h(n)$、系统函数 $H(z)$ 的关系

系统的频率响应函数 $H(\mathrm{e}^{\mathrm{j}\omega})$ 是单位脉冲响应 $h(n)$ 的离散时间傅里叶变换(DTFT)，即

$$H(\mathrm{e}^{\mathrm{j}\omega})=\mathrm{DTFT}[h(n)]=\sum_{n=-\infty}^{\infty}h(n)\mathrm{e}^{-\mathrm{j}\omega n} \tag{2-125}$$

根据 z 变换与 DTFT 的关系可知，频率响应函数 $H(\mathrm{e}^{\mathrm{j}\omega})$ 与系统函数 $H(z)$ 的关系为

$$H(\mathrm{e}^{\mathrm{j}\omega})=H(z)\big|_{z=\mathrm{e}^{\mathrm{j}\omega}} \tag{2-126}$$

4. 频率响应函数 $H(\mathrm{e}^{\mathrm{j}\omega})$ 的物理意义

让角频率为 ω_0 的单频复指数序列 $x(n)=\mathrm{e}^{\mathrm{j}\omega_0 n}$ 通过单位脉冲响应为 $h(n)$ 的 LTI 系统，则

$$y(n)=x(n)*h(n)=\sum_{m=-\infty}^{\infty}h(m)\mathrm{e}^{\mathrm{j}\omega_0(n-m)}=\mathrm{e}^{\mathrm{j}\omega_0 n}\sum_{m=-\infty}^{\infty}h(m)\mathrm{e}^{-\mathrm{j}\omega_0 m}=\mathrm{e}^{\mathrm{j}\omega_0 n}H(\mathrm{e}^{\mathrm{j}\omega_0}) \tag{2-127}$$

其输出响应 $y(n)$ 仍然是与输入信号 $\mathrm{e}^{\mathrm{j}\omega_0 n}$ 同频的复指数序列，角频率为 ω_0。可见，LTI 系统只是对输入信号 $x(n)$ 进行了加权，权系数 $H(\mathrm{e}^{\mathrm{j}\omega_0})$ 只是改变了信号的幅度和相位特性，在信号通过 LTI 系统之后的输出响应 $y(n)$ 中并没有增加新的频率成分。

$\mathrm{e}^{\mathrm{j}\omega_0 n}$ 的幅频特性非常简单，只在特定角频率 $\omega_0+2\pi k$ 处有幅值，$k\in\mathbf{Z}$ [见 2.2.3 小节例 2-2]。由傅里叶反变换的定义可知，任何序列 $x(n)$ 都能够用复指数序列 $\mathrm{e}^{\mathrm{j}\omega n}$ 的组合表示为

$$x(n)=\frac{1}{2\pi}\int_{-\pi}^{\pi}X(\mathrm{e}^{\mathrm{j}\omega})\mathrm{e}^{\mathrm{j}\omega n}\mathrm{d}\omega \tag{2-128}$$

只需要求出 $\mathrm{e}^{\mathrm{j}\omega n}$ 通过 LTI 系统之后的输出响应 $\mathrm{e}^{\mathrm{j}\omega n}H(\mathrm{e}^{\mathrm{j}\omega})$，然后将其在输出端做与输入端相同的组合，就能够得到系统对输入信号 $x(n)$ 的总响应 $y(n)$，即

$$y(n)=\frac{1}{2\pi}\int_{-\pi}^{\pi}X(\mathrm{e}^{\mathrm{j}\omega})\mathrm{e}^{\mathrm{j}\omega n}H(\mathrm{e}^{\mathrm{j}\omega})\mathrm{d}\omega=\frac{1}{2\pi}\int_{-\pi}^{\pi}Y(\mathrm{e}^{\mathrm{j}\omega})\mathrm{e}^{\mathrm{j}\omega n}\mathrm{d}\omega \tag{2-129}$$

其中

$$Y(\mathrm{e}^{\mathrm{j}\omega})=X(\mathrm{e}^{\mathrm{j}\omega})H(\mathrm{e}^{\mathrm{j}\omega}) \tag{2-130}$$

因此，可以先将 $x(n)$ 与 $h(n)$ 变换到频域做乘法运算，然后用傅里叶反变换得到系统的时域输出响应 $y(n)$，这是信号处理频域分析方法的优越性之一，即时域卷积定理。

$H(\mathrm{e}^{\mathrm{j}\omega})$ 描述了复指数序列通过 LTI 系统之后其输出响应的幅度和相位随 ω 的变化。$H(\mathrm{e}^{\mathrm{j}\omega})$ 起到了改变输入信号的幅度和相位的作用，即改变输入信号的频谱结构，因此被称为频率响应函数。

2.7.2 系统函数的收敛域与系统因果稳定性的关系

在 1.3.2 小节介绍过如何用系统的输入输出关系和单位脉冲响应 $h(n)$ 判断系统的因果稳定性。这里将介绍如何用系统函数 $H(z)$ 的收敛域判断线性时不变(LTI)系统的因果稳定性。

1. 因果系统

用 $h(n)$ 判断 LTI 系统是因果系统的充要条件为

$$n<0\text{ 时，}\quad h(n)=0 \tag{2-131}$$

此时的 $h(n)$ 是因果序列。由序列类型与 z 变换收敛域的关系可知，$h(n)$ 的 z 变换 $H(z)$ 的收敛域在最外侧极点的外部且包含 ∞，即因果系统的系统函数 $H(z)$ 的收敛域为

$$|z|>R_{h^-}\text{，}\quad R_{h^-}\text{ 是 }H(z)\text{ 最外侧极点的极半径} \tag{2-132}$$

2. 稳定系统

用 $h(n)$ 判断 LTI 系统是稳定系统的充要条件是 $h(n)$ 绝对可和，即

$$\sum_{n=-\infty}^{\infty}|h(n)|<\infty \tag{2-133}$$

对于稳定系统，当 $|z|=1$ 时，有

$$|H(z)|=\left|\sum_{n=-\infty}^{\infty}h(n)z^{-n}\right|\leqslant\sum_{n=-\infty}^{\infty}|h(n)||z^{-n}|\overset{|z|=1}{=\!=}\sum_{n=-\infty}^{\infty}|h(n)|<\infty \tag{2-134}$$

而 $H(z)$ 的收敛域是使 $|H(z)|<\infty$ 的 $|z|$ 的取值范围。所以，式(2-134)表明，$|z|=1$ 在 $H(z)$ 的收敛域范围内，即稳定系统的系统函数 $H(z)$ 的收敛域一定包含单位圆。

根据序列的离散时间傅里叶变换存在的条件[见式(2-7)]，由式(2-133)可知稳定系统的频率响应函数 $H(\mathrm{e}^{\mathrm{j}\omega})$ 存在。

3. 因果稳定系统

因果系统 $H(z)$ 的收敛域包含 ∞，稳定系统 $H(z)$ 的收敛域包含单位圆，所以因果稳定系统 $H(z)$ 的收敛域既包含 ∞ 又包含单位圆。由于极点是使 $H(z)$ 趋向于 ∞ 的点，收敛域内不可能有极点存在，所以因果稳定系统 $H(z)$ 的全部极点必须在单位圆内，$H(z)$ 的收敛域可表示为

$$|z|>R_{h^-}\text{，}\quad R_{h^-}<1\text{，}\quad R_{h^-}\text{ 是 }H(z)\text{ 最外侧极点的极半径} \tag{2-135}$$

因果稳定系统的收敛域如图 2-28 所示。

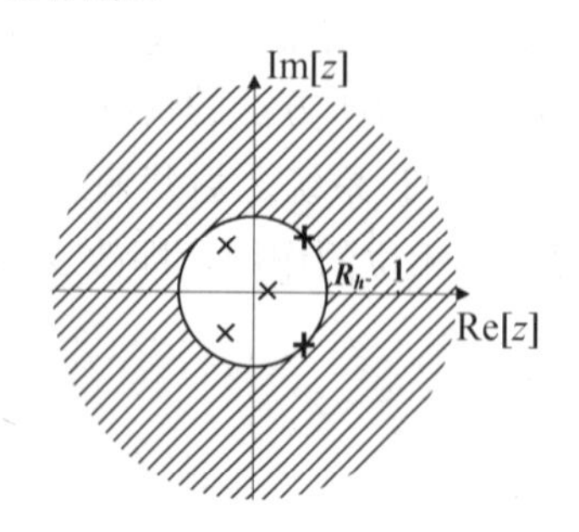

图 2-28　因果稳定系统的收敛域

【例 2-12】 $H(z)=\dfrac{(a^2-1)z^{-1}}{a-(a^2+1)z^{-1}+az^{-2}}$，$0<a<1$，讨论系统的因果、稳定性。

解： $H(z)=\dfrac{(a-a^{-1})z}{(z-a)(z-a^{-1})}$

$H(z)$ 有两个一阶极点 $z=a$，$z=a^{-1}$，其中 $0<a<1$，$a^{-1}>1$。如图 2-29 所示，有 3 种可能的收敛域，即 $|z|<a$、$a<|z|<a^{-1}$、$|z|>a^{-1}$。

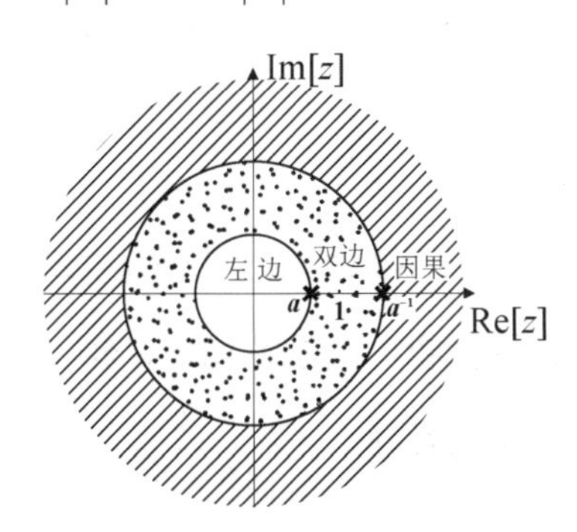

图 2-29　$H(z)$ 的所有可能的收敛域

(1) $|z|<a$ 时，收敛域不包含 ∞，为非因果系统；$0<a<1$，收敛域不包含单位圆，系统不稳定。收敛域在最内侧极点的内部，根据 z 变换收敛域与序列类型的关系，$h(n)$ 为纯左边序列，$h(n)=(a^{-n}-a^{n})u(-n-1)$。

(2) $a<|z|<a^{-1}$ 时，收敛域不包含 ∞，为非因果系统；$0<a<1$，$a^{-1}>1$，收敛域包含单位圆，系统稳定。收敛域是圆环域，$h(n)$ 为双边序列，$h(n)=a^{|n|}$。

(3) $|z|>a^{-1}$ 时，收敛域包含 ∞，为因果系统；$a^{-1}>1$，收敛域不包含单位圆，系统不稳定。收敛域在最外侧极点的外部，$h(n)$ 为因果序列，$h(n)=(a^{n}-a^{-n})u(n)$。

其中，$h(n)$ 在 2.6.1 小节例 2-10 中已求出。以上各种情况下系统的因果稳定性还可以用 1.3.2 小节的方法进行验证。

【例 2-13】 已知离散线性时不变、因果系统的差分方程为

$$y(n)=\frac{8}{15}x(n)+\frac{8}{15}x(n-1)+\frac{2}{15}y(n-1)+\frac{1}{15}y(n-2)$$

(1) 求系统函数 $H(z)$、零极点及收敛域。

(2) 判断系统的稳定性；若是稳定系统，求系统的频率响应函数 $H(\mathrm{e}^{\mathrm{j}\omega})$。

(3) 求系统的单位脉冲响应 $h(n)$。

解：(1) 根据 z 变换的时移特性，有

$$15Y(z)-2z^{-1}Y(z)-z^{-2}Y(z)=8X(z)+8z^{-1}X(z)$$

系统函数

$$H(z)=\frac{Y(z)}{X(z)}=\frac{8(1+z^{-1})}{15-2z^{-1}-z^{-2}}=\frac{8z(z+1)}{15(z-3^{-1})(z+5^{-1})}$$

零点：$z=0$，$z=-1$；　极点：$z=3^{-1}$，$z=-5^{-1}$，零极点分布如图 2-30(a)所示。

由于是因果系统，其收敛域在最外侧极点的外部，包含 ∞，故 $H(z)$ 的收敛域为 $|z|>3^{-1}$，如图 2-30(b)所示。

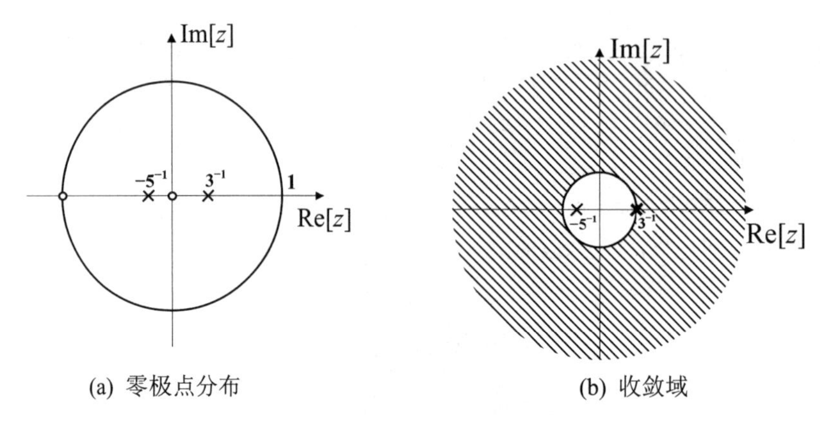

(a) 零极点分布　　　　(b) 收敛域

图 2-30　系统的零极点分布及收敛域

(2) 由于收敛域$|z|>3^{-1}$包含单位圆，故系统稳定，频率响应函数$H(e^{j\omega})$存在

$$H(e^{j\omega})=H(z)\big|_{z=e^{j\omega}}=\frac{8(1+e^{-j\omega})}{15-2e^{-j\omega}-e^{-j2\omega}}$$

(3) 用留数法求系统的单位脉冲响应$h(n)$

$$F(z)=H(z)z^{n-1}=\frac{8(z+1)}{15(z-3^{-1})(z+5^{-1})}z^{n}$$

$F(z)$有一阶极点：$z=3^{-1}$，$z=-5^{-1}$；$n<0$时，$z=0$为$F(z)$的$-n$阶极点。

① $n<0$时，由于是因果系统，所以$h(n)=0$。

② $n\geqslant 0$时，$F(z)$在围线c内有两个一阶极点，即$z=3^{-1}$、$z=-5^{-1}$[见图 2-31]，用围线内所有极点的留数和求$h(n)$，即

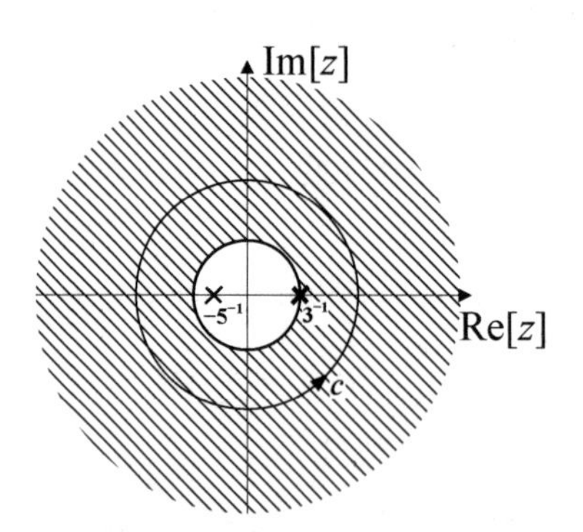

图 2-31　$n\geqslant 0$时$F(z)$的极点在围线c内外的分布

$$h(n)=\text{Res}[F(z),3^{-1}]+\text{Res}[F(z),-5^{-1}]=[(z-3^{-1})F(z)]\big|_{z=3^{-1}}+[(z+5^{-1})F(z)]\big|_{z=-5^{-1}}$$

$$=\frac{8(z+1)}{15(z+5^{-1})}z^{n}\bigg|_{z=3^{-1}}+\frac{8(z+1)}{15(z-3^{-1})}z^{n}\bigg|_{z=-5^{-1}}=4\times 3^{-n-1}+4\times(-5)^{-n-1}$$

综上，$h(n)=4[3^{-n-1}+(-5)^{-n-1}]u(n)$。

2.7.3　零极点分布对系统幅频特性的影响

将系统函数 $H(z)$ 的分子、分母按零极点因式分解，写成连乘积的形式，其中 c_m 是零点，d_k 是极点。

$$H(z)=\frac{Y(z)}{X(z)}=\frac{\sum_{m=0}^{M}b_m z^{-m}}{1+\sum_{k=1}^{N}a_k z^{-k}}=Az^{N-M}\frac{\prod_{m=1}^{M}(z-c_m)}{\prod_{k=1}^{N}(z-d_k)} \tag{2-136}$$

$H(\mathrm{e}^{\mathrm{j}\omega})$ 是 $H(z)$ 在 z 平面单位圆上的特例，令 $z=\mathrm{e}^{\mathrm{j}\omega}$，可得稳定系统的频率响应函数为

$$H(\mathrm{e}^{\mathrm{j}\omega})=A\mathrm{e}^{\mathrm{j}\omega(N-M)}\frac{\prod_{m=1}^{M}(\mathrm{e}^{\mathrm{j}\omega}-c_m)}{\prod_{k=1}^{N}(\mathrm{e}^{\mathrm{j}\omega}-d_k)} \tag{2-137}$$

其幅频特性为

$$|H(\mathrm{e}^{\mathrm{j}\omega})|=\left|A\frac{\prod_{m=1}^{M}(\mathrm{e}^{\mathrm{j}\omega}-c_m)}{\prod_{k=1}^{N}(\mathrm{e}^{\mathrm{j}\omega}-d_k)}\right|=|A|\frac{\prod_{m=1}^{M}|\mathrm{e}^{\mathrm{j}\omega}-c_m|}{\prod_{k=1}^{N}|\mathrm{e}^{\mathrm{j}\omega}-d_k|} \tag{2-138}$$

其中，ω 以 2π 为周期旋转，$|\mathrm{e}^{\mathrm{j}\omega}-c_m|$ 是单位圆上的点到零点 c_m 之间的距离，$|\mathrm{e}^{\mathrm{j}\omega}-d_k|$ 是单位圆上的点到极点 d_k 之间的距离。由此可以求出对应每个角频率 ω 处 $|H(\mathrm{e}^{\mathrm{j}\omega})|$ 的值，它等于 $|A|$ 乘以单位圆上的点到各零点之间距离的连乘积，再除以单位圆上的点到各极点之间距离的连乘积，即

$$|H(\mathrm{e}^{\mathrm{j}\omega})|=|A|\frac{|\text{各零点矢量模的连乘积}|}{|\text{各极点矢量模的连乘积}|} \tag{2-139}$$

用这个关系式可以定性地画出幅频特性曲线。

以二阶带通滤波器为例，其系统函数为

$$H(z)=\frac{Az(z-c_1)}{(z-d_1)(z-d_2)} \tag{2-140}$$

$z=0$ 和 $z=c_1$ 是 $H(z)$ 的零点，$z=d_1$ 和 $z=d_2$ 是 $H(z)$ 的极点，其中 c_1 为实数，d_1 与 d_2 为共轭成对的复数。如图 2-32(a)所示，零点用“○”表示，极点用“×”表示。

零点 $z=0$ 在原点，它到单位圆的距离为 1，对 $|H(\mathrm{e}^{\mathrm{j}\omega})|$ 无影响。

B_3 是原点与零点 c_1 连线的延长线上与单位圆相交的点，在单位圆上 B_3 到零点 c_1 的距离最短，使 $|H(\mathrm{e}^{\mathrm{j}\omega})|$ 在 B_3（$\omega=\pi$ 处）出现极小值。当零点 c_1 正好落在 B_3 上时，$|H(\mathrm{e}^{\mathrm{j}\omega})|$ 在 B_3 处达到最小值 0。

B_2 是原点与极点 d_1 连线的延长线上与单位圆相交的点，在单位圆上 B_2 到极点 d_1 的距离最短，使 $|H(\mathrm{e}^{\mathrm{j}\omega})|$ 在 B_2（$\omega=\omega_1$ 处）出现极大值。极点 d_1 无限趋近于 B_2 时，$|H(\mathrm{e}^{\mathrm{j}\omega})|$ 在 B_2 处趋向于 ∞。

B_4（$\omega=2\pi-\omega_1$ 处）与 B_2 关于 $\omega=\pi$ 偶对称。B_1 为单位圆上的任意点。

把极大值、极小值这几个特殊点连接起来，即可定性地画出$|H(\mathrm{e}^{\mathrm{j}\omega})|$的幅频特性曲线，如图 2-32(b)所示。

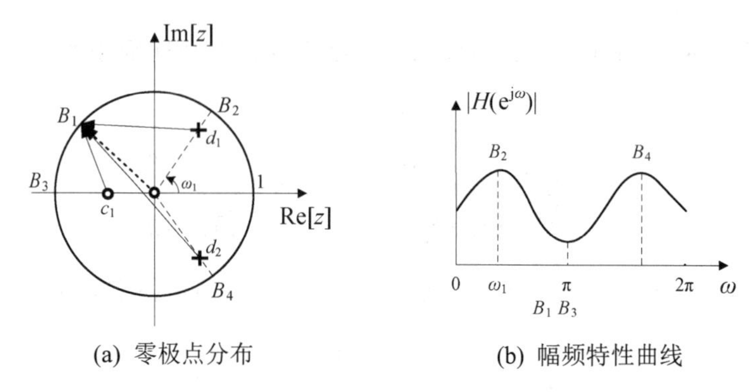

(a) 零极点分布 (b) 幅频特性曲线

图 2-32 带通滤波器的零极点分布及其幅频特性曲线

综上所述，零极点分布对系统幅频特性的影响如下。

(1) 原点处的零极点不影响系统的幅频特性。当零点与极点非常靠近且零点不在单位圆上时，这一对零极点也不影响系统的幅频特性。

(2) 零点位置影响$|H(\mathrm{e}^{\mathrm{j}\omega})|$的凹谷位置及深度。零点趋近于单位圆时，谷点值趋近于零；零点在单位圆上时，谷点值为零。如果没有非零零点，谷点位置在离极点最远的地方。

(3) 极点位置影响$|H(\mathrm{e}^{\mathrm{j}\omega})|$的凸峰位置及深度。极点趋近于单位圆时，峰值趋向于$\infty$。如果没有非零极点，峰值点位置在离零点最远的地方。对于因果稳定系统，所有极点都必须在单位圆内，不能在单位圆上和单位圆外。

利用这种定性的、直观的几何画法，合理设置零、极点的个数及位置，就可以获得满足设计指标要求的数字滤波器的频率响应特性。

【例 2-14】 画出一阶低通滤波器$H(z)=\dfrac{1}{1-az^{-1}}$的幅频特性曲线，$0<a<1$。

解： $H(z)=\dfrac{1}{1-az^{-1}}=\dfrac{z}{z-a}$

零点：$z=0$； 极点$z=a$在正实轴上。

$|H(\mathrm{e}^{\mathrm{j}\omega})|$的最大值位于离极点最近的地方，在$\omega=0$处；由于没有非零零点，$|H(\mathrm{e}^{\mathrm{j}\omega})|$的最小值位于离极点最远的地方，在$\omega=\pi$处。将极值点连接起来，定性画出幅频特性曲线，如图 2-33 所示。

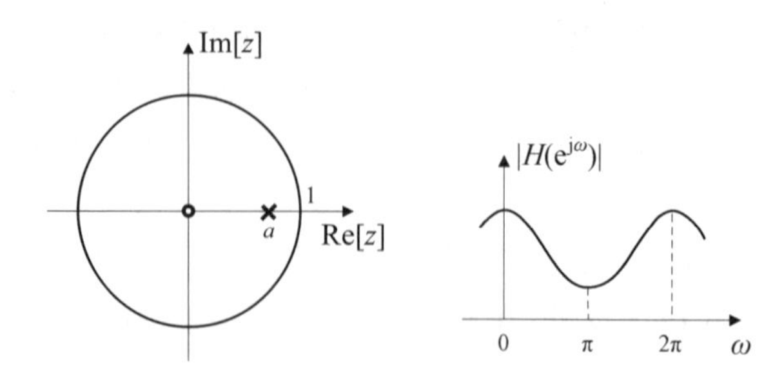

图 2-33 低通滤波器的零极点分布及其幅频特性曲线

为什么称这样的系统为低通滤波器呢？我们已知数字角频率ω与模拟角频率Ω的关系

如图 2-1 所示，Ω 的低频端对应于 $\omega=0$ 附近，Ω 的高频端对应于 $\omega=\pi$ 附近。根据时域卷积定理，信号通过 LTI 系统时，在时域输入信号 $x(n)$ 与系统单位脉冲响应 $h(n)$ 做卷积运算，在频域二者的傅里叶变换做乘法运算。当信号通过图 2-33 所示的系统时，在频域 $H(\mathrm{e}^{\mathrm{j}\omega})$ 与输入信号频谱 $X(\mathrm{e}^{\mathrm{j}\omega})$ 相乘，使信号的低频成分更多地被保留下来，而使信号的高频成分被衰减甚至滤除，因此把这类使信号的低频成分通过的系统称为低通滤波器。

由此可以推测，如果极点 $z=a$ 落在负实轴上($-1<a<0$)，幅频特性曲线的最大值将出现在 $\omega=\pi$ 处，对应于 Ω 的高频端；最小值将出现在 $\omega=0$ 处，对应于 Ω 的低频端，如图 2-34 所示，这样的系统使信号的高频成分通过，就是高通滤波器了。

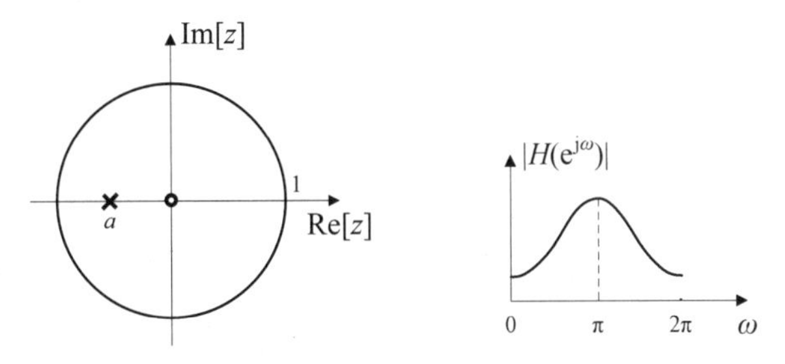

图 2-34　高通滤波器的零极点分布及其幅频特性曲线

而图 2-32 所示的系统之所以称为带通滤波器，是因为它能够使落在 ω_1 附近的中间频段信号的频率成分通过，而使信号的低频和高频成分衰减。

【例 2-15】 画出梳状滤波器 $H(z)=1-z^{-4}$ 的幅频特性曲线。

解： $H(z)=1-z^{-4}=\dfrac{z^4-1}{z^4}=\dfrac{(z+\mathrm{j})(z-\mathrm{j})(z+1)(z-1)}{z^4}$

极点 $z=0$ (4 阶)位于坐标原点，对 $|H(\mathrm{e}^{\mathrm{j}\omega})|$ 无影响。零点 $z=\pm1$、$z=\pm\mathrm{j}$ 在单位圆上 $\omega=\pi m/2$ 处($m\in\mathbf{Z}$，$0\leqslant m\leqslant3$，图 2-35 中的 $B_1\sim B_4$ 点)。$|H(\mathrm{e}^{\mathrm{j}\omega})|$ 在各零点处的值为零；4 个零点均匀分布，所以每 $\pi/2$ 区间的波形都是对称的，最大值出现在每相邻的两个零点的对称中心位置(图 2-35 的 B_5 点)。梳状滤波器因其幅频特性曲线的形状而得名。

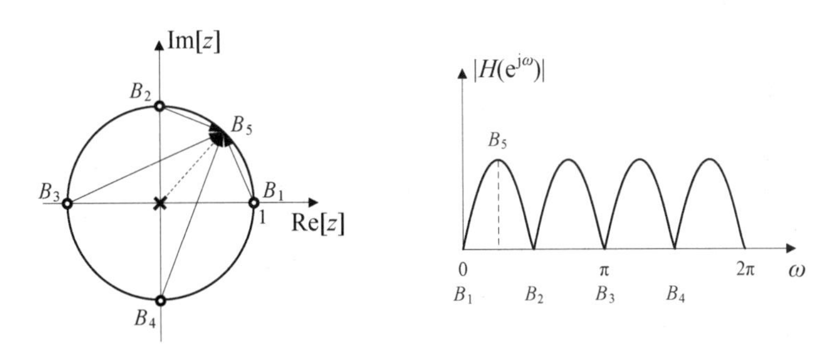

图 2-35　梳状滤波器的零极点分布及其幅频特性曲线

【例 2-16】 画出 4 点矩形脉冲序列 $h(n)=R_4(n)$ 的幅频特性曲线。

解： $H(z)=\sum\limits_{n=-\infty}^{\infty}R_4(n)z^{-n}=\sum\limits_{n=0}^{3}z^{-n}=\dfrac{1-z^{-4}}{1-z^{-1}}=\dfrac{(z+\mathrm{j})(z-\mathrm{j})(z+1)}{z^3}$

极点 $z=0$ (3 阶)位于坐标原点，对 $|H(\mathrm{e}^{\mathrm{j}\omega})|$ 无影响。与例 2-15 梳状滤波器不同，

$R_4(n)$ 的 z 变换在 $z=1$ 处(图 2-36 的 B_1 点)发生了零极点对消，使得 $|H(\mathrm{e}^{\mathrm{j}\omega})|$ 在 $\omega=0$ 处出现最大值，值为 4(B_2、B_3、B_4 点到 B_1 点距离的连乘积)。而极大值出现在相邻较近的两个零点的对称中心位置(图 2-36 的 B_5 点)，显然 B_2、B_3、B_4 点到 B_1 点距离的连乘积大于它们到 B_5 点距离的连乘积。零点 $z=-1$、$z=\pm\mathrm{j}$ 使 $|H(\mathrm{e}^{\mathrm{j}\omega})|$ 在 B_2、B_3、B_4 点处的值仍为零。图 2-36(b)(这里只画出了 ω 在 $[0,2\pi]$ 一个周期内的波形)与图 2-2(b)一致。

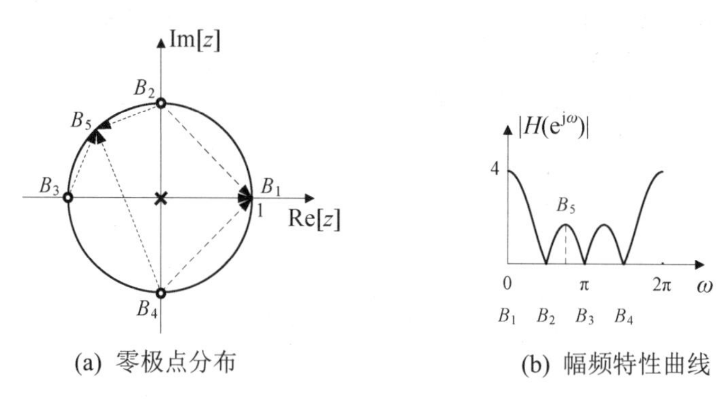

(a) 零极点分布　　(b) 幅频特性曲线

图 2-36　$R_4(n)$ 的 z 变换的零极点分布及其幅频特性曲线

定性分析问题时，只需要知道波形的大致形状、一些特殊点的值及其所在位置，不必求出所有点的准确值，这时用这种几何作图法非常有效。

【例 2-17】 画出频域内插公式 $H(z)=\dfrac{1}{N}\sum\limits_{k=0}^{N-1}H(k)\dfrac{1-z^{-N}}{1-\mathrm{e}^{\mathrm{j}2\pi k/N}z^{-1}}$ 在 $N=4$ 时的幅频特性曲线。

解： $N=4$ 时，$H(z)=\dfrac{1}{4}\sum\limits_{k=0}^{3}H(k)\dfrac{1-z^{-4}}{1-\mathrm{e}^{\mathrm{j}\pi k/2}z^{-1}}$

$k=0$ 时，$\dfrac{1-z^{-4}}{1-\mathrm{e}^{\mathrm{j}0}z^{-1}}=\dfrac{1-z^{-4}}{1-z^{-1}}$，在 $z=1$ 处发生零极点对消，其零极点分布和幅频特性曲线如图 2-36 所示，最大值出现在 $\omega=0$ 处，它就是 $R_4(n)$ 的幅频特性曲线。图 2-37(b)已经将权系数 $H(0)$ 考虑在内了。

$k=1$ 时，$H(1)\dfrac{1-z^{-4}}{1-\mathrm{e}^{\mathrm{j}\pi/2}z^{-1}}=H(1)\dfrac{1-z^{-4}}{1-\mathrm{j}z^{-1}}$，在 $z=\mathrm{j}$ 处发生零极点对消，其零极点分布和幅频特性曲线如图 2-37(c)、图 2-37(d)所示。它的幅频特性曲线相当于将图 2-36(b)右移 $\pi/2$，再乘以相应的权系数 $H(1)$，最大值出现在 $\omega=\pi/2$ 处。

依此类推，$k=2$ 时，在 $z=-1$ 处发生零极点对消，其零极点分布和幅频特性曲线如图 2-37(e)、图 2-37(f)所示。它的幅频特性曲线相当于将图 2-36(b)右移 π，再乘以相应的权系数 $H(2)$，最大值出现在 $\omega=\pi$ 处。

$k=3$ 时，在 $z=-\mathrm{j}$ 处发生零极点对消，其零极点分布和幅频特性曲线如图 2-37(g)、图 2-37(h)所示。它的幅频特性曲线相当于将图 2-36(b)右移 $3\pi/2$，再乘以相应的权系数 $H(3)$，最大值出现在 $\omega=3\pi/2$ 处。

将以上 4 个幅频特性曲线[见图 2-37(b)、图 2-37(d)、图 2-37(f)、图 2-37(h)]相加后除以 4，就用离散谱 $H(k)$ ($0\leqslant k\leqslant 3$)恢复出了连续谱 $|H(\mathrm{e}^{\mathrm{j}\omega})|$，如图 2-37(i)所示。

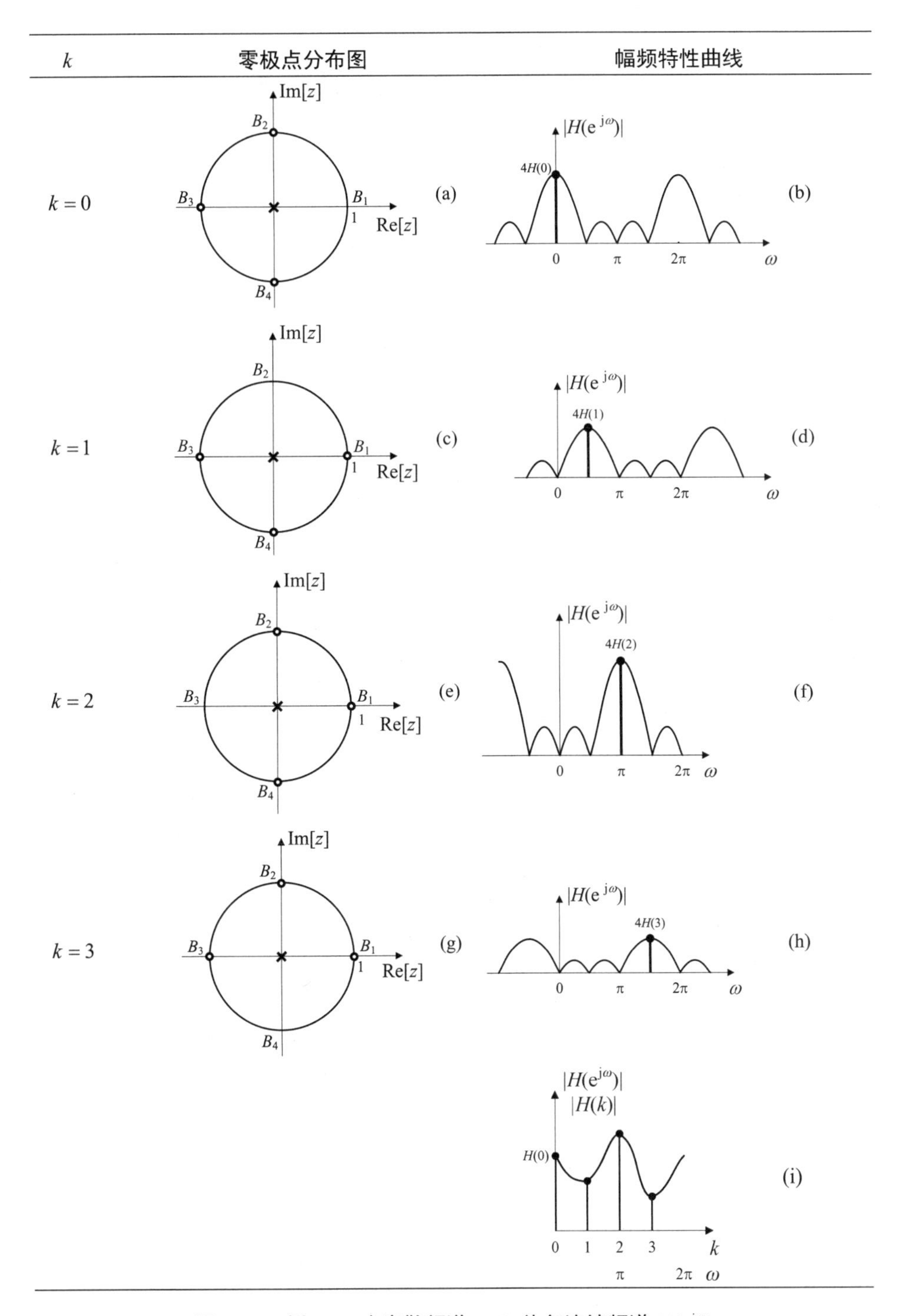

图 2-37　例 2-17 由离散频谱 $H(k)$ 恢复连续频谱 $H(e^{j\omega})$

2.8 傅里叶变换、z变换、拉普拉斯变换的关系

1. z变换与离散时间傅里叶变换的关系

序列 $x(n)$ 的 z 变换(ZT)为

$$X(z)=\text{ZT}[x(n)]=\sum_{n=-\infty}^{\infty}x(n)z^{-n} \tag{2-141}$$

z 平面用极坐标表示为

$$z=\gamma \text{e}^{\text{j}\omega} \tag{2-142}$$

ω 以 2π 为周期旋转。

序列 $x(n)$ 的离散时间傅里叶变换(DTFT)为

$$X(\text{e}^{\text{j}\omega})=\text{DTFT}[x(n)]=\sum_{n=-\infty}^{\infty}x(n)\text{e}^{-\text{j}\omega n} \tag{2-143}$$

当 $\gamma=1$ 时，$z=\text{e}^{\text{j}\omega}$

$$X(\text{e}^{\text{j}\omega})=X(z)\big|_{z=\text{e}^{\text{j}\omega}} \tag{2-144}$$

z 变换就演变为 DTFT，即 DTFT 是 z 变换在单位圆上的特例(如图 2-38 中 z 平面的单位圆)，z 变换是 DTFT 的推广。

2. 拉普拉斯变换与傅里叶变换的关系

连续信号 $x(t)$ 的拉普拉斯变换(LT)为

$$X(s)=\text{LT}[x(t)]=\int_{-\infty}^{\infty}x(t)\text{e}^{-st}\text{d}t \tag{2-145}$$

s 平面用直角坐标表示为

$$s=\sigma+\text{j}\Omega \tag{2-146}$$

连续信号 $x(t)$ 的傅里叶变换(FT)为

$$X(\text{j}\Omega)=\text{FT}[x(t)]=\int_{-\infty}^{\infty}x(t)\text{e}^{-\text{j}\Omega t}\text{d}t \tag{2-147}$$

当 $\sigma=0$ 时，$s=\text{j}\Omega$，有

$$X(\text{j}\Omega)=X(s)\big|_{s=\text{j}\Omega} \tag{2-148}$$

LT 就演变为 FT，即 FT 是 LT 在虚轴上的特例(如图 2-38 中 s 平面的 $\text{j}\Omega$ 轴)，LT 是 FT 的推广。

3. z 变换与拉普拉斯变换的关系

设连续信号为 $x(t)$，序列 $x(n)$ 是对 $x(t)$ 的等间隔采样，采样间隔为 T_s，则

$$x(n)=x(t)\big|_{t=nT_\text{s}}=x(nT_\text{s}) \tag{2-149}$$

设 $\hat{x}(t)$ 是 $x(t)$ 的连续采样信号，通过用单位冲激串与 $x(t)$ 相乘得到

$$\hat{x}(t)=\sum_{n=-\infty}^{\infty}x(t)\delta(t-nT_\text{s})=\sum_{n=-\infty}^{\infty}x(nT_\text{s})\delta(t-nT_\text{s})=\sum_{n=-\infty}^{\infty}x(n)\delta(t-nT_\text{s}) \tag{2-150}$$

式中，$x(n)$ 为离散信号，$\hat{x}(t)$ 为连续信号。$x(n)$ 与 $\hat{x}(t)$ 均以 T_s 为间隔对 $x(t)$ 进行等间隔采样，在同一 nT_s 时刻 $\hat{x}(t)$ 的冲激强度与 $x(n)$ 的幅值相等。$x(t)$、$x(n)$ 和 $\hat{x}(t)$ 的波形示意图如 1.5.2 小节图 1-16(a)、图 1-16(d)、图 1-16(c)所示。

$\hat{x}(t)$ 的拉普拉斯变换为

$$\hat{X}(s)=\int_{-\infty}^{\infty}\hat{x}(t)\mathrm{e}^{-st}\mathrm{d}t=\int_{-\infty}^{\infty}\sum_{n=-\infty}^{\infty}x(n)\delta(t-nT_{\mathrm{s}})\mathrm{e}^{-st}\mathrm{d}t$$
$$=\sum_{n=-\infty}^{\infty}\left[x(n)\int_{-\infty}^{\infty}\delta(t-nT_{\mathrm{s}})\mathrm{e}^{-st}\mathrm{d}t\right]=\sum_{n=-\infty}^{\infty}x(n)\mathrm{e}^{-sT_{\mathrm{s}}n} \tag{2-151}$$

比较式(2-141)与式(2-151)，当 $z=\mathrm{e}^{sT_{\mathrm{s}}}$ 时，$x(n)$ 的 z 变换就演变为 $\hat{x}(t)$ 的 LT 了。将式(2-142)和式(2-146)代入，有

$$\gamma\mathrm{e}^{\mathrm{j}\omega}=z=\mathrm{e}^{sT_{\mathrm{s}}}=\mathrm{e}^{(\sigma+\mathrm{j}\Omega)T_{\mathrm{s}}}=\mathrm{e}^{\sigma T_{\mathrm{s}}}\mathrm{e}^{\mathrm{j}\Omega T_{\mathrm{s}}} \tag{2-152}$$

则 z 变换与 LT 之间的关系为：$\gamma=\mathrm{e}^{\sigma T_{\mathrm{s}}}$，$\omega=\Omega T_{\mathrm{s}}$。

(1) γ 与 σ 的关系：$\gamma=\mathrm{e}^{\sigma T_{\mathrm{s}}}$。

① $\sigma=0$ 时，$\gamma=1$。s 平面的虚轴($\mathrm{j}\Omega$ 轴)映射到 z 平面的单位圆上。

② $\sigma<0$ 时，$\gamma<1$。s 平面的左半平面映射到 z 平面的单位圆内(图 2-38 中的阴影区域)。

③ $\sigma>0$ 时，$\gamma>1$。s 平面的右半平面映射到 z 平面的单位圆外。

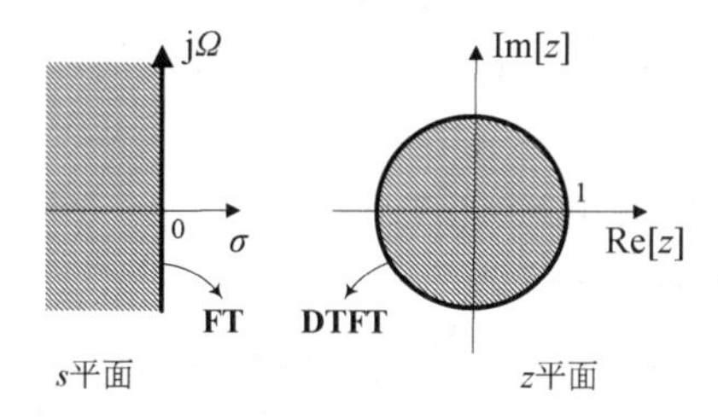

图 2-38　γ 与 σ 的关系

(2) ω 与 Ω 的关系：$\omega=\Omega T_{\mathrm{s}}$。

图 2-39 画出了 $\sigma<0$、$\gamma<1$ 时的情况。

① $\Omega=0$ 是 s 平面的实轴，$\omega=0$ 是 z 平面的正实轴。

② $\Omega=\Omega_0$ 是 s 平面中平行于实轴的直线，$\omega=\Omega_0 T_{\mathrm{s}}$ 是 z 平面中角频率为 $\Omega_0 T_{\mathrm{s}}$ 的射线。

③ Ω 从 $-\pi/T_{\mathrm{s}}+2\pi k/T_{\mathrm{s}}$ 到 $\pi/T_{\mathrm{s}}+2\pi k/T_{\mathrm{s}}$ ($k\in\mathbf{Z}$)以 $2\pi/T_{\mathrm{s}}$ 为周期向上平移，ω 从 $-\pi$ 到 π 以 2π 为周期逆时针方向旋转。每当 Ω 变化 $2\pi/T_{\mathrm{s}}$ 时，ω 旋转一周，所以 Ω 与 ω 是多值映射关系。

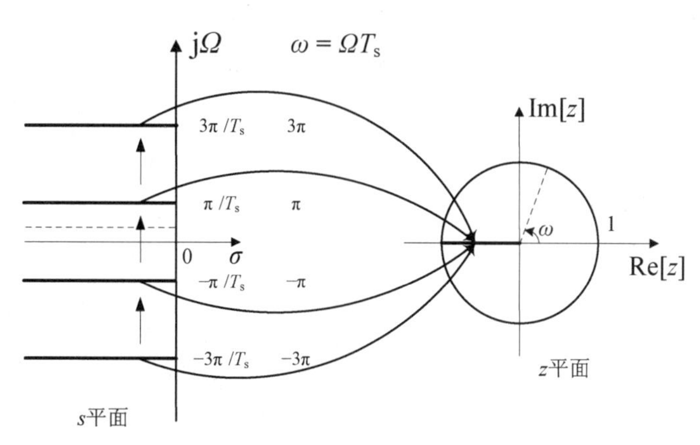

图 2-39　ω 与 Ω 的关系

习 题 2

2-1 求序列 $x(n)$ 的离散时间傅里叶变换(DTFT) $X(\mathrm{e}^{\mathrm{j}\omega})$。

(1) $x(n)=\delta(n)$ (2) $x(n)=R_2(n)$

(3) $x(n)=a^n u(n)$， $|a|<1$ (4) $x(n)=-a^n u(-n-1)$， $a>1$

(5) $x(n)=\mathrm{e}^{-0.5n}R_{11}(n)$ (6) $x(n)=u(n+3)-u(n-4)$

(7) $x(n)=R_5(n-3)$ (8) $x(n)=(n+1)R_3(n)$

2-2 序列 $x(n)=\{2,-1,1,0,2,3,0.5\}$ ($-2\leqslant n\leqslant 4$)，利用 DTFT 和离散时间傅里叶反变换(IDTFT)定义式中的特殊点完成下列运算。

(1) $X(\mathrm{e}^{\mathrm{j}0})$ (2) $X(\mathrm{e}^{\mathrm{j}\pi})$ (3) $\int_{-\pi}^{\pi}X(\mathrm{e}^{\mathrm{j}\omega})\mathrm{d}\omega$

2-3 设 $X(\mathrm{e}^{\mathrm{j}\omega})$、$H(\mathrm{e}^{\mathrm{j}\omega})$ 分别为序列 $x(n)$、$h(n)$ 的 DTFT，推导出以下序列的 DTFT。

(1) $\mathrm{DTFT}[x(n-n_0)]$ (2) $\mathrm{DTFT}[x^*(n)]$ (3) $\mathrm{DTFT}[x(n)*h(n)]$

2-4 已知输入信号 $x(n)=\delta(n)+2\delta(n-2)$，离散线性时不变(LTI)系统的单位脉冲响应 $h(n)=a^n u(n)$ ($0<a<1$)。

(1) 求 $x(n)$ 通过该系统的输出响应 $y(n)$。

(2) 求 $x(n)$、$h(n)$ 和 $y(n)$ 的 DTFT。

2-5 已知实序列 $x(n)=0.5^n u(n)$，设 $x_{\mathrm{re}}(n)=[x(n)+x(-n)]/2$， $x_{\mathrm{ro}}(n)=[x(n)-x(-n)]/2$。

(1) 求 $x_{\mathrm{re}}(n)$ 与 $x_{\mathrm{ro}}(n)$，画出它们的波形，并指出其波形特点。

(2) 求 $x(n)$ 的 DTFT $X(\mathrm{e}^{\mathrm{j}\omega})$。

(3) 利用 DTFT 的共轭对称性求 $\mathrm{DTFT}[x_{\mathrm{re}}(n)]$ 与 $\mathrm{DTFT}[x_{\mathrm{ro}}(n)]$。

2-6 求周期序列 $\tilde{x}(n)$ 的离散傅里叶级数(DFS) $\tilde{X}(k)$。

(1) $\tilde{x}(n)=\sum_{i=-\infty}^{\infty}R_2(n+4i)$ (2) $\tilde{x}(n)=\sum_{i=-\infty}^{\infty}\delta(n-8i)$

2-7 求序列 $x(n)$ 的 z 变换 $X(z)$ 及其收敛域。

(1) $x(n)=\delta(n)$ (2) $x(n)=R_2(n)$

(3) $x(n)=\delta(n-n_0)$ (4) $x(n)=R_5(n-3)$

(5) $x(n)=a^n R_N(n)$ (6) $x(n)=3^{-n}u(n)$

(7) $x(n)=-3^n u(-n-1)$ (8) $x(n)=\left[\left(-\frac{2}{3}\right)^n+\left(\frac{1}{3}\right)^n\right]u(n)$

(9) $x(n)=\delta(n)+2a^n u(n-1)$

(10) $x(n)=-5\times 0.5^n u(-n-1)+2\times 0.2^n u(n)$

2-8 已知序列 $x(n)$ 的 z 变换为

$$X(z)=\frac{4-z^{-2}}{(4+z^{-2})(8+10z^{-1}+3z^{-2})}$$

讨论 $X(z)$ 有哪几种可能的收敛域，它们分别对应于哪种序列类型。

2-9 已知输入信号 $x(n)=a^n u(n)$， $0<|a|<1$；离散线性时不变(LTI)系统的单位脉冲响

应 $h(n)=b^n u(n)$，$0<|b|<1$。分别用卷积法和 z 变换法求 $x(n)$ 通过该系统之后的输出响应 $y(n)$。

2-10 已知 $X(z)$ 及其收敛域，求 z 反变换 $x(n)$。

(1) $X(z)=\dfrac{1+0.9z^{-1}}{1-0.9z^{-1}}$，$|z|>0.9$

(2) $X(z)=\dfrac{-3z^{-1}}{2-5z^{-1}+2z^{-2}}$，$0.5<|z|<2$

(3) $X(z)=\dfrac{8z^2-4z}{8z^2+6z+1}$，$|z|<0.25$

2-11 已知序列 $x(n)$ 的 z 变换为

$$X(z)=\frac{16+2z^{-1}}{8-2z^{-1}-3z^{-2}}$$

讨论 $X(z)$ 有哪几种可能的收敛域，并用留数法求 $X(z)$ 在相应收敛域的 z 反变换 $x(n)$。

2-12 已知序列 $x(n)$ 的 z 变换为

$$X(z)=\frac{2z}{2z^2-5z+2}$$

讨论 $X(z)$ 有哪几种可能的收敛域，并用部分分式法求 $X(z)$ 在相应收敛域的 z 反变换 $x(n)$。

2-13 已知离散线性时不变、因果系统的系统函数为

$$H(z)=\frac{7-2z^{-1}}{1-0.7z^{-1}+0.1z^{-2}}$$

(1) 求系统的零极点及收敛域。

(2) 判断该系统是否稳定，若是稳定系统则写出其频率响应函数 $H(\mathrm{e}^{\mathrm{j}\omega})$。

(3) 写出该系统的差分方程。

(4) 求系统的单位脉冲响应 $h(n)$。

2-14 已知离散线性时不变系统的差分方程为

$$y(n)=x(n)-0.5x(n-1)-0.5y(n-1)$$

(1) 求系统函数 $H(z)$，并画出它的零极点分布图。

(2) 讨论 $H(z)$ 有哪几种可能的收敛域，并分析系统在相应收敛域的因果、稳定性。

(3) 求因果系统的单位脉冲响应 $h(n)$。

2-15 已知离散线性时不变、稳定系统的差分方程为

$$y(n)=2x(n)+\frac{1}{3}x(n-1)-\frac{1}{3}y(n-1)+\frac{2}{9}y(n-2)$$

(1) 求系统函数 $H(z)$，并指出其零极点及收敛域。

(2) 写出系统的频率响应函数 $H(\mathrm{e}^{\mathrm{j}\omega})$。

(3) 求系统的单位脉冲响应 $h(n)$。

2-16 已知离散线性时不变系统的系统函数为

$$H(z)=\frac{(18+3z^{-1})(2-z^{-1})}{(2+z^{-1})(9+3z^{-1}-2z^{-2})}$$

讨论 $H(z)$ 有哪几种可能的收敛域，并分析系统在相应收敛域的因果、稳定性。

2-17 已知离散线性时不变系统的系统函数为

$$H(z)=\frac{1-(az)^{-1}}{1-az^{-1}} \quad a\text{ 为实数}$$

(1) 为使系统因果稳定，参数 a 应该如何选取？

(2) 画出因果稳定系统的零极点分布图和收敛域示意图。

2-18 已知离散线性时不变、因果系统的系统函数为

$$H(z)=\frac{z+1}{z^2-(a+0.5)z+0.5a} \quad a\text{ 为实数}$$

(1) 写出该系统的差分方程。

(2) 若要求系统稳定，求 a 的取值范围。

2-19 已知离散线性时不变、稳定系统的差分方程为

$$y(n)=x(n)+0.9x(n-1)+0.9y(n-1)$$

(1) 求系统函数 $H(z)$，并指出其零极点及收敛域。

(2) 判断该系统的因果性。

(3) 写出系统的频率响应函数 $H(e^{j\omega})$，并定性画出其幅频特性曲线 $|H(e^{j\omega})|$。

(4) 该系统实现的是哪种选频滤波器(低通、高通、带通、带阻)的功能？

2-20 求连续信号 $x(t)$ 的拉普拉斯变换 $X(s)$。

(1) $x(t)=u(t)$　　(2) $x(t)=e^{at}u(t)$　　(3) $x(t)=\delta(t)$

第 3 章　有限长序列及其离散傅里叶变换

数字信号处理的理论和算法最终要用数字信号处理器或计算机来实现，它们只能处理时域和频域均为离散、有限长的序列。从第 2 章已经知道，无限长序列 $x(n)$ 的离散时间傅里叶变换(DTFT) $X(\mathrm{e}^{\mathrm{j}\omega})$ 关于 ω 连续变化并且无限长，周期序列 $\tilde{x}(n)$ 及其离散傅里叶级数(DFS) $\tilde{X}(k)$ 都是周期、离散、无限长的。无论是在时域还是在频域，这两类序列及其傅里叶变换均不满足数字信号处理的要求，但是周期信号的特点是截取一个完整周期内的信息能够反映它的全部信息。$\tilde{x}(n)$ 与 $\tilde{X}(k)$ 都是以 N 为周期的序列，故可以截取它们在一个完整周期内的有限长序列来分析，由此定义了有限长序列及其离散傅里叶变换(Discrete Fourier Transform，DFT)。

3.1　有限长序列的离散傅里叶变换

1. DFT 的定义

有效数据长度为 M 的有限长序列 $x(n)$，其 N 点离散傅里叶变换(DFT)为

$$X(k)=\mathrm{DFT}[x(n)]_N=\sum_{n=0}^{N-1}x(n)\mathrm{e}^{-\mathrm{j}\frac{2\pi}{N}kn}=\sum_{n=0}^{N-1}x(n)W_N^{kn}\quad 0\leqslant k\leqslant N-1 \tag{3-1}$$

而 $X(k)$ 的 N 点离散傅里叶反变换(IDFT)为

$$x(n)=\mathrm{IDFT}[X(k)]_N=\frac{1}{N}\sum_{k=0}^{N-1}X(k)\mathrm{e}^{\mathrm{j}\frac{2\pi}{N}kn}=\frac{1}{N}\sum_{k=0}^{N-1}X(k)W_N^{-kn}\quad 0\leqslant n\leqslant N-1 \tag{3-2}$$

$x(n)$ 与 $X(k)$ 暗含着以 N 为周期，其中 $W_N=\mathrm{e}^{-\mathrm{j}2\pi/N}$，$N\geqslant M$。

在能够与无限长序列 $x(n)$ ($-\infty<n<\infty$)区分开的情况下，本书就用 $x(n)$ 表示有限长序列；在需要强调 $x(n)$ 的长度时，用 $x(n)_N$ 表示其为 N 点有限长序列，$0\leqslant n\leqslant N-1$。

根据傅里叶变换性质中离散与周期的对应关系，在频域对 $X(\mathrm{e}^{\mathrm{j}\omega})$ 每 2π 周期等间隔采 N 个点得到 $\tilde{X}(k)$，导致在时域对无限长序列 $x(n)$ 以 N 为周期进行周期延拓得到周期序列 $\tilde{x}(n)$ (或写成 $x((n))_N$)，即

$$\tilde{x}(n)=x((n))_N=\sum_{i=-\infty}^{\infty}x(n+iN) \tag{3-3}$$

比较式(3-1)与 2.3 节式(2-65)、式(3-2)与式(2-66)可知，有限长序列的 N 点 DFT/IDFT 与周期序列的 DFS/IDFS 表达式完全相同，不同的只是它们自变量的取值范围。截取 $\tilde{x}(n)$ 与 $\tilde{X}(k)$ 在主值区间范围内的值就是 N 点有限长序列 $x(n)_N$ ($0\leqslant n\leqslant N-1$)及其 N 点 DFT $X(k)_N$ ($0\leqslant k\leqslant N-1$)，即

$$x(n)_N=\tilde{x}(n)R_N(n)=x((n))_N R_N(n) \tag{3-4}$$

$$X(k)_N=\tilde{X}(k)R_N(k)=X((k))_N R_N(k) \tag{3-5}$$

所以，虽然 $x(n)_N$ 与 $X(k)_N$ 的长度有限，但是它们是暗含着以 N 为周期的序列。

由式(3-3)与式(3-4)的关系可知，为了使 $x(n)$ 周期延拓不发生混叠，N 点 DFT 的 N 值必

须大于等于 $x(n)$ 的有效数据长度 M。如图 3-1(a)所示，当 $N \geqslant M$ 时，将 $x(n)$ 补零到 N 点长之后，周期延拓为 $x((n))_N$，再取主值，得到的 $x(n)_N$ 中包含 $x(n)$ 的全部信息。在这种情况下，在频域对 $X(\mathrm{e}^{\mathrm{j}\omega})$ 在 $\omega \in [0, 2\pi]$ 区间等间隔采 N 个点得到 $X(k)$ [见图 3-3(d)~图 3-3(f)]，意味着在时域直接对 $x(n)_M$ 补零到 N 点长得到 $x(n)_N$ [见图 3-3(a)~图 3-3(c)]，共补 $N-M$ 个零；否则，如图 3-1(b)所示，当 $N<M$ 时，对 $x(n)$ 以 N 为周期进行周期延拓时会发生混叠，截取其主值区间范围内的值 $x(n)_N$ ($0 \leqslant n \leqslant N-1$) 不能无失真地恢复原序列 $x(n)$ ($0 \leqslant n \leqslant M-1$)。

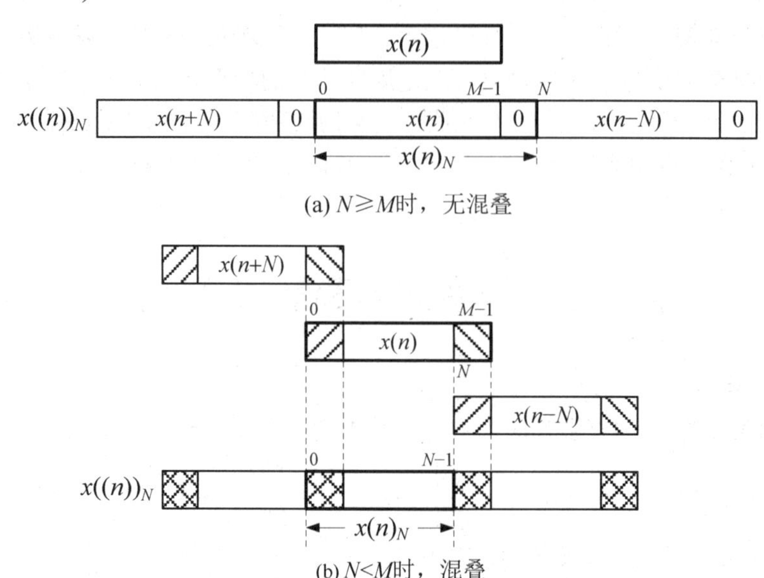

图 3-1 有限长序列周期延拓后取主值

2. 频域采样与恢复

1) 频域采样定理

傅里叶变换性质中有时域采样、频域周期延拓和频域采样、时域周期延拓的性质。1.5.2 小节的时域采样定理是在时域采样时使频域周期延拓不发生频谱混叠的条件。下面的频域采样定理是在频域采样时使时域周期延拓不发生混叠的条件。

设有限长序列 $x(n)$ 的有效数据长度为 M，只有当频域采样点数 $N \geqslant M$ 时，时域以 N 为周期进行周期延拓才不会发生混叠，截取 $0 \leqslant n \leqslant N-1$ 范围内的值得到 $x(n)_N$，其有效数据与原序列 $x(n)$ 的有效数据完全相同。此时，可用离散傅里叶反变换由频域采样值 $X(k)$ 不失真地恢复出原序列 $x(n)$。

2) 频域内插公式

在 1.5 节已知对连续信号进行数字化处理后，还需要将连续信号恢复出来。在时域恢复连续信号用的内插函数是抽样函数[见式(1-81)]。在频域也有一个类似的内插函数，用它可以由 $X(k)$ 恢复出 $X(z)$ 与 $X(\mathrm{e}^{\mathrm{j}\omega})$。

有限长序列 $x(n)$ ($0 \leqslant n \leqslant M-1$)的 z 变换为

$$X(z) = \sum_{n=-\infty}^{\infty} x(n) z^{-n} = \sum_{n=0}^{N-1} x(n) z^{-n} \tag{3-6}$$

其中，$N \geqslant M$。

设$x(n)$的N点 DFT 为$X(k)$，将离散傅里叶反变换公式(3-2)代入式(3-6)，可得频域内插公式为

$$
\begin{aligned}
X(z) &= \sum_{n=0}^{N-1}\left[\frac{1}{N}\sum_{k=0}^{N-1}X(k)W_N^{-kn}\right]z^{-n} = \frac{1}{N}\sum_{k=0}^{N-1}\left[X(k)\sum_{n=0}^{N-1}W_N^{-kn}z^{-n}\right] \\
&= \frac{1}{N}\sum_{k=0}^{N-1}X(k)\frac{1-W_N^{-kN}z^{-N}}{1-W_N^{-k}z^{-1}} = \frac{1}{N}\sum_{k=0}^{N-1}X(k)\frac{1-z^{-N}}{1-W_N^{-k}z^{-1}}
\end{aligned}
\tag{3-7}
$$

其中，$W_N = \mathrm{e}^{-\mathrm{j}2\pi/N}$，由 1.1 节式(1-36)可知$W_N^N = \mathrm{e}^{-\mathrm{j}2\pi} = 1$。

令

$$
G_k(z) = \frac{1}{N}\frac{1-z^{-N}}{1-W_N^{-k}z^{-1}} \tag{3-8}
$$

$G_k(z)$称为内插函数，则内插公式简化为

$$
X(z) = \sum_{k=0}^{N-1}X(k)G_k(z) \tag{3-9}
$$

内插公式使插值点k处的值仍保持为$X(k)$，它恢复的是各插值点之间的值，见 2.7.3 小节例 2-17。

3. z 变换、DTFT、DFS、DFT 之间的关系

比较z变换公式(2-69)、DTFT 公式(2-4)、DFS 公式(2-65)和 DFT 公式(3-1)可知，无限长序列的 DTFT $X(\mathrm{e}^{\mathrm{j}\omega})$是$z$变换$X(z)$在单位圆上的特例($z = \mathrm{e}^{\mathrm{j}\omega}$)，$X(\mathrm{e}^{\mathrm{j}\omega})$以$2\pi$为周期；周期序列的 DFS $\tilde{X}(k)$与有限长序列的N点 DFT $X(k)$都是对$X(\mathrm{e}^{\mathrm{j}\omega})$在区间$0 \leqslant \omega \leqslant 2\pi$的$N$点等间隔采样($\omega = 2\pi k/N$)，都是$z$平面单位圆上的$N$点等间隔采样($z = \mathrm{e}^{\mathrm{j}2\pi k/N}$)，只不过$\tilde{X}(k)$以$N$为周期，而$X(k)$ ($0 \leqslant k \leqslant N-1$)只取了$\tilde{X}(k)$ ($-\infty < k < \infty$)在一个完整周期内的值。这 4 类变换的内在联系如图 3-2 所示。

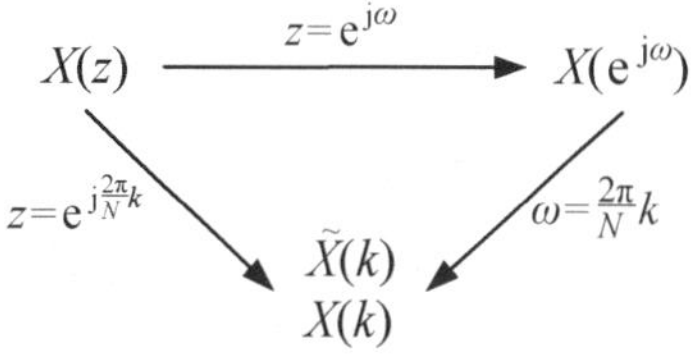

【例 3-1】 设$x(n) = R_4(n)$，求其N点离散傅里叶变换(DFT) $X(k)$。

$X(z)$ —— $z=\mathrm{e}^{\mathrm{j}\omega}$ → $X(\mathrm{e}^{\mathrm{j}\omega})$

$z=\mathrm{e}^{\mathrm{j}\frac{2\pi}{N}k}$　　$\omega=\frac{2\pi}{N}k$

$\tilde{X}(k)$

$X(k)$

图 3-2　z 变换、DTFT、DFS、DFT 之间的关系

解： 根据z变换公式(2-69)，$R_4(n)$的z变换为

$$
X(z) = \sum_{n=-\infty}^{\infty}R_4(n)z^{-n} = \sum_{n=0}^{3}z^{-n} = \frac{1-z^{-4}}{1-z^{-1}}
$$

即 2.4.2 小节例 2-4 中的式(2-91)。将$z = \mathrm{e}^{\mathrm{j}\omega}$代入，可得其 DTFT 为

$$
X(\mathrm{e}^{\mathrm{j}\omega}) = \frac{1-\mathrm{e}^{-\mathrm{j}4\omega}}{1-\mathrm{e}^{-\mathrm{j}\omega}}
$$

即 2.1 节例 2-1。将$\omega = 2\pi k/N$代入，可得其N点 DFT 为

$$
X(k) = \frac{1-\mathrm{e}^{-\mathrm{j}8\pi k/N}}{1-\mathrm{e}^{-\mathrm{j}2\pi k/N}} \qquad 0 \leqslant k \leqslant N-1
$$

当$N = 4$时，利用 1.1 节式(1-33)~式(1-36)可得$R_4(n)$的 4 点 DFT 为

$$
X(k)_4 = \frac{1-\mathrm{e}^{-\mathrm{j}2\pi k}}{1-\mathrm{e}^{-\mathrm{j}\pi k/2}} = \begin{cases} 4, & k=0 \\ 0, & 1 \leqslant k \leqslant 3 \end{cases} = 4\delta(k) \qquad 0 \leqslant k \leqslant 3
$$

当 $N=8$ 时，可得 $R_4(n)$ 的 8 点 DFT 为

$$X(k)_8=\frac{1-\mathrm{e}^{-\mathrm{j}\pi k}}{1-\mathrm{e}^{-\mathrm{j}\pi k/4}} \quad 0\leqslant k\leqslant 7$$

$X(k)_8$ 的表达式与 2.3 节例 2-3 的 $\tilde{X}(k)$ 相同，只是 $X(k)$ 有限长，k 的取值范围在 $0\leqslant k\leqslant 7$。

当 $N=16$ 时，可得 $R_4(n)$ 的 16 点 DFT 为

$$X(k)_{16}=\frac{1-\mathrm{e}^{-\mathrm{j}\pi k/2}}{1-\mathrm{e}^{-\mathrm{j}\pi k/8}} \quad 0\leqslant k\leqslant 15$$

这道题当然也可以用 N 点 DFT 的定义式(3-1)直接求解，只不过已经知道了 $X(z)$、$X(\mathrm{e}^{\mathrm{j}\omega})$、$\tilde{X}(k)$ 与 $X(k)$ 这 4 者之间的关系，先求出相对简单的 $X(z)$，再利用它们之间的关系导出 $X(k)$ 更加简便、有效。用这种方法对理解数字信号处理理论中各知识点的内在联系非常有利。

图 3-3 分别画出了 $N=4$、8 和 16 时的有限长序列波形[见图 3-3(a)~图 3-3(c)]、幅频特性曲线[见图 3-3(d)~图 3-3(f)]和采样点在 z 平面单位圆上的位置[见图 3-3(g)~图 3-3(i)]。图 3-3(d)~图 3-3(f)中的虚线为无限长序列 $R_4(n)$ 的 DTFT 的幅频特性曲线 $|X(\mathrm{e}^{\mathrm{j}\omega})|$，$|X(k)_N|$ 就是对 $|X(\mathrm{e}^{\mathrm{j}\omega})|$ 在 $\omega\in[0,2\pi]$ 区间范围内等间隔采 N 个点。

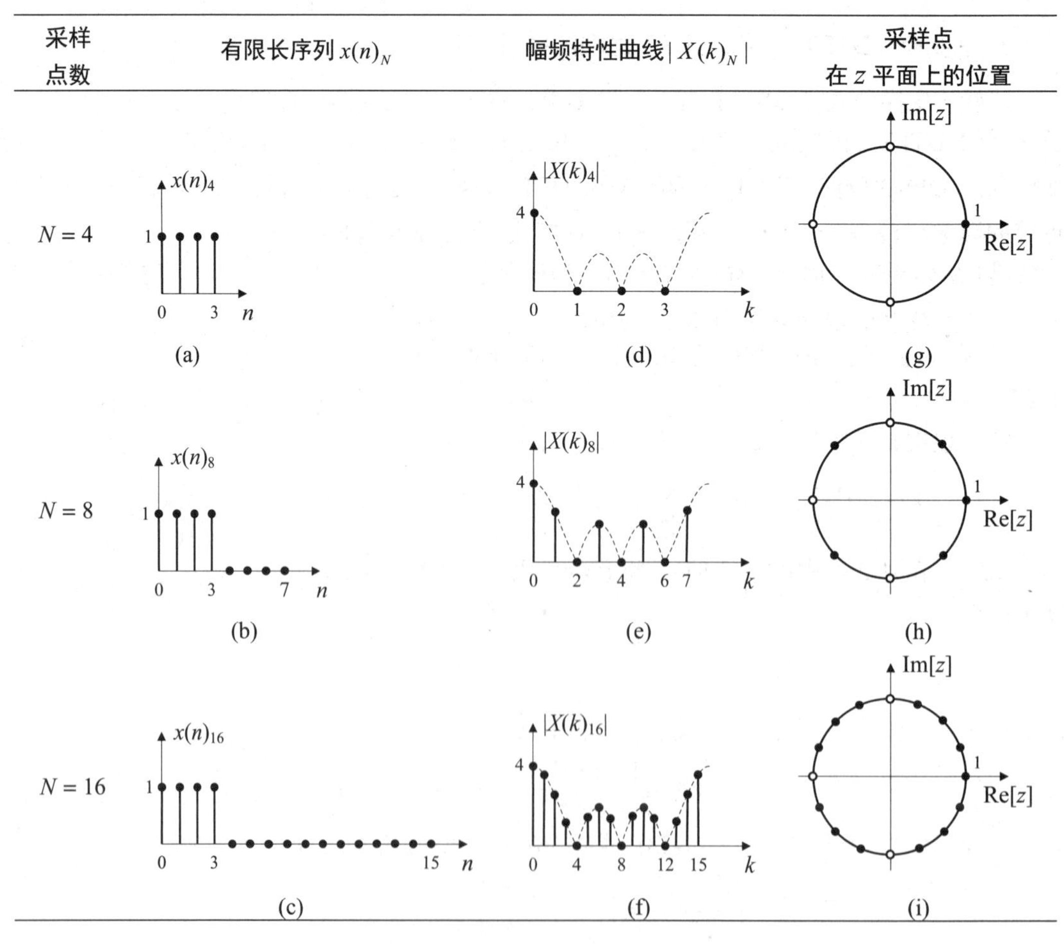

图 3-3　有限长序列 $x(n)_N$ 及其 DFT 的幅频特性曲线 $|X(k)_N|$

4. 栅栏效应

$X(k)$ 是离散谱，是对 $X(e^{j\omega})$ 在 $\omega \in [0, 2\pi]$ 区间范围内的 N 点等间隔采样。采样点数 N 太少时， $X(k)$ 不能反映 $X(e^{j\omega})$ 的全部信息，如图 3-3(d)所示。随着采样点数 N 的增加，使幅频特性曲线变密，当 N 足够大时， $X(k)$ 的包络才接近于信号的频谱 $X(e^{j\omega})$ ，如图 3-3(f)所示，这种现象被形象地称为栅栏效应。因为通过 $X(k)$ 只能看到 $X(e^{j\omega})$ 在 $\omega \in [0, 2\pi]$ 区间范围内的 N 个等间隔采样点处的信息，不能看到 $X(e^{j\omega})$ 的全部信息。

要想改善栅栏效应，则在频域增加采样点数 N ，使离散谱 $X(k)$ 更接近于连续谱 $X(e^{j\omega})$ 。在时域的效果就是在 $x(n)$ 的有效数据后面增加零值点个数，只是多补了一些零，不会影响 $x(n)$ 的有效数据。

3.2　有限长序列的运算及其 DFT 的性质

有限长序列的运算及其 N 点 DFT 的性质与前两章介绍的无限长序列的运算及其 DTFT、 z 变换的性质相通，因为可以把 N 点有限长序列看作是对以 N 为周期的周期序列取主值，而周期序列属于无限长序列。

这里介绍的有限长序列的翻褶与循环移位、共轭对称序列、循环卷积及 DFT 的性质，其结论均能够通过将有限长序列周期延拓变成无限长序列、用无限长序列相应的运算关系处理后再取主值区间 $[0, N-1]$ 范围内的值得到。只不过数字信号处理器或计算机只能处理离散有限长的序列，不能处理无限长序列。所以，在实际应用中只能直接对有限长序列在 $[0, N-1]$ 区间范围内进行操作，得到与上述处理方法相同的结果。

3.2.1　有限长序列的翻褶与循环移位

1. 有限长序列的循环移位

设序列 $x(n)$ 的有效数据长度为 M ，有

$$x(n-n_0)_N = x((n-n_0))_N R_N(n) \quad 0 \leqslant n \leqslant N-1, \ N \geqslant M \tag{3-10}$$

循环移位序列 $x(n-n_0)_N$ 就是将 $x(n)$ 补零到 N 点长，然后将 $x(n)_N$ 循环移 n_0 位。 $n_0 > 0$ 时循环右移， $n_0 < 0$ 时循环左移。

如图 3-4 所示，用 $x((n-n_0))_N R_N(n)$ 得到循环移位序列的步骤如下。

(1) 将 $x(n)$ 补零到 N 点长($N \geqslant M$)，得到 $x(n)_N$ [见图 3-4(a)]。

(2) 对 $x(n)_N$ 以 N 为周期进行周期延拓，得到周期序列 $x((n))_N$ [见图 3-4(c)]。

(3) 将 $x((n))_N$ 移 n_0 位得到 $x((n-n_0))_N$ 。 $n_0 > 0$ 时右移[见图 3-4(d)]， $n_0 < 0$ 时左移。

(4) 截取 $x((n-n_0))_N$ 在主值区间 $0 \leqslant n \leqslant N-1$ 范围内的值，得到 $x((n-n_0))_N R_N(n)$ [见图 3-4(e)]。

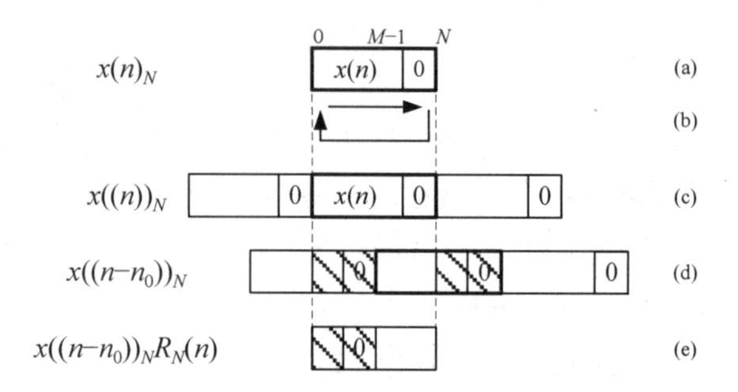

图 3-4　有限长序列的循环右移过程($n_0>0$ 时)

注意，由于 $x((n))_N$ 是以 N 为周期的序列， $x((n-n_0))_N$ 右侧移出 $[0,N-1]$ 区间的部分与左侧移入 $[0,N-1]$ 区间的部分完全对应相等(见图 3-4(d)中相同纹理的阴影区域)。所以图 3-4(c)~图 3-4(e)对 $x(n)_N$ 进行周期延拓、移位、取主值的操作可以用以下操作代替：当 $n_0>0$ 时，将 $x(n)_N$ 依次右移，右端移出的数据放到序列的最左端[见图 3-4(b)]，共移 n_0 次；当 $n_0<0$ 时，将 $x(n)_N$ 依次左移，左端移出的部分放到序列的最右端，共移 $-n_0$ 次。也就是只对 $x(n)$ 补零后的这 N 个数据 $x(n)_N$ 进行操作，将图 3-4(a)直接进行循环移位得到图 3-4(e)，这正是"循环移位"名称的由来。

【例 3-2】 已知序列 $x(n)=(n+1)R_3(n)$，画出 $x((n-1))_8 R_8(n)$ 的循环移位过程。

解： $x(n)=\{1,2,3\}$ ($0\leqslant n\leqslant 2$)。

将 $x(n)$ 补零到 8 点长，得到 $x(n)_8$ [见图 3-5(a)]；将 $x(n)_8$ 以 $N=8$ 为周期进行周期延拓，得到 $x((n))_8$ [见图 3-5(b)]；将 $x((n))_8$ 右移 1 位，得到 $x((n-1))_8$ [见图 3-5(d)]；截取 $x((n-1))_8$ 在主值区间 $0\leqslant n\leqslant 7$ 范围内的值，得到 $x((n-1))_8 R_8(n)$ [见图 3-5(c)]。

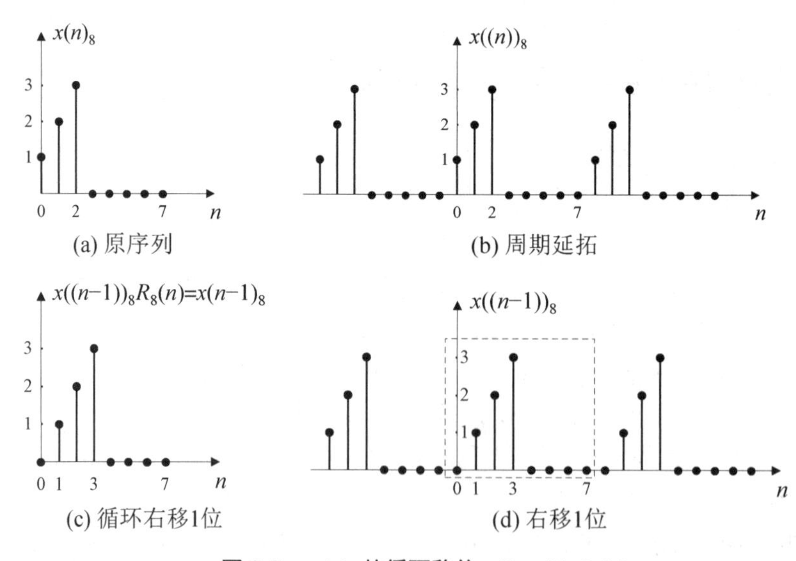

图 3-5　$x(n)_8$ 的循环移位 $x((n-1))_8 R_8(n)$

仔细观察图 3-5(a)、图 3-5(c)，直接将 $x(n)_8$ 最右端的值移到最左端，其他值向右移 1 位即可得到 $x(n)_8$ 的循环右移 1 位序列 $x((n-1))_8 R_8(n)$，从而省去图 3-5(b)、图 3-5(d)。

2. 有限长序列的翻褶

设序列 $x(n)$ 的有效数据长度为 M ，有

$$\begin{aligned}x(N-n)_N &= x((-n))_N R_N(n) \\ &= \{x(0), x(N-1), x(N-2), \cdots, x(2), x(1)\} \quad 0 \leqslant n \leqslant N-1,\ N \geqslant M\end{aligned} \tag{3-11}$$

翻褶序列 $x(N-n)_N$ 就是将 $x(n)$ 补零到 N 点长之后以 $n = N/2$ 为对称中心翻褶。

下面以例题的形式描述用 $x((-n))_N R_N(n)$ 得到有限长翻褶序列的过程。

【例 3-3】 已知序列 $x(n) = (n+1)R_3(n)$ ，画出 $x((-n))_8 R_8(n)$ 的翻褶过程。

解： 将 $x(n)$ 补零到 8 点长，得到 $x(n)_8$ [见图 3-6(a)]；将 $x(n)_8$ 以 $N = 8$ 为周期进行周期延拓，得到 $x((n))_8$ [见图 3-6(b)]；将 $x((n))_8$ 以 $n = 0$ 为对称中心翻褶为 $x((-n))_8$ [见图 3-6(d)]；截取 $x((-n))_8$ 在主值区间 $0 \leqslant n \leqslant 7$ 范围内的值，得到 $x((-n))_8 R_8(n)$ [见图 3-6(c)]。

由图 3-6(a)、图 3-6(c)可知，将 $x(n)_8$ 以 $n = 4$ 为对称中心翻褶即可得到 $x((-n))_8 R_8(n)$ ，即

$$x((-n))_8 R_8(n) = x(8-n)_8 = \{x(0), x(7), x(6), x(5), x(4), x(3), x(2), x(1)\} \tag{3-12}$$

也就是将 $x(n)_8$ 中的 $x(0)$ 保持不变、其余值倒序排列即可，从而省去图 3-6(b)、图 3-6(d)。

3. 有限长序列的翻褶循环移位

设序列 $x(n)$ 的有效数据长度为 M ，有

$$x(n_0-n)_N = x((n_0-n))_N R_N(n) \quad 0 \leqslant n \leqslant N-1,\ N \geqslant M \tag{3-13}$$

翻褶循环移位序列 $x(n_0-n)_N$ 就是将 $x(n)$ 补零到 N 点长，再将 $x(n)_N$ 翻褶为 $x(N-n)_N$ ，然后循环移 n_0 位。$n_0 > 0$ 时翻褶序列循环右移，$n_0 < 0$ 时翻褶序列循环左移。

用 $x((n_0-n))_N R_N(n)$ 得到翻褶循环移位序列的过程仅比上述用 $x((n-n_0))_N R_N(n)$ 得到循环移位序列的过程多了一步，那就是在它的步骤(2)和步骤(3)之间加入将 $x((n))_N$ 翻褶为 $x((-n))_N$ 。

【例 3-4】 已知序列 $x(n) = (n+1)R_3(n)$ ，画出 $x((1-n))_8 R_8(n)$ 的翻褶循环移位过程。

解： 将 $x(n)$ 补零到 8 点长，得到 $x(n)_8$ [见图 3-6(a)]；将 $x(n)_8$ 以 $N = 8$ 为周期进行周期延拓，得到 $x((n))_8$ [见图 3-6(b)]；将 $x((n))_8$ 以 $n = 0$ 为对称中心翻褶为 $x((-n))_8$ [见图 3-6(d)]；将 $x((-n))_8$ 右移 1 位，得到 $x((1-n))_8$ [图 3-6(f)]；截取 $x((1-n))_8$ 在主值区间 $0 \leqslant n \leqslant 7$ 范围内的值，得到 $x((1-n))_8 R_8(n)$ [见图 3-6(e)]。

仔细观察图 3-6(a)、图 3-6(c)、图 3-6(e)，直接将 $x(n)_8$ 翻褶为 $x(8-n)_8$ ，然后将 $x(8-n)_8$ 最右端的值移到最左端，其他值向右移 1 位即可得到 $x(n)_8$ 的翻褶循环右移 1 位序列 $x((1-n))_8 R_8(n)$ ，从而省去图 3-6(b)、图 3-6(d)、图 3-6(f)。

熟练掌握循环移位和翻褶循环移位过程，有利于理解和掌握后续的循环卷积运算过程。

4. 循环移位定理

设 $X(k) = \mathrm{DFT}[x(n)]_N$ ，则有

$$\mathrm{DFT}[x(n-n_0)_N]_N = \mathrm{DFT}[x((n-n_0))_N R_N(n)]_N = W_N^{kn_0} X(k) \quad 0 \leqslant k \leqslant N-1 \tag{3-14}$$

$$\mathrm{DFT}[W_N^{-k_0 n} x(n)]_N = X(k-k_0)_N = X((k-k_0))_N R_N(k) \quad 0 \leqslant k \leqslant N-1 \tag{3-15}$$

式中，n_0、k_0 为任意常数。

结论：时域时移，频域相移；时域相移，频域频移。

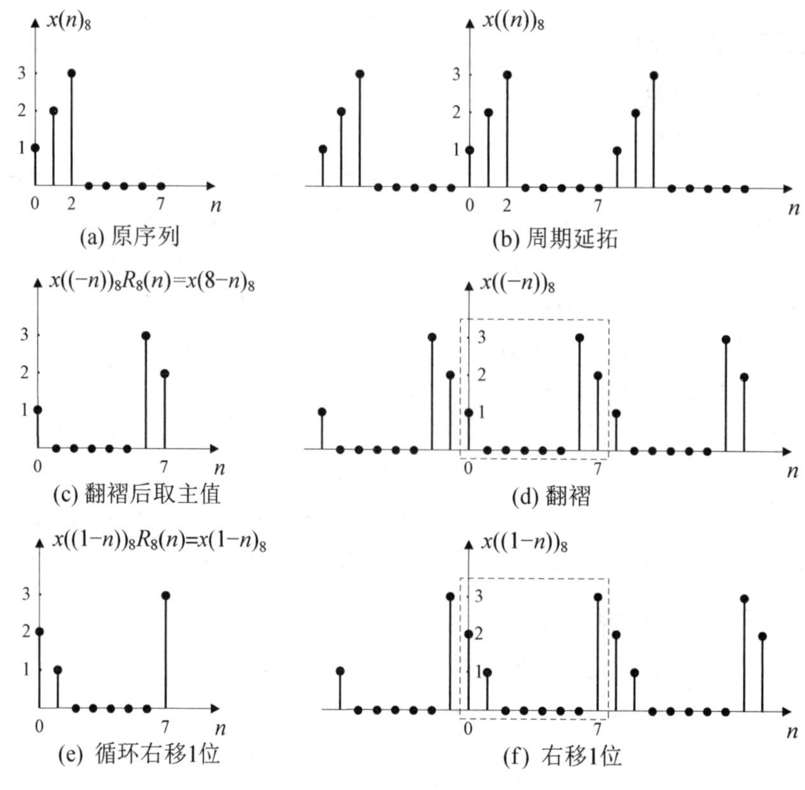

图 3-6　$x(n)_8$ 的翻褶循环移位 $x((1-n))_8R_8(n)$

3.2.2　有限长复序列共轭的 DFT

设复序列 $x(n)$ 的 N 点 DFT 为 $X(k)$，记 $x^*(n)$ 为 $x(n)$ 的共轭，则

$$\mathrm{DFT}[x^*(n)]_N = X^*(N-k) \quad 0 \leqslant k \leqslant N-1 \tag{3-16}$$

且 $X(N)=X(0)$。

证明：根据 DFT 公式(3-1)，有

$$X^*(N-k)=\left[\sum_{n=0}^{N-1}x(n)W_N^{(N-k)n}\right]^*=\left[\sum_{n=0}^{N-1}x(n)W_N^{-kn}\right]^*=\sum_{n=0}^{N-1}x^*(n)W_N^{kn}=\mathrm{DFT}[x^*(n)]_N$$

其中，$W_N=\mathrm{e}^{-\mathrm{j}2\pi/N}$，由 1.1 节式(1-36)和式(1-39)可知，$W_N^N=\mathrm{e}^{-\mathrm{j}2\pi}=1$，$W_N^{-kn}=(W_N^{kn})^*$。

又由于 $X(k)$ 暗含着以 N 为周期，所以 $X(N)=X(0)$。

同理，可得

$$\mathrm{DFT}[x^*(N-n)]_N = X^*(k) \quad 0 \leqslant k \leqslant N-1 \tag{3-17}$$

3.2.3　DFT 的共轭对称性

在 2.2.7 小节已经介绍了无限长共轭对称信号、共轭反对称信号的定义、特点及离散时间傅里叶变换 DTFT 的共轭对称性。如果无限长序列 $x(n)$ $(-\infty<n<\infty)$ 具有共轭对称性或者共轭反对称性，它应该满足式(2-22)或者式(2-30)，它以 $n=0$ 为对称中心。而 DTFT 的共

轭对称性满足式(2-53)和式(2-56)。

N 点有限长序列 $x(n)$ 及其离散傅里叶变换(DFT) $X(k)$ 均为有限长，定义区间在 $[0, N-1]$，所以讨论它们的共轭对称性时以 $N/2$ 点为对称中心，其结论与 2.2.7 小节的结论相通，只不过由于序列类型不同导致对称中心不同，使表达式发生了相应的变化而已。

1. 有限长共轭对称序列

$x(n)$ 及其 N 点 DFT $X(k)$ 均为 N 点有限长序列，它们的共轭对称分量分别用 $x_{ep}(n)$、$X_{ep}(k)$ 表示，则

$$x_{ep}(n) = x_{ep}^*(N-n) = \frac{1}{2}[x(n) + x^*(N-n)] \quad 0 \leqslant n \leqslant N-1 \tag{3-18}$$

$$X_{ep}(k) = X_{ep}^*(N-k) = \frac{1}{2}[X(k) + X^*(N-k)] \quad 0 \leqslant k \leqslant N-1 \tag{3-19}$$

$x_{ep}(n)$、$X_{ep}(k)$ 的对称中心均在 $N/2$ 点处，其特点是实部和模偶对称，虚部和相角奇对称。

N 点有限长序列暗含着以 N 为周期，所以需要先补充 $x_{ep}(N) = x_{ep}(0)$ 这一点的值，再来看序列 $x_{ep}(n)$ 是否关于 $n = N/2$ 点共轭对称。如图 3-7(e)所示，$x_{ep}(n)$ 为实共轭对称序列(以 $N = 8$ 为例)，补充 $n = 8$ 这一点的值，使 $x_{ep}(8) = x_{ep}(0)$，可见 $x_{ep}(n)$ 关于 $n = N/2 = 4$ 偶对称。

下面以实序列为例分析有限长序列与无限长序列共轭对称分量的内在联系。

实的有限长序列只有实部，没有虚部，它的共轭对称分量为

$$x_{ep}(n) = \frac{1}{2}[x(n)_N + x(N-n)_N] \quad 0 \leqslant n \leqslant N-1 \tag{3-20}$$

设 $x(n)$ 是长度为 M 的有限长序列，$M \leqslant N$ (图 3-7 中 $M = 3$、$N = 8$)。$x_{ep}(n)$ 的求解步骤如下。

(1) 将 $x(n)$ 补零到 N 点长，得到 $x(n)_N$ [见图 3-7(a)]。

(2) 将 $x(n)_N$ 以 $n = N/2$ 为对称中心翻褶，得到 $x(N-n)_N$ [见图 3-7(c)]，即将 $x(n)_N$ 中的 $x(0)$ 保持不变，其余值倒序排列。

(3) 将 $x(n)_N$ 与 $x(N-n)_N$ 相同 n 时刻的值相加后除以 2 即可求出 $x_{ep}(n)$ [见图 3-7(e)]。

利用 2.2.7 小节式(2-45)可得无限长实序列 $x((n))_N$ 的共轭对称分量

$$x_{ep}((n))_N = \frac{1}{2}[x((n))_N + x((-n))_N] \quad -\infty < n < \infty \tag{3-21}$$

$x_{ep}((n))_N$ 的求解步骤如下。

(1) 将 $x(n)$ 补零到 N 点长，得到 $x(n)_N$ [见图 3-7(a)]。

(2) 将 $x(n)_N$ 以 N 为周期进行周期延拓，得到 $x((n))_N$ [见图 3-7(b)]。

(3) 将 $x((n))_N$ 以 $n = 0$ 为对称中心翻褶，得到 $x((-n))_N$ [见图 3-7(d)]。

(4) 将 $x((n))_N$ 与 $x((-n))_N$ 相同 n 时刻的值相加后除以 2 即可求出 $x_{ep}((n))_N$ [见图 3-7(f)]。

截取 $x_{ep}((n))_N$ 在主值区间 $0 \leqslant n \leqslant 7$ 范围内的值，可见 $x_{ep}((n))_N R_N(n) = x_{ep}(n)$，如图 3-7(f)、图 3-7(e)所示。从而验证了有限长序列的运算与无限长序列的相应运算是相通的。

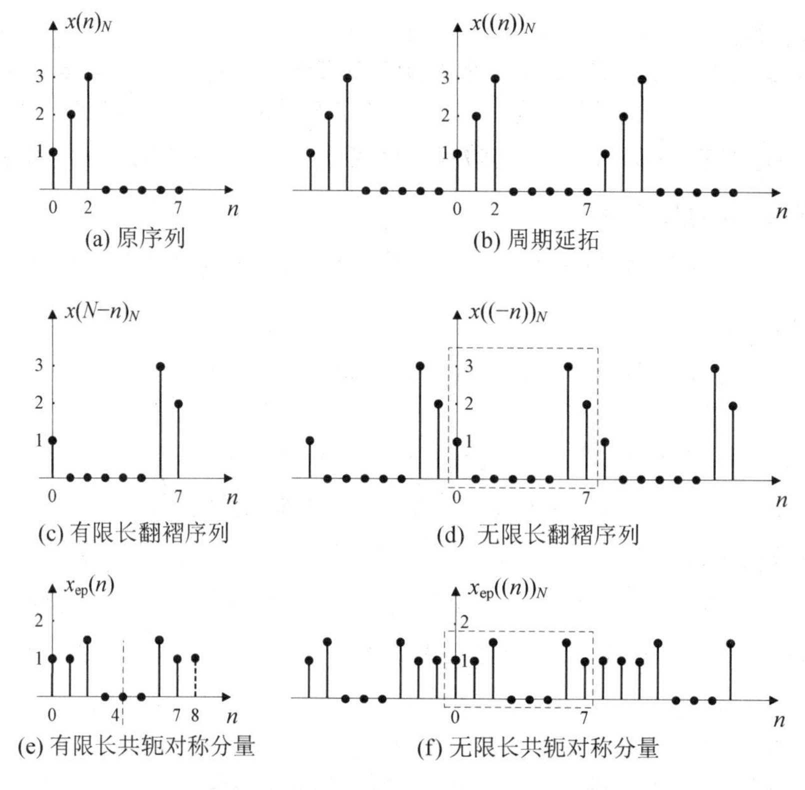

图 3-7 有限长序列与无限长序列共轭对称分量的联系($N=8$)

2. 有限长共轭反对称序列

分别用 $x_{op}(n)$ 与 $X_{op}(k)$ 表示 $x(n)$ 及其 N 点 DFT $X(k)$ 的共轭反对称分量，则

$$x_{op}(n) = -x_{op}^*(N-n) = \frac{1}{2}[x(n) - x^*(N-n)] \quad 0 \leqslant n \leqslant N-1 \tag{3-22}$$

$$X_{op}(k) = -X_{op}^*(N-k) = \frac{1}{2}[X(k) - X^*(N-k)] \quad 0 \leqslant k \leqslant N-1 \tag{3-23}$$

$x_{op}(n)$、$X_{op}(k)$ 的对称中心均在 $N/2$ 点处，其特点是实部奇对称，虚部和模偶对称，相角没有对称性。

对于具有共轭对称性或者共轭反对称性的有限长复序列，只要知道它在前 $[0,(N-1)/2]$ (N 为奇数)或者 $[0,N/2]$ (N 为偶数)点处的值，就可利用式(3-18)/式(3-19)或者式(3-22)/式(3-23)推出它在其余点处的值。

【例 3-5】 已知有限长序列 $x(n)$ 的长度为 6，具有共轭对称性，它的前 4 点值为{1, 1+2j，2+2j, 3, ______, ______ }，求其后两点的值。

解： 由于 $x(n)$ 具有共轭对称性，所以

$$x(n) = x^*(N-n) \qquad N=6$$

$x(n)$ 关于 $n=N/2=3$ 共轭对称，实部偶对称，虚部奇对称，则

$$x(5) = x^*(1) = 1-2\text{j}, \quad x(4) = x^*(2) = 2-2\text{j}$$

所以， $x(n) = \{1, 1+2\text{j}, 2+2\text{j}, 3, 2-2\text{j}, 1-2\text{j}\}$ ($0 \leqslant n \leqslant 5$)。

3. DFT 的共轭对称性

与 2.2.7 小节的式(2-53)和式(2-56)类似，任何序列都可以分解为实部加 j× 虚部的形式，也可以分解为共轭对称分量与共轭反对称分量之和的形式，有限长序列 $x(n)$ 及其 DFT $X(k)$ 也不例外。

$$\begin{array}{lcccc} \text{时域} & x(n)= & x_{\mathrm{r}}(n) & + & \mathrm{j}x_{\mathrm{i}}(n) \\ \text{DFT}\downarrow & \downarrow & \downarrow & & \downarrow \\ \text{频域} & X(k)= & X_{\mathrm{ep}}(k) & + & X_{\mathrm{op}}(k) \end{array} \tag{3-24}$$

$$\begin{array}{lcccc} \text{时域} & x(n)= & x_{\mathrm{ep}}(n) & + & x_{\mathrm{op}}(n) \\ \text{DFT}\downarrow & \downarrow & \downarrow & & \downarrow \\ \text{频域} & X(k)= & X_{\mathrm{r}}(k) & + & \mathrm{j}X_{\mathrm{i}}(k) \end{array} \tag{3-25}$$

式(3-24)与式(3-25)为 DFT 共轭对称性在时域和频域的对应关系，其中

$$\mathrm{DFT}[x_{\mathrm{r}}(n)] = X_{\mathrm{ep}}(k) \tag{3-26}$$

$$\mathrm{DFT}[\mathrm{j}x_{\mathrm{i}}(n)] = X_{\mathrm{op}}(k) \tag{3-27}$$

$$\mathrm{DFT}[x_{\mathrm{ep}}(n)] = X_{\mathrm{r}}(k) \tag{3-28}$$

$$\mathrm{DFT}[x_{\mathrm{op}}(n)] = \mathrm{j}X_{\mathrm{i}}(k) \tag{3-29}$$

结论：实序列的 DFT 具有共轭对称性，纯虚序列的 DFT 具有共轭反对称性；共轭对称序列的 DFT 只有实部，共轭反对称序列的 DFT 只有 j× 虚部。

以上关系的证明过程与 2.2.7 小节式(2-53)~式(2-58)的证明过程类似，这里只证其中的一个式(3-27)。

证明：由 2.2.7 小节式(2-38)、式(3-16)和式(3-23)可得

$$\begin{aligned} \mathrm{DFT}[\mathrm{j}x_{\mathrm{i}}(n)] &= \frac{1}{2}\mathrm{DFT}[x(n)-x^{*}(n)] = \frac{1}{2}\{\mathrm{DFT}[x(n)]-\mathrm{DFT}[x^{*}(n)]\} \\ &= \frac{1}{2}[X(k)-X^{*}(N-k)] = X_{\mathrm{op}}(k) \end{aligned}$$

下面介绍 DFT 共轭对称性的两个重要应用。

1) 分析 $x(n)$、$X(k)$ 的波形特点

实序列 $x_{\mathrm{r}}(n)$ 是复序列的特例，只有实部，没有虚部。根据式(3-26)，其 DFT 具有共轭对称性，用 $X_{\mathrm{ep}}(k)$ 表示。

与 2.2.7 小节式(2-60)类似，根据式(3-25)把实序列 $x_{\mathrm{r}}(n)$ 分解为偶对称分量 $x_{\mathrm{rep}}(n)$ 与奇对称分量 $x_{\mathrm{rop}}(n)$ 之和的形式时，相应地，把 $x_{\mathrm{r}}(n)$ 的 DFT $X_{\mathrm{ep}}(k)$ 分解为实部 $X_{\mathrm{epr}}(k)$ 加 j× 虚部 $X_{\mathrm{epi}}(k)$ 的形式，即

$$\begin{array}{lcccc} \text{时域} & x_{\mathrm{r}}(n)= & x_{\mathrm{rep}}(n) & + & x_{\mathrm{rop}}(n) \\ \text{DFT}\downarrow & \downarrow & \downarrow & & \downarrow \\ \text{频域} & X_{\mathrm{ep}}(k)= & X_{\mathrm{epr}}(k) & + & \mathrm{j}X_{\mathrm{epi}}(k) \end{array} \tag{3-30}$$

$X_{\mathrm{ep}}(k)$ 的实部 $X_{\mathrm{epr}}(k)$ 偶对称，虚部 $X_{\mathrm{epi}}(k)$ 奇对称。

根据式(3-30)所示的 DFT 共轭对称性在时域和频域的对应关系，可以得到以下结论。

(1) $x(n)$ 为实序列时，$X(k)$ 具有共轭对称性，$X_{ep}(k)=\text{DFT}[x_r(n)]$。

由式(3-19)可得

$$x(n)=x_r(n)\Rightarrow X(k)=X^*(N-k) \tag{3-31}$$

$$|X(k)|=|X^*(N-k)|=|X(N-k)| \quad 0\leqslant k\leqslant (N-1)/2\text{或}N/2-1 \tag{3-32}$$

可见，$|X(k)|$ 关于 $k=N/2$ 偶对称。

在 3.1 节例 3-1 中，$x(n)$ 为实序列，所以 $X(k)$ 共轭对称，其幅频特性曲线关于 $k=N/2$ 偶对称，如图 3-3(d)~图 3-3(f)所示。

(2) $x(n)$ 为实偶对称序列时，$X(k)$ 也为实偶对称序列，$X_{epr}(k)=\text{DFT}[x_{rep}(n)]$。

$$x(n)=x(N-n)\Rightarrow X(k)=X(N-k) \tag{3-33}$$

(3) $x(n)$ 为实奇对称序列时，$X(k)$ 为纯虚的奇对称序列，$\text{j}X_{epi}(k)=\text{DFT}[x_{rop}(n)]$。

$$x(n)=-x(N-n)\Rightarrow X(k)=-X(N-k) \tag{3-34}$$

2) 用一次 N 点 DFT 计算两个实序列的 N 点 DFT

已知两个实序列 $x_1(n)$ 与 $x_2(n)$，可以用 DFT 公式(3-1)分别求出二者的离散傅里叶变换，即

$$X_1(k)=\text{DFT}[x_1(n)]_N \tag{3-35}$$

$$X_2(k)=\text{DFT}[x_2(n)]_N \tag{3-36}$$

这里介绍一种只需要用一次 DFT 就能够把 $X_1(k)$、$X_2(k)$ 求出来的方法，计算过程如下。

先用 $x_1(n)$、$x_2(n)$ 构造一个复序列，有

$$x(n)=x_1(n)+\text{j}x_2(n) \tag{3-37}$$

用式(3-1)求出 $x(n)$ 的 N 点 DFT $X(k)$，有

$$X(k)=\text{DFT}[x(n)]_N=\sum_{n=0}^{N-1}x(n)\text{e}^{-\text{j}\frac{2\pi}{N}kn} \tag{3-38}$$

将 $X(k)$ 分解为共轭对称分量与共轭反对称分量之和的形式，即

$$X(k)=X_{ep}(k)+X_{op}(k) \tag{3-39}$$

其中

$$X_{ep}(k)=\frac{1}{2}[X(k)+X^*(N-k)] \tag{3-40}$$

$$X_{op}(k)=\frac{1}{2}[X(k)-X^*(N-k)] \tag{3-41}$$

利用 DFT 的共轭对称性，由式(3-26)和式(3-27)可得

$$\text{DFT}[x_1(n)]_N=X_{ep}(k) \tag{3-42}$$

$$\text{DFT}[\text{j}x_2(n)]_N=X_{op}(k) \tag{3-43}$$

又根据傅里叶变换的线性性质，$x(n)$ 的 N 点 DFT 为

$$\begin{aligned}X(k)&=\text{DFT}[x(n)]_N=\text{DFT}[x_1(n)+\text{j}x_2(n)]_N\\&=\text{DFT}[x_1(n)]_N+\text{jDFT}[x_2(n)]_N=X_1(k)+\text{j}X_2(k)\end{aligned} \tag{3-44}$$

由此可得

$$X_1(k)=\text{DFT}[x_1(n)]_N=X_{ep}(k)=\frac{1}{2}[X(k)+X^*(N-k)] \tag{3-45}$$

$$X_2(k)=\text{DFT}[x_2(n)]_N=\frac{1}{\text{j}}X_{\text{op}}(k)=-\text{j}X_{\text{op}}(k)=-\frac{\text{j}}{2}[X(k)-X^*(N-k)] \tag{3-46}$$

所以，只要先用一次 N 点 DFT 求出 $X(k)$ 后，即可用式(3-45)求出 $X_1(k)$、用式(3-46)求出 $X_2(k)$。

3.2.4　循环卷积

从 1.3.1 小节已经知道，当信号通过线性时不变系统时，其输出响应 $y(n)$ 是输入信号 $x(n)$ 与系统单位脉冲响应 $h(n)$ 的线性卷积 $x(n)*h(n)$，这里的 $x(n)$、$h(n)$ 均为无限长序列，不能用数字信号处理器或者计算机处理。可以将 $x(n)$ 与 $h(n)$ 截断为有限长序列之后求其循环卷积，然后通过线性卷积与循环卷积的关系得到线性卷积的结果。

1. 循环卷积的定义及求解

设 $x(n)$、$h(n)$ 分别为 M 点和 N 点有限长序列，$x(n)$ 与 $h(n)$ 的 L 点循环卷积为

$$y_{\text{c}}(n)=x(n)\textcircled{L}h(n)=\sum_{m=0}^{L-1}x(m)h((n-m))_L R_L(n) \tag{3-47}$$

或

$$y_{\text{c}}(n)=h(n)\textcircled{L}x(n)=\sum_{m=0}^{L-1}h(m)x((n-m))_L R_L(n) \tag{3-48}$$

式中，$0\leqslant n\leqslant L-1$，$L\geqslant \max(M,N)$。

$L\geqslant \max(M,N)$ 是式中 $x(n)$ 或 $h(n)$ 周期延拓不发生混叠的条件。

与求解线性卷积的方法类似，求解循环卷积也有两类方法，一类以 m 为变量，另一类以 n 为变量，详述如下。

1) 以 m 为变量求解循环卷积

先将 $x(n)$、$h(n)$ 变量代换为 $x(m)$、$h(m)$。由式(3-47)可知，两序列 $x(m)$ 与 $h((n-m))_L$ 需要在 $0\leqslant m\leqslant L-1$ 范围内相乘后相加。只有两个长度相等的有限长序列才能够对应位相乘，所以将 $x(m)$、$h(m)$ 补零到 L 点长，使二者的长度均为循环卷积的长度 L。

$x(m)$ 与 $h((n-m))_L$ 只在 $0\leqslant m\leqslant L-1$ 范围内相乘，相当于 $x(m)$ 与周期序列 $h((n-m))_L$ 的主值序列相乘，完全可以将后者写成 $h((n-m))_L R_L(m)$ 的形式。按照 3.2.1 小节介绍的直接求取有限长序列的翻褶循环移位序列的方法，可得到 $h((n-m))_L R_L(m)$ 在每个 n（$0\leqslant n\leqslant L-1$）时刻的序列值。

当 $n=0$ 时，有

$$y_{\text{c}}(0)=\sum_{m=0}^{L-1}x(m)h((-m))_L R_L(m) \tag{3-49}$$

$h((-m))_L R_L(m)$ 是 $h(m)_L$ 的翻褶序列，根据式(3-11)，有

$$h((-m))_L R_L(m)=h(L-m)_L \tag{3-50}$$

也就是使 $h(m)_L$ 中的 $h(0)$ 保持不变，$h(1)\sim h(L-1)$ 倒序排列，有

$$h((-m))_L R_L(m)=\{h(0),h(L-1),h(L-2),\cdots,h(2),h(1)\}\quad 0\leqslant m\leqslant L-1 \tag{3-51}$$

把两序列 $x(m)$ 与 $h((-m))_L R_L(m)$ 对应位相乘得到新序列，把新序列的所有值加起来，得到 $y_c(0)$。

依次取 n 从 0 到 $L-1$，对于每个确定的 n 时刻，将翻褶序列 $h((-m))_L R_L(m)$ 循环右移 n 位得到 $h((n-m))_L R_L(m)$，与序列 $x(m)$ 对应位相乘后相加，求出全部 $y_c(n)$ 值($0 \leqslant n \leqslant L-1$)。由于 $h((n-m))_L$ 以 L 为周期，所以有限长序列 $y_c(n)$ 暗含着以 L 为周期。

【例 3-6】 已知序列 $x(n)=\{1,2,3\}$ ($0 \leqslant n \leqslant 2$)，$h(n)=\{1,2,2,1\}$ ($0 \leqslant n \leqslant 3$)，求 $x(n)$ 与 $h(n)$ 的 4 点循环卷积 $y_{c1}(n)=x(n)④h(n)$。

解：由于 $x(n)$ 的长度为 3，$h(n)$ 的长度为 4，循环卷积的长度 $L=4$。

所以，将 $x(n)$、$h(n)$ 变量代换为 $x(m)$、$h(m)$ 后，将 $x(m)$ 补零到 4 点长，即

$$x(m)=\{1,2,3,0\}\ (0 \leqslant m \leqslant 3),\quad h(m)=\{1,2,2,1\}\ (0 \leqslant m \leqslant 3)$$

用式(3-48)求解，有

$$y_{c1}(n)=x(n)④h(n)=\sum_{m=0}^{3} h(m)x((n-m))_4 R_4(n)$$

把 $h(m)$、$x(m)$、$x(m)$ 的翻褶循环移位序列 $x((n-m))_4 R_4(m)$ ($0 \leqslant n \leqslant 3$)的数据分别列写在与 m 时刻($0 \leqslant m \leqslant 3$)相对应的位置，把 $h(m)$ 与每个 n 时刻($0 \leqslant n \leqslant 3$)的序列 $x((n-m))_4 R_4(m)$ 对应位相乘后所得序列的所有值加起来，将结果列写在所在行的最右端，即为所求的 $y_{c1}(n)$，如表 3-1 所示。

表 3-1　列表法求解例 3-6 的循环卷积(以 m 为变量)

	m	0	1	2	3	
	$h(m)$	1	2	2	1	
	$x((m))_4 R_4(m)$	1	**2**	**3**	**0**	$y_{c1}(n)$
$n=0$	$x((-m))_4 R_4(m)$	1	**0**	**3**	**2**	9
$n=1$	$x((1-m))_4 R_4(m)$	2	1	0	3	7
$n=2$	$x((2-m))_4 R_4(m)$	3	2	1	0	9
$n=3$	$x((3-m))_4 R_4(m)$	0	3	2	1	11

$y_{c1}(n)=\{9,7,9,11\}$ ($0 \leqslant n \leqslant 3$)。

在 1.2.5 小节例 1-6 中已求出 $x(n)$ 与 $h(n)$ 的线性卷积 $y(n)=\{1,4,9,11,8,3\}$ ($0 \leqslant n \leqslant 5$)。可以看到，4 点循环卷积 $y_{c1}(n)$ 中的最后两个数(9 和 11)与线性卷积 $y(n)$ 中的 9 和 11 这两个数不仅值相同，而且所在位置也相同。这是巧合还是必然？答案稍后揭晓。

下面介绍另一种以 m 为变量求解循环卷积的方法——矩阵方程法。在例 3-6 中将序列 $x((n-m))_4 R_4(m)$ 与序列 $h(m)$ 对应位相乘后所得序列的所有值加起来，它实际上进行的是矩阵乘法运算，其中 $x((-m))_4 R_4(m)$ 及其循环右移序列构成 $L \times L$ 维方阵(这里的 $L=4$)，$h(m)$ 以 L 维列向量的形式放在方阵的右侧。

【例 3-7】 已知序列 $x(n)=\{1,2,3\}$ ($0 \leqslant n \leqslant 2$)，$h(n)=\{1,2,2,1\}$ ($0 \leqslant n \leqslant 3$)，求 $x(n)$ 与 $h(n)$ 的 8 点循环卷积 $y_{c2}(n)=x(n)⑧h(n)$。

解：由于循环卷积的长度 $L=8$，所以将 $x(n)$、$h(n)$ 补零到 8 点长，有

$x(n)_8=\{1,2,3,0,0,0,0,0\}$（$0\leqslant n\leqslant 7$），$h(n)_8=\{1,2,2,1,0,0,0,0\}$（$0\leqslant n\leqslant 7$）

$x(n)_8$ 的翻褶序列为

$$x(8-n)_8=\{1,0,0,0,0,0,3,2\}\ (0\leqslant n\leqslant 7)$$

用式(3-48)求解，构造矩阵方程，即

$$y_{c2}(n)=x(n)⑧h(n)$$

$$\begin{bmatrix} y_{c2}(0)\\ y_{c2}(1)\\ y_{c2}(2)\\ y_{c2}(3)\\ y_{c2}(4)\\ y_{c2}(5)\\ y_{c2}(6)\\ y_{c2}(7)\end{bmatrix}=\begin{bmatrix}1&0&0&0&0&0&3&2\\2&1&0&0&0&0&0&3\\3&2&1&0&0&0&0&0\\0&3&2&1&0&0&0&0\\0&0&3&2&1&0&0&0\\0&0&0&3&2&1&0&0\\0&0&0&0&3&2&1&0\\0&0&0&0&0&3&2&1\end{bmatrix}\begin{bmatrix}1\\2\\2\\1\\0\\0\\0\\0\end{bmatrix}$$

由于列向量中后 4 个点的值为 0，所以方阵中的后 4 列和列向量中的后 4 行对矩阵乘法运算没有影响，是冗余项，将其删除。这样，8×8 维的方阵被简化为 8×4 维的矩阵，后面的列向量中只含有 $h(n)$ 的 4 个有效数据。写出简化后的矩阵方程并求解，即

$$\begin{bmatrix} y_{c2}(0)\\ y_{c2}(1)\\ y_{c2}(2)\\ y_{c2}(3)\\ y_{c2}(4)\\ y_{c2}(5)\\ y_{c2}(6)\\ y_{c2}(7)\end{bmatrix}=\begin{bmatrix}1&0&0&0\\2&1&0&0\\3&2&1&0\\0&3&2&1\\0&0&3&2\\0&0&0&3\\0&0&0&0\\0&0&0&0\end{bmatrix}\begin{bmatrix}1\\2\\2\\1\end{bmatrix}=\begin{bmatrix}1\\4\\9\\11\\8\\3\\0\\0\end{bmatrix}$$

所以，$y_{c2}(n)=\{1,4,9,11,8,3,0,0\}$（$0\leqslant n\leqslant 7$）。

仔细观察能够发现简化矩阵方程的构成规律：矩阵方程中的列向量就是有限长序列 $h(n)$（$0\leqslant n\leqslant N-1$）；$L\times N$ 维矩阵中的第 1 列就是 $x(n)_L$，其余各列依次为前一列循环下移 1 位的结果，矩阵的列数等于序列 $h(n)$ 的长度 N，所以是 $L\times N$ 维的矩阵。由此可以写出用式(3-48)求解循环卷积的简化矩阵方程，即

$$\begin{bmatrix} y_c(0)\\ y_c(1)\\ y_c(2)\\ \vdots\\ y_c(L-2)\\ y_c(L-1)\end{bmatrix}=\begin{bmatrix} x(0) & x(L-1) & x(L-2) & \cdots & x(L-N+1)\\ x(1) & x(0) & x(L-1) & \cdots & x(L-N+2)\\ x(2) & x(1) & x(0) & \cdots & x(L-N+3)\\ \vdots & \vdots & \vdots & \ddots & \vdots\\ x(L-2) & x(L-3) & x(L-4) & \cdots & x(L-N-1)\\ x(L-1) & x(L-2) & x(L-3) & \cdots & x(L-N)\end{bmatrix}\begin{bmatrix} h(0)\\ h(1)\\ h(2)\\ \vdots\\ h(N-1)\end{bmatrix}\tag{3-52}$$

若用式(3-47)求解循环卷积，简化矩阵方程为

$$\begin{bmatrix} y_c(0) \\ y_c(1) \\ y_c(2) \\ \vdots \\ y_c(L-2) \\ y_c(L-1) \end{bmatrix} = \begin{bmatrix} h(0) & h(L-1) & h(L-2) & \cdots & h(L-M+1) \\ h(1) & h(0) & h(L-1) & \cdots & h(L-M+2) \\ h(2) & h(1) & h(0) & \cdots & h(L-M+3) \\ \vdots & \vdots & \vdots & \ddots & \vdots \\ h(L-2) & h(L-3) & h(L-4) & \cdots & h(L-M-1) \\ h(L-1) & h(L-2) & h(L-3) & \cdots & h(L-M) \end{bmatrix} \begin{bmatrix} x(0) \\ x(1) \\ x(2) \\ \vdots \\ x(M-1) \end{bmatrix} \tag{3-53}$$

由于 $x(n)$ ($0 \leqslant n \leqslant M-1$)的长度为 M ，所以这里的矩阵是 $L \times M$ 维的，其第 1 列就是 $h(n)_L$ ，其余各列依次为前一列循环下移 1 位的结果。

建议将 $x(n)$ 与 $h(n)$ 中较短的序列作为列向量，将较长的序列作为循环下移的对象构造矩阵，这样构造的矩阵维数最少，可以进一步简化运算。在例 3-7 中，矩阵的维数是 8×4 维。若将 $x(n)$ 作为列向量，用 $h(n)_8$ 构造矩阵，则矩阵维数降为 8×3 维。

注意， $y_{c2}(n) = \{1, 4, 9, 11, 8, 3, 0, 0\}$ ($0 \leqslant n \leqslant 7$)，它与线性卷积 $y(n)$ 在有效区间范围内的值完全相同。看来 4 点循环卷积 $y_{c1}(n)$ 与线性卷积 $y(n)$ 中的 9 和 11 不仅值相同而且位置也相同不是巧合，循环卷积与线性卷积一定存在着确定的对应关系。

2) 以 n 为变量求解循环卷积——循环移位加权和法

由于 $x(n)$ 的有效数据长度 $M \leqslant L$ ，所以用式(3-47)求解 L 点循环卷积时，求和区间范围可以缩小为 m 从 0 到 $M-1$ ，即

$$y_c(n) = x(n) Ⓛ h(n) = \sum_{m=0}^{M-1} x(m)[h((n-m))_L R_L(n)] \tag{3-54}$$

按照 3.2.1 小节介绍的直接求取有限长序列的循环移位序列的方法，依次将 $h((n))_L R_L(n)$ 循环右移 m ($0 \leqslant m \leqslant M-1$)位得到 $h((n-m))_L R_L(n)$ ，再乘以相应的权系数 $x(m)$ ，最后将所有序列在相同 n 时刻的值加起来，求出 $y_c(n)$ 。

同理，由于 $h(n)$ 的有效数据长度 $N \leqslant L$ ，所以用式(3-48)求解 L 点循环卷积时，求和区间范围可以缩小为 m 从 0 到 $N-1$ ，即

$$y_c(n) = h(n) Ⓛ x(n) = \sum_{m=0}^{N-1} h(m)[x((n-m))_L R_L(n)] \tag{3-55}$$

用循环移位加权和法求解循环卷积时，建议把短序列作为权系数，使求和项更少、运算更简捷。

【例 3-8】 已知序列 $x(n) = \{1, 2, 3\}$ ($0 \leqslant n \leqslant 2$)， $h(n) = \{1, 2, 2, 1\}$ ($0 \leqslant n \leqslant 3$)，求 $x(n)$ 与 $h(n)$ 的 8 点循环卷积 $y_{c2}(n) = x(n) ⑧ h(n)$ 。

解： $x(m) = \{1, 2, 3\}$ ($0 \leqslant m \leqslant 2$)； $h((n))_8 R_8(n) = \{1, 2, 2, 1, 0, 0, 0, 0\}$ ($0 \leqslant n \leqslant 7$)

$$\begin{aligned} y_{c2}(n) = x(n) ⑧ h(n) &= \sum_{m=0}^{7} x(m) h((n-m))_8 R_8(n) = \sum_{m=0}^{2} x(m) h((n-m))_8 R_8(n) \\ &= x(0) h((n))_8 R_8(n) + x(1) h((n-1))_8 R_8(n) + x(2) h((n-2))_8 R_8(n) \\ &= h((n))_8 R_8(n) + 2h((n-1))_8 R_8(n) + 3h((n-2))_8 R_8(n) \end{aligned}$$

用循环移位加权和法求解例 3-8 的循环卷积的过程如表 3-2 所示。

表 3-2　循环移位加权和法求解例 3-8 的循环卷积（以 n 为变量）

n	0	1	2	3	4	5	6	7
$h((n))_8 R_8(n)$	1	2	2	1	0	0	0	0
$2h((n-1))_8 R_8(n)$	0	2	4	4	2	0	0	0
$3h((n-2))_8 R_8(n)$	0	0	3	6	6	3	0	0
$y_{c2}(n)$	1	4	9	11	8	3	0	0

所以，$y_{c2}(n)=\{1,4,9,11,8,3,0,0\}$（$0\leqslant n\leqslant 7$）。

2. 循环卷积与线性卷积的关系

设 $x(n)$、$h(n)$ 的有效数据长度分别为 M 和 N。$y(n)$ 是 $x(n)$ 与 $h(n)$ 的线性卷积，即

$$y(n)=x(n)*h(n)=\sum_{m=-\infty}^{\infty}x(m)h(n-m) \tag{3-56}$$

从 1.2.5 小节已经知道，$y(n)$ 的有效数据长度为 $M+N-1$。

$y_c(n)$ 是 $x(n)$ 与 $h(n)$ 的 L 点循环卷积，$L\geqslant\max(M,N)$，有

$$y_c(n)=x(n)\textcircled{L}h(n)=\sum_{m=0}^{L-1}x(m)h((n-m))_L R_L(n) \tag{3-57}$$

$y_c(n)$ 的长度为 L。

式(3-57)与式(3-56)中的 $y_c(n)$、$y(n)$ 分别是对 $h((n))_L R_L(n)$、$h(n)$ 的移位加权和，均移 m 位，均乘以权系数 $x(m)$，而 $h((n))_L R_L(n)$ 是 $h(n)$ 以 L 为周期进行周期延拓后取主值（$0\leqslant n\leqslant L-1$）的结果。所以，$L$ 点循环卷积 $y_c(n)$ 也是线性卷积 $y(n)$ 以 L 为周期进行周期延拓后取主值的结果，即

$$y_c(n)=y((n))_L R_L(n)=\sum_{i=-\infty}^{\infty}y(n+iL)R_L(n) \tag{3-58}$$

这就是 L 点循环卷积 $y_c(n)$ 与线性卷积 $y(n)$ 的关系。

在掌握了线性卷积、循环卷积公式及其求解方法，特别是在理解了二者之间的关系之后，我们就能够守正创新，实现二者的互求。

因为 $y(n)$ 的有效数据长度为 $M+N-1$，所以 $y(n)$ 以 L 为周期进行周期延拓而不会发生混叠的条件是 $L\geqslant M+N-1$。

当 $L\geqslant M+N-1$ 时，如图 3-8 所示，若已知线性卷积 $y(n)$，此时无须将 $y(n)$ 周期延拓取主值的过程，只要直接将 $y(n)$ 补零到 L 点长即可得到 L 点循环卷积 $y_c(n)$。若已知 L 点循环卷积 $y_c(n)$，则只需截取 $y_c(n)$ 在 $0\leqslant n\leqslant M+N-2$ 区间范围内的值即为线性卷积 $y(n)$ 的有效数据。

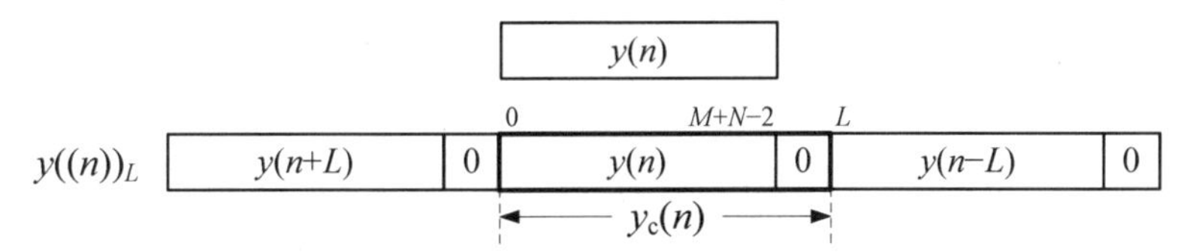

图 3-8　$L\geqslant M+N-1$ 时线性卷积与循环卷积的关系

当$L<M+N-1$时，$y(n)$以L为周期进行周期延拓会发生混叠。如图 3-9 所示，$y(n)$的前$M+N-1-L$个点(图中右斜线纹理部分)与$y(n+L)$的后$M+N-1-L$个点(图中左斜线纹理部分)发生混叠。将周期延拓序列$y((n))_L$取主值得到$y_c(n)$($0\leqslant n\leqslant L-1$)，其中混叠的部分相加(图中网格部分)。在这种情况下，$y_c(n)$与$y(n)$的前$M+N-1-L$个点的值不同，二者的值只在$M+N-1-L\leqslant n\leqslant L-1$范围内完全相同(图中无纹理的区域)。

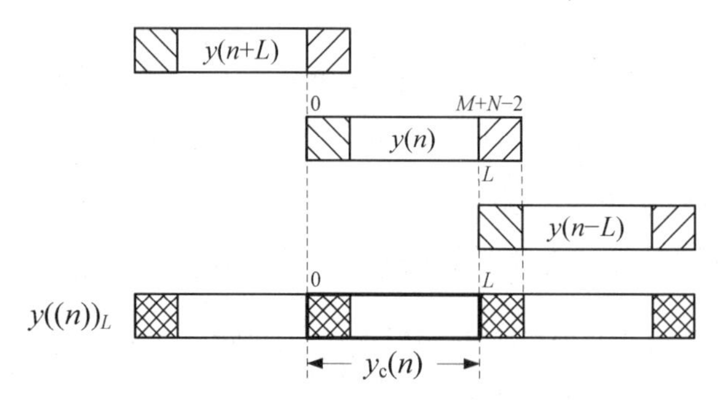

图 3-9　$L<M+N-1$时线性卷积与循环卷积的关系

所以，根据式(3-58)可以用线性卷积$y(n)$求L点循环卷积$y_c(n)$。当$L\geqslant M+N-1$时，可以用L点循环卷积$y_c(n)$求线性卷积$y(n)$。

注意，$L\geqslant\max(M,N)$是使$x(n)$或$h(n)$周期延拓不发生混叠的条件，这是求循环卷积的条件；而$L\geqslant M+N-1$是使$y(n)$周期延拓不发生混叠的条件，这是用循环卷积求线性卷积的条件。

【例 3-9】 已知序列$x(n)=\{1,2,3\}$($0\leqslant n\leqslant 2$)，$h(n)=\{1,2,2,1\}$($0\leqslant n\leqslant 3$)，验证线性卷积与循环卷积的关系。

解：在 1.2.5 小节例 1-6 中已求出$x(n)$与$h(n)$的线性卷积，即

$$y(n)=\{1,4,9,11,8,3\}\ (0\leqslant n\leqslant 5)$$

$x(n)$的有效数据长度$M=3$，$h(n)$的有效数据长度$N=4$，所以$y(n)$的有效数据长度$M+N-1=3+4-1=6$。

在本节例 3-6 中已求出$x(n)$与$h(n)$的 4 点循环卷积，即

$$y_{c1}(n)=x(n)④h(n)=\{9,7,9,11\}\ (0\leqslant n\leqslant 3)$$

在例 3-8 中已求出$x(n)$与$h(n)$的 8 点循环卷积，即

$$y_{c2}(n)=x(n)⑧h(n)=\{1,4,9,11,8,3,0,0\}\ (0\leqslant n\leqslant 7)$$

(1) 用线性卷积求循环卷积。

$L=4$时，如表 3-3 所示，由于 4 小于$y(n)$的有效数据长度 6，所以$y(n)$以 4 为周期进行周期延拓时$\sum_{i=-\infty}^{\infty}y(n+4i)$将发生混叠，重叠部分相加，取$0\leqslant n\leqslant 3$范围内的值可得$y_{c1}(n)$。实际上只需要求出$\sum_{i=0}^{1}y(n+4i)$在$0\leqslant n\leqslant 3$范围内的值即可，即

$$y_{c1}(n)=\sum_{i=0}^{1}y(n+4i)R_4(n)=[y(n+4)+y(n)]R_4(n)$$

用线性卷积求 4 点循环卷积的过程如表 3-3 所示。

表 3-3　例 3-9 用线性卷积求 4 点循环卷积

n	−4	−3	−2	−1	**0**	**1**	**2**	**3**	4	5
$y(n+4)$	1	4	9	11	**8**	**3**				
$y(n)$					**1**	**4**	**9**	**11**	8	3
$y_{c1}(n)$					**9**	**7**	**9**	**11**		

$L=8$时，将 $y(n)$ 以 8 为周期进行周期延拓后取主值序列可得 $y_{c2}(n)$。由于 8 大于 $y(n)$ 的有效数据长度 6，所以 $y(n)$ 以 8 为周期进行延拓没有发生混叠。在这种情况下，直接将 $y(n)$ 补零到 8 点长就是 $y_{c2}(n)$。

(2) 用循环卷积求线性卷积。

$L\geqslant 6$ 时，可由 $y_c(n)$ 求 $y(n)$。$y_{c2}(n)$ 的 $L=8>6$，$y_{c2}(n)$ 在 $0\leqslant n\leqslant 5$ 区间范围内的值即为 $y(n)$ 的全部有效数据。

实际上，为了求 $y(n)$，只需要求出 6 点循环卷积，求解过程见 1.2.5 小节例 1-7。

3. 循环卷积定理

1) 时域循环卷积定理

设有限长序列 $x(n)$ 与 $h(n)$ 的有效数据长度分别为 M、N，$\text{DFT}[x(n)]_L=X(k)$，$\text{DFT}[h(n)]_L=H(k)$，$L\geqslant\max(M,N)$。

若 $y_c(n)$ 是 $x(n)$ 与 $h(n)$ 的 L 点循环卷积，即

$$y_c(n)=x(n)\,\text{Ⓛ}\,h(n)\qquad 0\leqslant n\leqslant L-1 \tag{3-59}$$

则有

$$Y_c(k)=\text{DFT}[y_c(n)]_L=X(k)H(k)\qquad 0\leqslant k\leqslant L-1 \tag{3-60}$$

时域循环卷积定理是离散傅里叶变换性质中的重要而实用的性质。

L 点循环卷积可以用式(3-47)或式(3-48)在时域直接求解，也可以利用时域循环卷积定理在频域求解，图 3-10 给出了后者的原理框图，用 DFT 计算 L 点循环卷积的过程如下：将序列 $x(n)$ 与 $h(n)$ 补零到 L 点长，分别求出二者的 L 点 DFT $X(k)$ 与 $H(k)$，利用式(3-60)将二者在频域做乘法运算，然后进行 L 点离散傅里叶反变换(IDFT)即可得到 L 点循环卷积 $y_c(n)$。当 $L\geqslant M+N-1$ 时，可用 DFT 求解线性卷积 $y(n)$。

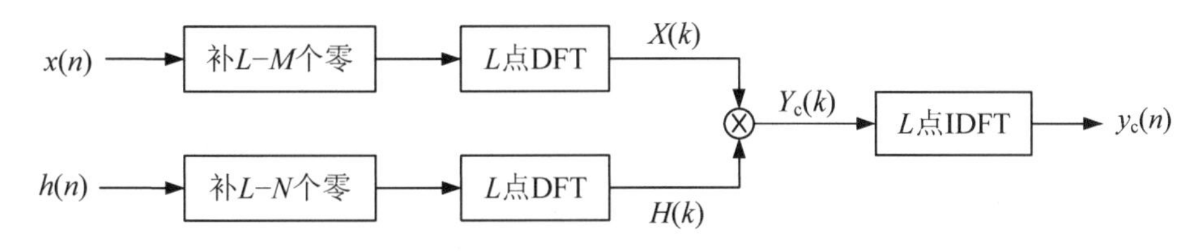

图 3-10　用 DFT 计算 L 点循环卷积的原理框图

由于 DFT 有快速算法，即快速傅里叶变换 FFT(将在第 4 章介绍)，使得当 L 较大时，在频域的运算速度明显比在时域的运算速度快，因此常用 FFT 求解循环卷积，此时需要取 L 为 2 的整数幂。

2) 频域循环卷积定理

设序列 $x_1(n)$、$x_2(n)$ 均为 L 点长，$\text{DFT}[x_1(n)]_L = X_1(k)$，$\text{DFT}[x_2(n)]_L = X_2(k)$，则有

$$\text{DFT}[x_1(n)x_2(n)]_L = \frac{1}{L}X_1(k) \textcircled{L} X_2(k) \quad 0 \leqslant k \leqslant L-1 \tag{3-61}$$

4. 线性卷积的求解方法

设 $x(n)$、$h(n)$ 的有效数据长度分别为 M 和 N，到目前为止，可以总结出以下几种求解线性卷积 $y(n)=x(n)*h(n)$ 的方法。

(1) 线性卷积定义式法。直接用 1.2.5 小节式(1-44)或式(1-45)求解，以 m 为变量或以 n 为变量均可。

(2) z 变换法。先求出 $x(n)$、$h(n)$ 的 z 变换 $X(z)$、$H(z)$，再利用 z 变换的时域卷积定理(时域卷积、z 域乘积)，最后用 z 反变换求出 $y(n)$，即

$$y(n) = \text{IZT}[Y(z)] = \text{IZT}[X(z)H(z)] \tag{3-62}$$

(3) L 点循环卷积法。由于 $y(n)$ 的有效数据长度为 $M+N-1$，故取 $L \geqslant M+N-1$，用式(3-47)或式(3-48)求 L 点循环卷积 $y_c(n)$，其在 $0 \leqslant n \leqslant M+N-2$ 区间范围内的值即为 $y(n)$ 的有效数据。

(4) DFT 法(或 FFT 法)。原理框图如图 3-10 所示，取 $L \geqslant M+N-1$，先将 $x(n)$、$h(n)$ 补零到 L 点长，分别求出它们的 L 点 DFT $X(k)$、$H(k)$，再利用 DFT 的时域卷积定理(时域卷积、频域乘积)，最后用 IDFT 求出 $y_c(n)$，即

$$y_c(n) = \text{IDFT}[Y_c(k)]_L = \text{IDFT}[X(k)H(k)]_L \tag{3-63}$$

它在 $0 \leqslant n \leqslant M+N-2$ 区间范围内的值即为 $y(n)$ 的有效数据。

(5) 重叠相加法。当两个序列 $x(n)$ 与 $h(n)$ 的长度相差悬殊时，可以对长序列进行分段处理，有重叠相加法和重叠保留法两种，这里简单介绍重叠相加法，在 MATLAB 中默认采用这种方法。

如图 3-11 所示，假设序列 $h(n)$ 为短序列，它的取值范围在 $0 \leqslant n \leqslant N-1$ 内，长度为 N。$x(n)$ 为长序列，将 $x(n)$ 等长分段，每段长度均为 M。第 k 段用 $x_k(n)$ 表示，它的取值范围在 $(k-1)M \leqslant n \leqslant kM-1$。先用上述 4 种方法中的任何一种求出每段分段线性卷积 $y_k(n)=x_k(n)*h(n)$，然后把分段线性卷积结果叠加起来得到 $x(n)$ 与 $h(n)$ 的线性卷积。

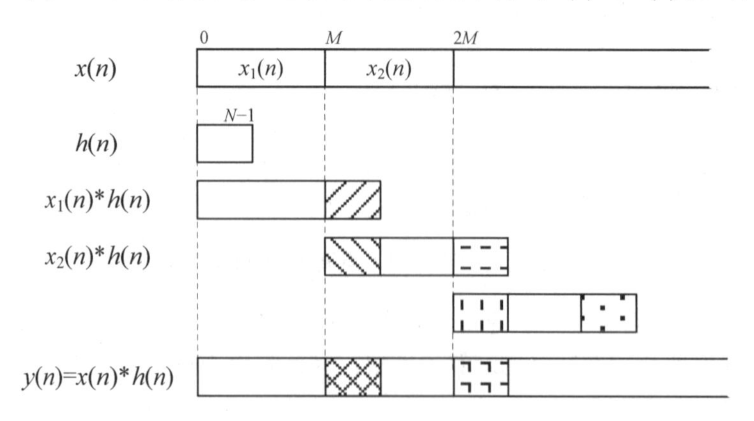

图 3-11　重叠相加法求解线性卷积示意图

注意，第 k 段分段线性卷积 $y_k(n)$ 的起始位置在 $(k-1)M$ 处，第 $k+1$ 段分段线性卷积 $y_{k+1}(n)$ 的起始位置在 kM 处，二者相距 M，而每个分段线性卷积的长度均为 $M+N-1$，因此相邻分段线性卷积 $y_k(n)$ 与 $y_{k+1}(n)$ 有 $N-1$ 个点重叠，必须把重叠部分相加，才能得到正确的线性卷积结果。

对长序列 $x(n)$ 分段处理的好处是使 $x_k(n)$ 与 $h(n)$ 的长度接近，占用的存储空间小、延时短；比直接求 $x(n)$ 与 $h(n)$ 的线性卷积的运算量小；与 $x_k(n)$ 相邻的几段可以同时分别与 $h(n)$ 进行线性卷积，可加快运算速度；可以实现边输入、边计算、边输出，当数字信号处理器的运算速度足够快时，则可以实现实时处理。

3.3　用 DFT 对信号进行谱分析

在 5 类信号(连续非周期信号、连续周期信号、非周期序列、周期序列、有限长序列)及其傅里叶变换中，有限长序列及其离散傅里叶变换(DFT)是唯一一种在时域和频域均为离散、有限长的序列，为利用数字信号处理器或计算机、通过数值计算方法对信号进行分析与处理提供了理论依据，具有重要的实际意义。

用 DFT 对信号进行谱分析是数字信号处理的应用之一。信号的谱分析就是先求出信号的傅里叶变换，然后在频域分析信号存在哪些频率成分，信号的傅里叶变换又称为频谱。通过对连续信号进行等间隔采样、将无限长序列截断为有限长序列，可实现用 DFT 近似逼近任意类型信号的频谱。

3.3.1　用有限长序列及其 DFT 近似逼近的全过程

图 3-12 是用有限长序列及其 DFT 近似逼近连续信号及其傅里叶变换的完整过程，分步描述如图 3-13 所示。

假设连续信号 $x(t)$ [见图 3-13(a)]为因果信号，其傅里叶变换 $X(\mathrm{j}\Omega)$ 的频带宽度有限，幅频特性曲线 $|X(\mathrm{j}\Omega)|$ 如图 3-13(b)所示，信号最高角频率为 Ω_c，最高频率为 f_c，$\Omega_c=2\pi f_c$。

1. 时域采样

在时域以 T_s 为间隔对 $x(t)$ 进行等间隔采样，得到无限长序列 $x(n)$ [见图 3-13(c)]。若用采样间隔为 T_s 的单位冲激串[见 1.5.2 小节图 1-16(b)]与 $x(t)$ 相乘，得到的是连续采样信号 $\hat{x}(t)$。

时域采样，频域周期延拓。$\hat{x}(t)$ 的傅里叶变换 $\hat{X}(\mathrm{j}\Omega)$ 是对 $X(\mathrm{j}\Omega)$ 以采样角频率 Ω_s 为周期进行周期延拓，幅值为 $X(\mathrm{j}\Omega)$ 的 $1/T_s$ [见图 3-13(d)]。Ω_s 与 T_s 的关系是：$\Omega_s=2\pi/T_s$，T_s 的倒数是采样频率 F_s，$F_s=1/T_s$。

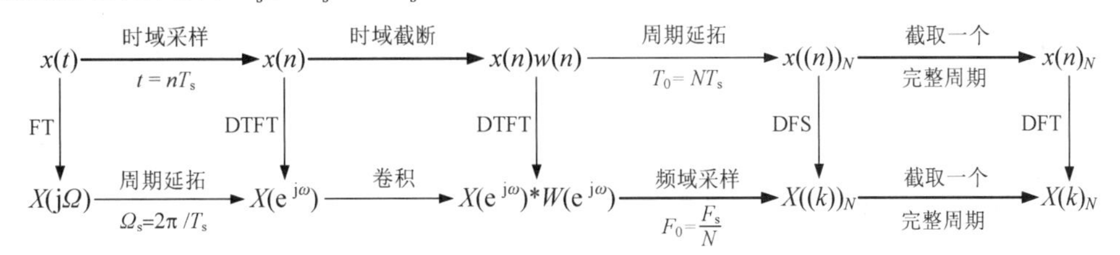

图 3-12　用有限长序列及其 DFT 近似逼近其他类型信号及其傅里叶变换流程图

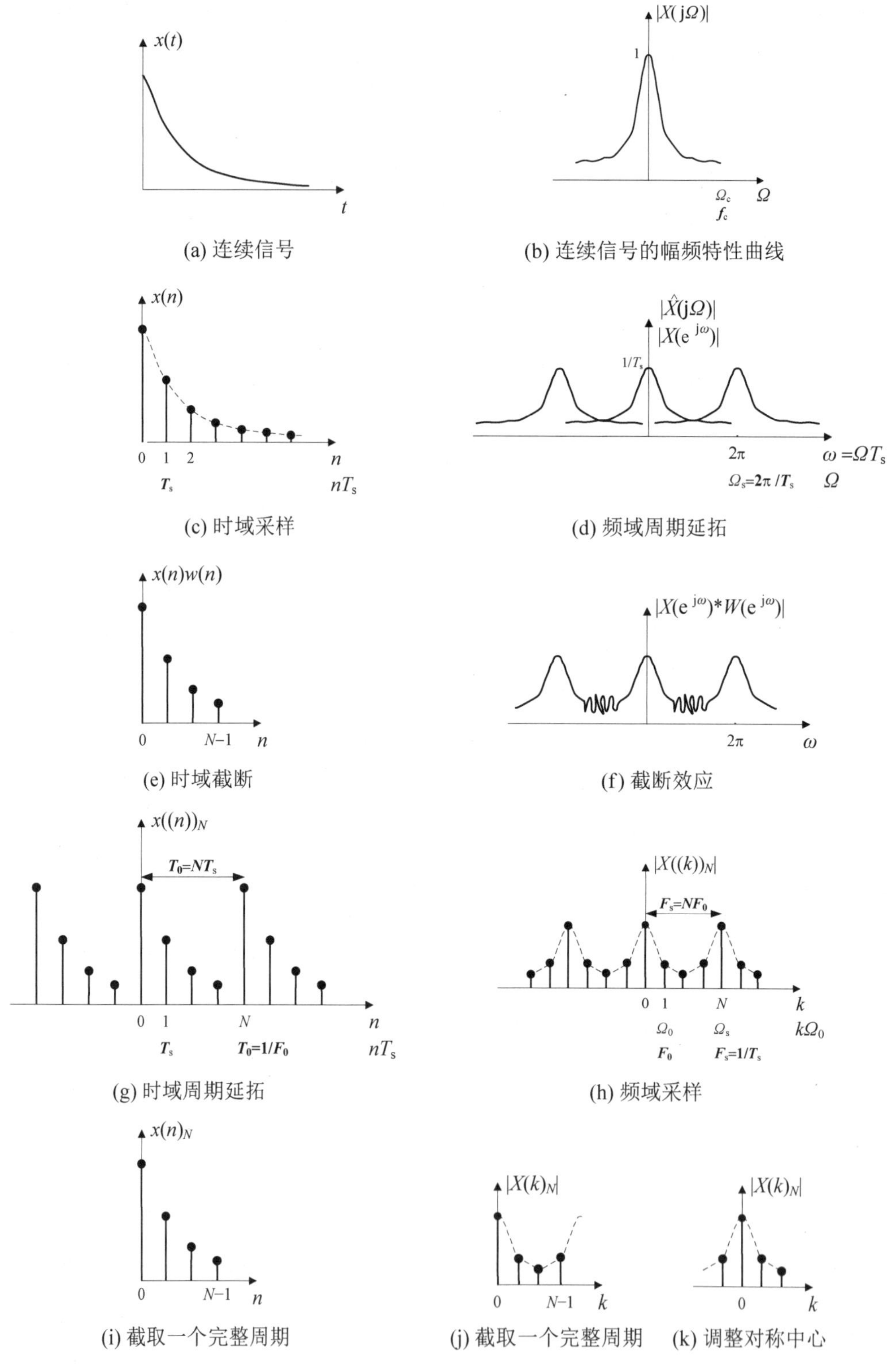

图 3-13　用有限长序列及其 DFT 近似逼近其他类型信号及其傅里叶变换示意图

而序列 $x(n)$ 的离散时间傅里叶变换(DTFT) $X(\mathrm{e}^{\mathrm{j}\omega})$ 以 2π 为周期，幅值也为 $X(\mathrm{j}\Omega)$ 的 $1/T_\mathrm{s}$。可见，$X(\mathrm{e}^{\mathrm{j}\omega})$ 与 $\hat{X}(\mathrm{j}\Omega)$ 的波形相同，只是 $X(\mathrm{e}^{\mathrm{j}\omega})$ 的自变量是数字角频率 ω，$\hat{X}(\mathrm{j}\Omega)$ 的自变量是模拟角频率 Ω，二者的关系是：$\omega=\Omega T_\mathrm{s}$。

时域采样间隔 T_s 的选取必须满足时域采样定理，即 $\Omega_\mathrm{s}\geqslant 2\Omega_\mathrm{c}$（或 $F_\mathrm{s}\geqslant 2f_\mathrm{c}$），如 1.5.2 小节图 1-16(g)所示；否则在时域采样时在频域会发生频谱混叠现象，如图 3-13(d)所示。

2. 时域截断

在时域，对连续信号 $x(t)$ 采样后的序列 $x(n)$ 已经是离散的了，但仍然无限长。用一个有限长窗函数 $w(n)$（$0\leqslant n\leqslant N-1$）将其截断为 N 点有限长序列 $x(n)w(n)$[见图 3-13(e)]。最简单的窗函数是矩形窗 $w(n)=R_N(n)$，直接截取 $x(n)$ 在 $0\leqslant n\leqslant N-1$ 区间范围内的值。在 7.4.2 小节将介绍更多的窗函数类型。时域加窗截断将在频域产生截断效应[见图 3-13(f)]。

3. 频域采样

虽然 $x(n)w(n)$ 已经是离散有限长序列了，但它的频谱仍然连续，并以 2π 为周期。在频域以频域采样间隔 F_0（又称为频率分辨率)对连续频谱进行等间隔采样，每 2π 周期采 N 个点，得到 $X((k))_N$（$-\infty<k<\infty$），如图 3-13(h)所示。频率分辨率 F_0 与采样频率 F_s 和采样点数 N 的关系是：$F_\mathrm{s}=NF_0$。频域采样产生了栅栏效应。

频域采样导致时域周期延拓。在时域 $x(n)w(n)$ 以 T_0 为周期进行周期延拓，得到 $x(n)$的周期延拓序列 $x((n))_N$（$-\infty<n<\infty$），如图 3-13(g)所示。T_0 被称为信号记录长度，T_0 与频率分辨率 F_0 互为倒数，$F_0=1/T_0$。T_0 与采样间隔 T_s、采样点数 N 的关系是：$T_0=NT_\mathrm{s}$。

4. 在时域和频域截取一个完整周期

$x((n))_N$ 与 $X((k))_N$ 均是离散的、周期为 N 的无限长序列。分别截取它们在一个完整周期内的值，得到 $x(n)_N$（$0\leqslant n\leqslant N-1$）与 $X(k)_N$（$0\leqslant k\leqslant N-1$），$X(k)_N$ 即为 $x(n)_N$ 的 N 点 DFT，如图 3-13(i)、图 3-13(j)所示。由于 $x(k)_N$ 是 N 点有限长序列，暗含着以 N 为周期，并且 $|X(k)_N|$ 具有偶对称性，对称中心在 $k=N/2$ 处，所以可以将 $|X(k)_N|$ 右半部分波形平移到 $k=0$ 的左边，也就是将 $|X(k)_N|$ 调整为以 $k=0$ 为对称中心，此时 $x(n)_N$ 与 $X(k)_N$ 就是对 $x(t)$ 与 $X(\mathrm{j}\Omega)$ 的近似逼近，如图 3-13(i)、图 3-13(k)所示。

虽然以上过程是以连续信号为例描述的，但是整个近似处理过程的中间量 $x(n)$ 是无限长序列，$x((n))_N$ 是周期序列。因此，可以将连续非周期信号、连续周期信号离散化后截断为有限长序列，也可以将非周期序列、周期序列截断为有限长序列，从而实现用 DFT 对各种类型的信号进行谱分析。

只要合理选取各参数值，使其满足设计指标要求，离散谱 $X(k)_N$ 的包络就能够近似逼近原信号的频谱，在时域和频域分别用内插公式即可恢复原信号及其傅里叶变换。

3.3.2　各参数之间的关系

在近似逼近全过程的描述中，提到了几个重要参数：信号最高频率 f_c、时域采样间隔 T_s、采样频率 F_s、频率分辨率(又称频域采样间隔) F_0、信号记录长度 T_0 和采样点数 N。

在时域以T_s为间隔进行等间隔采样，则在频域以F_s为周期进行周期延拓，F_s是T_s的倒数，即

$$F_s = \frac{1}{T_s} \tag{3-64}$$

时域采样必须满足时域采样定理，即

$$F_s \geqslant 2f_c \tag{3-65}$$

在频域以F_0为间隔进行等间隔采样，则在时域以T_0为周期进行周期延拓，F_0是T_0的倒数，即

$$F_0 = \frac{1}{T_0} \tag{3-66}$$

在时域以T_0为周期，以T_s为采样间隔；在频域以F_s为周期，以F_0为采样间隔。由此可求出一个完整周期内的采样点数N，即

$$N = \frac{T_0}{T_s} = \frac{F_s}{F_0} \tag{3-67}$$

第 4 章将要讲到 DFT 的快速傅里叶变换(FFT)算法，为了能够用 FFT 算法计算 DFT，要求对N的长度向上取 2 的整数幂。

在图 3-13 中，另有两个参数Ω_s(采样角频率)和Ω_0，它们与其他参数的关系为

$$\Omega_s = 2\pi F_s = \frac{2\pi}{T_s} \tag{3-68}$$

$$\Omega_0 = 2\pi F_0 = \frac{2\pi}{T_0} \tag{3-69}$$

在连续周期信号及其傅里叶变换中，T_0、F_0用另一个专业术语描述，T_0为连续周期信号的周期，F_0为其傅里叶变换的基波频率，Ω_0为基波角频率，如附图 1-1(a)、附图 1-1(b)所示。

【例 3-10】 已知信号最高频率$f_c = 1.25$ kHz，频率分辨率$F_0 \leqslant 10$ Hz。

(1) 求最短信号记录长度$T_{0\min}$，最大采样间隔$T_{s\max}$和最少采样点数$N_{\min}$。

(2) 如果f_c不变，将频率分辨率提高一倍，重新求$T_{0\min}$、$T_{s\max}$和$N_{\min}$。

解：(1) $T_0 = \frac{1}{F_0} \geqslant \frac{1}{10} = 0.1$ s，$T_{0\min} = 0.1$ s。

根据时域采样定理，$F_s \geqslant 2f_c = 2\times 1.25 = 2.5$ kHz

$T_s = \frac{1}{F_s} \leqslant \frac{1}{2.5} = 0.4$ ms，$T_{s\max} = 0.4$ ms

$N = \frac{F_s}{F_0} \geqslant \frac{2500}{10} = 250$，取$N$为 2 的整数幂，$N_{\min} = 256$

(2) 原来的$F_0 \leqslant 10$ Hz。F_0值越小，说明频率分辨率越高，所以将频率分辨率提高一倍就是使$F_0 \leqslant 5$ Hz。

$T_0 = \frac{1}{F_0} \geqslant \frac{1}{5} = 0.2$ s，$T_{0\min} = 0.2$ s

f_c不变，$T_{s\max}$不变，$T_{s\max} = 0.4$ ms

$$N = \frac{T_0}{T_s} \geqslant \frac{0.2 \times 1000}{0.4} = 500, \quad N_{\min} = 512$$

3.3.3　信号最高频率与频率分辨率之间的矛盾

时域采样必须满足时域采样定理。一旦信号已经确定，其最高频率 f_c 就已确定，F_s 不能比 $2f_c$ 小。根据式(3-65)，若希望提高可分辨的信号最高频率 f_c，则必须提高采样频率 F_s。

频率分辨率 F_0 是能够分辨的最小频率间隔。F_0 值越小，说明频率分辨率越高，频率分辨效果越好。根据式(3-67)，如果采样点数 N 保持不变，F_0 值越小，则 F_s 越低。

可见 f_c 与 F_0 是一对矛盾，更高的信号最高频率 f_c 要求增加 F_s，更高的频率分辨率 F_0 要求减小 F_s。要想同时提高信号最高频率和频率分辨率，只能通过增加采样点数 N 来解决。

3.3.4　近似逼近的误差问题

1. 频谱混叠

根据时域采样定理，当 $F_s \geqslant 2f_c$ 时，信号在频域周期延拓不会发生混叠。然而，多数实际信号的频带较宽，受硬件条件的限制，无法做到使采样间隔 T_s 小到能够满足 $F_s \geqslant 2f_c$，导致频谱混叠[见图 3-13(d)]，从而无法不失真地将原信号恢复出来。

改善方法：① 选取合适的采样间隔 T_s，使 $F_s \geqslant 2f_c$；② 当无法满足 $F_s \geqslant 2f_c$ 时，如 1.5.2 小节图 1-17 所示，在进行时域采样之前加一个截止频率为 $F_s / 2$ 的前置预滤波器，使随后的采样满足时域采样定理。在保留信号的绝大部分频率成分的情况下，以滤除信号的高频成分为代价，换取对频谱混叠的抑制。

2. 截断效应

用窗函数将无限长序列截断为有限长序列时，将导致频谱泄漏、失真，使频带展宽，产生谱间干扰，如图 3-13(f)所示。

改善方法：通过选择合适的窗函数类型 $w(n)$ 和增加信号记录长度 T_0，尽可能不失真地保留信号中的更多信息，详见 7.4 节。

3. 栅栏效应

$X(\mathrm{e}^{\mathrm{j}\omega})$ 是以 2π 为周期的连续谱。$X(k)_N$ 是离散谱，是对 $X(\mathrm{e}^{\mathrm{j}\omega})$ 在 $\omega \in [0, 2\pi]$ 区间范围内的 N 点等间隔采样，如 3.1 节图 3-3(d)~图 3-3(f)所示，$\omega = 2\pi k / N$。采样点数太少时 $X(k)_N$ 不能反映 $X(\mathrm{e}^{\mathrm{j}\omega})$ 的全部信息，当 N 足够大时 $X(k)_N$ 的包络才近似逼近信号的频谱 $X(\mathrm{e}^{\mathrm{j}\omega})$，这种现象被称为栅栏效应。

改善方法：① 如图 3-3(a)~图 3-3(f)所示，通过在时域有限长序列后面补充更多个零值点来增加频域的采样点数，使 $X(k)_N$ 更逼近于 $X(\mathrm{e}^{\mathrm{j}\omega})$；② 增加窗函数的长度，这种方法不仅使 $X(k)_N$ 更逼近于 $X(\mathrm{e}^{\mathrm{j}\omega})$，而且能够不失真地保留信号中的更多信息。

习　题　3

3-1 求有限长序列 $x(n)$ 的 N 点离散傅里叶变换(DFT) $X(k)$。

(1) $x(n)=\delta(n)$　　(2) $x(n)=\delta(n-n_0)$ ($0<n_0<N-1$)

(3) $x(n)=R_m(n)$ ($0<m<N-1$)　　(4) $x(n)=R_N(n)$

(5) $x(n)=a^n R_N(n)$　　(6) $x(n)=\mathrm{e}^{\mathrm{j}2\pi n/N} R_N(n)$

3-2 已知序列 $x(n)=R_2(n)$。

(1) 求 $x(n)$ 的 4 点离散傅里叶变换 $X_1(k)=\mathrm{DFT}[x(n)]_4$ ($0\leqslant k\leqslant 3$)。

(2) 求 $x(n)$ 的 8 点离散傅里叶变换 $X_2(k)=\mathrm{DFT}[x(n)]_8$ ($0\leqslant k\leqslant 7$)。

3-3 已知序列 $x(n)=\{2,-1,1,0,2,3,0.5\}$ ($0\leqslant n\leqslant 6$)，其离散时间傅里叶变换(DTFT)为 $X(\mathrm{e}^{\mathrm{j}\omega})$。取 $N=4$，记 $X(\mathrm{e}^{\mathrm{j}\omega})$ 在 $\omega=2\pi k/N$ 处的 N 点采样值为 $X(k)$ ($0\leqslant k\leqslant 3$)。求 $X(k)$ 的 4 点离散傅里叶反变换 $\mathrm{IDFT}[X(k)]_4$。

3-4 已知序列 $x(n)=(n+1)R_5(n)$，画出以下序列的波形。

(1) $x((n-2))_5 R_5(n)$　　(2) $x((-n))_5 R_5(n)$

(3) $x((2-n))_5 R_5(n)$　　(4) $x((n))_3 R_3(n)$

(5) $x((n))_7 R_7(n)$　　(6) $x((-n))_7 R_7(n)$

3-5 $x(n)$ 是长度不大于 12 的实序列，其 12 点 DFT 为 $X(k)$ ($0\leqslant k\leqslant 11$)。$X(k)$ 的前 7 个点的值已知，$X(0)=10$，$X(1)=-5-4\mathrm{j}$，$X(2)=3-2\mathrm{j}$，$X(3)=1+3\mathrm{j}$，$X(4)=2+5\mathrm{j}$，$X(5)=6-2\mathrm{j}$，$X(6)=12$。

(1) 求 $X(k)$ 的后 5 个点的值，即 $7\leqslant k\leqslant 11$ 时的 $X(k)$ 值。

(2) 利用 DFT 与 IDFT 定义式中的特殊点，求 $x(0)$、$x(6)$、$\sum_{n=0}^{11} x(n)$。

3-6 设序列 $x(n)=\{3,1,2,2\}$ ($0\leqslant n\leqslant 3$)的 8 点 DFT 为 $X(k)$ ($0\leqslant k\leqslant 7$)，记 $X(k)$ 的实部为 $X_\mathrm{r}(k)$。

(1) 若有限长序列 $x_1(n)$ 的 8 点 DFT $X_1(k)=X_\mathrm{r}(k)$，求 $x_1(n)$。

(2) 若有限长序列 $x_2(n)$ 的 8 点 DFT $X_2(k)=1+\frac{1}{2}[X(k)+X^*(8-k)]$，求 $x_2(n)$。

3-7 已知有限长序列 $x(n)$ 的 N 点 DFT 为

$$X(k)=\begin{cases} N(1-\mathrm{j})/2, & k=m \\ N(1+\mathrm{j})/2, & k=N-m \\ 0, & \text{其他}k \end{cases}$$

其中，m 和 N 为正整数，$0<m<N/2$。记 $x(n)$ 的共轭对称分量为 $x_\mathrm{ep}(n)$、共轭反对称分量为 $x_\mathrm{op}(n)$，利用 DFT 的共轭对称性求 $\mathrm{DFT}[x_\mathrm{ep}(n)]_N$ 和 $\mathrm{DFT}[x_\mathrm{op}(n)]_N$。

3-8 设复序列 $x(n)=x_1(n)+\mathrm{j}x_2(n)$，$x_1(n)$ 与 $x_2(n)$ 均为实的有限长序列。已知 $x(n)$ 的 4 点 DFT 为

$$X(k)=1+\mathrm{e}^{-\mathrm{j}\frac{\pi}{2}k}+\mathrm{j}(2+\mathrm{e}^{-\mathrm{j}\pi k})\quad 0\leqslant k\leqslant 3$$

(1) 由 $X(k)$ 分别求出 $x_1(n)$ 与 $x_2(n)$ 的 4 点 DFT $X_1(k)$ 与 $X_2(k)$。

(2) 求实序列 $x_1(n)$ 与 $x_2(n)$。

3-9 已知序列 $x(n)$ 与 $h(n)$ 的波形如图 3-14 所示。

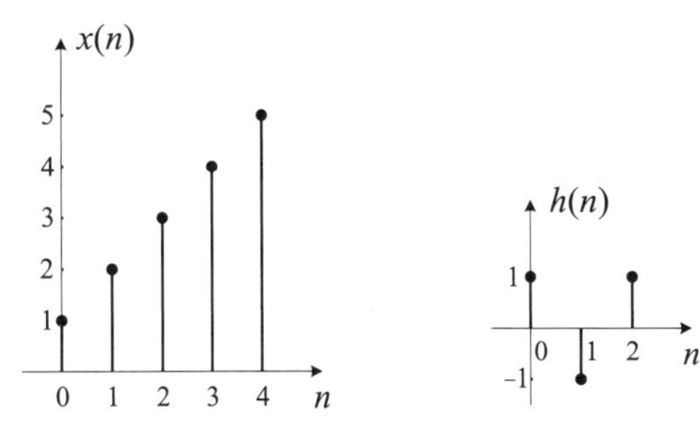

图 3-14　题 3-9 图

(1) 计算 $x(n)$ 与 $h(n)$ 的 5 点循环卷积 $y_{c1}(n)=x(n)⑤h(n)$，画出 $y_{c1}(n)$ 的波形。

(2) 计算 $x(n)$ 与 $h(n)$ 的 7 点循环卷积 $y_{c2}(n)=x(n)⑦h(n)$，画出 $y_{c2}(n)$ 的波形。

(3) 若用求解 L 点循环卷积的方法得到此题的线性卷积 $y(n)=x(n)*h(n)$，L 至少应取何值？

3-10 已知输入信号 $x(n)=(n-1)R_3(n)$，离散线性时不变系统的单位脉冲响应 $h(n)=(4-n)R_4(n)$。

(1) 计算 $x(n)$ 与 $h(n)$ 的 6 点循环卷积 $y_c(n)=x(n)⑥h(n)$。

(2) 用求解循环卷积的方法求 $x(n)$ 与 $h(n)$ 的线性卷积 $y(n)=x(n)*h(n)$。

3-11 已知输入信号 $x(n)=\{1,1,3,2\}$（$0\leqslant n\leqslant 3$），离散线性时不变系统的单位脉冲响应 $h(n)=(2n+1)R_4(n)$。

(1) 求 $x(n)$ 通过该系统的输出响应 $y(n)$。

(2) 用线性卷积 $y(n)$ 求 $x(n)$ 与 $h(n)$ 的 4 点循环卷积 $y_c(n)=x(n)④h(n)$。

3-12 记序列 $x(n)$（$0\leqslant n\leqslant 7$）与 $h(n)$（$0\leqslant n\leqslant 19$）的线性卷积为 $y(n)=x(n)*h(n)$，二者的 20 点循环卷积为 $y_c(n)=x(n)⑳h(n)$。问：

(1) 在哪段 n 的取值范围内 $y_c(n)$ 与 $y(n)$ 的结果相同？

(2) 为了使 $y_c(n)$ 与 $y(n)$ 的所有有效数据完全相同，至少需要计算几点的循环卷积？

3-13 用数字信号处理方法对连续信号进行谱分析。要求频率分辨率 $F_0\leqslant 10$ Hz，采样间隔 T_s 取 0.1 ms，采样点数 N 取 2 的整数幂。求：

(1) 所允许处理的信号最高频率 f_c。

(2) 最少采样点数 $N_{\min}$。

(3) 最短信号记录长度 $T_{0\min}$。

3-14 已知连续信号 $x(t)$ 的频率成分集中在 0~2000Hz 之间，用 DFT 对该信号进行谱分析，要求采样点数 N 取 2 的整数幂。

(1) 求允许的最大采样间隔 $T_{s\max}$。

(2) 若取采样间隔 $T_s=0.15$ ms，采样点数 $N=2048$，求信号记录长度 T_0 与频率分辨率 F_0。

3-15 对连续信号 $x(t)$ 在 1s 的信号记录长度内进行采样，得到由 4096 个采样点组成的序列 $x(n)$，用 DFT 对该信号进行谱分析。

(1) 求频率分辨率 F_0。

(2) 若采样后没有发生频谱混叠，则能够处理的信号最高频率 f_c 可达多少？

第 4 章　快速傅里叶变换

有限长序列及其离散傅里叶变换(DFT)均是离散、有限长的，为采用数值计算方法对信号进行分析提供了重要的理论依据，使得用计算机或数字信号处理器处理信号成为可能。例如，可用其求解无限长序列的线性卷积，可以用 DFT 近似地对任何类型的信号进行谱分析。但是在实际应用中却遇到了困难，那就是随着序列长度的增加，运算量明显增加。

如何减少 DFT 的运算量、提高运算速度？各国学者利用 DFT 暗含的周期性和 DFT 定义式中 W_N^{kn} 的特性，提出了各种快速傅里叶变换(Fast Fourier Transform，FFT)算法，本章介绍最基本的、使用最广泛的基 2FFT 算法。

4.1　直接计算 DFT 的运算量及改进途径

1. 直接计算 N 点 DFT 的运算量

设有限长序列 $x(n)$ 的 N 点 DFT 为

$$X(k)=\mathrm{DFT}[x(n)]_N=\sum_{n=0}^{N-1}x(n)W_N^{kn}\qquad 0\leqslant k\leqslant N-1 \tag{4-1}$$

式中，$W_N=\mathrm{e}^{-\mathrm{j}2\pi/N}$。$x(n)$ 的 N 点 DFT $X(k)$ 是暗含着以 N 为周期的序列。

当 $x(n)$ 为复序列时，由于 $0\leqslant n\leqslant N-1$，求每一个 $X(k)$ 值需要进行 N 次复数乘法运算和 $N-1$ 次复数加法运算。由于 $0\leqslant k\leqslant N-1$，所以计算一个 N 点 DFT 共需要进行 N^2 次复数乘法运算和 $N(N-1)$ 次复数加法运算，运算量是 N^2 量级的。当 $N=10^3$ 时，$N^2=10^6$，可见随着 N 的增加，DFT 的运算量明显增加。要想对大数据信号进行实时处理，运算速度将难以保证。

为了将 DFT 真正应用于科学和工程实际中，必须设法减少它的运算量，而减少 DFT 运算量的突破口就是式(4-1)中的旋转因子 W_N^{kn}。

2. 旋转因子 W_N^p 的特性

$W_N^p=\mathrm{e}^{-\mathrm{j}2\pi p/N}$，由 1.1 节式(1-33)、式(1-36)、式(1-35)和式(1-39)可知 W_N^p 的几个重要特性。

(1) 特殊点。

$$W_N^0=W_N^N=1 \tag{4-2}$$

$$W_N^{N/2}=\mathrm{e}^{-\mathrm{j}\pi}=-1 \tag{4-3}$$

(2) W_N^p 具有可约性。

$$W_N^p=W_{mN}^{mp}=W_{N/m}^{p/m}\qquad m\in\mathbf{Z}^+ \tag{4-4}$$

(3) W_N^p 具有共轭对称性。

$$W_N^p=(W_N^{-p})^* \tag{4-5}$$

3. 减少 DFT 运算量的途径

利用 DFT 的线性和 $x(n)$ 的 N 点 DFT $X(k)$ 暗含着以 N 为周期，利用 W_N^{kn} 的可约性和特殊点的值，可以不断地把长序列 DFT 分解为短序列 DFT 的组合，从而减少运算量，由此提出了 DFT 的各种快速傅里叶变换(FFT)算法，其中最简单、最常用的是基 2FFT 算法，包括按时域抽取的 FFT 算法(Decimation-in-time FFT，DIT-FFT)和按频域抽取的 FFT 算法(Decimation-in-frequency FFT，DIF-FFT)。

4.2 时域抽取基 2FFT 算法

1965 年库利(J.W.Cooley)和图基(J.W.Tukey)在《计算数学》杂志上发表了一篇文章——一种机器计算傅里叶级数的算法，提出了库利-图基(Cooley-Tukey)算法，即按时域抽取的基 2 快速傅里叶变换算法(基 2DIT-FFT 算法)。该算法使得利用计算机或数字信号处理器分析和处理信号成为现实。因此，国际上一般把 1965 年作为数字信号处理的开端。

4.2.1 基 2DIT-FFT 算法原理

时域抽取方法把离散有限长序列 $x(n)$ 按 n 的奇偶逐级抽取、分组。所以，$x(n)$ 的长度必须取 2 的整数幂，不满足时补零即可。

设有限长序列 $x(n)$ ($0 \leqslant n \leqslant N-1$)的长度为 N，$N = 2^M$，$M \in \mathbf{Z}^+$。

1. 将一个 N 点 DFT 分解为两个 $N/2$ 点 DFT 的蝶形运算

将 N 点有限长序列 $x(n)$ 按 n 的奇偶分组，分成两个 $N/2$ 点的子序列 $x_1(r)$ 和 $x_2(r)$，即

$$x_1(r) = x(2r) \qquad x(n)\text{的偶数组 } n = 2r \tag{4-6}$$

$$x_2(r) = x(2r+1) \qquad x(n)\text{的奇数组 } n = 2r+1 \tag{4-7}$$

式中，$0 \leqslant r \leqslant N/2-1$。

设 $x_1(r)$ 和 $x_2(r)$ 的 $N/2$ 点 DFT 分别为 $X_1(k)$ 和 $X_2(k)$，则

$$X_1(k) = \sum_{r=0}^{N/2-1} x_1(r) W_{N/2}^{kr} \qquad 0 \leqslant k \leqslant N/2-1 \tag{4-8}$$

$$X_2(k) = \sum_{r=0}^{N/2-1} x_2(r) W_{N/2}^{kr} \qquad 0 \leqslant k \leqslant N/2-1 \tag{4-9}$$

$X_1(k)$ 和 $X_2(k)$ 是暗含着以 $N/2$ 为周期的序列。

此时，$x(n)$ 的 N 点 DFT $X(k)$ 可以分解为

$$\begin{aligned} X(k) &= \sum_{n=0}^{N-1} x(n) W_N^{kn} = \sum_{r=0}^{N/2-1} x(2r) W_N^{2kr} + \sum_{r=0}^{N/2-1} x(2r+1) W_N^{k(2r+1)} \\ &= \sum_{r=0}^{N/2-1} x_1(r) W_N^{2kr} + W_N^k \sum_{r=0}^{N/2-1} x_2(r) W_N^{2kr} \end{aligned} \tag{4-10}$$

根据可约性，将 $W_N^{2kr} = W_{N/2}^{kr}$ 代入式(4-10)，并利用式(4-8)和式(4-9)可得

$$X(k)=\sum_{r=0}^{N/2-1}x_1(r)W_{N/2}^{kr}+W_N^k\sum_{r=0}^{N/2-1}x_2(r)W_{N/2}^{kr}$$

$$=X_1(k)+W_N^kX_2(k)\quad 0\leqslant k\leqslant N-1 \tag{4-11}$$

由于 $X_1(k)$ 和 $X_2(k)$ 是暗含着以 $N/2$ 为周期的序列，即

$$X_1\left(k+\frac{N}{2}\right)=X_1(k)\quad 0\leqslant k\leqslant N/2-1 \tag{4-12}$$

$$X_2\left(k+\frac{N}{2}\right)=X_2(k)\quad 0\leqslant k\leqslant N/2-1 \tag{4-13}$$

又根据式(4-3)，有

$$W_N^{k+N/2}=-W_N^k \tag{4-14}$$

所以，不用式(4-11)求解 $X(k)$ 的后 $N/2$ 点的值，而是改用式(4-15)求解，即

$$X\left(k+\frac{N}{2}\right)=X_1\left(k+\frac{N}{2}\right)+W_N^{k+N/2}X_2\left(k+\frac{N}{2}\right)$$

$$=X_1(k)-W_N^kX_2(k)\quad 0\leqslant k\leqslant N/2-1 \tag{4-15}$$

这样，$x(n)$ 的 N 点 DFT $X(k)$ 经过一级分解后可以用两个 $N/2$ 点的 DFT $X_1(k)$ 和 $X_2(k)$ 的组合表示为

$$\begin{cases}X(k)=X_1(k)+W_N^kX_2(k)\\ X\left(k+\frac{N}{2}\right)=X_1(k)-W_N^kX_2(k)\end{cases}\quad 0\leqslant k\leqslant N/2-1 \tag{4-16}$$

如图 4-1 所示，这种运算关系被形象地称为蝶形运算。

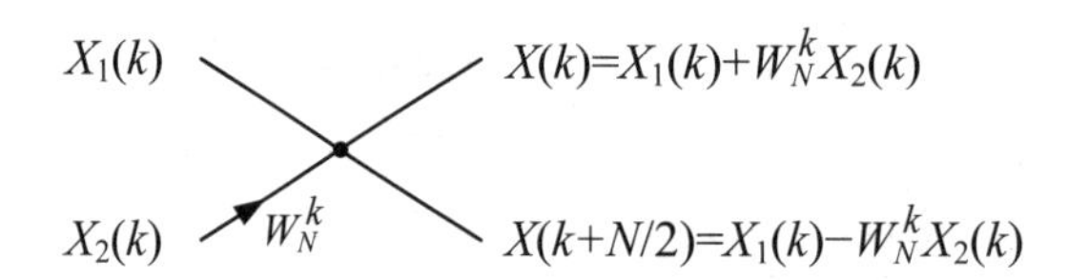

图 4-1　DIT-FFT 蝶形运算关系

图 4-2 以 $N=8$ 为例画出了将一个 N 点 DFT 分解为两个 $N/2$ 点 DFT 的蝶形运算流图。

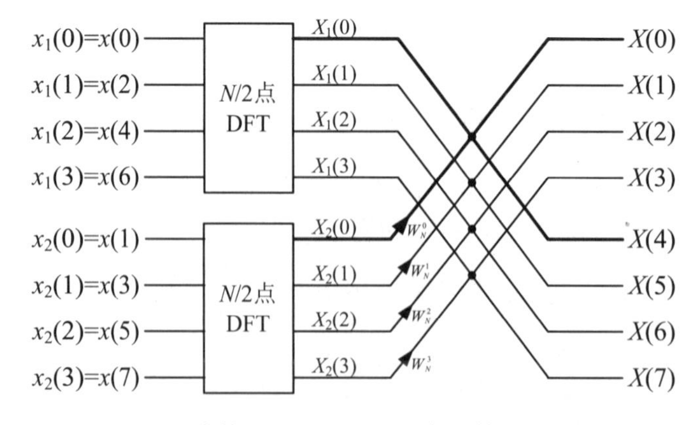

图 4-2　N 点基 2DIT-FFT 一级分解运算流图($N=8$)

N 点 DFT 经过一级分解后被分解为两个 $N/2$ 点 DFT 的蝶形运算，共有 $N/2$ 个蝶形

($0 \leqslant k \leqslant N/2-1$)。一个 N 点 DFT 需要 N^2 次复数乘法和 $N(N-1)$ 次复数加法运算；两个 $N/2$ 点 DFT 需要 $N^2/2$ 次复数乘法和 $N^2/2-N$ 次复数加法运算。一个蝶形运算需要一次复数乘法和两次复数加法运算；$N/2$ 个蝶形运算需要 $N/2$ 次复数乘法和 N 次复数加法运算。据此可以求出两个 $N/2$ 点 DFT 的 $N/2$ 个蝶形运算总共需要 $N^2/2+N/2$ 次复数乘法和 $N^2/2$ 次复数加法运算。可见，N 点 DFT 经过一级分解之后的运算量比直接计算 N 点 DFT 的运算量减少了近一半。

用式(4-16)计算 N 点 DFT 比直接用定义式(4-1)计算减少了近一半的运算量！当 $M \geqslant 2$ 时，$N/2$ 仍然能够被 2 整除，可想而知，不必直接用 DFT 定义式求 $x_1(r)$ 和 $x_2(r)$ 的 $N/2$ 点 DFT $X_1(k)$ 和 $X_2(k)$，而应继续将每个 $N/2$ 点 DFT 分解为两个 $N/4$ 点 DFT 的蝶形运算，进一步减少运算量。

2. 将一个 $N/2$ 点 DFT 分解为两个 $N/4$ 点 DFT 的蝶形运算

与上述推导过程类似，将 $N/2$ 点有限长序列 $x_1(r)$ 按 r 的奇偶分组，分成两个 $N/4$ 点的子序列 $x_3(l)$ 和 $x_4(l)$，即

$$x_3(l)=x_1(2l) \qquad x_1(r)\text{的偶数组 } r=2l \tag{4-17}$$

$$x_4(l)=x_1(2l+1) \qquad x_1(r)\text{的奇数组 } r=2l+1 \tag{4-18}$$

式中，$0 \leqslant l \leqslant N/4-1$。

设 $x_3(l)$ 和 $x_4(l)$ 的 $N/4$ 点 DFT 分别为 $X_3(k)$ 和 $X_4(k)$ ($0 \leqslant k \leqslant N/4-1$)。$X_3(k)$ 和 $X_4(k)$ 暗含着以 $N/4$ 为周期。与式(4-16)相仿，一个 $N/2$ 点 DFT $X_1(k)$ 可以分解为两个 $N/4$ 点 DFT $X_3(k)$ 和 $X_4(k)$ 的蝶形运算，即

$$\begin{cases} X_1(k)=X_3(k)+W_{N/2}^{k}X_4(k) \\ X_1\left(k+\dfrac{N}{4}\right)=X_3(k)-W_{N/2}^{k}X_4(k) \end{cases} \qquad 0 \leqslant k \leqslant N/4-1 \tag{4-19}$$

图 4-3 是将 $x_1(r)$ 的 $N/2$ 点 DFT $X_1(k)$ (图 4-2 中的左侧上半部分)分解为两个 $N/4$ 点 DFT $X_3(k)$ 和 $X_4(k)$ 的蝶形运算流图($N=8$)。

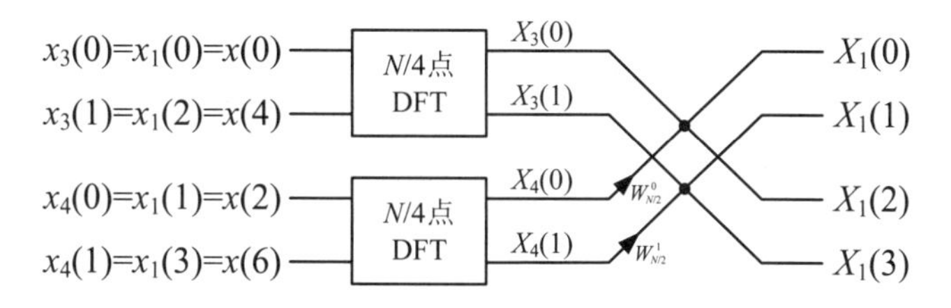

图 4-3　一个 $N/2$ 点 DFT 分解为两个 $N/4$ 点 DFT 的蝶形运算流图($N=8$)

两个 $N/4$ 点 DFT 的蝶形运算比直接计算 $N/2$ 点 DFT 的运算量又减少了近一半。依此类推，逐级分解，最终能够将 N 点 DFT 分解为 $N/2$ 个 2 点 DFT 的蝶形运算。当 $N=8$ 时，$X_3(k)$ ($k=0,1$)即为 $x_3(l)$ ($l=0,1$)的 2 点 DFT。

3. 2 点 DFT 就是 2 点蝶形运算

根据 DFT 定义式(4-1)，$x_3(l)$ 的 2 点 DFT 为

$$X_3(k)=\sum_{l=0}^{1}x_3(l)W_2^{kl} \qquad k=0,1 \tag{4-20}$$

将式(4-20)展开，并注意到 $W_2^1 = \mathrm{e}^{-\mathrm{j}\pi} = -1$，$x_3(0) = x(0)$，$x_3(1) = x(4)$，可得

$$\begin{cases} X_3(0) = x_3(0)W_2^0 + x_3(1)W_2^0 = x(0) + W_2^0 x(4) \\ X_3(1) = x_3(0)W_2^0 + x_3(1)W_2^1 = x(0) - W_2^0 x(4) \end{cases} \tag{4-21}$$

如图 4-4 左上角部分所示。可见，2 点 DFT 就是 2 点蝶形运算。

4. 基 2DIT-FFT 算法的蝶形运算流图

综上所述，$x(n)$ 的 N 点 DFT 最终被分解为全部由蝶形运算组成。图 4-4 与图 4-5 分别为 8 点基 2DIT-FFT 蝶形运算流图的剖面图和全部展开图。

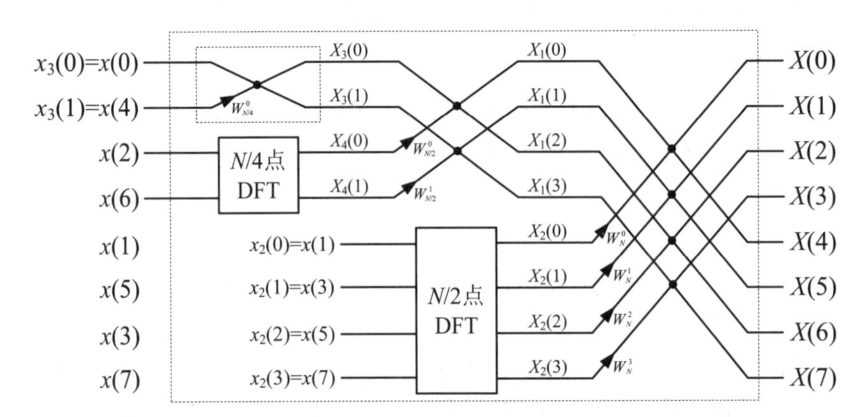

图 4-4　N 点基 2DIT-FFT 三级分解蝶形运算流图剖面图($N = 8$)

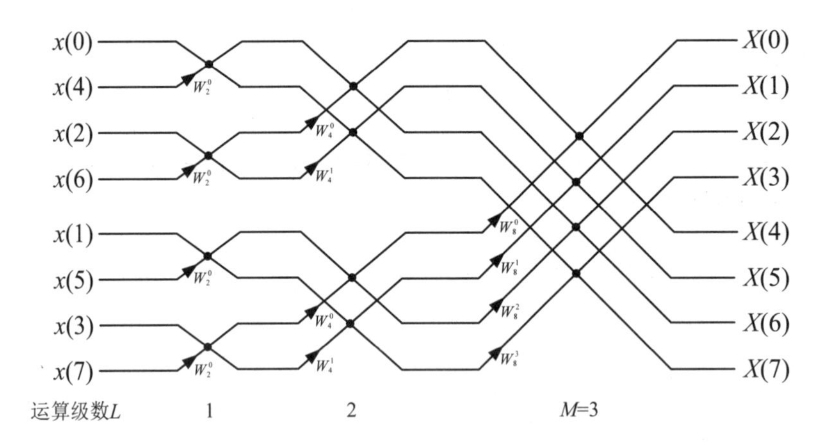

图 4-5　8 点基 2DIT-FFT 蝶形运算流图(旋转因子 $W_{2^L}^k$)

式(4-16)、式(4-19)与式(4-21)的结构相似，可以写成统一的表达式，即

$$\begin{cases} X_L(k) = X_{L-1}(k) + W_{2^L}^k X_{L-1}(k+B) \\ X_L(k+B) = X_{L-1}(k) - W_{2^L}^k X_{L-1}(k+B) \end{cases} \tag{4-22}$$

如图 4-5 所示，L 为运算级数，$1 \leqslant L \leqslant M$。

B 为每个蝶形运算的两个输入端的间距，同一级中的蝶形运算间距相同，不同级蝶形运算的间距不同，输入间距 B 与运算级数 L 的关系为

$$B = 2^{L-1} \quad 1 \leqslant L \leqslant M \tag{4-23}$$

每级蝶形运算的旋转因子为 $W_{2^L}^k$（$0 \leqslant k \leqslant 2^{L-1}-1$），$k$ 的取值与运算级数 L 有关。

【例 4-1】 画出 4 点基 2DIT-FFT 算法的蝶形运算流图，并用其计算 $x(n)=R_4(n)$ 的 4 点离散傅里叶变换(DFT) $X(k)$（$0 \leqslant k \leqslant 3$）。

解：图 4-6 所示为 4 点基 2DIT-FFT 蝶形运算流图。由 1.1 节式（1-33）、式（1-34）可知，其中的 $W_2^0 = W_4^0 = 1$，$W_4^1 = \mathrm{e}^{-\mathrm{j}2\pi/4} = -\mathrm{j}$

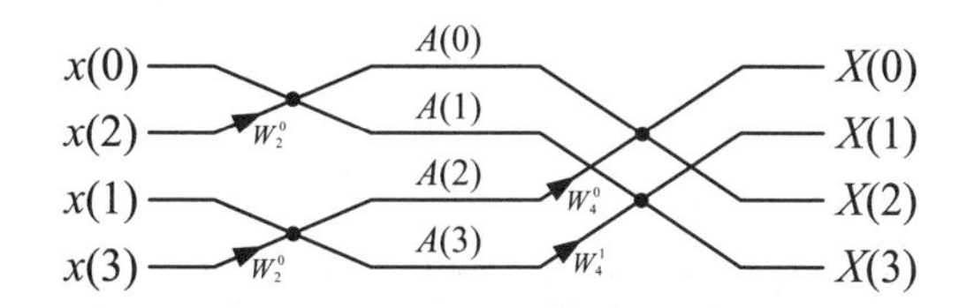

图 4-6　4 点基 2DIT-FFT 蝶形运算流图

$x(0)=1$，$x(2)=1$，$x(1)=1$，$x(3)=1$

$A(0)=x(0)+W_2^0x(2)=x(0)+x(2)=2$，$A(2)=x(1)+W_2^0x(3)=x(1)+x(3)=2$

$A(1)=x(0)-W_2^0x(2)=x(0)-x(2)=0$，$A(3)=x(1)-W_2^0x(3)=x(1)-x(3)=0$

$X(0)=A(0)+W_4^0A(2)=A(0)+A(2)=4$，$X(1)=A(1)+W_4^1A(3)=A(1)-\mathrm{j}A(3)=0$

$X(2)=A(0)-W_4^0A(2)=A(0)-A(2)=0$，$X(3)=A(1)-W_4^1A(3)=A(1)+\mathrm{j}A(3)=0$

所以，$X(k)=4\delta(k)=\{4,0,0,0\}$（$0 \leqslant k \leqslant 3$）。

与 3.1 节例 3-1 的结果一致。

【例 4-2】 设 $x(n)$ 为 $2N$ 点长的实序列，用一次 N 点 DFT 计算 $x(n)$ 的 $2N$ 点 DFT $X(k)$（$0 \leqslant k \leqslant 2N-1$）。

解：用 $x(n)$ 的偶数组构造 N 点实序列 $x_1(n)=x(2n)$，用 $x(n)$ 的奇数组构造 N 点实序列 $x_2(n)=x(2n+1)$（$0 \leqslant n \leqslant N-1$）。设 $x_1(n)$ 和 $x_2(n)$ 的 N 点 DFT 分别为 $X_1(k)$ 和 $X_2(k)$（$0 \leqslant k \leqslant N-1$）。

用 $x_1(n)$ 与 $x_2(n)$ 构造 N 点复序列 $y(n)$，有

$$y(n)=x_1(n)+\mathrm{j}x_2(n) \quad 0 \leqslant n \leqslant N-1$$

其 N 点 DFT 为 $Y(k)$，有

$$Y(k)=\mathrm{DFT}[x_1(n)]_N+\mathrm{jDFT}[x_2(n)]_N=X_1(k)+\mathrm{j}X_2(k) \quad 0 \leqslant k \leqslant N-1$$

直接求 $y(n)$ 的 N 点 DFT 得到 $Y(k)$，将其分解为共轭对称分量 $Y_{\mathrm{ep}}(k)$ 与共轭反对称分量 $Y_{\mathrm{op}}(k)$ 之和的形式，即

$$Y(k)=Y_{\mathrm{ep}}(k)+Y_{\mathrm{op}}(k) \quad 0 \leqslant k \leqslant N-1$$

根据 3.2.3 小节式(3-40)和式(3-41)，求出

$$Y_{\mathrm{ep}}(k)=\frac{1}{2}[Y(k)+Y^*(N-k)]，\ Y_{\mathrm{op}}(k)=\frac{1}{2}[Y(k)-Y^*(N-k)] \quad 0 \leqslant k \leqslant N-1$$

利用 DFT 的共轭对称性，根据式(3-26)和式(3-27)，求出

$$X_1(k)=Y_{\mathrm{ep}}(k)，\ X_2(k)=-\mathrm{j}Y_{\mathrm{op}}(k) \quad 0 \leqslant k \leqslant N-1$$

参照图 4-2 和式(4-16)，用 $x_1(n)$ 与 $x_2(n)$ 的 N 点 DFT $X_1(k)$ 和 $X_2(k)$ 的蝶形运算求出 $x(n)$ 的 $2N$ 点 DFT $X(k)$，即

$$\begin{cases} X(k) = X_1(k) + W_{2N}^k X_2(k) \\ X(k+N) = X_1(k) - W_{2N}^k X_2(k) \end{cases} \quad 0 \leqslant k \leqslant N-1$$

由于 $x(n)$ 为实序列，所以 $X(k)$ 具有共轭对称性。根据式(3-31)，$X(k)$ 后 N 点的值也可用更简捷的下式求解，即

$$X(2N-k) = X^*(k) \quad 0 \leqslant k \leqslant N-1$$

在例 4-2 的求解过程中，只求了一次 $y(n)$ 的 N 点 DFT $Y(k)$，然后用到了 DFT 的共轭对称性和 $2N$ 点基 2DIT-FFT 的一级分解，从而实现了用一次 N 点 DFT 计算 $x(n)$ 的 $2N$ 点 DFT $X(k)$。

4.2.2 基 2DIT-FFT 算法与直接计算 DFT 的运算量比较

如图 4-5 所示，取采样点数 $N = 2^M$ ($M \in \mathbf{Z}^+$)，基 2DIT-FFT 算法利用 DFT 暗含的周期性、W_N^{kn} 的可约性和特殊点的值，经过逐级分组分解，将 N 点 DFT 分解为 M 级、每级 $N/2$ 个蝶形运算。一个蝶形运算需要一次复数乘法和两次复数加法运算，所以 N 点基 2 DIT-FFT 算法总共需要 $MN/2$ 次复数乘法和 MN 次复数加法运算。而直接计算 N 点 DFT 需要 N^2 次复数乘法和 $N(N-1)$ 次复数加法运算。

随着 N 的增加，基 2DIT-FFT 算法的运算效率明显高于直接计算 DFT。例如，取 $N = 2^M = 1024$，则 $M = 10$，有

$$\frac{N^2}{MN/2} = \frac{2N}{M} = \frac{2 \times 1024}{10} = 204.8 \tag{4-24}$$

直接计算 DFT 的复数乘法运算量是基 2DIT-FFT 算法的 204.8 倍。

$$\frac{N(N-1)}{MN} = \frac{N-1}{M} = \frac{1024-1}{10} = 102.3 \tag{4-25}$$

直接计算 DFT 的复数加法运算量是基 2DIT-FFT 算法的 102.3 倍。

一次复数乘法运算需要 4 次实数乘法和 2 次实数加法运算，而一次复数加法运算只需要 2 次实数加法运算，前者的运算量明显高于后者。所以，在分析一种算法所需的运算量时，以复数乘法的运算量为主。因此，可以说基 2DIT-FFT 算法把 DFT 的运算速度提高了 $2N/M$ 倍，随着 N 的增加，其优越性更加显著。

由 4.2.1 小节的算法原理可知，FFT 只是 DFT 的快速算法，它并不是一种新的傅里叶变换，它在理论上没有新的贡献。但是 FFT 使数字信号处理的运算速度和灵活性大大提高，对数字信号处理技术的广泛应用起到了极大的推动作用，它是数字信号处理频域分析方法的优越性之一。

现如今，FFT 的意义已经远远超出了傅里叶变换本身的应用，FFT 算法的原理也适用于傅里叶变换之外的一些其他正交变换，为它们运算效率的提高提供了思路。

MATLAB 中的 fft 语句可用于实现快速傅里叶变换 FFT。若计算点数 N 为 2 的整数幂，则自动按基 2DIT-FFT 快速算法计算；否则，直接计算 DFT。所以调用该语句时，最好选取 N 为 2 的整数幂，以减少运算量、提高运算速度。

4.2.3　基 2DIT-FFT 算法的特点

1. 蝶形运算

N 点($N=2^M$，$M\in \mathbf{Z}^+$)基 2DIT-FFT 算法将 N 点 DFT 分解为 M 级、每级 $N/2$ 个蝶形运算。为了用软件编程实现更简捷，将式(4-22)变形为

$$\begin{cases} X_L(k)=X_{L-1}(k)+W_N^p X_{L-1}(k+B) \\ X_L(k+B)=X_{L-1}(k)-W_N^p X_{L-1}(k+B) \end{cases} \tag{4-26}$$

如图 4-7 所示，其中的旋转因子 $W_N^p=W_{2^L}^k$。利用 $N=2^M$ 和旋转因子的可约性可得

$$W_{2^L}^k=W_N^{kN\cdot 2^{-L}}=W_N^{k\cdot 2^{M-L}} \tag{4-27}$$

所以，有

$$p=k\cdot 2^{M-L}\qquad 0\leqslant k\leqslant 2^{L-1}-1 \tag{4-28}$$

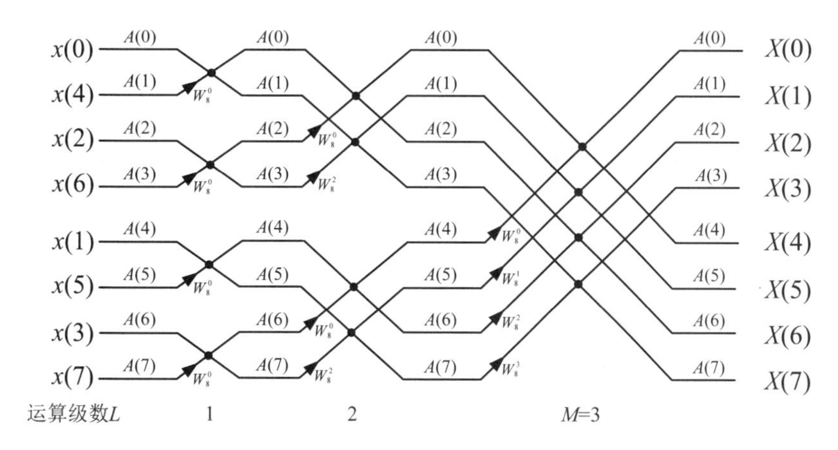

图 4-7　8 点基 2DIT-FFT 蝶形运算流图(旋转因子 $W_8^{k\cdot 2^{3-L}}$)

2. 原位运算

N 点基 2DIT-FFT 算法的整个计算过程是从左到右逐级进行的，运算级数 L 从 1 到 M 依次取值。每级的 $N/2$ 个蝶形运算全部完成后再开始下一级的蝶形运算。同一级的 $N/2$ 个蝶形运算相互独立，每一个蝶形运算的两个输出端只与本蝶形的两个输入端有关，其输出结果可以立即存入原输入数据所占用的存储单元中。下一级的运算仍然采用这种原位运算方式，只不过参与蝶形运算的两个输入端、输出端和旋转因子需要按照运算规律重新调整。从而使整个计算过程只需要 N 个存储单元 $A(0)\sim A(N-1)$ 用于存储输入序列、中间暂存数据和输出结果，再需要 $N/2$ 个存储单元用于存储旋转因子。

3. 输入按位倒序、输出自然序

如图 4-7 所示，基 2DIT-FFT 算法的输出端 $X(k)$ 是按照 k 从 0 到 $N-1$ 的自然数顺序排列的，但是其输入端 $x(n)$ 却不是这样排列。根据算法原理，将 $x(n)$ 按 n 的奇偶逐级抽取、重新分组后，使 $x(n)$ 按位倒序排列。

“位”(Bit)是二进制数的最小单位。以 $N=8$ 为例，$n\,(0\leqslant n\leqslant N-1)$的 3 位二进制编码表示为$n=(n_2n_1n_0)_2$，其按位倒序$\bar{n}$的 3 位二进制编码表示为$\bar{n}=(n_0n_1n_2)_2$。自然序$n$从 0 到 7 的按位倒序$\bar{n}$以及二者的二进制编码如表 4-1 所示。可见，按位倒序的二进制编码正好是自然序二进制编码的倒序排列。

表 4-1　自然序与按位倒序的关系

自然序 n	自然序编码 $(n_2n_1n_0)_2$	按位倒序编码 $(n_0n_1n_2)_2$	按位倒序 $\bar{n}$
0	000	000	0
1	001	100	4
2	010	010	2
3	011	110	6
4	100	001	1
5	101	101	5
6	110	011	3
7	111	111	7

所以，在用基 2DIT-FFT 算法计算$x(n)$的N点 DFT 之前，先要将$x(n)$按位倒序排列。在实际操作中，只需在$0\leqslant n\leqslant N/2-1$范围内对$n$与相应的$\bar{n}$进行比较，若$n\neq\bar{n}$，则将$n$与$\bar{n}$对调。例如，当$N=8$时，由表 4-1 可知，只需将$x(1)$与$x(4)$对调、$x(3)$与$x(6)$对调即可。

另外，自然序的运算规则是低位加 1，向高位(向左)进位；按位倒序的运算规则是高位加 1，向低位(向右)进位。

4.3　频域抽取基 2FFT 算法

频域抽取基 2FFT 算法（基 2DIF-FFT 算法）又称为桑德-图基(Sande-Tukey)算法。

4.3.1　基 2DIF-FFT 算法原理

设有限长序列$x(n)$ ($0\leqslant n\leqslant N-1$)的长度为$N$，$N=2^M$，$M\in\mathbf{Z}^+$。将序列$x(n)$按照$n$的自然序平分为前后两部分，则$x(n)$的$N$点 DFT 被分解为

$$\begin{aligned}X(k)=\mathrm{DFT}[x(n)]_N&=\sum_{n=0}^{N-1}x(n)W_N^{kn}=\sum_{n=0}^{N/2-1}x(n)W_N^{kn}+\sum_{n=N/2}^{N-1}x(n)W_N^{kn}\\&=\sum_{n=0}^{N/2-1}x(n)W_N^{kn}+\sum_{n=0}^{N/2-1}x\left(n+\frac{N}{2}\right)W_N^{k(n+N/2)}=\sum_{n=0}^{N/2-1}\left[x(n)+W_N^{kN/2}x\left(n+\frac{N}{2}\right)\right]W_N^{kn}\end{aligned}\tag{4-29}$$

利用$W_N^{N/2}=-1$，可得

$$X(k)=\sum_{n=0}^{N/2-1}\left[x(n)+(-1)^k x\left(n+\frac{N}{2}\right)\right]W_N^{kn}\tag{4-30}$$

当k为偶数时，令$k=2r$ ($0\leqslant r\leqslant N/2-1$)，代入式(4-30)中。再利用可约性，$W_N^{2rn}=W_{N/2}^{rn}$，可得

$$X(2r)=\sum_{n=0}^{N/2-1}\left[x(n)+x\left(n+\frac{N}{2}\right)\right]W_N^{2rn}=\sum_{n=0}^{N/2-1}\left[x(n)+x\left(n+\frac{N}{2}\right)\right]W_{N/2}^{rn}\tag{4-31}$$

$X(2r)$ 是 $x(n)+x(n+N/2)$ 的 $N/2$ 点 DFT，即 $X(k)$ 的偶数组。

当 k 为奇数时，令 $k=2r+1$ $(0 \leqslant r \leqslant N/2-1)$，代入式(4-30)中，有

$$X(2r+1)=\sum_{n=0}^{N/2-1}\left[x(n)-x\left(n+\frac{N}{2}\right)\right]W_N^{(2r+1)n}=\sum_{n=0}^{N/2-1}\left[x(n)-x\left(n+\frac{N}{2}\right)\right]W_N^n \cdot W_N^{2rn}$$
$$=\sum_{n=0}^{N/2-1}\left[x(n)-x\left(n+\frac{N}{2}\right)\right]W_N^n \cdot W_{N/2}^{rn} \tag{4-32}$$

$X(2r+1)$ 是 $[x(n)-x(n+N/2)]W_N^n$ 的 $N/2$ 点 DFT，即 $X(k)$ 的奇数组。

$x(n)+x(n+N/2)$、$[x(n)-x(n+N/2)]W_N^n$ 与 $x(n)$、$x(n+N/2)$ 的关系可用图 4-8 所示的蝶形运算表示。

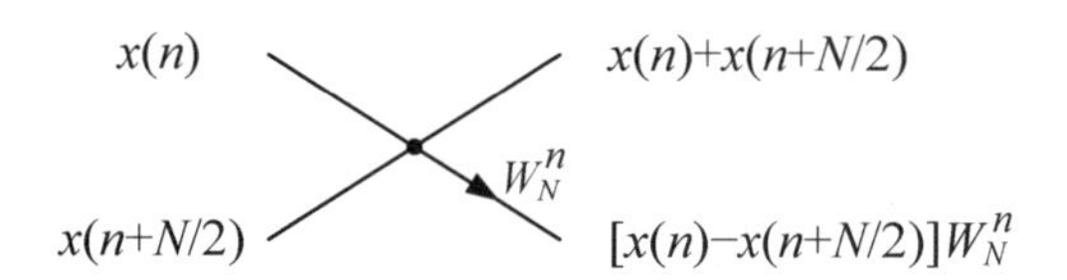

图 4-8 DIF-FFT 蝶形运算关系

以上用频域抽取方法求解 N 点 DFT 的一级分解过程是将序列 $x(n)$ 按 n 的自然序平分为两组，然后进行蝶形运算，再分别对蝶形运算输出端的上半部分和下半部分进行 $N/2$ 点 DFT，得到按 k 的奇偶分组排序的 $X(k)$。其中，蝶形运算输出端的上半部分 $x(n)+x(n+N/2)$ 的 $N/2$ 点 DFT 是 $X(k)$ 的偶数组，下半部分 $[x(n)-x(n+N/2)]W_N^n$ 的 $N/2$ 点 DFT 是 $X(k)$ 的奇数组，如图 4-9 所示(以 $N=8$ 为例)。

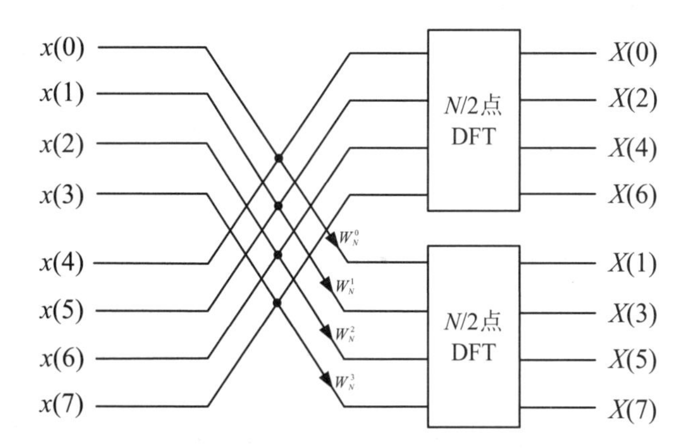

图 4-9 N 点基 2DIF-FFT 一级分解运算流图($N=8$)

这种将时域信号 $x(n)$ 按 n 的自然序排列，而使频域信号 $X(k)$ 按 k 的奇偶分组的方法称为频域抽取法。

将图 4-2 与图 4-9 进行比较可知，时域抽取法求 N 点 DFT 的一级分解过程是先求 $N/2$ 点 DFT，后进行蝶形运算；而频域抽取法是先进行蝶形运算，后求 $N/2$ 点 DFT。二者的运算量相同，均比直接计算 N 点 DFT 减少近一半的运算量。

由于 $N=2^M$，所以当 $M \geqslant 2$ 时 $N/2$ 仍然能够被 2 整除，可以继续将 $N/2$ 点 DFT 分解为两个 $N/4$ 点序列的蝶形运算的上半部分和下半部分的 $N/4$ 点 DFT。依此类推，逐级

分解，最终 N 点 DFT 被分解为 M 级、每级 $N/2$ 个蝶形运算，总共需要 $MN/2$ 次复数乘法和 MN 次复数加法运算。如图 4-10 和图 4-11 所示，以 $N=8$ 为例分别画出了基 2DIF-FFT 蝶形运算流图的剖面图和全部展开图。

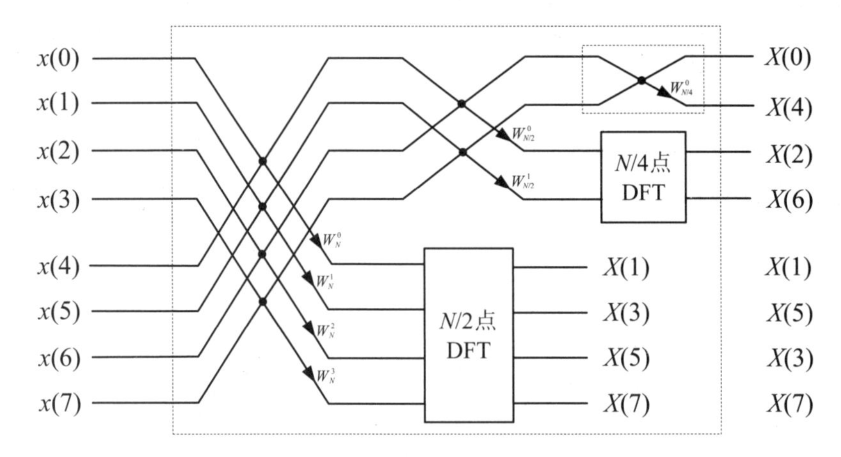

图 4-10　N 点基 2DIF-FFT 三级分解蝶形运算流图剖面图($N=8$)

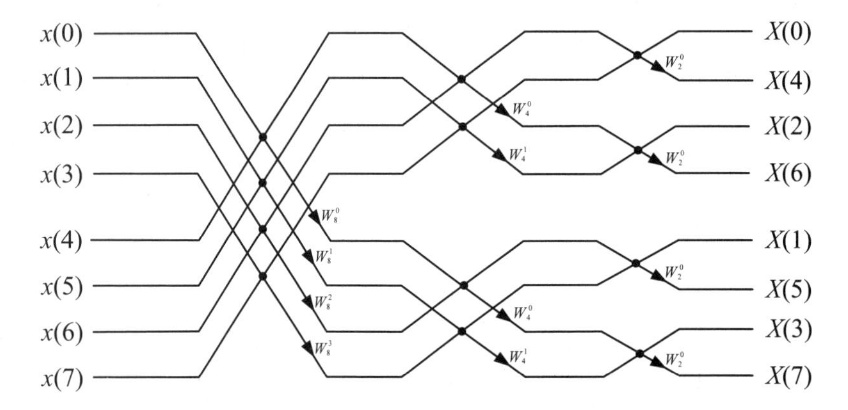

图 4-11　8 点基 2DIF-FFT 蝶形运算流图

可见，基 2DIF-FFT 的输入端 $x(n)$ 按自然序排列，而输出端 $X(k)$ 按位倒序排列。根据这个规律按照 k 从 0 到 $N-1$ 重新排序，就可以得到 $x(n)$ 的 N 点 DFT $X(k)$ 。

4.3.2　基 2DIF-FFT 算法与基 2DIT-FFT 算法的关系

二者的共同点是均将 N ($N=2^M$)点 DFT 分解为 M 级、每级 $N/2$ 个蝶形运算，均需要 $MN/2$ 次复数乘法和 MN 次复数加法运算，运算量相同，并且均是原位运算。

基 2DIF-FFT 算法将时域序列 $x(n)$ 按前半部分和后半部分分组，使其 DFT $X(k)$ 按 k 的奇偶抽取、逐级分组，即时域自然序、频域按位倒序。而基 2DIT-FFT 算法将 $x(n)$ 按 n 的奇偶逐级分组，使其 DFT $X(k)$ 按自然序排列，即时域按位倒序、频域自然序。

二者的基本蝶形不同，基 2DIF-FFT 算法的基本蝶形运算是先加减后复乘[见图 4-8]，而基 2DIT-FFT 算法的基本蝶形运算是先复乘后加减[见图 4-1]。但是将图 4-11 的输入与输出交换位置，将所有支路箭头方向取反，并保持旋转因子不变，即可将图 4-11 转换成图 4-5，这说明基 2DIF-FFT 算法与基 2DIT-FFT 算法的基本蝶形互为转置。

4.4　离散傅里叶反变换的快速算法

通过比较式(3-1)与式(3-2)可知，离散傅里叶变换(DFT)与其反变换(IDFT)的结构相似。只要对 N 点 IDFT 定义式(3-2)两端取共轭，再借助式(4-5)就可以导出用 N 点 DFT 求解 N 点 IDFT 的公式，即

$$x^*(n)=\frac{1}{N}\left[\sum_{k=0}^{N-1}X(k)W_N^{-kn}\right]^*=\frac{1}{N}\sum_{k=0}^{N-1}X^*(k)W_N^{kn}=\frac{1}{N}\mathrm{DFT}[X^*(k)]_N \tag{4-33}$$

所以，有

$$x(n)=\mathrm{IDFT}[X(k)]=\frac{1}{N}\left\{\mathrm{DFT}[X^*(k)]_N\right\}^* \tag{4-34}$$

式(4-34)表明，可以用 N 点 DFT 计算 N 点 IDFT，也就是可以用 DFT 的快速算法 FFT 计算 IDFT，这就是 IDFT 的快速算法(IFFT)。具体计算步骤如下：取 $X(k)$ 的长度 $N=2^M$ ($M\in\mathbf{Z}^+$)；求它的复共轭序列 $X^*(k)$ 的 N 点 FFT；再取复共轭后除以 N，就得到了 $x(n)$。

在 MATLAB 中通过直接调用 fft 子程序计算 IFFT 的方法给运算带来了极大的方便。

习　题　4

4-1 用数字信号处理器 TMS320 系列进行一次复数乘法运算和一次复数加法运算各需要 10 ns。用它计算 1024 点离散傅里叶变换(DFT)，求直接计算 DFT 和用基 2 快速傅里叶变换(基 2FFT)算法计算各需要多少时间？

4-2 如果某通用单片机进行一次复数乘法运算需要 4μs，进行一次复数加法运算需要 1 μs。用它计算 2048 点 DFT，求直接计算 DFT 和用基 2FFT 算法计算各需要多少时间？

4-3 画出 4 点时域抽取基 2FFT 算法(基 2DIT-FFT)的蝶形运算流图，并用该流图计算序列 $x(n)$ 的 4 点 DFT $X(k)$。

(1) $x(n)=R_2(n)$　　　(2) $x(n)=\{3,1,2,2\}$ ($0\leqslant n\leqslant 3$)

4-4 画出 8 点基 2DIT-FFT 的蝶形运算流图，并用该流图计算序列 $x(n)$ 的 8 点 DFT $X(k)$。

(1) $x(n)=R_2(n)$　　　(2) $x(n)=\{3,1,2,2\}$ ($0\leqslant n\leqslant 3$)

第 5 章　离散时间系统的网络结构

前几章介绍过几种离散线性时不变系统的描述方式：差分方程、单位脉冲响应 $h(n)$、频率响应函数 $H(\mathrm{e}^{\mathrm{j}\omega})$ 和系统函数 $H(z)$。本章介绍另一种描述方式——网络结构。这几种描述方式等价，可以互求。

数字信号处理采用数值计算方法，研究离散输入信号、线性时不变系统和输出响应三者之间的关系。数字信号处理的理论和算法最终要用数字信号处理器来实现，为了用硬件实现，需要将系统表示成基本结构单元的组合形式。

5.1　网络结构的基本组成

与一阶线性常系数差分方程

$$y(n)=x(n)-ay(n-1) \tag{5-1}$$

相应的网络结构如图 5-1 所示，它由 3 种基本运算单元——单位延时器、数乘器和加法器组成，它们是构成其他更复杂的离散时间系统的基本组成要素。

随着系统复杂度的增加，网络结构的复杂度随之增加，图 5-1 所示的画法并不实用。常用的是更简洁的图 5-2 所示的网络结构图。用有向线段代表每一条支路，箭头方向表示信号的传输方向；箭头旁边标有 z^{-1} 的支路代表一个单位延时器；箭头旁边标有常数 $-a$ 的支路代表一个系数为 $-a$ 的数乘器，当系数为 1 时，可以省略不写；有两个或两个以上输入的节点为加法器，该节点的输出信号等于输入信号之和；有一个输入、多个输出的节点为分支节点，该节点的每个输出信号都等于输入信号。

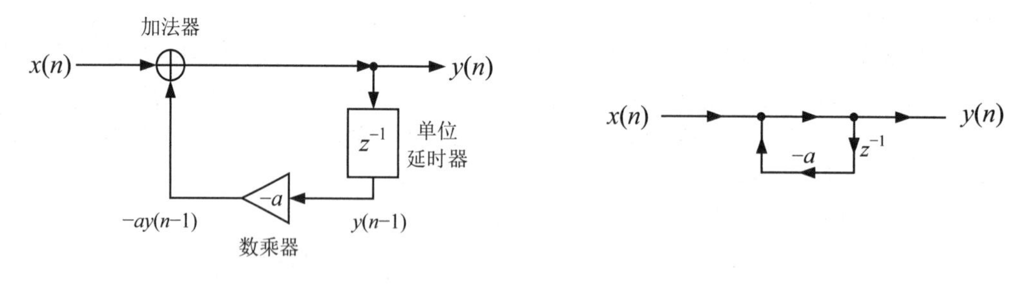

图 5-1　数字系统的基本组成　　　　图 5-2　基本网络结构

5.2　网络结构与系统函数、差分方程的关系

5.2.1　一阶网络结构

与一阶线性常系数差分方程

$$y(n)=b_0x(n)+b_1x(n-1)-a_1y(n-1) \tag{5-2}$$

相应的网络结构如图 5-3 所示。

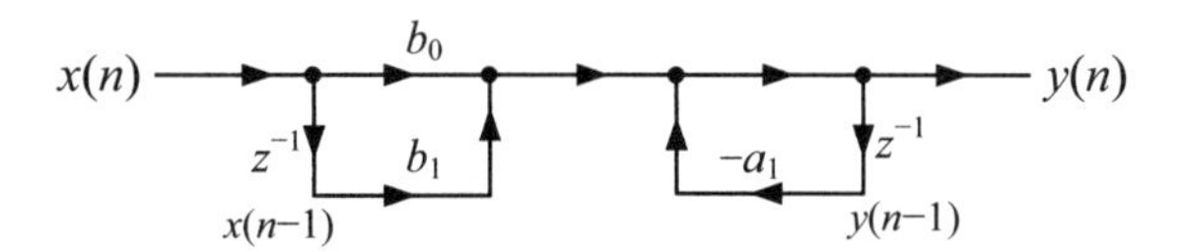

图 5-3　一阶网络结构(直接 I 型)

b_0、b_1 为 $x(n)$、$x(n-1)$ 的系数，$-a_1$ 为 $y(n-1)$ 的反馈系数，$y(n)$ 的系数始终为 1。

图 5-3 所示的画法称为直接 I 型网络结构，它的左右两部分各用了一个单位延时器 z^{-1}。如图 5-4(a)所示，将图 5-3 左右两部分交换位置不会改变 $x(n)$ 与 $y(n)$ 的输入输出关系。这样画的好处如图 5-4(b)所示，可以使输入与输出反馈回路共用单位延时器 z^{-1}，从而减少使用单位延时器 z^{-1} 的数目。图 5-4(b)所示的画法称为直接 II 型网络结构，后面采用这种画法。

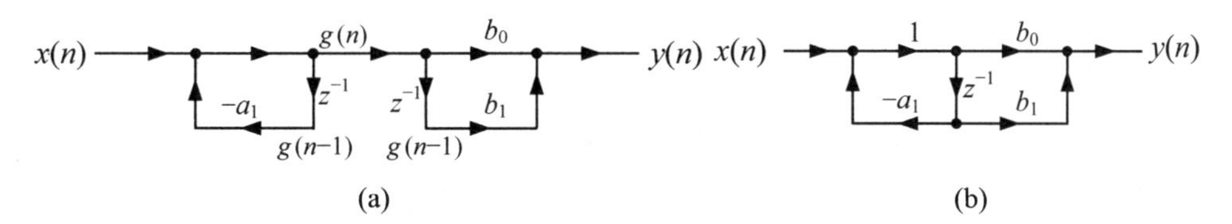

图 5-4　一阶网络结构(直接 II 型)

图 5-4(b)是根据式(5-2)系统的差分方程画出来的，更常用的是由系统函数 $H(z)$ 画出系统的网络结构。

根据 z 变换的时移特性[见 2.5 节式(2-96)]，对式(5-2)进行 z 变换，即

$$Y(z)=b_0X(z)+b_1z^{-1}X(z)-a_1z^{-1}Y(z) \tag{5-3}$$

经整理后可得系统函数

$$H(z)=\frac{Y(z)}{X(z)}=\frac{b_0+b_1z^{-1}}{1+a_1z^{-1}} \tag{5-4}$$

可见，$H(z)$ 的分子与系统的输入有关，$H(z)$ 的分母与系统的输出及其反馈回路有关。

将 $H(z)$ 的分子、分母按 z 的负幂次降幂排列，使分母中的常数项为 1。一阶网络结构(直接 II 型)与系统函数的关系如下：图 5-4(b)的右半部分与 $H(z)$ 的分子系数 b_0、b_1 一一对应。图 5-4(b)的左半部分与 $H(z)$ 的分母系数 1、a_1 相对应，a_1 取反。

5.2.2　二阶网络结构

与二阶线性常系数差分方程

$$y(n)=b_0x(n)+b_1x(n-1)+b_2x(n-2)-a_1y(n-1)-a_2y(n-2) \tag{5-5}$$

相应的系统函数为

$$H(z)=\frac{b_0+b_1z^{-1}+b_2z^{-2}}{1+a_1z^{-1}+a_2z^{-2}} \tag{5-6}$$

网络结构如图 5-5 所示。

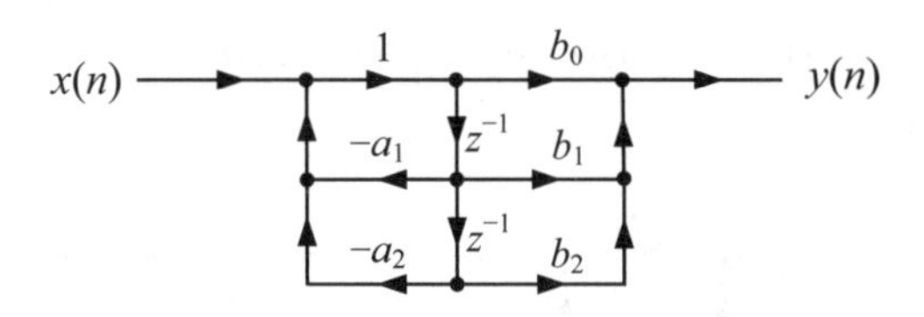

图 5-5　二阶网络结构(直接Ⅱ型)

二阶网络结构的输入和输出回路各需要两级单位延时器 z^{-1}，实际只需一组，由输入和输出回路共用。

将 $H(z)$ 的分子、分母按 z 的负幂次降幂排列，使分母中的常数项为 1。二阶网络结构与系统函数的关系如下：图 5-5 右半部分与 $H(z)$ 的分子系数 b_0、b_1、b_2 一一对应。图 5-5 左半部分与 $H(z)$ 的分母系数 1、a_1、a_2 相对应，常数项始终为 1，其余系数均取反。

二阶网络结构与差分方程的关系如下：图 5-5 右半部分的 b_0、b_1、b_2 与输入信号有关，依次是 $x(n)$、$x(n-1)$、$x(n-2)$ 的系数。图 5-5 左半部分的 1、$-a_1$、$-a_2$ 与系统的输出响应有关，1 是 $y(n)$ 的系数，$-a_1$、$-a_2$ 依次是 $y(n-1)$、$y(n-2)$ 的反馈系数。

【例 5-1】 系统函数 $H(z)=\dfrac{8(1+z^{-1})}{15-2z^{-1}-z^{-2}}$，画出相应的网络结构。

解：将 $H(z)$ 写成如式(5-6)所示的形式，使 $H(z)$ 的分子、分母按 z 的负幂次降幂排列，分母的常数项为 1，则

$$H(z)=\frac{\dfrac{8}{15}+\dfrac{8}{15}z^{-1}}{1-\dfrac{2}{15}z^{-1}-\dfrac{1}{15}z^{-2}}$$

其中，$b_0=b_1=8/15$，$b_2=0$，$a_1=-2/15$，$a_2=-1/15$，可画出其网络结构如图 5-6 所示。

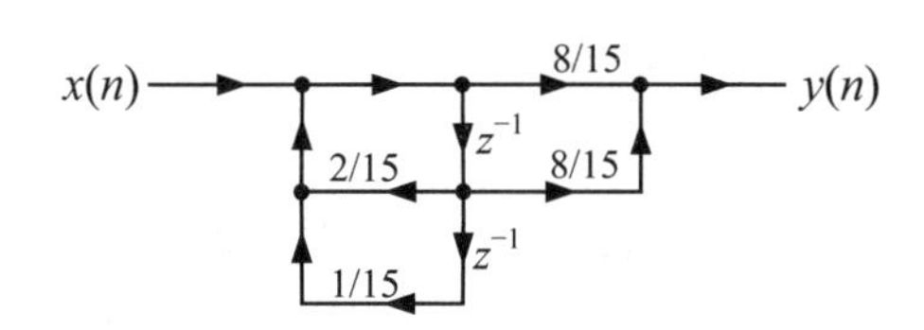

图 5-6　例 5-1 的网络结构

更复杂的系统函数 $H(z)$ 均由一阶和二阶系统函数组合而成。相应地，更复杂的网络结构都可以由一阶和二阶网络结构组合而成。若 $H(z)$ 中存在共轭成对的复零点(或复极点)，则将其组合成二阶多项式，以使系数均为实数。有时为了采用相同结构的子网络，也将两个实零点(或两个实极点)组合成二阶多项式。

不同类型的网络结构所需的存储单元和乘法次数不同，前者影响复杂度，后者影响运算速度。另外，在有限精度情况下，不同类型的网络结构的误差和稳定性不同。因此，有必要研究各种典型的网络结构及其特点。按照单位脉冲响应 $h(n)$ 是无限长序列还是有限长序列，可以将系统分为无限脉冲响应(IIR)系统和有限脉冲响应(FIR)系统，相应地有 IIR 网络结构和 FIR 网络结构，它们又分别有几种基本结构形式。

5.3　IIR 系统的基本网络结构

N 阶线性常系数差分方程为

$$y(n)=\sum_{m=0}^{M}b_m x(n-m)-\sum_{k=1}^{N}a_k y(n-k) \tag{5-7}$$

的系统被称为无限脉冲响应(Infinite Impulse Response，IIR)系统，其中 a_k 有非零值。

a_k 有非零值表明输出响应 $y(n)$ 不仅与输入信号有关，而且与以前时刻的输出响应有关，也就是存在反馈回路，系统的网络结构为递归型结构。

其系统函数为

$$H(z)=\frac{Y(z)}{X(z)}=\frac{\sum_{m=0}^{M}b_m z^{-m}}{1+\sum_{k=1}^{N}a_k z^{-k}} \tag{5-8}$$

由于 a_k 有非零值，所以 $H(z)$ 在有限 z 平面($0<|z|<\infty$)上有极点存在。收敛域以极点为边界，根据 2.4.2 小节序列类型与 $H(z)$ 的收敛域之间的关系可知，IIR 系统的单位脉冲响应 $h(n)$ 无限长。

5.3.1　直接型结构

由式(5-7)或式(5-8)直接画出来的网络结构为 IIR 直接型结构，如例 5-2 中图 5-7 所示。

IIR 直接型结构的优点是简单直观，可以直接由差分方程或系统函数得到。其缺点是调整零极点困难，乘法运算量较大，运算误差累积大。

5.3.2　级联型结构

将系统函数 $H(z)$ 的分子、分母按零极点因式分解为二阶子系统函数连乘积的形式，即

$$H(z)=A\prod_k H_k(z)=A\prod_k \frac{1+\beta_{1k}z^{-1}+\beta_{2k}z^{-2}}{1+\alpha_{1k}z^{-1}+\alpha_{2k}z^{-2}} \tag{5-9}$$

式中，各系数为实数。

IIR 级联型结构由多个一阶、二阶基本网络结构级联而成，当 $\beta_{2k}=\alpha_{2k}=0$ 时为一阶网络结构。为了减少单位延时器 z^{-1} 的使用数目，应尽可能使幂次相同的分子、分母多项式组合在一起，构成一个子网络，如例 5-2 中图 5-8 比图 5-9 的画法更好。

IIR 级联型结构是工程实际中经常采用的一种，它的系统结构组成灵活，很容易找到它的全部零极点，调整零极点方便。由 2.7.3 小节可知，调整零极点可以改变系统的频率响应特性。级联型结构的缺点是乘法运算量大，运算误差累积较大。

5.3.3 并联型结构

将系统函数 $H(z)$ 的分母多项式按极点因式分解后展开成部分分式和的形式，即

$$H(z)=A_0+\sum_k H_k(z)=A_0+\sum_k \frac{\gamma_{0k}+\gamma_{1k}z^{-1}}{1+\alpha_{1k}z^{-1}+\alpha_{2k}z^{-2}} \tag{5-10}$$

式中，各系数为实数，分母多项式比分子多项式多一级单位延时器。

IIR 并联型结构由多个一阶、二阶基本网络结构并联而成，当 $\gamma_{1k}=\alpha_{2k}=0$ 时为一阶网络结构，如例 5-2 中图 5-10 所示。

IIR 并联型结构的各并联支路相互独立，可以并行运算，乘法运算量小，运算速度快且误差累积小。另外，很容易找到它的全部极点，调整极点方便。其缺点是调整零点不方便，随着 $H(z)$ 的阶数增加，将它展开成部分分式和的形式变得越来越困难。

【例 5-2】 已知线性常系数差分方程为

$$\begin{aligned}y(n)=&6x(n)+6.4x(n-1)+2.1x(n-2)+0.2x(n-3)\\&+0.5y(n-1)-0.86y(n-2)+0.24y(n-3)\end{aligned}$$

画出其直接型、级联型和并联型网络结构，并写出相应的系统函数 $H(z)$ 的表达式。

解：由于差分方程中含有 $a_k y(n-k)\ (1\leqslant k\leqslant 3)$项，所以该系统为 IIR 系统。

根据 z 变换的时移特性[见 2.5 节式(2-96)]，可得

$$\begin{aligned}&Y(z)-0.5z^{-1}Y(z)+0.86z^{-2}Y(z)-0.24z^{-3}Y(z)\\&=6X(z)+6.4z^{-1}X(z)+2.1z^{-2}X(z)+0.2z^{-3}X(z)\end{aligned}$$

经整理后可得系统函数 $H(z)$ 的直接型表达式为

$$H(z)=\frac{Y(z)}{X(z)}=\frac{6+6.4z^{-1}+2.1z^{-2}+0.2z^{-3}}{1-0.5z^{-1}+0.86z^{-2}-0.24z^{-3}}$$

画出直接型网络结构，如图 5-7 所示。

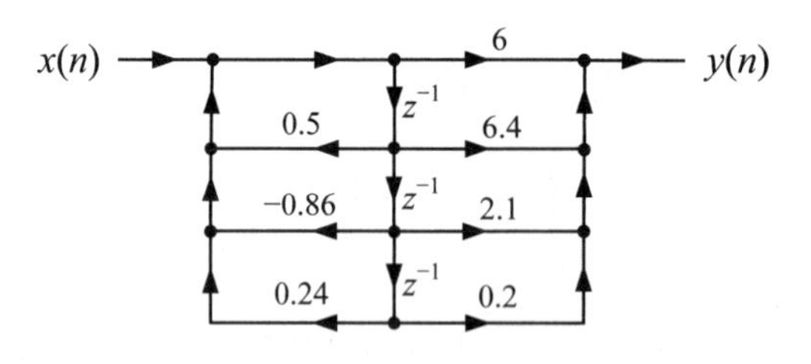

图 5-7　例 5-2 的直接型网络结构

将上式的分子、分母因式分解，得到 $H(z)$ 的级联型表达式为

$$H(z)=\frac{(3+0.5z^{-1})(2+1.8z^{-1}+0.4z^{-2})}{(1-0.3z^{-1})(1-0.2z^{-1}+0.8z^{-2})}$$

由于分子、分母乘积项可以有两种不同的组合方式，所以级联型网络结构有两种画法。

① 将同幂次多项式组合在一起，如图 5-8 所示。

$$H(z)=\frac{3+0.5z^{-1}}{1-0.3z^{-1}}\cdot\frac{2+1.8z^{-1}+0.4z^{-2}}{1-0.2z^{-1}+0.8z^{-2}}$$

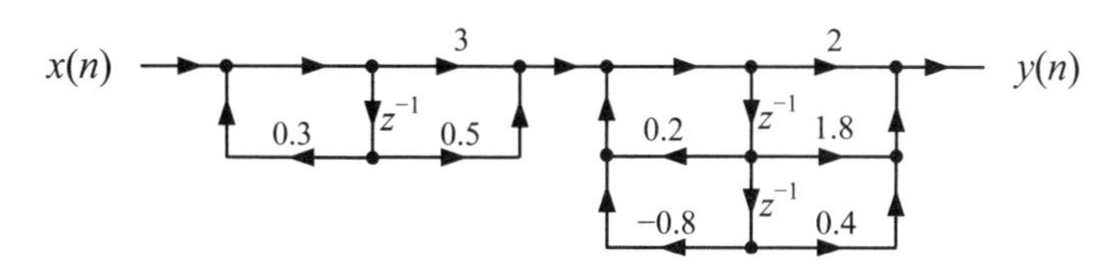

图 5-8　例 5-2 的级联型网络结构①

② 将不同幂次的多项式组合在一起，如图 5-9 所示。

$$H(z)=\frac{3+0.5z^{-1}}{1-0.2z^{-1}+0.8z^{-2}}\cdot\frac{2+1.8z^{-1}+0.4z^{-2}}{1-0.3z^{-1}}$$

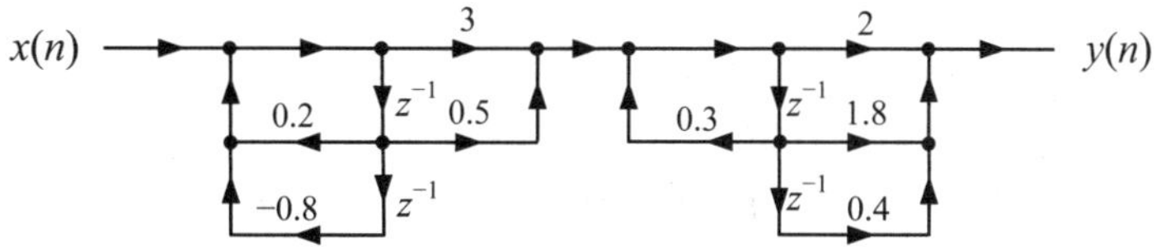

图 5-9　例 5-2 的级联型网络结构②

通常采用第①种级联型结构，因为它比第②种结构少用了一个单位延时器 z^{-1}。

将 $H(z)$ 的分母因式分解后展开成部分分式和的形式，得到 $H(z)$ 的并联型表达式为

$$H(z)=-0.833+\frac{6.297}{1-0.3z^{-1}}+\frac{0.536+7.404z^{-1}}{1-0.2z^{-1}+0.8z^{-2}}$$

画出并联型网络结构，如图 5-10 所示。

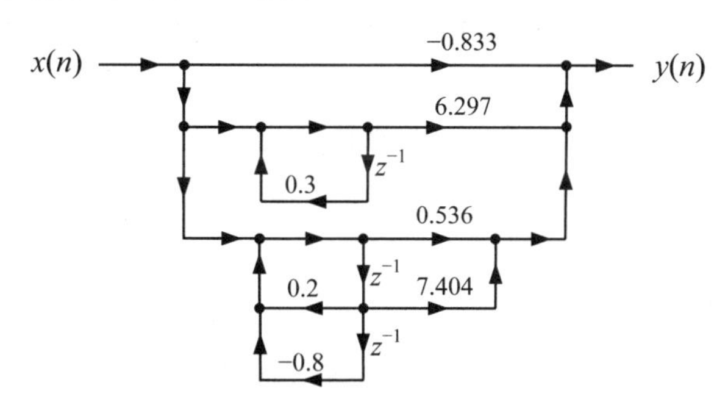

图 5-10　例 5-2 的并联型网络结构

5.4　FIR 系统的基本网络结构

线性常系数差分方程为

$$y(n)=\sum_{m=0}^{N-1}b_m x(n-m) \tag{5-11}$$

的系统被称为有限脉冲响应(Finite Impulse Response，FIR)系统。

FIR 系统的输出响应 $y(n)$ 只与输入信号有关，与以前时刻的输出响应无关，不存在反馈回路，其网络结构一般为非递归型结构。

从 1.3.1 小节已知线性时不变系统的输出响应 $y(n)$ 是输入信号 $x(n)$ 与系统单位脉冲响

应 $h(n)$ 的线性卷积关系，即

$$y(n)=x(n)*h(n)=\sum_{m=0}^{N-1}h(m)x(n-m) \tag{5-12}$$

式(5-12)与式(5-11)的结构一致，可见 b_m 就是 FIR 系统的单位脉冲响应 $h(n)$，$h(n)$ $(0\leqslant n\leqslant N-1)$是因果有限长序列，长度为 N。

求 $h(n)$ 的 z 变换，得到 FIR 系统的系统函数为

$$H(z)=\mathrm{ZT}[h(n)]=\sum_{n=0}^{N-1}h(n)z^{-n} \tag{5-13}$$

式(5-13)表明，将 FIR 系统的系统函数 $H(z)$ 写成按 z 的负幂次降幂排列的多项式展开形式，其系数就是单位脉冲响应 $h(n)$。这也是求 z 反变换的一种方法。

根据 2.4.2 小节序列类型与 $H(z)$ 的收敛域之间的关系可知，因果有限长序列 $h(n)$ 的 z 变换 $H(z)$ 在有限 z 平面上收敛，收敛域为 $|z|>0$；由于 $h(n)$ 为因果序列，所以 FIR 系统总是因果的，$H(z)$ 的收敛域包含 ∞；由于收敛域 $|z|>0$ 包含单位圆，所以 FIR 系统也总是稳定的，其频率响应函数 $H(\mathrm{e}^{\mathrm{j}\omega})$ 存在，有

$$H(\mathrm{e}^{\mathrm{j}\omega})=H(z)\big|_{z=\mathrm{e}^{\mathrm{j}\omega}}=\sum_{n=0}^{N-1}h(n)\mathrm{e}^{-\mathrm{j}\omega n} \tag{5-14}$$

5.4.1 直接型(卷积型、横截型)结构

FIR 直接型结构是根据式(5-11)或式(5-13)直接画出来的。由于与线性卷积[见式(5-12)]的关系，又被称为卷积型结构；由于只有输入项，没有反馈回路，可以把图横过来画，以节省空间，所以又被称为横截型结构。

除了在有限 z 平面上没有极点外，FIR 直接型结构的优缺点与 IIR 直接型结构的优缺点类似。

5.4.2 级联型结构

将系统函数 $H(z)$ 按零点因式分解为二阶子系统函数连乘积的形式，即

$$H(z)=A\prod_k H_k(z)=A\prod_k(1+\beta_{1k}z^{-1}+\beta_{2k}z^{-2}) \tag{5-15}$$

式中，各系数为实数。FIR 级联型结构由多个一阶、二阶基本网络结构级联而成，没有反馈回路。当 $\beta_{2k}=0$ 时为一阶网络结构。

FIR 级联型结构的优缺点与 IIR 级联型结构的优缺点类似。只不过 FIR 系统在有限 z 平面上无极点，只能通过调整零点来改变系统特性。

【例 5-3】 已知线性常系数差分方程为

$$y(n)=3x(n)-2x(n-1)-x(n-2)-x(n-3)-2x(n-4)+3x(n-5)$$

画出其直接型和级联型网络结构，并写出相应的系统函数 $H(z)$ 的表达式。

解： 由于差分方程中不含 $a_k y(n-k)$ 项，所以该系统为 FIR 系统。

根据 z 变换的时移特性[见 2.5 节式(2-96)]，可得

$$Y(z)=3X(z)-2z^{-1}X(z)-z^{-2}X(z)-z^{-3}X(z)-2z^{-4}X(z)+3z^{-5}X(z)$$

经整理后可得系统函数 $H(z)$ 的直接型表达式为

$$H(z)=\frac{Y(z)}{X(z)}=3-2z^{-1}-z^{-2}-z^{-3}-2z^{-4}+3z^{-5}$$

画出直接型网络结构，如图 5-11 所示。

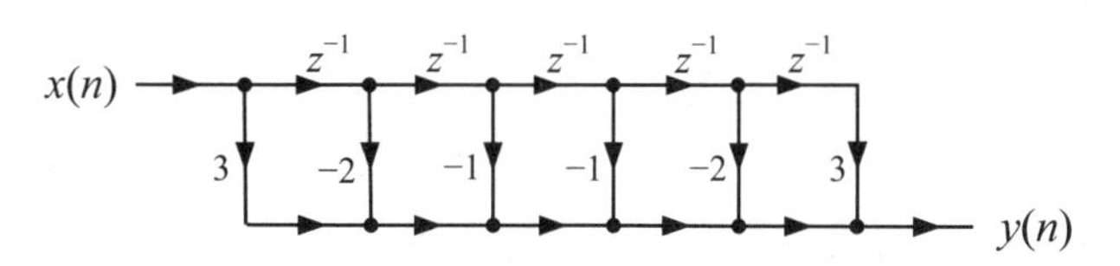

图 5-11　例 5-3 的直接型网络结构

将上式因式分解，得到 $H(z)$ 的级联型表达式为

$$H(z)=(1+z^{-1})(1-2z^{-1}+z^{-2})(3+z^{-1}+3z^{-2})$$

画出级联型网络结构，如图 5-12 所示。

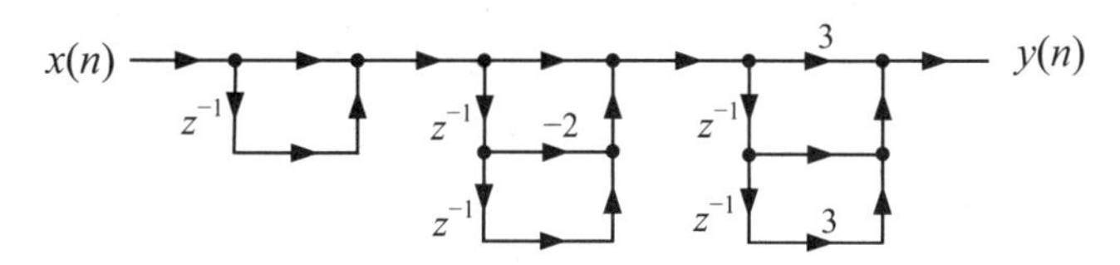

图 5-12　例 5-3 的级联型网络结构

5.4.3　线性相位结构

系统的单位脉冲响应 $h(n)$（$0\leqslant n\leqslant N-1$）关于 $n=(N-1)/2$ 对称的系统称为线性相位系统，即

$$h(n)=\pm h(N-1-n) \tag{5-16}$$

当 $h(n)$ 关于 $n=(N-1)/2$ 偶对称时，有

$$h(n)=h(N-1-n) \tag{5-17}$$

为第一类线性相位系统。当 $h(n)$ 关于 $n=(N-1)/2$ 奇对称时，有

$$h(n)=-h(N-1-n) \tag{5-18}$$

为第二类线性相位系统。这个结论将在 7.2.1 小节中证明。

根据 $h(n)$ 的对称性，可以把式(5-13)中的相同系数组合在一起，共用一个数乘器。当 N 为偶数时，系数两两成对，有

$$H(z)=\sum_{n=0}^{N/2-1}h(n)[z^{-n}\pm z^{-(N-1-n)}] \tag{5-19}$$

当 N 为奇数时，中间项单独存在，其余系数两两成对，即

$$H(z)=\sum_{n=0}^{(N-1)/2-1}h(n)[z^{-n}\pm z^{-(N-1-n)}]+h\left(\frac{N-1}{2}\right)z^{-(N-1)/2} \tag{5-20}$$

“±”中的“+”号对应于第一类线性相位系统，“−”号对应于第二类线性相位系统。由于第二类线性相位系统的 $h(n)$ 关于 $n=(N-1)/2$ 奇对称，当 N 为奇数时，$h(n)$ 在 $n=(N-1)/2$ 处的值为 0。

可见，线性相位结构是直接型结构的简化，比直接型结构节省了近一半的数乘器。

【例 5-4】 已知 FIR 系统的系统函数为

$$H(z)=3-2z^{-1}-z^{-2}-z^{-3}-2z^{-4}+3z^{-5}$$

画出该系统的单位脉冲响应 $h(n)$ 的波形和系统的线性相位结构。

解： 由 $H(z)=\sum_{n=0}^{5}h(n)z^{-n}$ 可得系统的单位脉冲响应为

$$h(n)=\{3,-2,-1,-1,-2,3\}\ (0\leqslant n\leqslant 5)$$

$h(n)$ 的有效数据长度 $N=6$，关于 $n=(N-1)/2=2.5$ 偶对称，所以该系统为第一类线性相位系统。把系统函数的相同系数组合在一起，有

$$H(z)=3(1+z^{-5})-2(z^{-1}+z^{-4})-(z^{-2}+z^{-3})$$

$h(n)$ 的波形及系统的线性相位结构如图 5-13 所示。

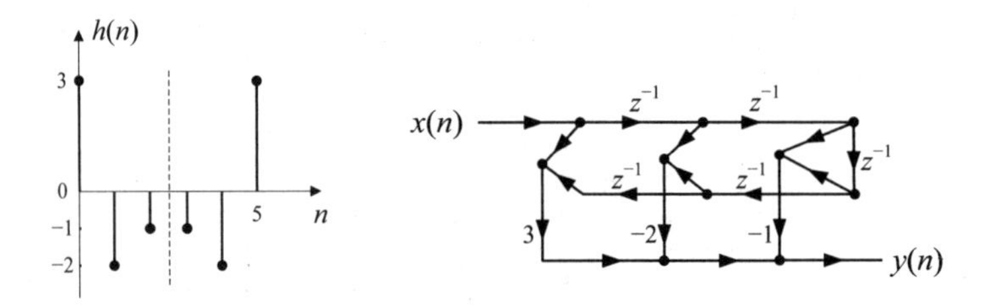

图 5-13　$h(n)=\{3,-2,-1,-1,-2,3\}$ ($0\leqslant n\leqslant 5$) 的波形及系统的线性相位结构

[$h(n)$ 偶对称，$N=6$ 为偶数]

【例 5-5】 已知 FIR 系统的单位脉冲响应为

$$h(n)=\{3,-2,-1,1,2,-3\}\ (0\leqslant n\leqslant 5)$$

画出 $h(n)$ 的波形和系统的线性相位结构。

解： $N=6$，$h(n)$ 关于 $n=(N-1)/2=2.5$ 奇对称，所以该系统为第二类线性相位系统，其系统函数为

$$H(z)=\sum_{n=0}^{5}h(n)z^{-n}=3-2z^{-1}-z^{-2}+z^{-3}+2z^{-4}-3z^{-5}$$

$$=3(1-z^{-5})-2(z^{-1}-z^{-4})-(z^{-2}-z^{-3})$$

$h(n)$ 的波形及系统的线性相位结构如图 5-14 所示。

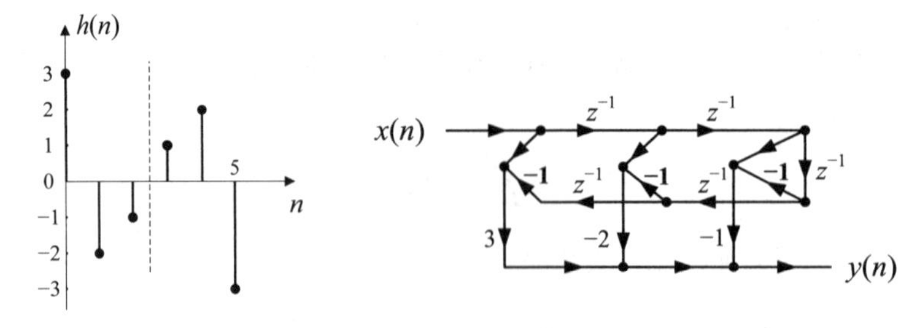

图 5-14　$h(n)=\{3,-2,-1,1,2,-3\}$ ($0\leqslant n\leqslant 5$) 的波形及系统的线性相位结构

[$h(n)$ 奇对称，$N=6$ 为偶数]

【例 5-6】 已知 FIR 系统的系统函数为

$$H(z)=3-2z^{-1}-z^{-2}+1.5z^{-3}-z^{-4}-2z^{-5}+3z^{-6}$$

画出 $h(n)$ 的波形和系统的线性相位结构。

解： 由 $H(z)=\sum_{n=0}^{6}h(n)z^{-n}$ 可得系统的单位脉冲响应为

$$h(n)=\{3,-2,-1,1.5,-1,-2,3\}\ (0\leqslant n\leqslant 6)$$

$h(n)$ 的长度 $N=7$，关于 $n=(N-1)/2=3$ 偶对称，所以该系统为第一类线性相位系统。把系统函数的相同系数组合在一起，有

$$H(z)=3(1+z^{-6})-2(z^{-1}+z^{-5})-(z^{-2}+z^{-4})+1.5z^{-3}$$

$h(n)$ 的波形及系统的线性相位结构如图 5-15 所示。

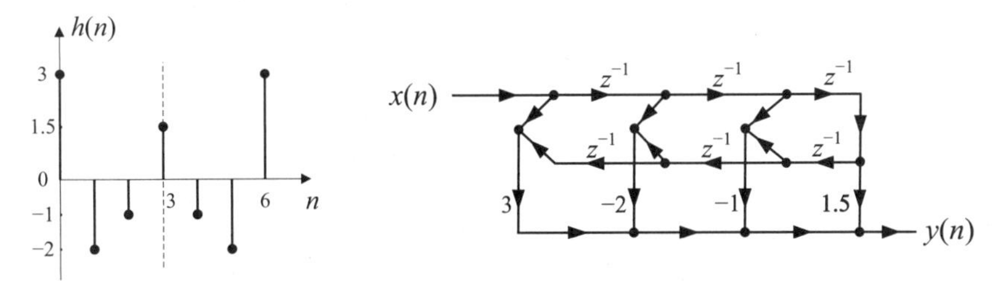

图 5-15　$h(n)=\{3,-2,-1,1.5,-1,-2,3\}$（$0\leqslant n\leqslant 6$）的波形及系统的线性相位结构
[$h(n)$ 偶对称，$N=7$ 为奇数]

【例 5-7】 已知 FIR 系统的单位脉冲响应为

$$h(n)=\{3,-2,-1,0,1,2,-3\}\ (0\leqslant n\leqslant 6)$$

画出 $h(n)$ 的波形和系统的线性相位结构。

解： $N=7$，$h(n)$ 关于 $n=(N-1)/2=3$ 奇对称，所以该系统为第二类线性相位系统，其系统函数为

$$H(z)=\sum_{n=0}^{6}h(n)z^{-n}=3-2z^{-1}-z^{-2}+z^{-4}+2z^{-5}-3z^{-6}$$
$$=3(1-z^{-6})-2(z^{-1}-z^{-5})-(z^{-2}-z^{-4})$$

$h(n)$ 的波形及系统的线性相位结构如图 5-16 所示。

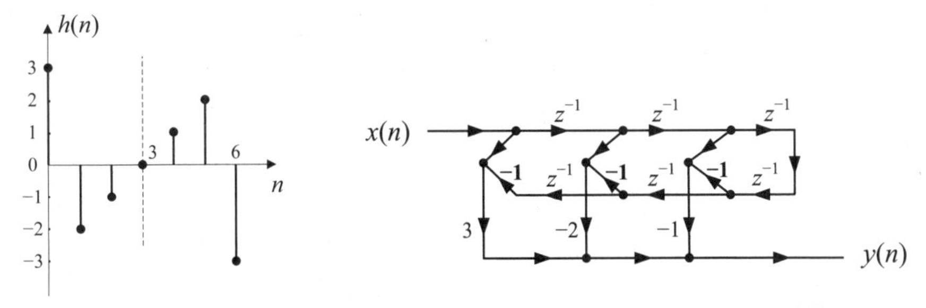

图 5-16　$h(n)=\{3,-2,-1,0,1,2,-3\}$ 的波形及系统的线性相位结构
[$h(n)$ 奇对称，$N=7$ 为奇数]

5.4.4　频率采样结构

设 $h(n)$ 的 N 点 DFT 为 $H(k)$，根据频域内插公式(3-7)可由 $H(k)$ 得到系统函数 $H(z)$，

即

$$H(z)=\frac{1}{N}\sum_{k=0}^{N-1}H(k)\frac{1-z^{-N}}{1-W_N^{-k}z^{-1}}=\frac{1-z^{-N}}{N}\sum_{k=0}^{N-1}\frac{H(k)}{1-W_N^{-k}z^{-1}}=\frac{1}{N}H_c(z)\sum_{k=0}^{N-1}H_k(z) \tag{5-21}$$

其中

$$H_c(z)=1-z^{-N} \tag{5-22}$$

$$H_k(z)=\frac{H(k)}{1-W_N^{-k}z^{-1}} \quad 0\leqslant k\leqslant N-1 \tag{5-23}$$

$H_c(z)$的网络结构如图 5-17 所示，$H_c(z)$是由N阶延时器z^{-N}构成的梳状滤波器，其幅频特性曲线见 2.7.3 小节例 2-15。

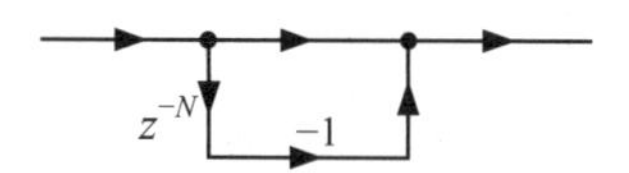

图 5-17 $H_c(z)$的网络结构

$H_k(z)$的网络结构如图 5-18 所示，$H_k(z)$在单位圆上有一个一阶极点$z_k=W_N^{-k}=\mathrm{e}^{\mathrm{j}2\pi k/N}$，它与$H_c(z)$的第$k$个零点对消，使该角频率$\omega=2\pi k/N$处的频率响应等于$H(k)$，其幅频特性曲线[见 2.7.3 小节例 2-17]在$H(k)$处的值最大，所以$H_k(z)$称为谐振器。

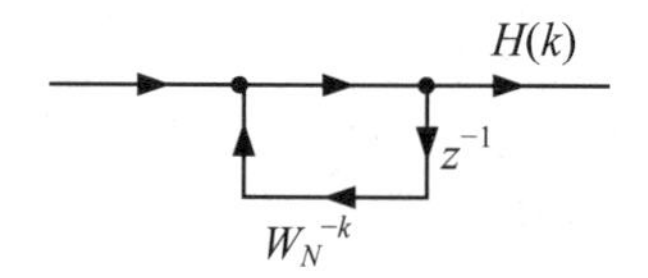

图 5-18 $H_k(z)$的网络结构

频率采样结构由N个一阶网络结构$H_k(z)$并联之后与$H_c(z)$级联而成。当N很少时，网络结构将大大简化，所以特别适用于设计窄带滤波器，如 7.5 节图 7-8 所示。

频率采样结构直接由采样值$H(k)$控制系统的频率响应特性，可以实现任意形状的频率响应曲线。另外，$H_k(z)$和$H_c(z)$结构简单，便于标准化、模块化。

由于$H_k(z)$有极点$z=W_N^{-k}$存在，使得频率采样结构中的$H_k(z)$像 IIR 网络结构那样有反馈回路，它的这一特点不同于其他 FIR 网络结构。但是$H_k(z)$中的极点总能与$H_c(z)$中的一个零点相互抵消[见 2.7.3 小节例 2-17]，所以从整体上看该系统仍然属于 FIR 系统。

频率采样结构的缺点是它靠位于单位圆上的N个零极点对消使系统稳定，而在实际的信号处理过程中存在的量化误差可能使零极点不能完全对消，从而影响系统的稳定性。另外，$H(k)$、W_N^{-k}通常为复数形式，使得这种结构的乘法运算量和所需存储空间增加。可以通过将所有零极点移到单位圆内、靠近单位圆的、半径为γ（$\gamma<1$）的圆上进行修正，本书对这部分内容不展开论述。

习 题 5

5-1 已知系统的线性常系数差分方程，求其系统函数$H(z)$，并画出其直接型结构。

(1) $y(n)=2x(n)+\frac{1}{3}x(n-1)-\frac{1}{3}y(n-1)+\frac{2}{9}y(n-2)$

(2) $y(n)=\sum_{m=0}^{3}2^{-m}x(n-m)+\sum_{k=1}^{3}3^{-k}y(n-k)$

5-2 已知系统函数 $H(z)$，画出系统的直接型、级联型和并联型结构。

(1) $H(z)=\dfrac{3-3.5z^{-1}+2.5z^{-2}}{(1-z^{-1}+z^{-2})(1-0.5z^{-1})}$

(2) $H(z)=\dfrac{4z^3-2.8z^2+z}{(z^2+1.4z+1)(z+0.6)}$

5-3 已知系统函数为

$$H(z)=\frac{4(1-1.4z^{-1}+z^{-2})(1+z^{-1})}{(1-0.5z^{-1})(1+0.9z^{-1}+0.8z^{-2})}$$

(1) 画出系统的直接型结构。

(2) 画出各种可能的级联型结构，并指出哪一种最好。

(3) 写出系统的差分方程。

(4) 该系统是无限脉冲响应(IIR)系统，还是有限脉冲响应(FIR)系统？说明理由。

5-4 已知离散线性时不变、因果系统的网络结构如图 5-19 所示。

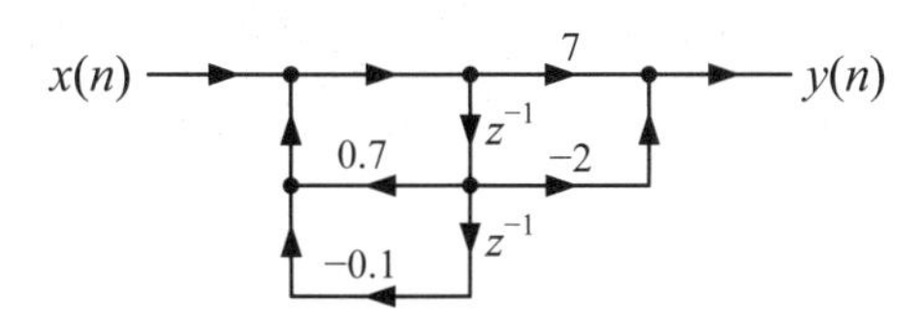

图 5-19　题 5-4 图

(1) 写出系统函数 $H(z)$，并指出其收敛域。

(2) 写出系统的差分方程。

5-5 已知系统函数为

$$H(z)=(1-0.5z^{-1})(1+6z^{-1})(1-z^{-1})$$

(1) 写出系统的差分方程。

(2) 求系统的单位脉冲响应 $h(n)$。

(3) 画出系统的直接型结构。

(4) 该系统是无限脉冲响应(IIR)系统，还是有限脉冲响应(FIR)系统？说明理由。

5-6 已知 FIR 系统的线性常系数差分方程为

$$y(n)=\sum_{m=0}^{6}3^{-|3-m|}x(n-m)$$

(1) 求系统函数 $H(z)$。

(2) 写出其频率响应函数 $H(e^{j\omega})$。

(3) 判断该系统是否具有线性相位特性，若具有则画其线性相位结构，否则画其直接型结构。

5-7 已知线性相位 FIR 系统用线性常系数差分方程描述为

$$y(n)=x(n)+3x(n-1)+3x(n-3)+x(n-4)$$

(1) 求系统函数 $H(z)$。

(2) 求系统的单位脉冲响应 $h(n)$。

(3) 判断该系统具有第几类线性相位特性，画出其线性相位结构。

5-8 已知 FIR 系统的单位脉冲响应为

$$h(n)=2\delta(n)+\delta(n-1)-\delta(n-3)-2\delta(n-4)$$

(1) 求系统函数 $H(z)$。

(2) 该系统是否具有线性相位特性？说明理由。

(3) 画出使用乘法器数量最少的网络结构。

5-9 如图 5-20 所示为系统的网络结构，写出它们的系统函数 $H(z)$ 和差分方程。

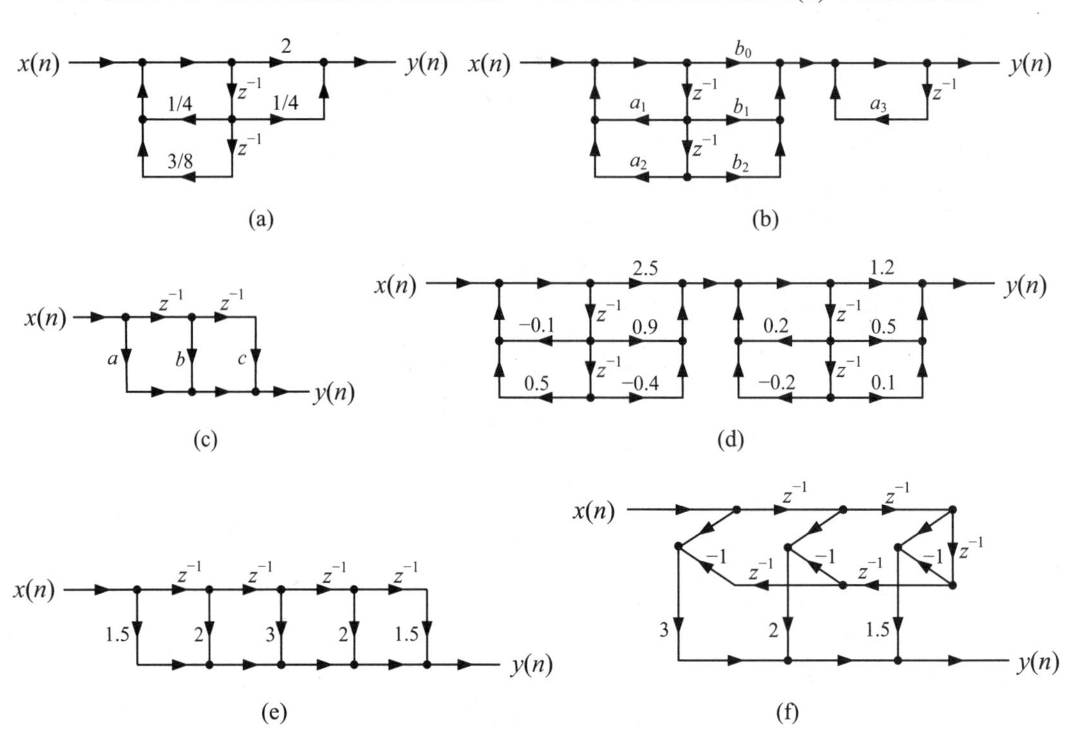

图 5-20 题 5-9 图

5-10 已知 IIR 系统的级联型结构如图 5-21 所示。

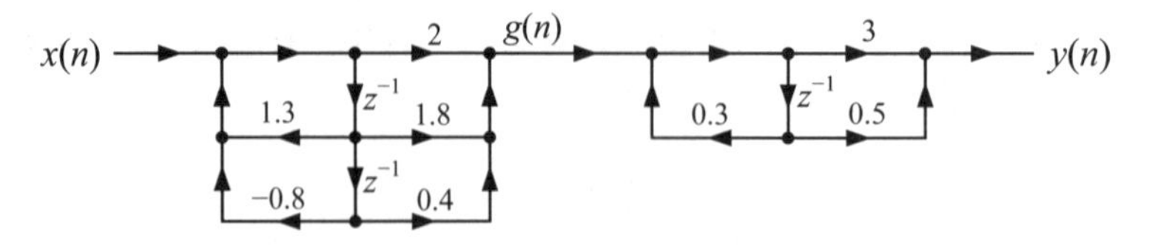

图 5-21 题 5-10 图

(1) 分别写出 $g(n)$ 与 $x(n)$ 关系的差分方程、$y(n)$ 与 $g(n)$ 关系的差分方程。

(2) 求出系统函数 $H(z)=\dfrac{Y(z)}{X(z)}$。

(3) 画出该系统的直接型结构。

第6章　IIR 数字滤波器的设计

“必须坚持问题导向”是马克思主义世界观和方法论的鲜明特征，回答并指导解决问题是理论的根任务。数字信号处理采用时域和频域两种方法，研究输入信号、离散线性时不变系统和输出响应之间的关系，分析系统特性，并用于处理实际问题，滤波器设计是它的重要应用之一。

6.1　数字滤波器的应用

数字滤波器就是一个具有滤波功能的系统，通过一定的数值运算关系，改变输入信号所含频率成分的相对比例，甚至滤除某些频率成分。可用于实现从噪声中提取信号、信号分离、波形形成、调制解调等。

1. 从含噪正弦信号中提取正弦波

当信号淹没在噪声中时，在时域无法将它提取出来[见图 6-1(a)]，但是在幅频特性曲线中清晰地显示出信号处于低频端，噪声处于高频端，且二者处于不同的频率范围[见图 6-1(b)]。让这样的信号通过图 6-1(d)所示的低通滤波器，根据傅里叶变换性质中的时域卷积定理(时域卷积、频域乘积)，就可以在频域把输入信号中的高频噪声滤除，从而提取出低频正弦波[见图 6-1(f)]。再用傅里叶反变换即可得到相应的时域波形[见图 6-1(e)]。

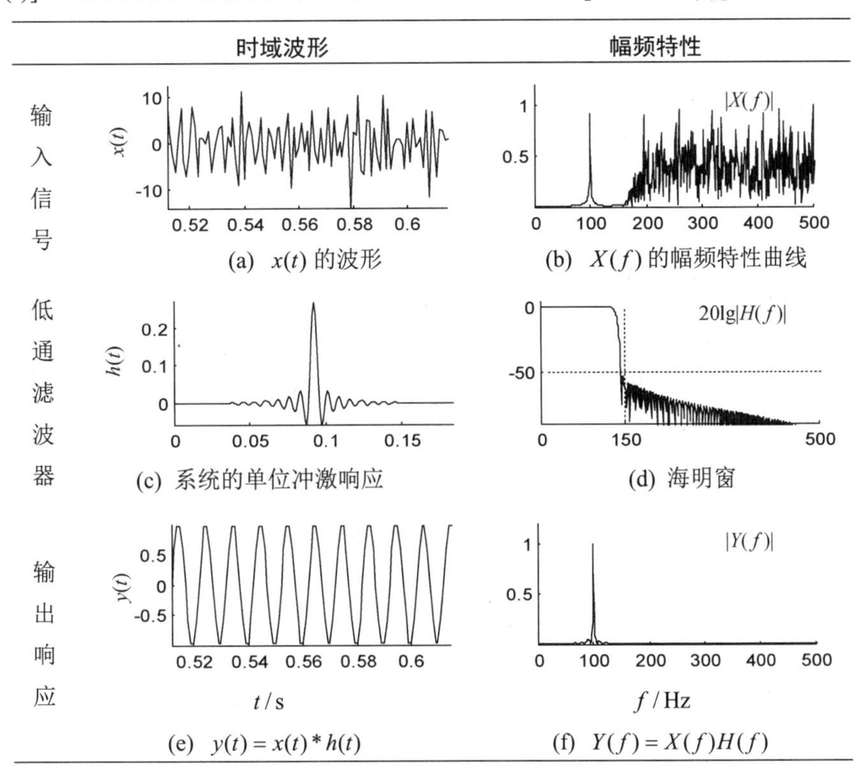

图 6-1　从含噪正弦信号中提取正弦波

2. 分离不同频率的正弦波

当多个不同频率的正弦波叠加在一起时，在时域无法将它们分离开来[见图 6-2(a)]，但是在幅频特性曲线中清晰地显示出不同频率正弦波所处的频率范围[见图 6-2(b)]，它们在频域并没有混叠，因此可以选择合适的通带频率范围，分别将系统设计为低通[见图 6-2(i)]、带通[见图 6-2(j)]、高通[见图 6-2(k)]滤波器，根据时域卷积定理在频域提取出特定频率的正弦波[见图 6-2(f)~图 6-2(h)]，再用傅里叶反变换即可得到相应的时域波形[见图 6-2(c)~图 6-2(e)]。

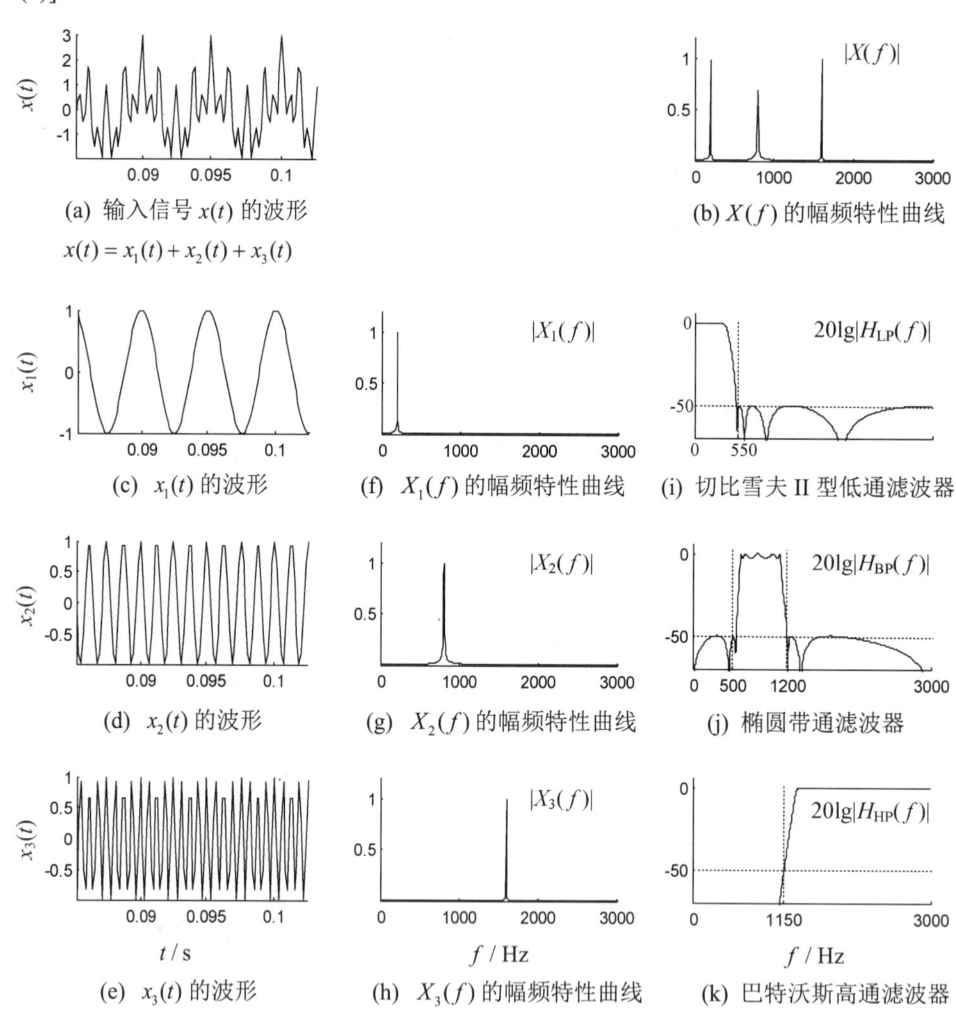

图 6-2 不同频率正弦波的分离

6.2 数字滤波器概述

数字滤波器的单位脉冲响应 $h(n)$ 为实序列，它的频率响应函数 $H(\mathrm{e}^{\mathrm{j}\omega})$ 可以用模和相角的形式表示为

$$H(\mathrm{e}^{\mathrm{j}\omega}) = |H(\mathrm{e}^{\mathrm{j}\omega})|\,\mathrm{e}^{\mathrm{j}\arg[H(\mathrm{e}^{\mathrm{j}\omega})]} \tag{6-1}$$

式中，$|H(\mathrm{e}^{\mathrm{j}\omega})|$为幅频特性，反映了信号通过该滤波器后各频率成分的幅度衰减情况；$\arg[H(\mathrm{e}^{\mathrm{j}\omega})]$为相频特性，反映各频率成分通过滤波器之后在时间上的延时情况。

由于 $h(n)$ 是离散的无限长序列，所以 $H(\mathrm{e}^{\mathrm{j}\omega})$ 以 2π 为周期，$\omega=0$ 附近是它的低频端，$\omega=\pi$ 附近是它的高频端。由于 $h(n)$ 是实序列，所以 $H(\mathrm{e}^{\mathrm{j}\omega})$ 具有共轭对称性，$|H(\mathrm{e}^{\mathrm{j}\omega})|$关于 $\omega=0$ 和 $\omega=\pi$ 偶对称，所以在画幅频特性曲线$|H(\mathrm{e}^{\mathrm{j}\omega})|$时通常只画 ω 在$[0,\pi]$区间范围内的波形。

6.2.1 数字滤波器的分类

数字滤波器有多种分类方式，这里仅介绍本书用到的几种。

(1) 按照单位脉冲响应 $h(n)$ 的类型，分为无限脉冲响应(IIR)滤波器和有限脉冲响应(FIR)滤波器。

本章的 IIR 滤波器设计不考虑相频特性，只设计满足幅频特性指标要求的数字滤波器，得到它的系统函数 $H(z)$。第 7 章的 FIR 滤波器设计考虑相频特性，设计的是具有线性相位的数字滤波器。

(2) 按照滤波器的选频特性，分为低通、高通、带通和带阻滤波器。

低通滤波器(Low Pass Filter，LPF)能够让信号的低频成分通过，滤除信号的高频成分；高通滤波器(High Pass Filter，HPF)与之相反，让信号的高频成分通过，滤除信号的低频成分。带通滤波器(Band Pass Filter，BPF)能够保留信号中间频段的频率成分，滤除信号的低频和高频成分；带阻滤波器(Band Stop Filter，BSF)与之相反，使中间频段的信号被滤掉，保留信号的低频和高频成分。

(3) 按照能够处理的信号类型，分为经典滤波器和现代滤波器。

经典滤波器适用于信号与噪声在不同频段的情况，如图 6-1、图 6-2 所示，通过设计相应的选频滤波器就可以滤除噪声。现代滤波器适用于信号与噪声的频谱发生混叠的情况。需要根据随机过程的统计特性，在某种最佳准则下最大限度地抑制噪声、提取信号。

第 6 章和第 7 章将分别介绍经典的 IIR 和 FIR 数字滤波器的设计方法，用于设计各种选频滤波器，按照设计指标的要求，提取出输入信号中的某些频率成分，滤除其他频率成分。

6.2.2 理想数字滤波器的幅频特性

理想滤波器的频率响应函数为矩形脉冲。图 6-3 依次为理想数字低通、高通、带通、带阻和全通滤波器的幅频特性曲线$|H_{\mathrm{d}}(\mathrm{e}^{\mathrm{j}\omega})|$在 $\omega\in[0,\pi]$ 区间范围内的波形。其中，ω_{c} 为理想低通、高通滤波器的截止角频率，ω_{cl}、ω_{cu} 为理想带通、带阻滤波器的两个截止角频率。

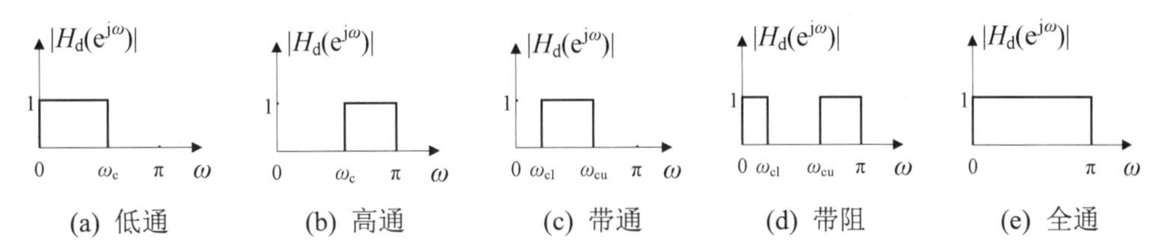

图 6-3 理想数字滤波器幅频特性曲线

理想滤波器在通带频率范围内的幅值恒为 1，在阻带频率范围内的幅值恒为 0，通带和阻带之间没有过渡带，其幅频特性为

$$|H_{\mathrm{d}}(\mathrm{e}^{\mathrm{j}\omega})|=\begin{cases}1, & \text{通带频率范围}\\ 0, & \text{阻带频率范围}\end{cases} \tag{6-2}$$

表 6-1 给出了理想数字低通、高通、带通、带阻和全通滤波器的通带和阻带频率范围。

表 6-1　理想数字滤波器的通带、阻带频率范围

滤波器类型	通带频率范围	阻带频率范围
低通(LP)滤波器	$\lvert\omega\rvert\leqslant\omega_{\mathrm{c}}$	$\omega_{\mathrm{c}}<\lvert\omega\rvert\leqslant\pi$
高通(HP)滤波器	$\omega_{\mathrm{c}}\leqslant\lvert\omega\rvert\leqslant\pi$	$\lvert\omega\rvert<\omega_{\mathrm{c}}$
带通(BP)滤波器	$\omega_{\mathrm{cl}}\leqslant\lvert\omega\rvert\leqslant\omega_{\mathrm{cu}}$	$\lvert\omega\rvert<\omega_{\mathrm{cl}}$，$\omega_{\mathrm{cu}}<\lvert\omega\rvert\leqslant\pi$
带阻(BS)滤波器	$\lvert\omega\rvert\leqslant\omega_{\mathrm{cl}}$，$\omega_{\mathrm{cu}}\leqslant\lvert\omega\rvert\leqslant\pi$	$\omega_{\mathrm{cl}}<\lvert\omega\rvert<\omega_{\mathrm{cu}}$
全通(AP)滤波器	$0\leqslant\lvert\omega\rvert\leqslant\pi$	无

6.2.3　数字全通系统及其应用

一阶数字全通系统的系统函数为

$$H_{\mathrm{AP}}(z)=\frac{z^{-1}-a}{1-az^{-1}}=\frac{-a(z-a^{-1})}{z-a} \tag{6-3}$$

式中，a 为实数，$0<|a|<1$。极点 a 在单位圆内，系统稳定；零点 a^{-1} 在单位圆外。

其频率响应函数为

$$H_{\mathrm{AP}}(\mathrm{e}^{\mathrm{j}\omega})=H_{\mathrm{AP}}(z)\big|_{z=\mathrm{e}^{\mathrm{j}\omega}}=\frac{\mathrm{e}^{-\mathrm{j}\omega}-a}{1-a\mathrm{e}^{-\mathrm{j}\omega}}=\frac{\cos\omega-a-\mathrm{j}\sin\omega}{1-a\cos\omega+\mathrm{j}a\sin\omega} \tag{6-4}$$

幅频特性为

$$|H_{\mathrm{AP}}(\mathrm{e}^{\mathrm{j}\omega})|=\frac{\sqrt{(\cos\omega-a)^2+\sin^2\omega}}{\sqrt{(1-a\cos\omega)^2+a^2\sin^2\omega}}=1 \tag{6-5}$$

所以，数字全通系统的幅频特性曲线在整个频率范围内的幅值恒为 1，如图 6-3(e)所示。

如果在以原点为端点的一条射线上有两个点，它们到原点的距离乘积等于圆半径的平方，则称这两点关于此圆镜像对称。由此可知，一阶全通系统的零点 a^{-1} 与极点 a 关于单位圆镜像对称，如图 6-4 所示。

考虑到二阶系统的复极点(或复零点)共轭成对出现，可得二阶数字全通系统的系统函数为

$$H_{\mathrm{AP}}(z)=\frac{(z^{-1}-z_0^*)(z^{-1}-z_0)}{(1-z_0z^{-1})(1-z_0^*z^{-1})} \tag{6-6}$$

式中，z_0 为复数。极点 z_0、z_0^* 在单位圆内、共轭成对；零点 $(z_0^{-1})^*$、z_0^{-1} 在单位圆外、共轭成对。z_0 与 $(z_0^{-1})^*$、z_0^* 与 z_0^{-1} 关于单位圆镜像对称，如图 6-5 所示。

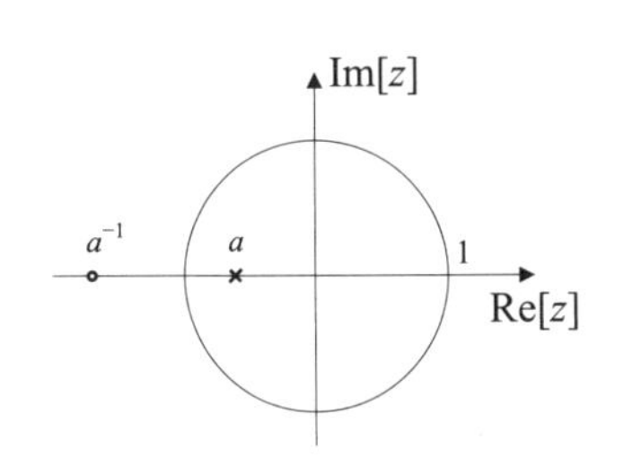

图 6-4　一阶全通系统的零极点分布

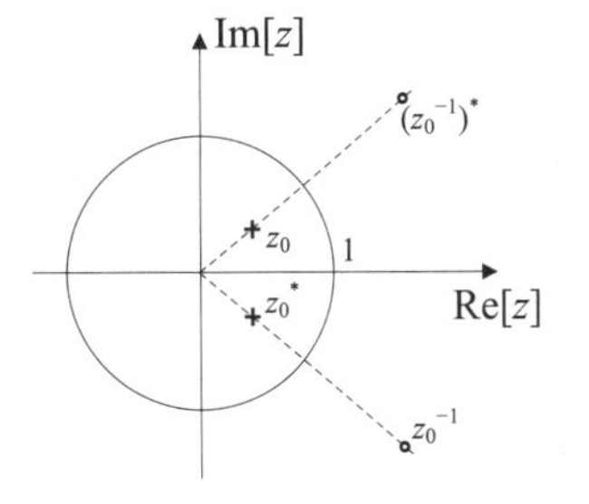

图 6-5　二阶全通系统的零极点分布

由此可推出，N 阶数字全通系统的系统函数为

$$H_{\mathrm{AP}}(z)=\pm\prod_{k=1}^{N/2}\frac{(z^{-1}-z_k^*)(z^{-1}-z_k)}{(1-z_k z^{-1})(1-z_k^* z^{-1})}\qquad N\text{为偶数}\tag{6-7}$$

$$H_{\mathrm{AP}}(z)=\pm\frac{z^{-1}-a}{1-az^{-1}}\prod_{k=1}^{(N-1)/2}\frac{(z^{-1}-z_k^*)(z^{-1}-z_k)}{(1-z_k z^{-1})(1-z_k^* z^{-1})}\qquad N\text{为奇数}\tag{6-8}$$

式中，a 为实数；z_k 为复数。极点 a 、z_k 、z_k^* 都在单位圆内，分别与单位圆外的零点 a^{-1} 、$(z_k^{-1})^*$ 、z_k^{-1} 关于单位圆镜像对称。

下面介绍全通系统的几个应用。

(1) 将全通系统作为相位均衡器，用于校正系统的非线性相位。

由于全通系统的幅值恒为 1，所以一个系统级联一个全通系统不会改变系统的幅频特性，只会改变系统的相频特性。可以用于校正系统的非线性相位，以得到线性相位系统。因此全通系统相当于一个时间延时系统，常被用于移相、相位校正，被用作延时均衡器、相位均衡器。

(2) 通过级联一个全通系统 $H_{\mathrm{AP}}(z)$ ，可以使因果不稳定系统 $H_1(z)$ 变成因果稳定系统 $H(z)$ 。

由 2.7.2 小节式(2-135)可知，因果系统的收敛域在最外侧极点的外部、包含∞，稳定系统的收敛域包含单位圆，所以因果稳定系统的所有极点都在单位圆内，而因果不稳定系统在单位圆外有极点。

如图 6-6 所示，假设 $(z_0^{-1})^*$ 、z_0^{-1} 是 $H_1(z)$ 在单位圆外的两个共轭成对的极点。将 $H_1(z)$ 与全通系统 $H_{\mathrm{AP}}(z)$ 级联，使 $H_{\mathrm{AP}}(z)$ 的零点与 $H_1(z)$ 在单位圆外的极点重合，以达到零极点对消的目的。而 $H_{\mathrm{AP}}(z)$ 的极点与其在单位圆外的零点关于单位圆镜像对称，落在了单位圆内，从而得到因果稳定的系统 $H(z)$ ，即

$$H(z)=H_1(z)H_{\mathrm{AP}}(z)=H_1(z)\frac{(z^{-1}-z_0^*)(z^{-1}-z_0)}{(1-z_0 z^{-1})(1-z_0^* z^{-1})}\tag{6-9}$$

(3) 因果稳定的非最小相位延时系统 $H(z)$ 可以分解为最小相位延时系统 $H_{\min}(z)$ 与全通系统 $H_{\mathrm{AP}}(z)$ 级联的形式。

最小相位延时系统因它的相位变化最小而得名。当因果稳定系统的全部零点在单位圆内时，称为最小相位延时系统。在幅频特性相同的系统中只有唯一的一个最小相位延时系统。

因果稳定的非最小相位延时系统在单位圆外有零点。如图 6-7 所示，假设 $H(z)$ 在单位

圆外有两个共轭成对的零点 $(z_0^{-1})^*$、z_0^{-1} 存在，$H(z)$ 的其他零极点均在单位圆内，用 $H_2(z)$ 表示，即

$$H(z)=H_2(z)(z^{-1}-z_0^*)(z^{-1}-z_0) \tag{6-10}$$

在单位圆内与 $(z_0^{-1})^*$、z_0^{-1} 关于单位圆镜像对称的位置加一对零极点 z_0、z_0^*，其中极点 z_0、z_0^* 与 $H(z)$ 的零点 $(z_0^{-1})^*$、z_0^{-1} 构成二阶全通系统 $H_{\mathrm{AP}}(z)$，零点 z_0、z_0^* 与 $H_2(z)$ 构成最小相位延时系统 $H_{\min}(z)$，即

$$\begin{aligned}H(z)&=H_2(z)(z^{-1}-z_0^*)(z^{-1}-z_0)\frac{(1-z_0z^{-1})(1-z_0^*z^{-1})}{(1-z_0z^{-1})(1-z_0^*z^{-1})}\\&=H_2(z)(1-z_0z^{-1})(1-z_0^*z^{-1})\frac{(z^{-1}-z_0^*)(z^{-1}-z_0)}{(1-z_0z^{-1})(1-z_0^*z^{-1})}\\&=H_2(z)(1-z_0z^{-1})(1-z_0^*z^{-1})H_{\mathrm{AP}}(z)=H_{\min}(z)H_{\mathrm{AP}}(z)\end{aligned} \tag{6-11}$$

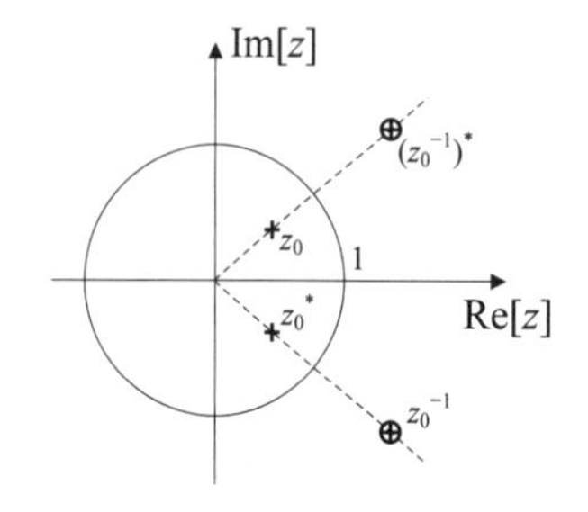

图 6-6　使不稳定系统稳定

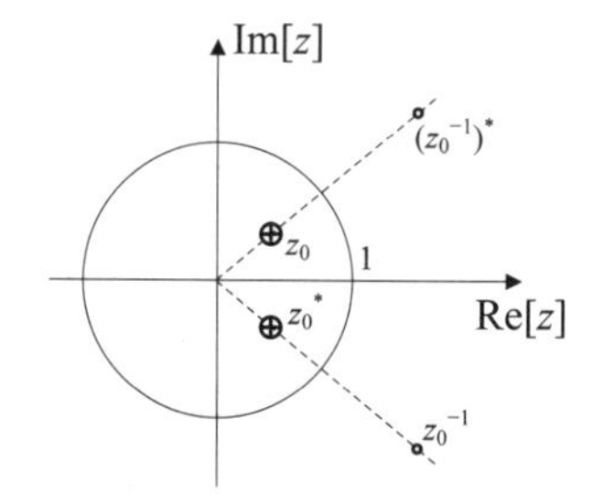

图 6-7　全通系统与最小相位延时系统的级联

6.2.4　数字滤波器的设计指标

图 6-3 所示的理想滤波器不可实现，因为它的单位脉冲响应 $h_{\mathrm{d}}(n)$ 是抽样函数[见 7.4.1 小节图 7-3(a)]，$h_{\mathrm{d}}(n)$ 无限长，在 $n<0$ 时 $h_{\mathrm{d}}(n)$ 有非零值，它所代表的系统是非因果系统。我们只能设计出满足设计指标要求的因果可实现的、稳定的滤波器，用它来近似逼近理想滤波器。

实际滤波器的幅频特性曲线 $|H(\mathrm{e}^{\mathrm{j}\omega})|$ 的通带和阻带都允许有一定的误差容限，允许其在一定范围内波动，通带不恒为 1，阻带不完全衰减到零，通带和阻带之间有一定宽度的、单调变化的过渡带。图 6-8(a)所示为实际的数字低通滤波器的幅频特性曲线 $|H(\mathrm{e}^{\mathrm{j}\omega})|$ 示意图。

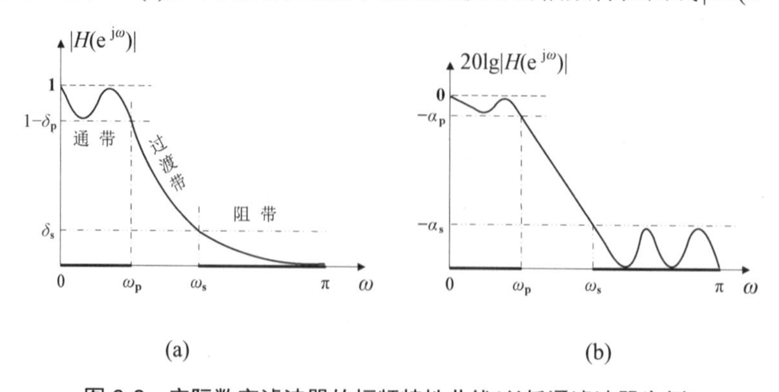

图 6-8　实际数字滤波器的幅频特性曲线(以低通滤波器为例)

图 6-8(a)中有几个重要参数，ω_p 为通带截止角频率，ω_s 为阻带截止角频率，δ_p 为通带波纹幅度，δ_s 为阻带波纹幅度。它们的关系为

$$|H(e^{j\omega_p})|=1-\delta_p \tag{6-12}$$

$$|H(e^{j\omega_s})|=\delta_s \tag{6-13}$$

$|\omega|\leqslant\omega_p$ 为通带范围，$\omega_s\leqslant|\omega|\leqslant\pi$ 为阻带范围，$\omega_p<|\omega|<\omega_s$ 为过渡带，过渡带宽度 B_t 为

$$B_t=|\omega_s-\omega_p| \tag{6-14}$$

由于 $|H(e^{j\omega})|$ 中的阻带波纹趋近于零、太小、看不清，在工程实际中通常取 $|H(e^{j\omega})|$ 的对数，画其 $20\lg|H(e^{j\omega})|$ 的波形，如图 6-8(b)所示，这样可以同时观察通带和阻带频率响应特性的变化情况。该图中还有两个重要的参数，α_p 为通带最大衰减，α_s 为阻带最小衰减，单位是分贝(dB)。α_p 与 ω_p、α_s 与 ω_s 的关系为

$$-\alpha_p=20\lg|H(e^{j\omega_p})| \tag{6-15}$$

$$-\alpha_s=20\lg|H(e^{j\omega_s})| \tag{6-16}$$

当所设计的实际滤波器[见图 6-8]的波形越接近于理想滤波器[见图 6-3]的波形时，滤波效果越好。α_p 越小，通带波纹幅度越小，通带逼近误差越小；α_s 越大，阻带波纹幅度越小，阻带逼近误差越小；ω_p 与 ω_s 间距越小，过渡带越窄。

可见，数字滤波器的设计指标完全由通带截止角频率 ω_p、阻带截止角频率 ω_s、通带最大衰减 α_p 和阻带最小衰减 α_s 确定。要求设计出来的实际滤波器的幅频特性曲线在通带内的衰减必须均小于 α_p，在阻带内的衰减必须均大于 α_s，过渡带宽度必须小于 $|\omega_s-\omega_p|$。不过设计指标对幅频特性曲线的形状没有要求，也就是说，在通带内和阻带内的波形可以单调变化，也可以有波动，这就是片段常数特性。

例如，在 6.1 节的两个示例中均要求阻带最小衰减 α_s 为 50dB，虽然图 6-1(d)和图 6-2(i)~图 6-2(k)所设计的这几种滤波器在通带和阻带范围内的波形特点各不相同，有的单调变化，有的在通带和/或阻带范围内有波动，但是它们在阻带范围内的衰减均高于 50 dB，满足设计指标要求，具有片段常数特性。

这里以低通滤波器为例介绍了实际数字滤波器的设计指标，高通、带通、带阻滤波器的设计指标与此类似，可根据它们的幅频特性曲线写出来。需要注意的是，带通和带阻滤波器有两个通带截止角频率(ω_{pl}、ω_{pu})和两个阻带截止角频率(ω_{sl}、ω_{su})。

6.3　模拟滤波器的设计

几十年来，随着数字信号处理理论的迅速发展，它的应用领域不断扩展，与此同时，使得模拟信号处理的应用领域逐渐缩窄。但是在数字信号处理的理论和算法成熟之前，模拟信号处理的理论就已经相当成熟了。模拟滤波器的设计不仅有成熟的理论和设计方法、严格的设计公式、现成的图表和曲线，还有典型、优良的滤波器类型可供使用，所设计出来的系统函数都满足硬件电路的实现条件。

这里需要强调的是，IIR 数字滤波器的设计就是从模拟滤波器已经成熟的技术转换而来的，它是借助模拟滤波器的设计方法实现的，由模拟滤波器的系统函数 $H(s)$ 得到数字滤波器的系统函数 $H(z)$，所以有必要了解一下模拟滤波器的设计方法。

6.3.1 模拟滤波器的设计指标

设模拟滤波器的系统函数为 $H(s)$，频率响应函数为 $H(\mathrm{j}\Omega)$。与数字滤波器的设计指标类似，如图 6-9 所示，模拟滤波器的设计指标完全由通带截止角频率 Ω_p、阻带截止角频率 Ω_s、通带最大衰减 α_p 和阻带最小衰减 α_s 确定。

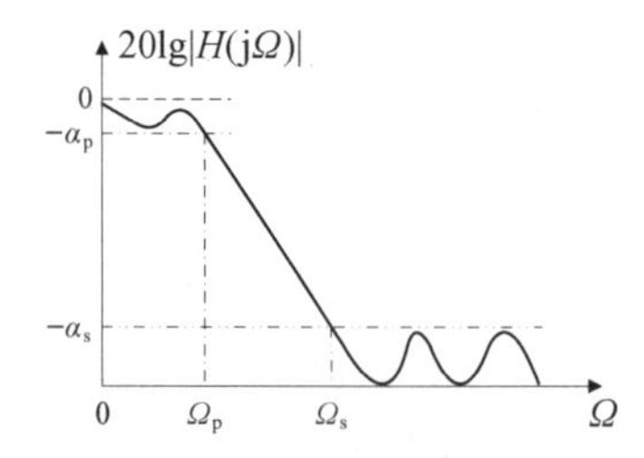

图 6-9 实际模拟滤波器的幅频特性曲线(以低通滤波器为例)

它们之间的关系为

$$-\alpha_\mathrm{p} = 20\lg|H(\mathrm{j}\Omega_\mathrm{p})| = 10\lg|H(\mathrm{j}\Omega_\mathrm{p})|^2 \tag{6-17}$$

$$-\alpha_\mathrm{s} = 20\lg|H(\mathrm{j}\Omega_\mathrm{s})| = 10\lg|H(\mathrm{j}\Omega_\mathrm{s})|^2 \tag{6-18}$$

$|H(\mathrm{j}\Omega)|^2$ 称为幅度平方函数。模拟滤波器的设计目标是最终求出满足设计指标要求的系统函数 $H(s)$，保证设计出来的滤波器具有片段常数特性，即通带内的衰减均小于 α_p，阻带内的衰减均大于 α_s。

6.3.2 典型的模拟低通滤波器

最常用的几种模拟滤波器包括巴特沃斯、切比雪夫 I 型、切比雪夫 II 型和椭圆滤波器，它们的幅频特性均由幅度平方函数 $|H(\mathrm{j}\Omega)|^2$ 给出，它们都是低通滤波器。

1. 巴特沃斯模拟低通滤波器

巴特沃斯(Butterworth)模拟低通滤波器的幅度平方函数为

$$|H(\mathrm{j}\Omega)|^2 = \frac{1}{1+\left(\dfrac{\Omega}{\Omega_\mathrm{3dB}}\right)^{2N}} \tag{6-19}$$

式中，N 为滤波器的阶数，Ω_3dB 为 3 dB 截止角频率。

巴特沃斯滤波器具有 3dB 不变性，无论 N 取何值，$20\lg|H(\mathrm{j}\Omega)|$ 在 Ω_3dB 处的值恒为 −3 dB。因为当 $\Omega = \Omega_\mathrm{3dB}$ 时，有

$$20\lg|H(\mathrm{j}\Omega_\mathrm{3dB})| = 10\lg\frac{1}{2} \approx -3\ \mathrm{dB} \tag{6-20}$$

如图 6-10 所示，巴特沃斯低通滤波器的特点是幅频特性曲线单调下降。下降速度与阶数 N 有关，N 越大，通带越平坦，过渡带与阻带幅度下降越快，过渡带越窄，总的频率响应特性与理想低通滤波器的误差越小。由于单调下降，使得在通带边界处满足设计指标要求时通带内有较大的富余量。

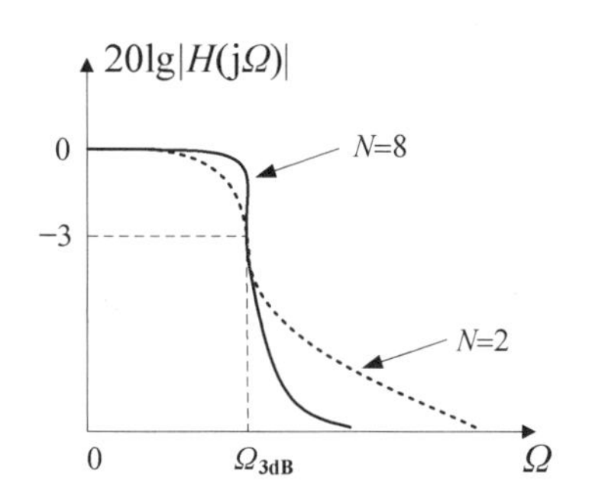

图 6-10　巴特沃斯模拟低通滤波器幅频特性曲线

2. 切比雪夫 I 型模拟低通滤波器

切比雪夫(Chebyshev)I 型模拟低通滤波器的幅度平方函数为

$$|H(\mathrm{j}\Omega)|^2=\frac{1}{1+\varepsilon^2 C_N^2\left(\dfrac{\Omega}{\Omega_\mathrm{p}}\right)} \tag{6-21}$$

式中，N 为滤波器的阶数，$C_N(\lambda)$ 为 N 阶切比雪夫多项式。ε 的作用与通带波纹幅度 δ_p 类似，反映通带内的波动幅度，$0<\varepsilon<1$，ε 越小，通带波动幅度越小。图 6-11 所示为切比雪夫 I 型低通滤波器的幅频特性曲线，其中参数 A 的作用与阻带波纹幅度 δ_s 类似。

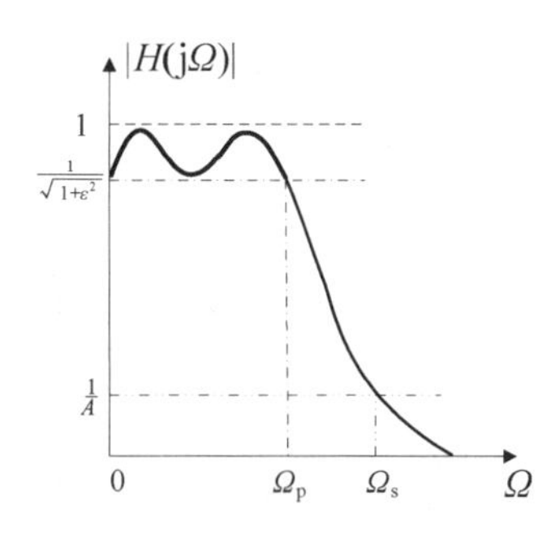

图 6-11　切比雪夫 I 型模拟低通滤波器的幅频特性曲线

N 阶切比雪夫多项式 $C_N(\lambda)$ 的表达式为

$$C_N(\lambda)=\begin{cases}\cos(N\arccos\lambda), & |\lambda|\leqslant 1\\ \cosh(N\,\mathrm{arccos\,h}\,\lambda), & |\lambda|>1\end{cases} \tag{6-22}$$

令 $\lambda=\Omega/\Omega_\mathrm{p}$，称 λ 为归一化模拟角频率。通过对式(6-22)进行分析，得出以下结论。

(1) 当 $|\lambda|\leqslant 1$ 时，$|\Omega|\leqslant\Omega_\mathrm{p}$，对应于低通滤波器的通带频率范围。此时，$C_N(\lambda)$ 的余弦部分 $\cos(N\arccos\lambda)$ 等波纹波动，使得 $|H(\mathrm{j}\Omega)|$ 在 1 与 $1/\sqrt{1+\varepsilon^2}$ 之间等波纹波动，通带内波动的极大值与极小值数目之和正好等于阶数 N，如图 6-11 所示滤波器的阶数为

$N=4$。等波纹波动将逼近精度均匀分布在整个通带内，所以切比雪夫 I 型滤波器用比巴特沃斯滤波器更低的阶数 N 就能够达到与后者相同的设计指标要求。

(2) 当 $|\lambda|>1$ 时，$|\Omega|>\Omega_{\mathrm{p}}$，对应于低通滤波器的过渡带和阻带频率范围。此时，$C_N(\lambda)$ 的双曲余弦部分 $\cosh(N\operatorname{arccosh}\lambda)$ 单调增加，使得 $|H(\mathrm{j}\Omega)|$ 迅速单调下降，趋向于零。所以切比雪夫 I 型滤波器的过渡带比巴特沃斯滤波器的过渡带窄。

3. 切比雪夫 II 型模拟低通滤波器

切比雪夫 II 型模拟低通滤波器的幅度平方函数为

$$|H(\mathrm{j}\Omega)|^2=\frac{1}{1+\varepsilon^2\left[\dfrac{C_N\left(\dfrac{\Omega_{\mathrm{s}}}{\Omega_{\mathrm{p}}}\right)}{C_N\left(\dfrac{\Omega_{\mathrm{s}}}{\Omega}\right)}\right]^2} \tag{6-23}$$

如图 6-12 所示，它的幅频特性曲线的特点是在阻带内等波纹波动，在通带和过渡带内单调下降。与切比雪夫 I 型类似，阻带等波纹将逼近精度均匀分布在整个阻带内，所以在满足相同设计指标要求的情况下，切比雪夫 II 型滤波器的阶数 N 比巴特沃斯滤波器的阶数低，过渡带也比后者窄。它与切比雪夫 I 型的阶数相同。

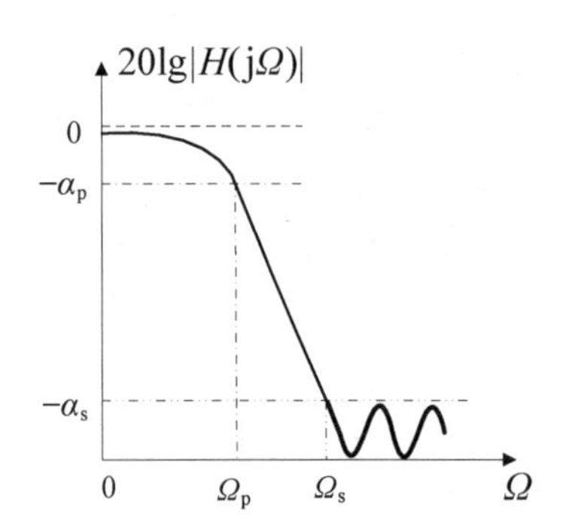

图 6-12　切比雪夫 II 型模拟低通滤波器的幅频特性曲线

4. 椭圆模拟低通滤波器

椭圆滤波器因其极点位置与经典场论中的椭圆函数有关而得名。椭圆模拟低通滤波器的幅度平方函数为

$$|H(\mathrm{j}\Omega)|^2=\frac{1}{1+\varepsilon^2 J_N^2\left(\dfrac{\Omega}{\Omega_{\mathrm{p}}}\right)} \tag{6-24}$$

式中，$J_N(\lambda)$ 为 N 阶雅可比椭圆函数(Jacobi Elliptic Function)。

如图 6-13 所示，它的幅频特性曲线在通带和阻带内均有等波纹，使得在满足相同设计指标要求的情况下它的阶数 N 能够比切比雪夫滤波器的阶数还低，过渡带也更窄，选频性更好。

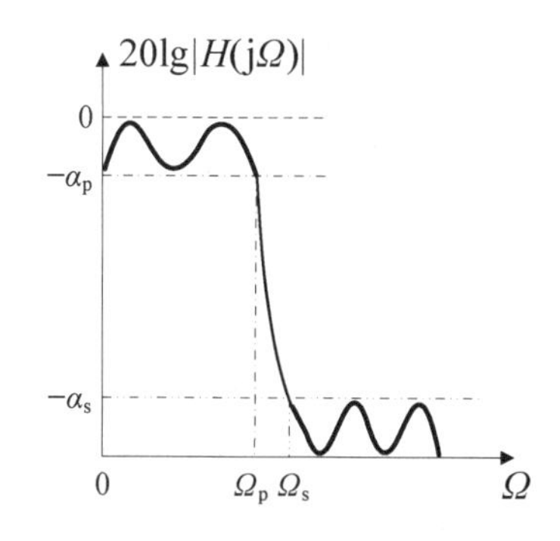

图 6-13　椭圆模拟低通滤波器的幅频特性曲线

5. 典型模拟低通滤波器的比较与选择

以上几种典型模拟滤波器各有特点，表 6-2 对它们进行了比较。

表 6-2　几种典型模拟低通滤波器的比较

滤波器类型	幅频特性曲线	阶数 N	过渡带	选频性	线性相位
巴特沃斯型	单调下降	最高	较宽	较差	3/4 通带内
切比雪夫 I 型	通带等波纹	较低	较窄	较好	3/4 通带内
切比雪夫 II 型	阻带等波纹	较低	较窄	较好	3/4 通带内
椭圆型	通带和阻带均等波纹	最低	最窄	最好	1/2 通带内

理想滤波器的幅频特性曲线在通带内的幅值恒为 1，在阻带内的幅值恒为 0，通带与阻带之间没有过渡带，使落入通带内的信号不失真地被保留下来，而使落入阻带内的信号完全被滤除。所以，实际滤波器的幅频特性曲线越逼近理想滤波器的幅频特性曲线，则滤波效果越好。

在工程实际中选择哪种滤波器取决于对阶数 N、过渡带宽度和相位的要求。在满足相同设计指标要求的情况下，实际滤波器的阶数越低越好，过渡带越窄越好。因为阶数影响实现的复杂性和处理速度，阶数越低越容易实现，处理速度也越快。而过渡带越窄，选频性越好。因此在不需要考虑相位特性、只考虑幅频特性时，选择椭圆滤波器，它对理想滤波器幅频特性的逼近效果最好，性价比最高，应用比较广泛。

以上这 4 种滤波器均是非线性相位的，巴特沃斯和切比雪夫滤波器在大约 3/4 通带范围内接近线性相位特性，椭圆滤波器仅在大约 1/2 通带范围内接近线性相位特性，因此椭圆滤波器的相位特性最差。还有一种模拟滤波器——贝塞尔滤波器，它在整个通带范围内逼近线性相位特性，但是它的幅频特性曲线的过渡带比其他 4 种模拟滤波器宽得多。实际上，通常不用 IIR 滤波器设计具有线性相位特性的数字滤波器，而是用第 7 章将要介绍的 FIR 滤波器来设计，这是 FIR 滤波器的优点之一。

6.3.3　由幅度平方函数确定模拟滤波器的系统函数

设模拟滤波器的单位冲激响应 $h(t)$ 为实函数，它的傅里叶变换(FT)为

$$H(\mathrm{j}\Omega)=\int_0^{\infty} h(t)\mathrm{e}^{-\mathrm{j}\Omega t}\mathrm{d}t \tag{6-25}$$

根据傅里叶变换的共轭对称性，参照 2.2.7 小节式(2-54)和式(2-29)，可知$H(\mathrm{j}\Omega)$是共轭对称的，即

$$H(\mathrm{j}\Omega)=H^{*}(-\mathrm{j}\Omega) \tag{6-26}$$

将$|H(\mathrm{j}\Omega)|^2$因式分解为

$$|H(\mathrm{j}\Omega)|^2=H(\mathrm{j}\Omega)H^{*}(\mathrm{j}\Omega)=H(\mathrm{j}\Omega)H(-\mathrm{j}\Omega) \tag{6-27}$$

根据拉普拉斯变换与傅里叶变换的关系，令$s=\mathrm{j}\Omega$，有

$$|H(\mathrm{j}\Omega)|^2=|H(s)|^2\Big|_{s=\mathrm{j}\Omega}=[H(s)H(-s)]\Big|_{s=\mathrm{j}\Omega} \tag{6-28}$$

系统函数$H(s)$的构成如下：先将$|H(s)|^2$按零极点因式分解，把零极点以虚轴为界分成左、右两部分。为了使系统稳定，将左半平面的全部极点归入$H(s)$。将任意一部分零点作为$H(s)$的零点。其中，将左半平面的全部零点归入$H(s)$的系统称为最小相位延时系统。

【例 6-1】 已知幅度平方函数$|H(\mathrm{j}\Omega)|^2=\dfrac{4(\Omega^2+4)}{(\Omega^2+1)(\Omega^2+9)}$，求系统函数$H(s)$及频率响应函数$H(\mathrm{j}\Omega)$。

解：由$s=\mathrm{j}\Omega$得$\Omega^2=-s^2$

$$|H(s)|^2=H(s)H(-s)=\frac{4(-s^2+4)}{(-s^2+1)(-s^2+9)}$$
$$=\frac{2(s+2)}{(s+1)(s+3)}\cdot\frac{2(-s+2)}{(-s+1)(-s+3)}$$

极点：$s=\pm1$，$s=\pm3$；零点：$s=\pm2$。

将左半平面的零极点归入$H(s)$，从而可得系统函数为

$$H(s)=\frac{2(s+2)}{(s+1)(s+3)}=\frac{2s+4}{s^2+4s+3}$$

频率响应函数为

$$H(\mathrm{j}\Omega)=H(s)\big|_{s=\mathrm{j}\Omega}=\frac{2(\mathrm{j}\Omega+2)}{(\mathrm{j}\Omega+1)(\mathrm{j}\Omega+3)}$$

6.3.4 归一化模拟低通滤波器的设计

根据式(6-28)，由幅度平方函数$|H(\mathrm{j}\Omega)|^2$可以得到模拟滤波器的系统函数$H(s)$。典型的模拟低通滤波器都是由幅度平方函数$|H(\mathrm{j}\Omega)|^2$给出的，由式(6-19)、式(6-21)、式(6-23)和式(6-24)可知，$|H(\mathrm{j}\Omega)|^2$中的参数除了阶数N外，还有截止角频率，如Ω_{3dB}、Ω_{p}和Ω_{s}，它们随着设计指标的改变而改变。不同的设计指标对应的截止角频率不同，$|H(\mathrm{j}\Omega)|^2$就不同。为了使设计公式统一，便于利用前人总结出来的现成的数据表格，所以进行以下归一化处理。

与Ω、$H(s)$、$s=\sigma+\mathrm{j}\Omega$相应，设$\lambda$和$G(p)$分别是归一化模拟低通滤波器的角频率和系统函数，$p=\eta+\mathrm{j}\lambda$。根据拉普拉斯变换与傅里叶变换的关系，当$p=\mathrm{j}\lambda$时可得频率响应函数$G(\mathrm{j}\lambda)$。

巴特沃斯滤波器的归一化模拟角频率为

$$\lambda = \frac{\Omega}{\Omega_{3\text{dB}}} \tag{6-29}$$

其归一化模拟低通滤波器的幅度平方函数为

$$|G(\text{j}\lambda)|^2 = \frac{1}{1+\lambda^{2N}} \tag{6-30}$$

切比雪夫 I 型滤波器的归一化模拟角频率为

$$\lambda = \frac{\Omega}{\Omega_\text{p}} \tag{6-31}$$

其归一化模拟低通滤波器的幅度平方函数为

$$|G(\text{j}\lambda)|^2 = \frac{1}{1+\varepsilon^2 C_N^2(\lambda)} \tag{6-32}$$

归一化模拟低通滤波器的唯一待求参数是阶数 N，N 每取确定的值就可以根据式(6-28)由 $|G(\text{j}\lambda)|^2$ 求出相应的系统函数 $G(p)$。前人已经将计算结果总结成了现成的表格供查阅。表 6-3~表 6-5 是 9 阶以内的归一化巴特沃斯模拟低通滤波器的分母多项式的各种表示形式。

表 6-3　巴特沃斯归一化模拟低通滤波器的分母多项式系数

分母多项式 系数 阶数 N	$D(p)=1+a_1p+a_2p^2+\cdots+a_{N-1}p^{N-1}+p^N$，$a_0=a_N=1$							
	a_1	a_2	a_3	a_4	a_5	a_6	a_7	a_8
1	1.0000							
2	1.4142							
3	2.0000	2.0000						
4	2.6131	3.4142	2.6131					
5	3.2361	5.2361	5.2361	3.2361				
6	3.8637	7.4641	9.1416	7.4641	3.8637			
7	4.4940	10.0978	14.5918	14.5918	10.0978	4.4940		
8	5.1258	13.1371	21.8462	25.6884	21.8462	13.1371	5.1258	
9	5.7588	16.5817	31.1634	41.9864	41.9864	31.1634	16.5817	5.7588

表 6-4　巴特沃斯归一化模拟低通滤波器的极点

极点 阶数 N	$d_{0,N-1}$	$d_{1,N-2}$	$d_{2,N-3}$	$d_{3,N-4}$	d_4
1	-1.0000				
2	$-0.7071\pm\text{j}0.7071$				
3	$-0.5000\pm\text{j}0.8660$	-1.0000			
4	$-0.3827\pm\text{j}0.9239$	$-0.9239\pm\text{j}0.3827$			
5	$-0.3090\pm\text{j}0.9511$	$-0.8090\pm\text{j}0.5878$	-1.0000		
6	$-0.2588\pm\text{j}0.9659$	$-0.7071\pm\text{j}0.7071$	$-0.9659\pm\text{j}0.2588$		
7	$-0.2225\pm\text{j}0.9749$	$-0.6235\pm\text{j}0.7818$	$-0.9091\pm\text{j}0.4339$	-1.0000	
8	$-0.1951\pm\text{j}0.9808$	$-0.5556\pm\text{j}0.8315$	$-0.8315\pm\text{j}0.5556$	$-0.9808\pm\text{j}0.1951$	
9	$-0.1736\pm\text{j}0.9848$	$-0.5000\pm\text{j}0.8660$	$-0.7660\pm\text{j}0.6428$	$-0.9397\pm\text{j}0.3420$	-1.0000

表 6-5　巴特沃斯归一化模拟低通滤波器的分母多项式的因式分解

分母因式 阶数 N	$D(p)=D_1(p)D_2(p)\cdots D_{\lfloor N/2\rfloor}(p)$
1	$p+1$
2	$p^2+1.4142p+1$
3	$(p^2+p+1)(p+1)$
4	$(p^2+0.7654p+1)(p^2+1.8478p+1)$
5	$(p^2+0.618p+1)(p^2+1.618p+1)(p+1)$
6	$(p^2+0.5176p+1)(p^2+1.4142p+1)(p^2+1.9319p+1)$
7	$(p^2+0.445p+1)(p^2+1.247p+1)(p^2+1.8019p+1)(p+1)$
8	$(p^2+0.3902p+1)(p^2+1.1111p+1)(p^2+1.6629p+1)(p^2+1.9616p+1)$
9	$(p^2+0.3473p+1)(p^2+p+1)(p^2+1.5321p+1)(p^2+1.8974p+1)(p+1)$

根据阶数 N 直接查表就能够得到归一化模拟低通滤波器的系统函数 $G(p)$ 的分母多项式 $D(p)$ 的系数及其极点分布，而且分母多项式还有直接型和级联型两种形式。$G(p)$ 的表达式为

$$G(p)=\frac{1}{D(p)}=\frac{1}{\sum_{k=0}^{N}a_kp^k}=\frac{1}{\prod_{k=0}^{N-1}(p-d_k)}=\frac{1}{\prod_{k=1}^{\lfloor N/2\rfloor}D_k(p)} \tag{6-33}$$

其中，$a_0=a_N=1$。

接下来的问题就是如何确定阶数 N 了。已知归一化模拟低通滤波器的 4 个设计指标为通带截止角频率 $\lambda_{\rm p}$、阻带截止角频率 $\lambda_{\rm s}$、通带最大衰减 $\alpha_{\rm p}$ 和阻带最小衰减 $\alpha_{\rm s}$，将它们代入幅频特性曲线的关系中，可得

$$-\alpha_{\rm p}=10\lg|G({\rm j}\lambda_{\rm p})|^2 \tag{6-34}$$

$$-\alpha_{\rm s}=10\lg|G({\rm j}\lambda_{\rm s})|^2 \tag{6-35}$$

以巴特沃斯滤波器为例，再将 $\lambda_{\rm p}$、$\lambda_{\rm s}$ 代入归一化模拟低通滤波器的幅度平方函数式(6-30)中，可得

$$|G({\rm j}\lambda_{\rm p})|^2=\frac{1}{1+\lambda_{\rm p}^{2N}} \tag{6-36}$$

$$|G({\rm j}\lambda_{\rm s})|^2=\frac{1}{1+\lambda_{\rm s}^{2N}} \tag{6-37}$$

在式(6-34)~式(6-37)这 4 个方程中含有 3 个未知量 $|G({\rm j}\lambda_{\rm p})|^2$、$|G({\rm j}\lambda_{\rm s})|^2$ 和 N，可以联立求解出巴特沃斯归一化模拟低通滤波器的幅度平方函数 $|G({\rm j}\lambda)|^2$ 中的唯一参数 N。根据阶数 N 查表 6-3~表 6-5 即可写出巴特沃斯归一化模拟低通滤波器的系统函数 $G(p)$。

最后，总结归一化模拟低通滤波器的设计步骤如下。

(1) 确定归一化模拟低通滤波器的设计指标 $\lambda_{\rm p}$、$\lambda_{\rm s}$、$\alpha_{\rm p}$、$\alpha_{\rm s}$。

(2) 选择典型的模拟低通滤波器类型(巴特沃斯、切比雪夫 I 型、切比雪夫 II 型、椭圆

滤波器)，写出其归一化模拟低通滤波器的幅度平方函数$|G(\mathrm{j}\lambda)|^2$。

(3) 求出$|G(\mathrm{j}\lambda)|^2$中的阶数N。

(4) 根据阶数N查表得到归一化模拟低通滤波器的系统函数$G(p)$。

6.3.5 模拟低通、高通、带通、带阻滤波器的设计

设λ与$G(p)$是归一化模拟低通滤波器的模拟角频率和系统函数，Ω与$H(s)$是待设计的模拟低通、高通、带通、带阻滤波器的模拟角频率和系统函数。其中，$p=\eta+\mathrm{j}\lambda$，$s=\sigma+\mathrm{j}\Omega$。当$p=\mathrm{j}\lambda$、$s=\mathrm{j}\Omega$时可得相应滤波器的频率响应函数$G(\mathrm{j}\lambda)$、$H(\mathrm{j}\Omega)$。

模拟低通、高通、带通、带阻滤波器的设计步骤如下。

(1) 确定模拟滤波器的设计指标Ω_p、Ω_s(Ω_ph、Ω_sh；$[\Omega_\mathrm{pl},\Omega_\mathrm{pu}]$、$[\Omega_\mathrm{sl},\Omega_\mathrm{su}]$)、$\alpha_\mathrm{p}$、$\alpha_\mathrm{s}$。

(2) 转换成归一化模拟低通滤波器的设计指标λ_p、λ_s、α_p、α_s(根据Ω与λ的频率变换关系)。

(3) 根据 6.3.4 小节的设计步骤求出归一化模拟低通滤波器的系统函数$G(p)$(巴特沃斯、切比雪夫 I 型、切比雪夫 II 型、椭圆滤波器)。

(4) 转换成所要设计的模拟低通、高通、带通、带阻滤波器的系统函数$H(s)$(根据p与s的变换关系)。

其中，第(2)步的归一化过程就是频率变换过程，将待设计的模拟滤波器相应的通带/阻带频率范围变换到归一化模拟低通滤波器的通带/阻带频率范围，也就是找到$H(\mathrm{j}\Omega)$中的Ω与$G(\mathrm{j}\lambda)$中的λ之间的关系。

第(4)步是去归一化的过程，也就是找到$G(p)$中的p与$H(s)$中的s之间的关系，即

$$H(s)=G(p)\big|_{p=F(s)} \tag{6-38}$$

从而得到满足设计指标要求的模拟滤波器的系统函数$H(s)$。

下面给出待设计的模拟低通、高通、带通、带阻滤波器与归一化模拟低通滤波器的Ω与λ的频率变换关系、s与p的变换关系。

以切比雪夫 I 型滤波器为例。假设其归一化模拟低通滤波器的系统函数$G(p)$已经按 6.3.4 小节的方法设计出来，幅频特性曲线如图 6-14 所示，画的是$20\lg|G(\mathrm{j}\lambda)|$的波形。4 个设计指标分别为通带截止角频率$\lambda_\mathrm{p}$、阻带截止角频率$\lambda_\mathrm{s}$、通带最大衰减$\alpha_\mathrm{p}$和阻带最小衰减$\alpha_\mathrm{s}$。

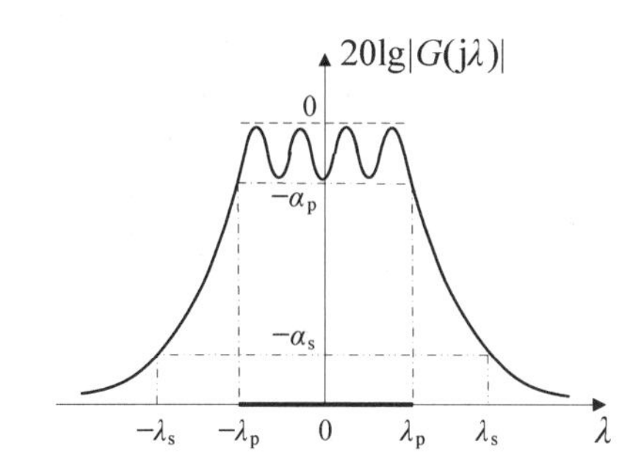

图 6-14 归一化模拟低通滤波器的幅频特性曲线

1. 模拟低通滤波器

待设计的模拟低通滤波器的频率响应函数$H_\mathrm{LP}(\mathrm{j}\Omega)$的幅频特性曲线如图 6-15 所示。4 个设

计指标分别为通带截止角频率Ω_p、阻带截止角频率Ω_s、通带最大衰减α_p和阻带最小衰减α_s。

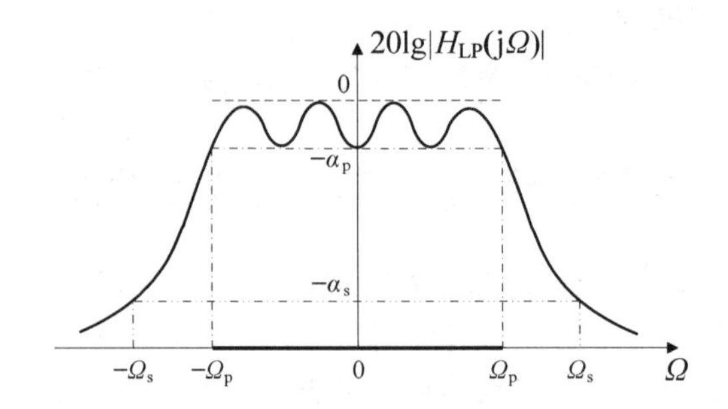

图 6-15　模拟低通滤波器的幅频特性曲线

把$|H_\text{LP}(\text{j}\Omega)|$的通带频率范围$[-\Omega_\text{p},\Omega_\text{p}]$变换到$|G(\text{j}\lambda)|$的通带频率范围$[-\lambda_\text{p},\lambda_\text{p}]$，只需要经过图 6-16 所示的线性变换，即

$$\lambda=\lambda_\text{p}\frac{\Omega}{\Omega_\text{p}} \tag{6-39}$$

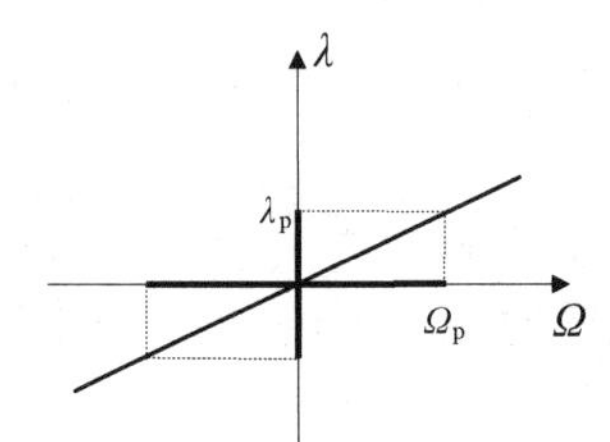

图 6-16　模拟低通与归一化模拟低通滤波器的频率变换关系

利用$p=\text{j}\lambda$、$s=\text{j}\Omega$，由式(6-39)可得

$$p=\lambda_\text{p}\frac{s}{\Omega_\text{p}} \tag{6-40}$$

2. 模拟高通滤波器

待设计的模拟高通滤波器的频率响应函数$H_\text{HP}(\text{j}\Omega)$的幅频特性曲线如图 6-17 所示。4 个设计指标分别为通带截止角频率Ω_ph、阻带截止角频率Ω_sh、通带最大衰减α_p和阻带最小衰减α_s。

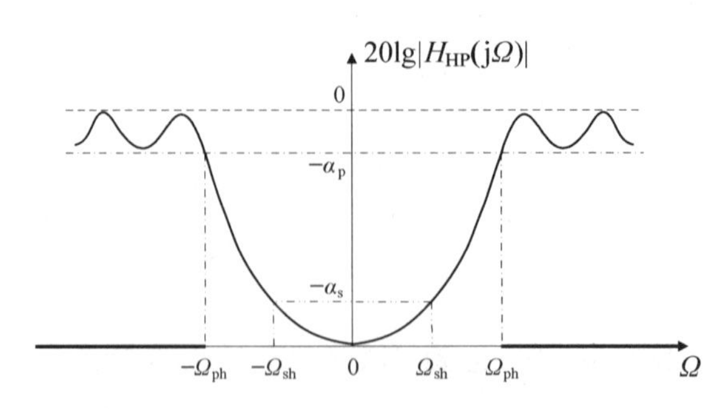

图 6-17　模拟高通滤波器的幅频特性曲线

模拟高通滤波器与归一化模拟低通滤波器的频率变换关系为

$$\lambda = -\lambda_{\mathrm{p}} \frac{\Omega_{\mathrm{ph}}}{\Omega} \tag{6-41}$$

如图 6-18 所示，λ 与 Ω 呈反比例函数关系，$\Omega = \pm\Omega_{\mathrm{ph}}$ 时，$\lambda = \mp\lambda_{\mathrm{p}}$；$\Omega \to \pm\infty$ 时，$\lambda = 0$。从而把 $|H_{\mathrm{HP}}(\mathrm{j}\Omega)|$ 的通带频率范围 $[\Omega_{\mathrm{ph}}, \infty]$ 和 $[-\infty, -\Omega_{\mathrm{ph}}]$ 分别变换到 $|G(\mathrm{j}\lambda)|$ 的通带频率范围 $[-\lambda_{\mathrm{p}}, 0]$ 和 $[0, \lambda_{\mathrm{p}}]$。

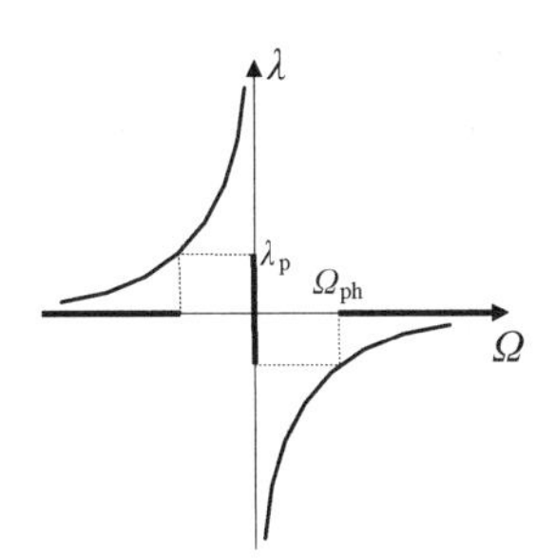

图 6-18　模拟高通与归一化模拟低通滤波器的频率变换关系

利用 $p = \mathrm{j}\lambda$、$s = \mathrm{j}\Omega$，由式(6-41)可得

$$p = \lambda_{\mathrm{p}} \frac{\Omega_{\mathrm{ph}}}{s} \tag{6-42}$$

3. 模拟带通滤波器

待设计的模拟带通滤波器的频率响应函数 $H_{\mathrm{BP}}(\mathrm{j}\Omega)$ 的幅频特性曲线如图 6-19 所示，它有 6 个设计指标：两个通带截止角频率 $[\Omega_{\mathrm{pl}}, \Omega_{\mathrm{pu}}]$、两个阻带截止角频率 $[\Omega_{\mathrm{sl}}, \Omega_{\mathrm{su}}]$、通带最大衰减 α_{p} 和阻带最小衰减 α_{s}。

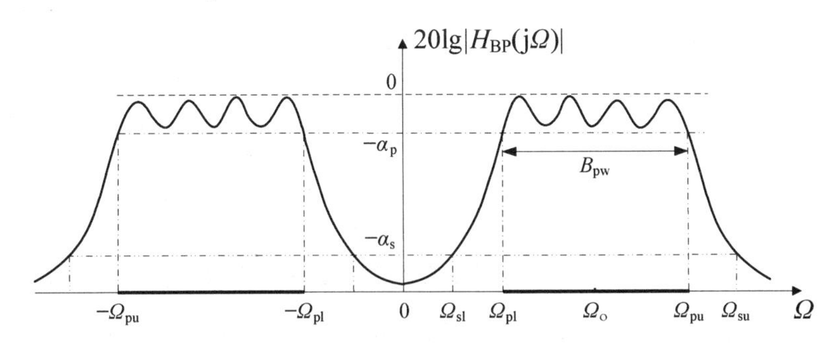

图 6-19　模拟带通滤波器的幅频特性曲线

两个通带截止角频率或两个阻带截止角频率的中间值称为几何中心角频率 Ω_{o}，即

$$\Omega_{\mathrm{o}}^2 = \Omega_{\mathrm{pl}}\Omega_{\mathrm{pu}} = \Omega_{\mathrm{sl}}\Omega_{\mathrm{su}} \tag{6-43}$$

两个通带截止角频率之间的宽度称为带通滤波器的通带宽度 B_{pw}，即

$$B_{\mathrm{pw}} = \Omega_{\mathrm{pu}} - \Omega_{\mathrm{pl}} \tag{6-44}$$

模拟带通滤波器与归一化模拟低通滤波器的频率变换关系为

$$\lambda = \lambda_{\mathrm{p}} \frac{\Omega^2 - \Omega_{\mathrm{o}}^2}{B_{\mathrm{pw}}\Omega} \tag{6-45}$$

如图 6-20 所示，它相当于一个正比例函数与一个反比例函数之差。当 $\Omega=\Omega_{\rm pl}$ 和 $\Omega=-\Omega_{\rm pu}$ 时，$\lambda=-\lambda_{\rm p}$；当 $\Omega=\Omega_{\rm pu}$ 和 $\Omega=-\Omega_{\rm pl}$ 时，$\lambda=\lambda_{\rm p}$。从而把 $|H_{\rm BP}(\mathrm{j}\Omega)|$ 的通带频率范围 $[\Omega_{\rm pl},\Omega_{\rm pu}]$ 和 $[-\Omega_{\rm pu},-\Omega_{\rm pl}]$ 变换到 $|G(\mathrm{j}\lambda)|$ 的通带频率范围 $[-\lambda_{\rm p},\lambda_{\rm p}]$。

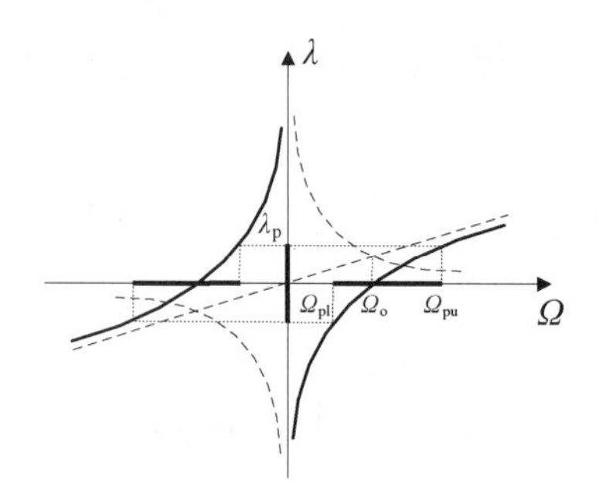

图 6-20 模拟带通与归一化模拟低通滤波器的频率变换关系

利用 $p=\mathrm{j}\lambda$、$s=\mathrm{j}\Omega$，由式(6-45)可得

$$p=\lambda_{\rm p}\frac{s^2+\Omega_{\rm o}^2}{B_{\rm pw}s} \tag{6-46}$$

4. 模拟带阻滤波器

待设计的模拟带阻滤波器的频率响应函数 $H_{\rm BS}(\mathrm{j}\Omega)$ 的幅频特性曲线如图 6-21 所示，与模拟带通滤波器类似，它有 6 个设计指标：两个通带截止角频率 $[\Omega_{\rm pl},\Omega_{\rm pu}]$、两个阻带截止角频率 $[\Omega_{\rm sl},\Omega_{\rm su}]$、通带最大衰减 $\alpha_{\rm p}$ 和阻带最小衰减 $\alpha_{\rm s}$。

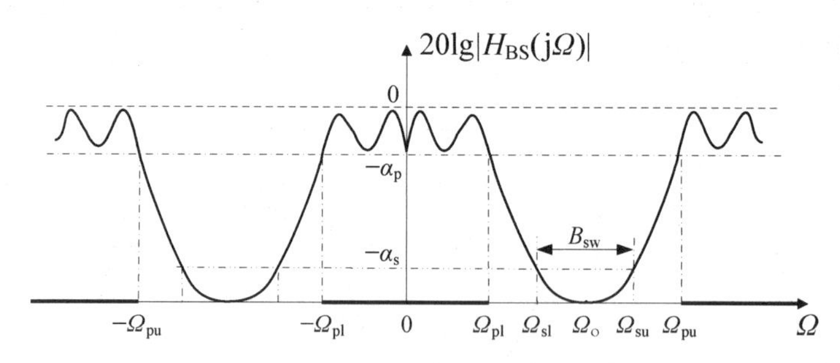

图 6-21 模拟带阻滤波器的幅频特性曲线

$\Omega_{\rm o}$ 为几何中心角频率，$B_{\rm sw}$ 为带阻滤波器的阻带宽度，即

$$B_{\rm sw}=\Omega_{\rm su}-\Omega_{\rm sl} \tag{6-47}$$

模拟带阻滤波器与归一化模拟低通滤波器的频率变换关系为

$$\lambda=-\lambda_{\rm s}\frac{B_{\rm sw}\Omega}{\Omega^2-\Omega_{\rm o}^2} \tag{6-48}$$

如图 6-22 所示，当 $\Omega=\Omega_{\rm pl}$ 和 $\Omega=-\Omega_{\rm pu}$ 时，$\lambda=\lambda_{\rm p}$；当 $\Omega=\Omega_{\rm pu}$ 和 $\Omega=-\Omega_{\rm pl}$ 时，$\lambda=-\lambda_{\rm p}$；当 $\Omega=0$ 和 $\Omega\to\pm\infty$ 时，$\lambda=0$。从而把 $|H_{\rm BS}(\mathrm{j}\Omega)|$ 的通带频率范围 $[-\infty,-\Omega_{\rm pu}]$、$[-\Omega_{\rm pl},\Omega_{\rm pl}]$ 和 $[\Omega_{\rm pu},\infty]$ 分别变换到 $|G(\mathrm{j}\lambda)|$ 的通带频率范围 $[0,\lambda_{\rm p}]$、$[-\lambda_{\rm p},\lambda_{\rm p}]$ 和 $[-\lambda_{\rm p},0]$。

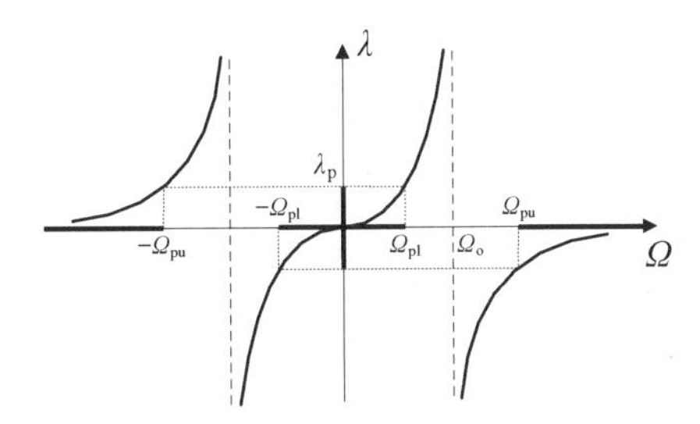

图 6-22　模拟带阻与归一化模拟低通滤波器的频率变换关系

利用 $p=j\lambda$ 、 $s=j\Omega$ ，由式(6-48)可得

$$p=\lambda_s\frac{B_{sw}s}{s^2+\Omega_o^2} \tag{6-49}$$

关于模拟滤波器的设计，重要的是理解其原理和设计步骤，正确给出实际滤波器的设计指标，而不必拘泥于具体数值的计算，这部分工作交由计算机或者数字信号处理器来完成。

6.4　用脉冲响应不变法设计 IIR 数字滤波器

IIR 数字滤波器的设计是借助于模拟滤波器的设计方法实现的，设计的关键是找到模拟滤波器的模拟角频率 Ω 与数字滤波器的数字角频率 ω 之间的关系，找到从模拟滤波器的系统函数 $H(s)$ 到数字滤波器的系统函数 $H(z)$ 的变换关系。本节和 6.5 节分别介绍 IIR 数字滤波器的两种设计方法——脉冲响应不变法和双线性变换法。

1. 脉冲响应不变法的设计原理

脉冲响应不变法是一种时域波形逼近方法。对模拟滤波器的单位冲激响应 $h(t)$ 以 T_s 为间隔进行等间隔采样，得到数字滤波器的单位脉冲响应 $h(n)$ 。当采样间隔 T_s 足够小时，$h(n)$ 近似地逼近于 $h(t)$ 。图 6-23 所示为脉冲响应不变法的设计流程。

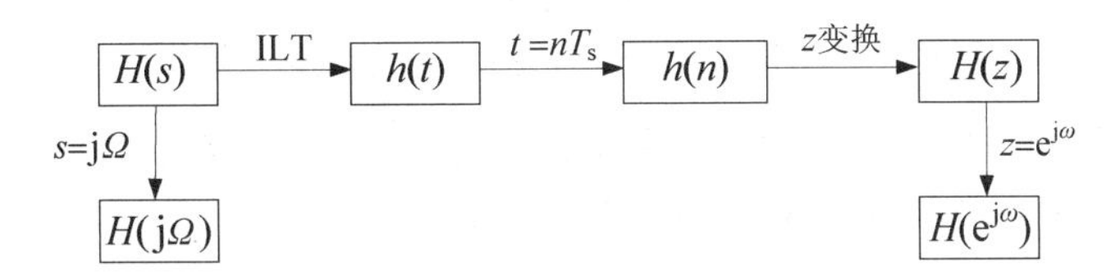

图 6-23　脉冲响应不变法的设计流程

设模拟滤波器的系统函数 $H(s)$ 只有一阶极点， $H(s)$ 能够被展开成部分分式和的形式，即

$$H(s)=\sum_{k=1}^{N}\frac{A_k}{s-s_k} \tag{6-50}$$

要使连续系统因果稳定，全部极点 $s=s_k$ ($1\leqslant k\leqslant N$)必须位于 s 平面的左半平面。$H(s)$ 的拉普拉斯反变换是单位冲激响应 $h(t)$ ，即

$$h(t)=\mathrm{ILT}[H(s)]=\sum_{k=1}^{N}A_k e^{s_k t}u(t) \tag{6-51}$$

以 T_s 为间隔对 $h(t)$ 进行等间隔采样，得到单位脉冲响应 $h(n)$ ，即

$$h(n)=h(t)\big|_{t=nT_s}=\sum_{k=1}^{N}A_k(\mathrm{e}^{s_kT_s})^n u(n) \tag{6-52}$$

$h(n)$ 的 z 变换就是数字滤波器的系统函数 $H(z)$，即

$$\begin{aligned}H(z)&=\mathrm{ZT}[h(n)]=\sum_{n=-\infty}^{\infty}h(n)z^{-n}=\sum_{n=0}^{\infty}\sum_{k=1}^{N}A_k(\mathrm{e}^{s_kT_s})^n z^{-n}=\sum_{k=1}^{N}\left[A_k\sum_{n=0}^{\infty}(\mathrm{e}^{s_kT_s}z^{-1})^n\right]\\&=\sum_{k=1}^{N}\frac{A_k}{1-\mathrm{e}^{s_kT_s}z^{-1}}，\ |\mathrm{e}^{s_kT_s}z^{-1}|<1\Rightarrow|z|>\mathrm{e}^{s_kT_s}\end{aligned} \tag{6-53}$$

其中，$z=\mathrm{e}^{s_kT_s}\ (1\leqslant k\leqslant N)$是 $H(z)$ 的极点。

要使离散系统因果稳定，$H(z)$ 的收敛域必须包含 ∞ 和单位圆，即 $|z|>\mathrm{e}^{s_kT_s}$，同时 $|\mathrm{e}^{s_kT_s}|<1$。此时全部极点 $\mathrm{e}^{s_kT_s}$ 位于 z 平面的单位圆内。

2. 系统的因果稳定性和频率响应特性分析

图 6-24 所示为脉冲响应不变法 s 平面与 z 平面的映射关系。根据 2.8 节 z 变换与拉普拉斯变换的关系：$\gamma=\mathrm{e}^{\sigma T_s}$，$s$ 平面的左半平面($\sigma<0$)映射到 z 平面的单位圆内($\gamma<1$)。当极点 s_k 位于 s 平面的左半平面时，s_k 的实部小于 0，$|\mathrm{e}^{s_kT_s}|<1$，所以极点 $\mathrm{e}^{s_kT_s}$ 位于 z 平面的单位圆内。可见，由因果稳定的模拟滤波器设计出来的数字滤波器仍然因果稳定。

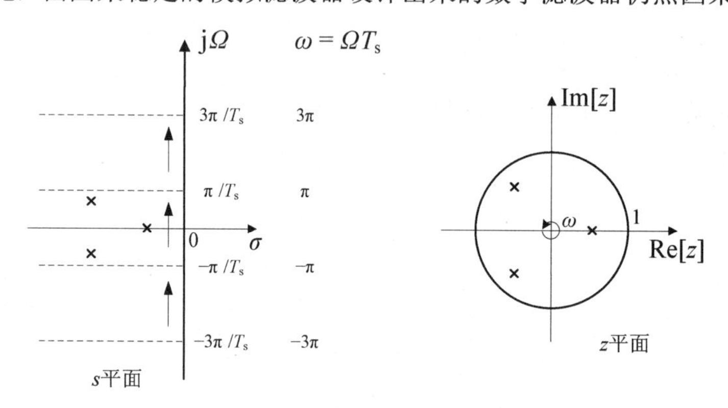

图 6-24　脉冲响应不变法 s 平面与 z 平面的映射关系

根据 1.5.2 小节式(1-72)、式(1-74)和 2.1 节式(2-8)，可得数字滤波器的频率响应函数 $H(\mathrm{e}^{\mathrm{j}\omega})$ 与模拟滤波器的频率响应函数 $H(\mathrm{j}\Omega)$ 的关系为

$$H(\mathrm{e}^{\mathrm{j}\omega})\big|_{\omega=\Omega T_s}=\frac{1}{T_s}\sum_{k=-\infty}^{\infty}H(\mathrm{j}\Omega-\mathrm{j}k\Omega_s) \tag{6-54}$$

如图 6-25 所示。

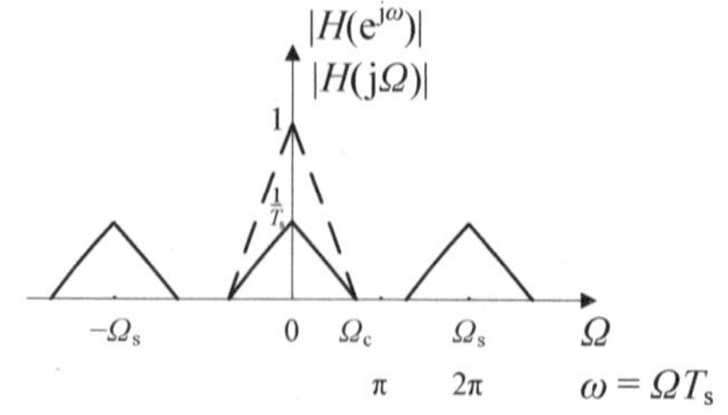

图 6-25　$\Omega_s>2\Omega_c$ 时频谱无混叠示意图

[虚线为 $|H(\mathrm{j}\Omega)|$、实线为 $|H(\mathrm{e}^{\mathrm{j}\omega})|$]

在时域对 $h(t)$ 以 T_s 为间隔进行等间隔采样得到 $h(n)$，在频域 $H(j\Omega)$ 以 Ω_s 为周期进行周期延拓，幅度为原来的 $1/T_s$。$\Omega_s = 2\pi/T_s$，$\Omega = \Omega_s$ 与 $\omega = 2\pi$ 相对应，所以 $H(e^{j\omega})$ 以 2π 为周期，$\omega = 0$ 和 $\omega = 2\pi$ 附近是它的低频端，$\omega = \pi$ 附近是它的高频端。

根据时域采样定理，频域周期延拓不发生混叠的条件是 $\Omega_s \geqslant 2\Omega_c$，$\Omega_c$ 为信号的最高角频率。此时让它通过一个截止角频率为 $\Omega_s/2$ 的理想低通滤波器，可得

$$H(e^{j\omega})\Big|_{\omega=\Omega T_s} = \frac{1}{T_s}H(j\Omega) \quad |\omega| \leqslant \pi \text{时} \tag{6-55}$$

可见，在频域无混叠时用脉冲响应不变法设计的数字滤波器的频率响应函数 $H(e^{j\omega})$ 可以很好地复现模拟滤波器的频率响应函数 $H(j\Omega)$，即

$$T_s H(e^{j\omega})\Big|_{\omega=\Omega T_s} = H(j\Omega) \quad |\omega| \leqslant \pi \text{时} \tag{6-56}$$

为此，需要将式(6-53)做如下修正，即

$$H(z) = \sum_{k=1}^{N} \frac{T_s A_k}{1 - e^{s_k T_s} z^{-1}} \tag{6-57}$$

这里的 $H(z)$ 即为用脉冲响应不变法借助于模拟滤波器的系统函数 $H(s)$ 得到的数字滤波器的系统函数，用式(6-50)和式(6-57)求解得到。

【例 6-2】 设模拟滤波器的系统函数为 $H(s) = \dfrac{2s+4}{s^2+4s+3}$，采样间隔 $T_s = 1$ s。用脉冲响应不变法将其转换为数字滤波器的系统函数 $H(z)$。

解：$H(s) = \dfrac{2s+4}{s^2+4s+3} = \dfrac{2s+4}{(s+1)(s+3)}$

极点：$s_1 = -1$，$s_2 = -3$

$$H(s) = \sum_{k=1}^{2} \frac{A_k}{s - s_k} = \frac{1}{s+1} + \frac{1}{s+3}$$

$$H(z) = \sum_{k=1}^{2} \frac{T_s A_k}{1 - e^{s_k T_s} z^{-1}} = \frac{1}{1 - e^{-1} z^{-1}} + \frac{1}{1 - e^{-3} z^{-1}} = \frac{2 - (e^{-1} + e^{-3}) z^{-1}}{1 - (e^{-1} + e^{-3}) z^{-1} + e^{-4} z^{-2}}$$

3. 脉冲响应不变法的优缺点

脉冲响应不变法是一种时域波形逼近方法，当时域采样间隔 T_s 足够小时，$h(n)$ 能够良好地逼近 $h(t)$。另外，脉冲响应不变法保持了 ω 与 Ω 的线性变换关系：$\omega = \Omega T_s$，所以用具有线性相位的模拟滤波器设计出来的数字滤波器仍然具有线性相位。

但是，在实际设计中会遇到这样的情况：系统的频谱 $H(j\Omega)$ 的频率范围太宽，采样间隔 T_s 不能取到足够小，无法满足时域采样定理，导致 $H(e^{j\omega})$ 在 $\omega = \pi$ 附近发生频谱混叠失真，如图 6-26 所示。$\omega = \pi$ 是 $H(e^{j\omega})$ 的高频端，所以脉冲响应不变法不适用于设计让高频信号通过的系统，即不适于设计高通、带阻滤波器，只适于设计低通、带通滤波器。

频谱混叠失真限制了脉冲响应不变法的应用范围。频谱混叠是由 s 平面的模拟角频率 Ω 与 z 平面的数字角频率 ω 的多值映射关系造成的，Ω 以 $\Omega_s = 2\pi/T_s$ 为周期向上平移，ω 以 2π 为周期逆时针方向旋转[见图 6-24]，使 Ω 在 $(-\infty, \infty)$ 范围内以 $2\pi/T_s$ 为周期重复映射到 ω 的 $[-\pi, \pi]$ 区间范围内，如图 6-27 所示。

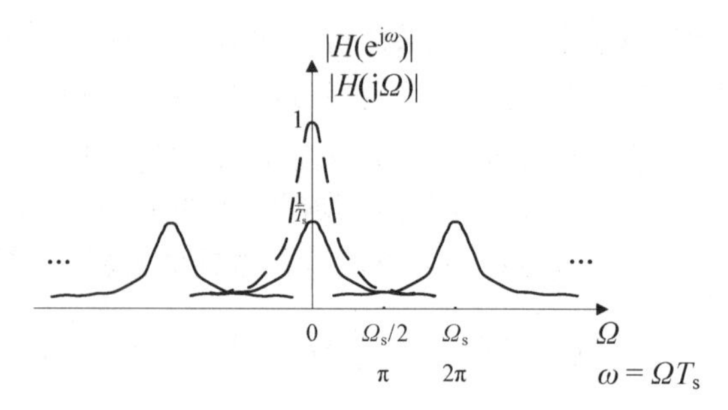

图 6-26 $\Omega_s < 2\Omega_c$ 时频谱混叠示意图

[虚线为 $|H(\mathrm{j}\Omega)|$ 、实线为 $|H(\mathrm{e}^{\mathrm{j}\omega})|$]

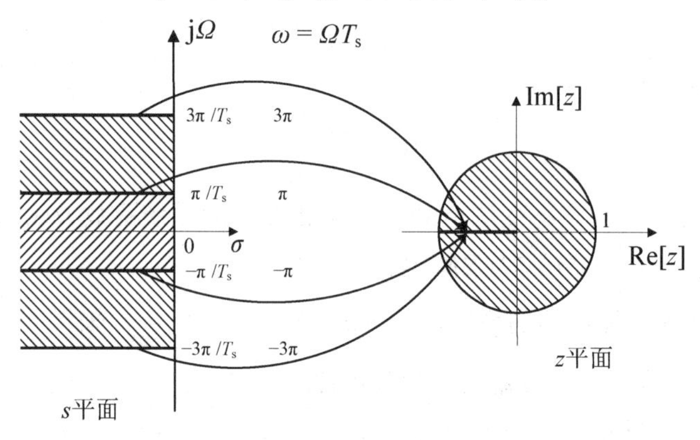

图 6-27 脉冲响应不变法 s 平面 Ω 到 z 平面 ω 的多值映射关系

6.5 用双线性变换法设计 IIR 数字滤波器

1. 双线性变换法的设计原理

为了克服脉冲响应不变法的频谱混叠失真，可以先把 s 平面的整个角频率范围 $\Omega \in (-\infty, \infty)$ 压缩到 s_1 平面的有限角频率范围内 $\Omega_1 \in [-\pi / T_s, \pi / T_s]$，再由 s_1 平面单值映射到 z 平面，这就是双线性变换法的设计思想，如图 6-28 所示。

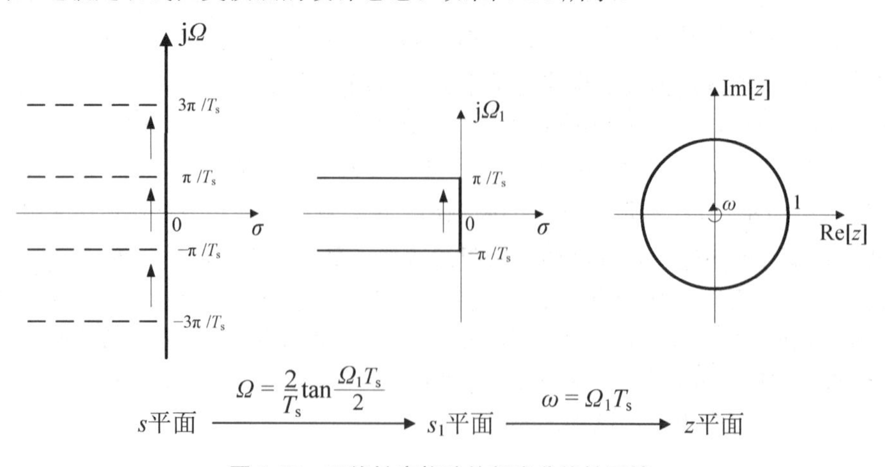

图 6-28 双线性变换法的频率非线性压缩

用正切函数，即

$$\Omega = \frac{2}{T_s}\tan\frac{\Omega_1 T_s}{2} \tag{6-58}$$

可以实现将频率范围由 Ω 的 $(-\infty,\infty)$ 压缩到 Ω_1 的 $[-\pi/T_s,\pi/T_s]$，Ω 与 Ω_1 呈非线性关系，系数 $2/T_s$ 使得 Ω 与 Ω_1 在低频端($\Omega=0$ 附近)近似线性。

s_1 平面的 Ω_1 与 z 平面的 ω 呈线性关系，且为单值映射关系，即

$$\omega = \Omega_1 T_s \tag{6-59}$$

式中，$\Omega_1 \in [-\pi/T_s,\pi/T_s]$，$\omega \in [-\pi,\pi]$。将其代入式(6-58)中，可得 Ω 与 ω 的变换关系为

$$\Omega = \frac{2}{T_s}\tan\frac{\omega}{2} \tag{6-60}$$

如图 6-29 所示，Ω 与 ω 的关系是单调增加的，Ω 在整个 $(-\infty,\infty)$ 范围内单值映射到 ω 的 $[-\pi,\pi]$，从而避免了频谱混叠现象。

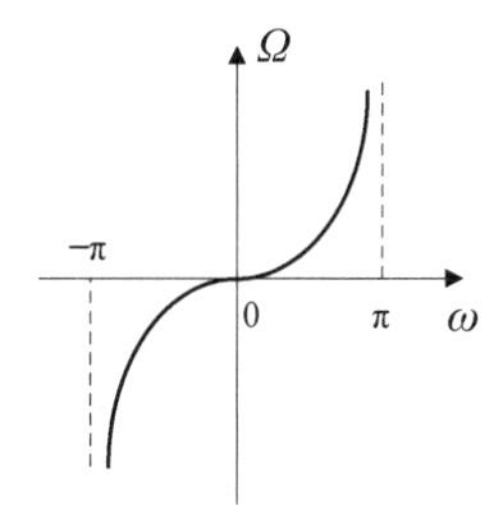

图 6-29　双线性变换法中 Ω 与 ω 的非线性关系

将式(6-60)等号两端同乘以 j，再根据拉普拉斯变换与傅里叶变换的关系 $s=\mathrm{j}\Omega$，可得

$$s = \mathrm{j}\Omega = \mathrm{j}\frac{2}{T_s}\frac{\sin\left(\frac{\omega}{2}\right)}{\cos\left(\frac{\omega}{2}\right)} \tag{6-61}$$

利用欧拉公式，根据 1.1 节式(1-31)和式(1-32)将正、余弦函数用 e 的正负复指数的组合表示，则有

$$s = \mathrm{j}\frac{2}{T_s}\frac{\dfrac{\mathrm{e}^{\mathrm{j}\omega/2}-\mathrm{e}^{-\mathrm{j}\omega/2}}{2\mathrm{j}}}{\dfrac{\mathrm{e}^{\mathrm{j}\omega/2}+\mathrm{e}^{-\mathrm{j}\omega/2}}{2}} = \frac{2(1-\mathrm{e}^{-\mathrm{j}\omega})}{T_s(1+\mathrm{e}^{-\mathrm{j}\omega})} \tag{6-62}$$

将 z 变换与序列的离散时间傅里叶变换关系 $z=\mathrm{e}^{\mathrm{j}\omega}$ 代入，可得

$$s = \frac{2(1-z^{-1})}{T_s(1+z^{-1})} \tag{6-63}$$

式(6-63)即为用双线性变换法进行设计时模拟滤波器系统函数 $H(s)$ 与数字滤波器系统函数 $H(z)$ 的变换关系。

【例 6-3】 设模拟滤波器的系统函数为 $H(s)=\dfrac{2s+4}{s^2+4s+3}$，采样间隔 $T_s=1$ s。用双线性变换法将其转换为数字滤波器的系统函数 $H(z)$。

解： $H(z)=H(s)\Big|_{s=\frac{2(1-z^{-1})}{T_s(1+z^{-1})}}=\dfrac{2s+4}{s^2+4s+3}\Big|_{s=2\frac{1-z^{-1}}{1+z^{-1}}}$

$$=\frac{4\dfrac{1-z^{-1}}{1+z^{-1}}+4}{4\left(\dfrac{1-z^{-1}}{1+z^{-1}}\right)^2+8\dfrac{1-z^{-1}}{1+z^{-1}}+3}=\frac{8(1+z^{-1})}{15-2z^{-1}-z^{-2}}$$

用双线性变换法设计数字滤波器时，在给定数字滤波器的设计指标后，需要用式(6-60)求出模拟滤波器的通带和阻带截止角频率 Ω_p、Ω_s，用它们设计出模拟滤波器 $H(s)$，再经式(6-63)变换得到数字滤波器 $H(z)$。

当 $H(s)$ 阶数较高时，可以先将其分解为低阶子系统的级联或并联形式，再对低阶子系统用双线性变换法进行转换。

2. 双线性变换法的优缺点

双线性变换法是一种频域逼近方法，使数字滤波器的频率响应逼近模拟滤波器的频率响应。它用 Ω 与 ω 的单值映射克服了脉冲响应不变法的频谱混叠现象，从而能够用于设计各种选频滤波器(低通、高通、带通、带阻滤波器)。

但是克服频谱混叠是以 Ω 与 ω 之间的非线性为代价的，由图 6-29 可知，Ω 与 ω 只在零频率附近接近于线性关系。这导致具有线性相位的模拟滤波器经过双线性变换后，转换成了具有非线性相位的数字滤波器。

Ω 与 ω 的非线性关系要求模拟滤波器的幅频特性具有片段常数特性，以使得用双线性变换法设计出来的数字滤波器的幅频特性曲线的畸变在设计指标要求的容限范围内。实际上，前面介绍过的几种典型的模拟滤波器(巴特沃斯、切比雪夫 I 型、切比雪夫 II 型、椭圆滤波器)的幅频特性均具有片段常数特性，因此双线性变换法得到了广泛的应用。MATLAB 工具箱中也默认采用双线性变换法。

6.6　IIR 数字滤波器的设计步骤与 MATLAB 实现

1. IIR 数字滤波器的设计步骤

6.3 节～6.5 节分别介绍了归一化模拟低通滤波器的设计，归一化模拟低通滤波器到模拟低通、高通、带通、带阻滤波器的转换，模拟滤波器到数字滤波器的转换。再考虑到数字角频率 ω 与模拟角频率 Ω 的关系，模拟低通、高通、带通、带阻滤波器与归一化模拟低通滤波器的 Ω 与 λ 的频率变换关系，就能够根据工程实际中提出的设计指标要求，借助模拟滤波器设计出各种类型的数字滤波器。设计步骤如下。

(1) 确定数字滤波器的设计指标 ω_p、ω_s (ω_{ph}、ω_{sh}；$[\omega_{pl},\omega_{pu}]$、$[\omega_{sl},\omega_{su}]$)、$\alpha_p$、$\alpha_s$。

若已知条件给出的是模拟角频率 Ω 或者模拟频率 f，则用 $\omega=\Omega T_s=2\pi f/F_s$ 转换成数字角频率。

(2) 转换成过渡模拟滤波器的设计指标 Ω_p、Ω_s (Ω_{ph}、Ω_{sh}；$[\Omega_{pl},\Omega_{pu}]$、$[\Omega_{sl},\Omega_{su}]$)、$\alpha_p$、$\alpha_s$。

脉冲响应不变法：$\Omega = \omega / T_s$，其中 $\Omega_p = \omega_p / T_s$、$\Omega_s = \omega_s / T_s$

双线性变换法：$\Omega = \dfrac{2}{T_s}\tan\dfrac{\omega}{2}$，其中 $\Omega_p = \dfrac{2}{T_s}\tan\dfrac{\omega_p}{2}$、$\Omega_s = \dfrac{2}{T_s}\tan\dfrac{\omega_s}{2}$

(3) 根据 6.3.5 小节和 6.3.4 小节的设计步骤，求出过渡模拟滤波器的系统函数 $H(s)$。

(4) 转换成数字滤波器的系统函数 $H(z)$。

脉冲响应不变法：$H(s) = \sum_{k=1}^{N} \dfrac{A_k}{s - s_k}$，$H(z) = \sum_{k=1}^{N} \dfrac{T_s A_k}{1 - e^{s_k T_s} z^{-1}}$

双线性变换法：$s = \dfrac{2(1 - z^{-1})}{T_s(1 + z^{-1})}$

(5) 求频率响应函数 $H(e^{j\omega})$，画幅频特性曲线 $|H(e^{j\omega})|$，检验 $|H(e^{j\omega})|$ 是否满足设计指标要求。如果不满足，则重新进行设计，直到满足设计指标要求为止。

2. IIR 数字滤波器的 MATLAB 实现

我们只需要正确给出数字滤波器的设计指标，然后根据所采用的设计方法是脉冲响应不变法还是双线性变换法，将设计指标转换为过渡模拟滤波器的设计指标。后面涉及大量计算交由计算机来完成，如滤波器阶数 N 的求取、归一化模拟低通滤波器 $G(p)$ 的设计、将 $G(p)$ 转换为过渡模拟滤波器 $H(s)$、将 $H(s)$ 转换为数字滤波器 $H(z)$，可以直接调用 MATLAB 中现成的语句，得到相应的结果。在编程时要特别注意正确设置语句中的各参数。

设采样频率为 Fs；数字滤波器的通带截止角频率为 wp，通带最大衰减为 Rp；阻带截止角频率为 ws，阻带最小衰减为 Rs。

低通滤波器的 wp<ws，高通滤波器的 wp>ws；带通、带阻滤波器有两个通带截止角频率 wp1、wpu 和两个阻带截止角频率 wsl、wsu，此时的 wp、ws 为二元向量，即 wp=[wpl, wpu]，ws=[wsl, wsu]。

(1) 求归一化模拟低通滤波器的阶数 Nlow。

巴特沃斯型：[Nlow, Omg_tmp]=buttord(Omgp, Omgs, Rp, Rs, 's');

切比雪夫 I 型：[Nlow, Omg_tmp]=cheb1ord(Omgp, Omgs, Rp, Rs, 's');

切比雪夫 II 型：[Nlow, Omg_tmp]=cheb2ord(Omgp, Omgs, Rp, Rs, 's');

椭圆型：[Nlow, Omg_tmp]=ellipord(Omgp, Omgs, Rp, Rs, 's');

保留属性参数's'，表示设计的是过渡模拟滤波器，这里的 Omgp、Omgs 为过渡模拟滤波器的通带、阻带截止角频率；省略's'，表示直接设计数字滤波器，此时需把 Omgp、Omgs 换成数字滤波器的通带、阻带截止角频率 wp、ws。

(2) 设计过渡模拟低通、高通、带通、带阻滤波器 $H(s)$。

巴特沃斯型：[ba, aa]=butter(Nlow, Omg_tmp, 'ftype', 's');

切比雪夫 I 型：[ba, aa]=cheby1(Nlow, Rp, Omg_tmp, 'ftype', 's');

切比雪夫 II 型：[ba, aa]=cheby2(Nlow, Rs, Omg_tmp, 'ftype', 's');

椭圆型：[ba, aa]=ellip(Nlow, Rp, Rs, Omg_tmp, 'ftype', 's');

这 4 种具有片段常数特性的典型滤波器的幅频特性曲线的特点是：巴特沃斯滤波器的波形单调变化；切比雪夫 I 型滤波器在通带有波动，在通带范围内的衰减必须均小于 Rp；切比雪夫 II 型滤波器在阻带有波动，在阻带范围内的衰减必须均大于 Rs；椭圆滤波器在通带

和阻带都有波动，在通带范围内的衰减必须均小于 Rp，在阻带范围内的衰减必须均大于 Rs。

属性参数'ftype'用于选择滤波器类型(低通、高通、带通、带阻滤波器)。设计低通或带通滤波器时省略'ftype'，将 'ftype' 换成 'high' 时用于设计高通滤波器，将 'ftype'换成 'stop' 时用于设计带阻滤波器。

保留属性参数's'，表示设计的是过渡模拟滤波器；省略's'，表示直接设计数字滤波器，MATLAB 中默认采用双线性变换法。

(3) 转换为数字滤波器 $H(z)$ 。

双线性变换法：[bd, ad] = bilinear(ba, aa, Fs);

脉冲响应不变法：[bd, ad] = impinvar(ba, aa, Fs);

ba、aa 分别是过渡模拟滤波器的系统函数 $H(s)$ 的分子、分母多项式的系数。bd、ad 分别是数字滤波器的系统函数 $H(z)$ 的分子、分母多项式的系数。

例题程序见 8.3 节。

习　题　6

6-1 利用模拟滤波器设计 IIR 数字滤波器。已知模拟滤波器的系统函数为

$$H(s)=\frac{s}{s^2+5s+6}$$

(1) 取采样间隔 $T_s=1$ s，用脉冲响应不变法将 $H(s)$ 转换为数字滤波器的系统函数 $H(z)$ 。

(2) 取采样间隔 $T_s=2$ s，用双线性变换法将 $H(s)$ 转换为数字滤波器的系统函数 $H(z)$ 。

6-2 利用模拟滤波器设计 IIR 数字低通滤波器。设计指标：采样频率 $F_s=1000$ Hz；通带截止频率 $f_p=120$ Hz，通带最大衰减 $\alpha_p=0.1$ dB；阻带截止频率 $f_s=150$ Hz，阻带最小衰减 $\alpha_s=60$ dB。采用脉冲响应不变法进行设计，写出模拟低通滤波器的设计指标。

6-3 利用模拟滤波器设计 IIR 数字带阻滤波器。设计指标：采样频率 $F_s=3000$Hz；通带在 $0\leqslant\omega\leqslant0.2\pi$ 和 $0.8\pi\leqslant\omega\leqslant\pi$ 范围内，通带最大衰减 $\alpha_p=2$ dB；阻带在 $0.3\pi\leqslant\omega\leqslant0.7\pi$ 范围内，阻带最小衰减 $\alpha_s=25$ dB。采用双线性变换法进行设计，写出模拟带阻滤波器的设计指标。

6-4 利用模拟滤波器设计 IIR 数字带通滤波器。设计指标：采样频率 $F_s=6000$ Hz；通带上、下限截止频率 $f_{pl}=600$ Hz、$f_{pu}=1100$ Hz，通带最大衰减 $\alpha_p=3$ dB；阻带上、下限截止频率 $f_{sl}=500$ Hz、$f_{su}=1200$ Hz，阻带最小衰减 $\alpha_s=50$ dB。采用双线性变换法进行设计，写出模拟带通滤波器的设计指标。

6-5 已知模拟滤波器的系统函数为

$$H(s)=\frac{3s+2}{2s^2+3s+1}$$

(1) 取采样间隔 $T_s=2$ s，用双线性变换法将 $H(s)$ 转换为数字滤波器的系统函数 $H(z)$ 。

(2) 画出该数字滤波器的直接型结构。

第 7 章　FIR 数字滤波器的设计

IIR 数字滤波器的设计是借助模拟滤波器的设计方法实现的，设计中只考虑了幅频特性，没有考虑相频特性。系统的相频特性反映了信号通过系统之后其不同频率成分在时间上的延时情况。在一些信号处理中要求系统具有线性相位特性，如图像处理和数据传输。第 6 章介绍的几种典型模拟滤波器都是非线性相位的，若用其设计具有线性相位的数字滤波器，则要进行相位校正，这将使滤波器的阶数、设计的复杂度和成本明显增加。

本章将要介绍有限脉冲响应(FIR)数字滤波器的设计，它在保证满足幅频特性设计指标要求的同时，能够很容易做到具有严格的线性相位特性。

7.1　线性相位系统

设 FIR 系统的单位脉冲响应 $h(n)$ 是长度为 N 的实序列，$0 \leqslant n \leqslant N-1$，则它的系统函数为

$$H(z) = \sum_{n=0}^{N-1} h(n) z^{-n} \tag{7-1}$$

$H(z)$ 在有限 z 平面上没有极点存在，极点只可能出现在 $z=0$ 处，$H(z)$ 的收敛域为 $|z|>0$，收敛域包含 ∞ 和单位圆，因此 FIR 系统始终因果稳定，它的频率响应函数存在，

$$H(\mathrm{e}^{\mathrm{j}\omega}) = \sum_{n=0}^{N-1} h(n) \mathrm{e}^{-\mathrm{j}\omega n} \tag{7-2}$$

把 $H(\mathrm{e}^{\mathrm{j}\omega})$ 表示成

$$H(\mathrm{e}^{\mathrm{j}\omega}) = H_{\mathrm{g}}(\omega) \mathrm{e}^{\mathrm{j}\phi(\omega)} \tag{7-3}$$

式中，$H_{\mathrm{g}}(\omega)$ 为幅度特性，是 ω 的实函数，它与幅频特性 $|H(\mathrm{e}^{\mathrm{j}\omega})|$ 的不同之处在于 $H_{\mathrm{g}}(\omega)$ 可以取负值，而 $|H(\mathrm{e}^{\mathrm{j}\omega})|$ 总是正值，$H_{\mathrm{g}}(\omega)$ 的模就是 $|H(\mathrm{e}^{\mathrm{j}\omega})|$。$\phi(\omega)$ 为相位特性，称

$$\tau = -\frac{\mathrm{d}\phi(\omega)}{\mathrm{d}\omega} \tag{7-4}$$

为群延时。当 τ 为常数时，$\phi(\omega)$ 与 ω 成正比，称这样的系统具有线性相位特性。根据傅里叶变换的频域相移、时域时移特性[见 2.2.3 小节式(2-14)]，当输入信号通过具有线性相位特性的线性时不变系统时，信号所有频率成分的输出响应均延时 τ 个时间单位。不同频率成分的延时相同，它们在输出端叠加起来不会产生失真。

有两类线性相位系统，

$$\phi(\omega) = -\omega\tau \tag{7-5}$$

被称为第一类线性相位系统。

$$\phi(\omega) = -\omega\tau + \omega_0 \qquad \omega_0 \text{是初始相位} \tag{7-6}$$

被称为第二类线性相位系统。其中，

$$\phi(\omega) = -\omega\tau - \frac{\pi}{2} \tag{7-7}$$

是第二类线性相位系统中最常用的，这种使所有频率成分在线性相位的基础上又产生 90°相移的系统称为90°移相器或正交变换网络。

7.2 线性相位 FIR 系统的特点

7.2.1 单位脉冲响应的特点

按照 FIR 系统是第一类还是第二类线性相位系统，分别讨论在时域其单位脉冲响应 $h(n)\ (0 \leqslant n \leqslant N-1)$具有什么特点。

1. 第一类线性相位系统

将 $\phi(\omega)=-\omega\tau$ 代入式(7-3)中，与式(7-2)结合，第一类线性相位系统的频率响应函数 $H(\mathrm{e}^{\mathrm{j}\omega})$ 可表示为

$$\sum_{n=0}^{N-1} h(n)\mathrm{e}^{-\mathrm{j}\omega n}=H_{\mathrm{g}}(\omega)\mathrm{e}^{-\mathrm{j}\omega\tau} \tag{7-8}$$

用 1.1 节的欧拉公式(1-30)展开，写成实部、虚部对应相等的形式，即

$$\sum_{n=0}^{N-1} h(n)\cos\omega n=H_{\mathrm{g}}(\omega)\cos\omega\tau \tag{7-9}$$

$$\sum_{n=0}^{N-1} h(n)\sin\omega n=H_{\mathrm{g}}(\omega)\sin\omega\tau \tag{7-10}$$

两式相除，从中消去 $H_{\mathrm{g}}(\omega)$，整理得

$$\sum_{n=0}^{N-1}[h(n)(\sin\omega n\cos\omega\tau-\cos\omega n\sin\omega\tau)]=0 \tag{7-11}$$

根据三角函数关系式，最终化简为

$$\sum_{n=0}^{N-1}[h(n)\sin\omega(n-\tau)]=0 \tag{7-12}$$

当有限长序列 $h(n)\sin\omega(n-\tau)$ 关于求和区间 $[0, N-1]$ 的中心 $n=(N-1)/2$ 奇对称时，等式成立。

利用正弦函数、余弦函数总是关于过 0 点奇对称、关于极值点偶对称的特点[见图 7-1]，当 $n=\tau$ 时，$\sin\omega(n-\tau)=0$，所以 $\sin\omega(n-\tau)$ 关于 $n=\tau$（过 0 点）奇对称。令 $\tau=(N-1)/2$，则当 $h(n)$ 关于 $n=(N-1)/2$ 偶对称时，式(7-12)恒等于 0。

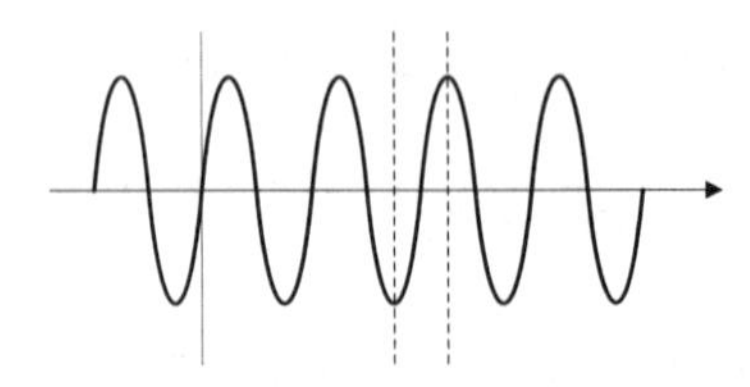

图 7-1　正、余弦函数的对称性

所以，要使 FIR 系统具有第一类线性相位特性 $\phi(\omega)=-\omega\tau$，必须满足

$$\tau = \frac{N-1}{2} \tag{7-13}$$

$$h(n) = h(N-1-n)\text{，}\quad h(n)\text{ 关于 } n=(N-1)/2 \text{ 偶对称} \tag{7-14}$$

2. 第二类线性相位系统

将 $\phi(\omega) = -\omega\tau - \pi/2$ 代入式(7-3)中，与式(7-2)结合，第二类线性相位系统的频率响应函数 $H(\mathrm{e}^{\mathrm{j}\omega})$ 可表示为

$$\sum_{n=0}^{N-1} h(n)\mathrm{e}^{-\mathrm{j}\omega n} = H_{\mathrm{g}}(\omega)\mathrm{e}^{-\mathrm{j}(\omega\tau+\pi/2)} \tag{7-15}$$

用欧拉公式(1-30)展开，写成实部、虚部对应相等的形式，即

$$\sum_{n=0}^{N-1} h(n)\cos\omega n = H_{\mathrm{g}}(\omega)\cos\left(\omega\tau+\frac{\pi}{2}\right) = -H_{\mathrm{g}}(\omega)\sin\omega\tau \tag{7-16}$$

$$\sum_{n=0}^{N-1} h(n)\sin\omega n = H_{\mathrm{g}}(\omega)\sin\left(\omega\tau+\frac{\pi}{2}\right) = H_{\mathrm{g}}(\omega)\cos\omega\tau \tag{7-17}$$

两式相除，从中消去 $H_{\mathrm{g}}(\omega)$，整理得

$$\sum_{n=0}^{N-1} [h(n)\cos\omega(n-\tau)] = 0 \tag{7-18}$$

当有限长序列 $h(n)\cos\omega(n-\tau)$ 关于求和区间 $[0, N-1]$ 的中心 $n=(N-1)/2$ 奇对称时，等式成立。

如图 7-1 所示，当 $n=\tau$ 时，$\cos\omega(n-\tau)=1$，所以 $\cos\omega(n-\tau)$ 关于 $n=\tau$ (极值点)偶对称。令 $\tau=(N-1)/2$，则当 $h(n)$ 关于 $n=(N-1)/2$ 奇对称时，式(7-18)恒等于 0。

所以，要使 FIR 系统具有第二类线性相位特性 $\phi(\omega) = -\omega\tau - \pi/2$，必须满足

$$\tau = \frac{N-1}{2} \tag{7-19}$$

$$h(n) = -h(N-1-n)\text{，}\quad h(n)\text{ 关于 } n=(N-1)/2 \text{ 奇对称} \tag{7-20}$$

7.2.2 幅度特性函数的特点

线性相位 FIR 系统的单位脉冲响应 $h(n)$ 关于 $n=(N-1)/2$ 对称，即

$$h(n) = \pm h(N-1-n) \qquad 0 \leqslant n \leqslant N-1 \tag{7-21}$$

其线性相位结构如 5.4.3 小节例 5-4~例 5-7 所示。根据系统具有第一类还是第二类线性相位特性，利用 $h(n)$ 的对称性可以把式(7-2)构造成 $H_{\mathrm{g}}(\omega)\mathrm{e}^{-\mathrm{j}\omega\tau}$ 或者 $H_{\mathrm{g}}(\omega)\mathrm{e}^{-\mathrm{j}(\omega\tau+\pi/2)}$ 的形式，提取出线性相位信息，剩下的就是幅度特性 $H_{\mathrm{g}}(\omega)$。弄清楚 $H_{\mathrm{g}}(\omega)$ 的特点对合理选择 $h(n)$ 的长度 N、正确设计各种选频滤波器具有重要的指导意义。

$h(n)$ 关于 $n=(N-1)/2$ 偶对称还是奇对称、$h(n)$ 的长度 N 取奇数还是偶数，关系到式(7-2)的中间项是否存在和是否成对出现，下面共分 4 种情况讨论线性相位 FIR 系统的幅度特性函数 $H_{\mathrm{g}}(\omega)$ 的特点。

1. 第一类线性相位系统、N 为奇数的情况

第一类线性相位系统的 $h(n)$ 关于 $n=(N-1)/2$ 偶对称。令 $\tau=(N-1)/2$，把式(7-2)中的 $h(n)$ 分为前后两部分，利用式(7-14)合并同系数项。考虑到 N 为奇数，中间项 $h(\tau)$ 单独存在，有

$$\begin{aligned}H(\mathrm{e}^{\mathrm{j}\omega})&=\sum_{n=0}^{N-1}h(n)\mathrm{e}^{-\mathrm{j}\omega n}=h(\tau)\mathrm{e}^{-\mathrm{j}\omega\tau}+\sum_{n=0}^{\tau-1}[h(n)\mathrm{e}^{-\mathrm{j}\omega n}+h(N-1-n)\mathrm{e}^{-\mathrm{j}\omega(N-1-n)}]\\&=h(\tau)\mathrm{e}^{-\mathrm{j}\omega\tau}+\sum_{n=0}^{\tau-1}h(n)[\mathrm{e}^{-\mathrm{j}\omega n}+\mathrm{e}^{\mathrm{j}\omega(n-2\tau)}]=h(\tau)\mathrm{e}^{-\mathrm{j}\omega\tau}+\sum_{n=0}^{\tau-1}h(n)[\mathrm{e}^{-\mathrm{j}\omega(n-\tau)}+\mathrm{e}^{\mathrm{j}\omega(n-\tau)}]\mathrm{e}^{-\mathrm{j}\omega\tau}\\&=\left[h(\tau)+\sum_{n=0}^{\tau-1}2h(n)\cos\omega(n-\tau)\right]\mathrm{e}^{-\mathrm{j}\omega\tau}=H_{\mathrm{g}}(\omega)\mathrm{e}^{-\mathrm{j}\omega\tau}\end{aligned}\tag{7-22}$$

在式(7-22)中利用了 1.1 节式(1-32)。提取出第一类线性相位 $\phi(\omega)=-\omega\tau$ 的相位信息 $\mathrm{e}^{-\mathrm{j}\omega\tau}$，剩下的就是幅度特性，即

$$H_{\mathrm{g}}(\omega)=h(\tau)+2\sum_{n=0}^{\tau-1}h(n)\cos\omega(n-\tau)\tag{7-23}$$

由于 N 为奇数，$\tau=(N-1)/2$ 为整数，$n-\tau$ 为整数，所以当 $\omega=0$ 和 $\omega=\pi$ 时，$|\cos\omega(n-\tau)|=1$。如图 7-1 所示，$\cos\omega(n-\tau)$ 关于 $\omega=0$ 和 $\omega=\pi$ (极值点)偶对称，偶对称函数的线性组合仍然是偶对称的，所以 $H_{\mathrm{g}}(\omega)$ 关于 $\omega=0$ 和 $\omega=\pi$ 也是偶对称的，$H_{\mathrm{g}}(\omega)$ 在 $\omega=0$ 和 $\omega=\pi$ 处能够取非零值。

$\omega=0$ 是数字滤波器的低频端，$\omega=\pi$ 是高频端。关于 $\omega=0$ 和 $\omega=\pi$ 偶对称的 $H_{\mathrm{g}}(\omega)$ 既能够被设计成让低频信号通过($H_{\mathrm{g}}(0)\neq 0$ 时)，又能够被设计成让高频信号通过($H_{\mathrm{g}}(\pi)\neq 0$ 时)，因此能够被用于设计各种选频滤波器(低通、高通、带通、带阻滤波器)。所以，第一类线性相位系统、N 为奇数的情况在选频滤波器设计中是最常用的，后面的其他 3 种情况均受到限制，只能实现 4 种选频滤波器中的某几种。

2. 第一类线性相位系统、N 为偶数的情况

第一类线性相位系统的 $h(n)$ 关于 $n=(N-1)/2$ 偶对称。用与式(7-22)类似的推导过程，考虑到 N 为偶数，$h(n)$ 的所有值以 $n=\tau$ 为对称中心成对出现，可得

$$H_{\mathrm{g}}(\omega)=2\sum_{n=0}^{N/2-1}h(n)\cos\omega(n-\tau)\tag{7-24}$$

由于 N 为偶数，$\tau=(N-1)/2$ 不能被 2 整除，有

$$\cos\omega(n-\tau)=\cos\omega\left(n-\frac{N}{2}+\frac{1}{2}\right)=\cos\left[\omega\left(n-\frac{N}{2}\right)+\frac{\omega}{2}\right]\tag{7-25}$$

其中，$n-N/2$ 为整数。

当 $\omega=0$ 时，$\cos\omega(n-\tau)=1$。如图 7-1 所示，$\cos\omega(n-\tau)$ 关于 $\omega=0$ (极值点)偶对称，偶对称函数的线性组合仍然是偶对称的，所以 $H_{\mathrm{g}}(\omega)$ 关于 $\omega=0$ 也是偶对称的，$H_{\mathrm{g}}(0)\neq 0$，能够让低频信号通过。

当 $\omega=\pi$ 时，$\cos\omega(n-\tau)=0$。如图 7-1 所示，$\cos\omega(n-\tau)$ 关于 $\omega=\pi$ (过零点)奇对称，奇对称函数的线性组合仍然是奇对称的，所以 $H_{\mathrm{g}}(\omega)$ 关于 $\omega=\pi$ 也是奇对称的。奇对称函

数的对称中心过零点，$H_g(\pi)=0$。而 $\omega=\pi$ 是数字滤波器的高频端，所以该滤波器不能让高频信号通过。

因此第一类线性相位系统、N 为偶数的情况能够被用于设计低通、带通滤波器，但是不能实现高通、带阻滤波器。

3. 第二类线性相位系统、N 为奇数的情况

第二类线性相位系统的 $h(n)$ 关于 $n=(N-1)/2$ 奇对称。用与式(7-22)类似的推导过程，利用式(7-20)合并同系数项，考虑到 N 为奇数，中间项 $h(\tau)$ 单独存在，但是 $h(n)$ 关于 $n=\tau$ 奇对称，所以 $h(\tau)=0$，可得

$$\begin{aligned}H(e^{j\omega}) &= \sum_{n=0}^{N-1} h(n)e^{-j\omega n} = \sum_{n=0}^{\tau-1}[h(n)e^{-j\omega n} + h(N-1-n)e^{-j\omega(N-1-n)}] \\ &= \sum_{n=0}^{\tau-1} h(n)[e^{-j\omega n} - e^{j\omega(n-2\tau)}] = 2\sum_{n=0}^{\tau-1} h(n)\frac{e^{j\omega(n-\tau)} - e^{-j\omega(n-\tau)}}{2j}(-j)e^{-j\omega\tau} \\ &= 2\sum_{n=0}^{\tau-1} h(n)\sin\omega(n-\tau)e^{-j(\omega\tau+\pi/2)} = H_g(\omega)e^{-j(\omega\tau+\pi/2)}\end{aligned} \tag{7-26}$$

在式(7-26)中利用了 1.1 节式(1-31)和式(1-34)。

提取出第二类线性相位 $\phi(\omega)=-\omega\tau-\pi/2$ 的相位信息 $e^{-j(\omega\tau+\pi/2)}$，剩下的就是幅度特性，即

$$H_g(\omega) = 2\sum_{n=0}^{\tau-1} h(n)\sin\omega(n-\tau) \tag{7-27}$$

由于 N 为奇数，$\tau=(N-1)/2$ 为整数，$n-\tau$ 为整数，所以 $\omega=0$ 和 $\omega=\pi$ 时，$\sin\omega(n-\tau)=0$。如图 7-1 所示，$\sin\omega(n-\tau)$ 关于 $\omega=0$ 和 $\omega=\pi$ (过零点)奇对称，$H_g(\omega)$ 关于 $\omega=0$ 和 $\omega=\pi$ 也是奇对称的，$H_g(0)=H_g(\pi)=0$，不能让低频信号和高频信号通过。

因此，第二类线性相位系统、N 为奇数的情况只能实现带通滤波器。

4. 第二类线性相位系统、N 为偶数的情况

第二类线性相位系统的 $h(n)$ 关于 $n=(N-1)/2$ 奇对称。用与式(7-26)类似的推导过程，考虑到 N 为偶数，$h(n)$ 的所有值以 $n=\tau$ 为对称中心成对出现，可得

$$H_g(\omega) = 2\sum_{n=0}^{N/2-1} h(n)\sin\omega(n-\tau) \tag{7-28}$$

由于 N 为偶数，$\tau=(N-1)/2$ 不能被 2 整除，有

$$\sin\omega(n-\tau) = \sin\left[\omega\left(n-\frac{N}{2}\right)+\frac{\omega}{2}\right] \tag{7-29}$$

其中，$n-N/2$ 为整数。

当 $\omega=0$ 时，$\sin\omega(n-\tau)=0$。如图 7-1 所示，$\sin\omega(n-\tau)$ 关于 $\omega=0$ (过零点)奇对称，$H_g(\omega)$ 关于 $\omega=0$ 也是奇对称的，$H_g(0)=0$，不能让低频信号通过。

当 $\omega=\pi$ 时，$|\sin\omega(n-\tau)|=1$。如图 7-1 所示，$\sin\omega(n-\tau)$ 关于 $\omega=\pi$ (极值点)偶对称，$H_g(\omega)$ 关于 $\omega=\pi$ 也是偶对称的，$H_g(\pi)\neq 0$，能够让高频信号通过。

因此，第二类线性相位系统、N 为偶数的情况能够用于设计高通、带通滤波器，但是不能实现低通、带阻滤波器。

7.2.3 系统函数的零点分布特点

设 $z = z_1$ 是 $H(z)$ 的零点，$H(z_1) = 0$。

由于 $h(n)$ 是实序列，其 z 变换 $H(z)$ 为实系数多项式，所以 $H(z)$ 的零点共轭成对，$z = z_1^*$ 也是 $H(z)$ 的零点。

把式(7-21)代入式(7-1)中，变量代换后，整理得

$$H(z) = \sum_{n=0}^{N-1} h(n)z^{-n} = \pm\sum_{n=0}^{N-1} h(N-1-n)z^{-n} \xlongequal{m=N-1-n} \pm\sum_{m=0}^{N-1} h(m)z^{-(N-1-m)}$$

$$= \pm z^{-(N-1)}\sum_{m=0}^{N-1} h(m)(z^{-1})^{-m} = \pm z^{-(N-1)}H(z^{-1}) \tag{7-30}$$

将 $z = z_1^{-1}$ 代入式(7-30)，得

$$H(z_1^{-1}) = \pm z_1^{N-1}H(z_1) = 0 \tag{7-31}$$

所以，z_1 的倒数 z_1^{-1} 也是 $H(z)$ 的零点。同理，z_1^* 的倒数 $(z_1^*)^{-1}$ 也是 $H(z)$ 的零点。z_1 与 $(z_1^*)^{-1}$、z_1^* 与 z_1^{-1} 关于单位圆镜像对称，如图 7-2 所示。

也就是说，线性相位 FIR 系统的零点是互为倒数的共轭对，只要其中一个零点的位置确定了，就可以确定其他 3 个零点的位置。这个结论是对复零点而言的，还有几种特殊情况的零点个数少于 4 个。

当零点位于实轴与单位圆相交处时(图 7-2 中的 z_2)，有

$$z_2 = (z_2)^* = z_2^{-1} = (z_2^{-1})^* = 1 \tag{7-32}$$

当零点在单位圆上，且不在实轴上时(图 7-2 中的 z_3)，有

$$z_3 = (z_3^{-1})^*,\quad z_3^* = z_3^{-1} \tag{7-33}$$

当零点在实轴上，且不在单位圆上时(图 7-2 中的 z_4)，有

$$z_4 = (z_4)^*,\quad z_4^{-1} = (z_4^{-1})^* \tag{7-34}$$

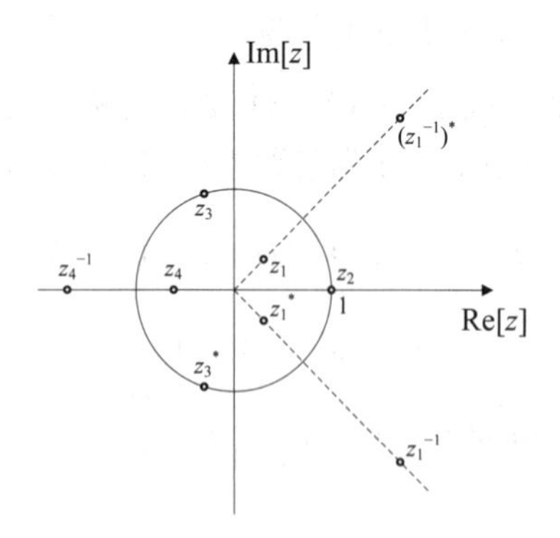

图 7-2 线性相位 FIR 系统的零点分布

7.3 第一类线性相位理想数字滤波器

理想数字低通、高通、带通、带阻滤波器的幅频特性曲线 $|H_d(e^{j\omega})|$ 如 6.2.2 小节图 6-3 所示。根据第一类线性相位系统的定义，将 $\phi(\omega) = -\omega\tau$ 代入式(7-3)中，可以写出第一类线性相位理想数字滤波器的频率响应函数，即

$$H_{\mathrm{d}}(\mathrm{e}^{\mathrm{j}\omega}) = H_{\mathrm{dg}}(\omega)\mathrm{e}^{-\mathrm{j}\omega\tau} = \begin{cases} \mathrm{e}^{-\mathrm{j}\omega\tau}, & \text{通带频率范围} \\ 0, & \text{阻带频率范围} \end{cases} \quad \tau = (N-1)/2 \tag{7-35}$$

相应的通带、阻带频率范围见 6.2.2 小节表 6-1。理想数字滤波器的幅度特性函数 $H_{\mathrm{dg}}(\omega)$ 在通带范围内的幅值恒为 1，在阻带范围内的幅值恒为 0，在通带和阻带之间没有过渡带。

1. 第一类线性相位理想低通滤波器

频率响应函数为

$$H_{\mathrm{d}}(\mathrm{e}^{\mathrm{j}\omega}) = \begin{cases} \mathrm{e}^{-\mathrm{j}\omega\tau}, & |\omega| \leqslant \omega_{\mathrm{c}} \\ 0, & \omega_{\mathrm{c}} < |\omega| \leqslant \pi \end{cases} \tag{7-36}$$

幅度特性函数为

$$H_{\mathrm{dg}}(\omega) = \begin{cases} 1, & |\omega| \leqslant \omega_{\mathrm{c}} \\ 0, & \omega_{\mathrm{c}} < |\omega| \leqslant \pi \end{cases} \tag{7-37}$$

$H_{\mathrm{dg}}(\omega)$ 的波形如 7.4.1 小节图 7-4(a)所示(将自变量 θ 换成 ω)。

单位脉冲响应为

$$\begin{aligned} h_{\mathrm{d}}(n) &= \mathrm{IDTFT}[H_{\mathrm{d}}(\mathrm{e}^{\mathrm{j}\omega})] = \frac{1}{2\pi}\int_{-\pi}^{\pi} H_{\mathrm{d}}(\mathrm{e}^{\mathrm{j}\omega})\mathrm{e}^{\mathrm{j}\omega n}\mathrm{d}\omega = \frac{1}{2\pi}\int_{-\omega_{\mathrm{c}}}^{\omega_{\mathrm{c}}} \mathrm{e}^{-\mathrm{j}\omega\tau}\mathrm{e}^{\mathrm{j}\omega n}\mathrm{d}\omega \\ &= \frac{1}{2\pi}\int_{-\omega_{\mathrm{c}}}^{\omega_{\mathrm{c}}} [\cos\omega(n-\tau) + \mathrm{j}\sin\omega(n-\tau)]\mathrm{d}\omega = \frac{1}{\pi}\int_{0}^{\omega_{\mathrm{c}}} \cos\omega(n-\tau)\mathrm{d}\omega \\ &= \frac{\sin[\omega_{\mathrm{c}}(n-\tau)]}{\pi(n-\tau)} = \frac{\omega_{\mathrm{c}}}{\pi}\mathrm{Sa}[\omega_{\mathrm{c}}(n-\tau)] \\ &= \begin{cases} \dfrac{\sin[\omega_{\mathrm{c}}(n-\tau)]}{\pi(n-\tau)}, & n \neq \tau \\ \dfrac{\omega_{\mathrm{c}}}{\pi}, & n = \tau \end{cases} \end{aligned} \tag{7-38}$$

由于 $H_{\mathrm{dg}}(\omega)$ 是矩形脉冲，所以 $h_{\mathrm{d}}(n)$ 是抽样函数，如 7.4.1 小节图 7-3(a)所示，它的最大值出现在 $n=\tau$ 处，其波形以 $n=\tau$ 为对称中心向两边衰减振荡。

2. 第一类线性相位理想高通滤波器

频率响应函数为

$$H_{\mathrm{d}}(\mathrm{e}^{\mathrm{j}\omega}) = \begin{cases} \mathrm{e}^{-\mathrm{j}\omega\tau}, & \omega_{\mathrm{c}} \leqslant |\omega| \leqslant \pi \\ 0, & |\omega| < \omega_{\mathrm{c}} \end{cases} \tag{7-39}$$

单位脉冲响应为

$$\begin{aligned} h_{\mathrm{d}}(n) &= \frac{1}{2\pi}\int_{-\pi}^{\pi} H_{\mathrm{d}}(\mathrm{e}^{\mathrm{j}\omega})\mathrm{e}^{\mathrm{j}\omega n}\mathrm{d}\omega = \frac{1}{2\pi}\left(\int_{-\pi}^{-\omega_{\mathrm{c}}} \mathrm{e}^{-\mathrm{j}\omega\tau}\mathrm{e}^{\mathrm{j}\omega n}\mathrm{d}\omega + \int_{\omega_{\mathrm{c}}}^{\pi} \mathrm{e}^{-\mathrm{j}\omega\tau}\mathrm{e}^{\mathrm{j}\omega n}\mathrm{d}\omega\right) \\ &= \frac{\sin[\pi(n-\tau)]}{\pi(n-\tau)} - \frac{\sin[\omega_{\mathrm{c}}(n-\tau)]}{\pi(n-\tau)} = \delta(n-\tau) - \frac{\omega_{\mathrm{c}}}{\pi}\mathrm{Sa}[\omega_{\mathrm{c}}(n-\tau)] \\ &= \begin{cases} -\dfrac{\sin[\omega_{\mathrm{c}}(n-\tau)]}{\pi(n-\tau)}, & n \neq \tau \\ 1-\dfrac{\omega_{\mathrm{c}}}{\pi}, & n = \tau \end{cases} \end{aligned} \tag{7-40}$$

为了实现第一类线性相位理想高通滤波器，$h_d(n)$ 的长度 N 只能取奇数，以使 $\tau=(N-1)/2$ 为整数。

$$\mathrm{DTFT}[\delta(n-\tau)]=\sum_{n=-\infty}^{\infty}\delta(n-\tau)\mathrm{e}^{-\mathrm{j}\omega n}=\mathrm{e}^{-\mathrm{j}\omega\tau} \tag{7-41}$$

$$|\mathrm{DTFT}[\delta(n-\tau)]|=1 \tag{7-42}$$

$|\mathrm{DTFT}[\delta(n-\tau)]|$ 在 $\omega\in[-\pi,\pi]$ 的整个角频率范围内幅值恒为 1，它是一个全通滤波器。可见，截止角频率为 ω_c 的理想高通滤波器可以用全通滤波器减去截止角频率为 ω_c 的理想低通滤波器得到。如 6.2.2 小节图 6-3 所示，用图 6-3(e)减去图 6-3(a)，得到图 6-3(b)。

3. 第一类线性相位理想带通滤波器

频率响应函数为

$$H_d(\mathrm{e}^{\mathrm{j}\omega})=\begin{cases}\mathrm{e}^{-\mathrm{j}\omega\tau}, & \omega_{cl}\leqslant|\omega|\leqslant\omega_{cu}\\ 0, & |\omega|<\omega_{cl},\omega_{cu}<|\omega|\leqslant\pi\end{cases} \tag{7-43}$$

单位脉冲响应为

$$\begin{aligned}h_d(n)&=\frac{1}{2\pi}\int_{-\pi}^{\pi}H_d(\mathrm{e}^{\mathrm{j}\omega})\mathrm{e}^{\mathrm{j}\omega n}\mathrm{d}\omega=\frac{1}{2\pi}\left(\int_{-\omega_{cu}}^{-\omega_{cl}}\mathrm{e}^{-\mathrm{j}\omega\tau}\mathrm{e}^{\mathrm{j}\omega n}\mathrm{d}\omega+\int_{\omega_{cl}}^{\omega_{cu}}\mathrm{e}^{-\mathrm{j}\omega\tau}\mathrm{e}^{\mathrm{j}\omega n}\mathrm{d}\omega\right)\\&=\frac{\sin[\omega_{cu}(n-\tau)]}{\pi(n-\tau)}-\frac{\sin[\omega_{cl}(n-\tau)]}{\pi(n-\tau)}=\frac{\omega_{cu}}{\pi}\mathrm{Sa}[\omega_{cu}(n-\tau)]-\frac{\omega_{cl}}{\pi}\mathrm{Sa}[\omega_{cl}(n-\tau)]\\&=\begin{cases}\dfrac{\sin[\omega_{cu}(n-\tau)]-\sin[\omega_{cl}(n-\tau)]}{\pi(n-\tau)}, & n\neq\tau\\ \dfrac{\omega_{cu}-\omega_{cl}}{\pi}, & n=\tau\end{cases}\end{aligned} \tag{7-44}$$

可见，通带范围在 $[\omega_{cl},\omega_{cu}]$ 的理想带通滤波器可以用截止角频率为 ω_{cu} 的理想低通滤波器减去截止角频率为 ω_{cl} 的理想低通滤波器得到。

4. 第一类线性相位理想带阻滤波器

频率响应函数为

$$H_d(\mathrm{e}^{\mathrm{j}\omega})=\begin{cases}\mathrm{e}^{-\mathrm{j}\omega\tau}, & |\omega|\leqslant\omega_{cl},\omega_{cu}\leqslant|\omega|\leqslant\pi\\ 0, & \omega_{cl}<|\omega|<\omega_{cu}\end{cases} \tag{7-45}$$

单位脉冲响应为

$$\begin{aligned}h_d(n)&=\frac{1}{2\pi}\int_{-\pi}^{\pi}H_d(\mathrm{e}^{\mathrm{j}\omega})\mathrm{e}^{\mathrm{j}\omega n}\mathrm{d}\omega=\frac{1}{2\pi}\left(\int_{-\pi}^{-\omega_{cu}}\mathrm{e}^{-\mathrm{j}\omega\tau}\mathrm{e}^{\mathrm{j}\omega n}\mathrm{d}\omega+\int_{-\omega_{cl}}^{\omega_{cl}}\mathrm{e}^{-\mathrm{j}\omega\tau}\mathrm{e}^{\mathrm{j}\omega n}\mathrm{d}\omega+\int_{\omega_{cu}}^{\pi}\mathrm{e}^{-\mathrm{j}\omega\tau}\mathrm{e}^{\mathrm{j}\omega n}\mathrm{d}\omega\right)\\&=\frac{\sin[\pi(n-\tau)]}{\pi(n-\tau)}-\frac{\sin[\omega_{cu}(n-\tau)]}{\pi(n-\tau)}+\frac{\sin[\omega_{cl}(n-\tau)]}{\pi(n-\tau)}\\&=\delta(n-\tau)-\frac{\omega_{cu}}{\pi}\mathrm{Sa}[\omega_{cu}(n-\tau)]+\frac{\omega_{cl}}{\pi}\mathrm{Sa}[\omega_{cl}(n-\tau)]\\&=\begin{cases}\dfrac{-\sin[\omega_{cu}(n-\tau)]+\sin[\omega_{cl}(n-\tau)]}{\pi(n-\tau)}, & n\neq\tau\\ 1-\dfrac{\omega_{cu}-\omega_{cl}}{\pi}, & n=\tau\end{cases}\end{aligned} \tag{7-46}$$

为了实现第一类线性相位理想带阻滤波器，$h_d(n)$ 的长度 N 只能取奇数，以使 $\tau=(N-1)/2$ 为整数。

可见，阻带范围在 $[\omega_{cl},\omega_{cu}]$ 的理想带阻滤波器可以看作用全通滤波器减去通带范围在 $[\omega_{cl},\omega_{cu}]$ 的带通滤波器得到，如 6.2.2 小节图 6-3 所示，用图 6-3(e)减去图 6-3(c)，得到图 6-3(d)。理想带阻滤波器也可以看作用截止角频率为 ω_{cu} 的高通滤波器加上截止角频率为 ω_{cl} 的低通滤波器得到。

7.4　用窗函数法设计 FIR 数字滤波器

FIR 数字滤波器的设计思想是，根据设计指标要求给出希望逼近的理想滤波器频率响应函数 $H_d(e^{j\omega})$，然后设计一个实际可实现的 FIR 滤波器，使其频率响应函数 $H(e^{j\omega})$ 逼近于 $H_d(e^{j\omega})$。

7.4.1　矩形窗截断效应

7.3 节的 4 种理想数字滤波器的单位脉冲响应 $h_d(n)$ 是以 $n=\tau$ 为对称中心向两边衰减振荡的无限长序列，如图 7-3(a)所示。在 $n<0$ 时，$h_d(n)$ 有非零值，这样的非因果系统不可实现。只能用因果有限长序列 $h(n)$ 近似逼近无限长序列 $h_d(n)$，也就是用一个因果有限长序列 $w(n)$ $(0\leqslant n\leqslant N-1)$将 $h_d(n)$ 截断，即

$$h(n)=h_d(n)w(n) \quad 0\leqslant n\leqslant N-1 \tag{7-47}$$

$w(n)$ 被形象地称为窗函数，$h(n)$ 是从该窗口中看到的 $h_d(n)$ 的一段有限长序列。如图 7-3 所示，N 点矩形脉冲序列 $R_N(n)$ 是最简单的窗函数，被称为矩形窗。

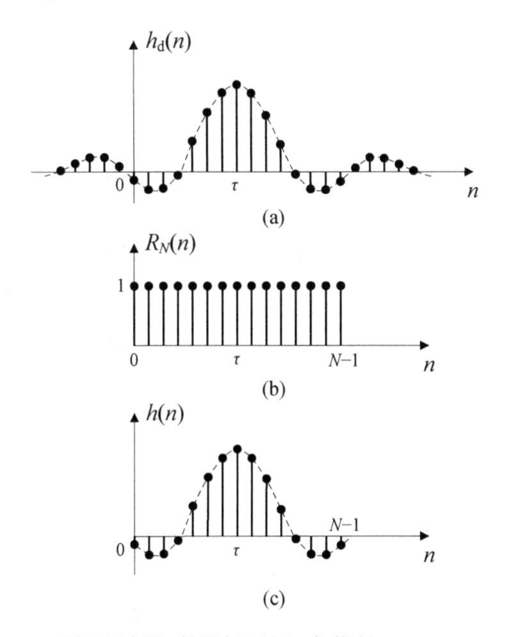

图 7-3　理想滤波器时域波形的加窗截断 $h(n)=h_d(n)R_N(n)$

取 $\tau=(N-1)/2$，$h_{\rm d}(n)$ 关于 $n=\tau$ 偶对称。为了使由 $h(n)$ 构成的滤波器具有第一类线性相位特性，需要保证 $h(n)$ 关于 $n=\tau$ 偶对称，所以选取的窗函数 $w(n)$ 必须关于 $n=\tau$ 偶对称，且 $0\leqslant n\leqslant N-1$。

将 $h_{\rm d}(n)$ 截断为有限长序列肯定会产生误差，这就是 3.3 节提到过的截断效应，它与窗函数 $w(n)$ 的长度、形状有关。

下面以第一类线性相位理想低通滤波器为例，分析用矩形窗 $R_N(n)$ 截断 $h_{\rm d}(n)$ 会对它的幅度特性 $H_{\rm dg}(\omega)$ 产生哪些影响。

在 2.1 节例 2-1 中已求出矩形窗 $w(n)=R_N(n)$ 的频率响应函数为

$$W_R(\mathrm{e}^{\mathrm{j}\omega})=\sum_{n=-\infty}^{\infty}R_N(n)\mathrm{e}^{-\mathrm{j}\omega n}=\sum_{n=0}^{N-1}\mathrm{e}^{-\mathrm{j}\omega n}=\frac{\sin\left(\dfrac{\omega N}{2}\right)}{\sin\left(\dfrac{\omega}{2}\right)}\mathrm{e}^{-\mathrm{j}\omega\tau}$$

$$=W_{R\mathrm{g}}(\omega)\mathrm{e}^{-\mathrm{j}\omega\tau}\qquad \tau=(N-1)/2 \tag{7-48}$$

其幅度特性函数为

$$W_{R\mathrm{g}}(\omega)=\frac{\sin\left(\dfrac{\omega N}{2}\right)}{\sin\left(\dfrac{\omega}{2}\right)} \tag{7-49}$$

$W_{R\mathrm{g}}(\omega)$ 的波形在 $[-\pi,\pi]$ 区间以 $\omega=0$ 为对称中心向两边衰减振荡，如图 7-4(b)所示(将自变量 θ 换成 ω)。其中 $W_{R\mathrm{g}}(0)=N$ 是它的最大值，$\omega=2\pi m/N$ ($1\leqslant m\leqslant N-1$，$m\in\mathbf{Z}$)是它在 $[0,2\pi]$ 区间的过零点，第一个过零点位于 $\omega=2\pi/N$ 处。在 $[-2\pi/N,2\pi/N]$ 区间的波形称为主瓣，矩形窗的主瓣宽度为 $4\pi/N$，其余为旁瓣。最靠近主瓣两侧的为第一负旁瓣，它是最大负旁瓣，其值小于 0。

根据 2.2.4 小节的频域卷积定理，由于

$$h(n)=h_{\rm d}(n)R_N(n) \tag{7-50}$$

所以

$$H(\mathrm{e}^{\mathrm{j}\omega})=\frac{1}{2\pi}H_{\rm d}(\mathrm{e}^{\mathrm{j}\omega})*W_R(\mathrm{e}^{\mathrm{j}\omega}) \tag{7-51}$$

由于 $H(\mathrm{e}^{\mathrm{j}\omega})$、$H_{\rm d}(\mathrm{e}^{\mathrm{j}\omega})$ 与 $W_R(\mathrm{e}^{\mathrm{j}\omega})$ 都具有第一类线性相位特性，所以它们的幅度特性也满足类似的卷积关系，即

$$H_{\rm g}(\omega)=\frac{1}{2\pi}H_{\rm dg}(\omega)*W_{R\mathrm{g}}(\omega)=\frac{1}{2\pi}\int_{-\pi}^{\pi}H_{\rm dg}(\theta)W_{R\mathrm{g}}(\omega-\theta)\mathrm{d}\theta$$

$$=\frac{1}{2\pi}\int_{-\omega_{\rm c}}^{\omega_{\rm c}}W_{R\mathrm{g}}(\omega-\theta)\mathrm{d}\theta \tag{7-52}$$

式(7-52)表明，加窗后的滤波器幅度特性函数 $H_{\rm g}(\omega)$ 等于理想低通滤波器幅度特性函数 $H_{\rm dg}(\omega)$ 与矩形窗幅度特性函数 $W_{R\mathrm{g}}(\omega)$ 的卷积，其求解过程与序列的线性卷积求解过程[见 1.2.5 小节图 1-8]类似。只不过这里的 θ 与 ω 是连续变量，求积分的过程相当于求落入 $H_{\rm dg}(\theta)=1$ 区间范围内($\theta\in[-\omega_{\rm c},\omega_{\rm c}]$)的 $W_{R\mathrm{g}}(\omega-\theta)$ 的面积。随着 ω 从 $-\infty$ 到 ∞ 变化，

$W_{Rg}(\omega-\theta)$ 从左向右移动，图 7-4 显示了在几个特殊点处 $W_{Rg}(\omega-\theta)$ 与 $H_{dg}(\theta)$ 的位置关系，并定性画出了 $H_g(\omega)$ 的波形，此处画的是 $H_g(\omega)$ 对 $H_g(0)$ 归一化后的 $H(\omega)$ 波形，即

$$H(\omega)=\frac{H_g(\omega)}{H_g(0)} \tag{7-53}$$

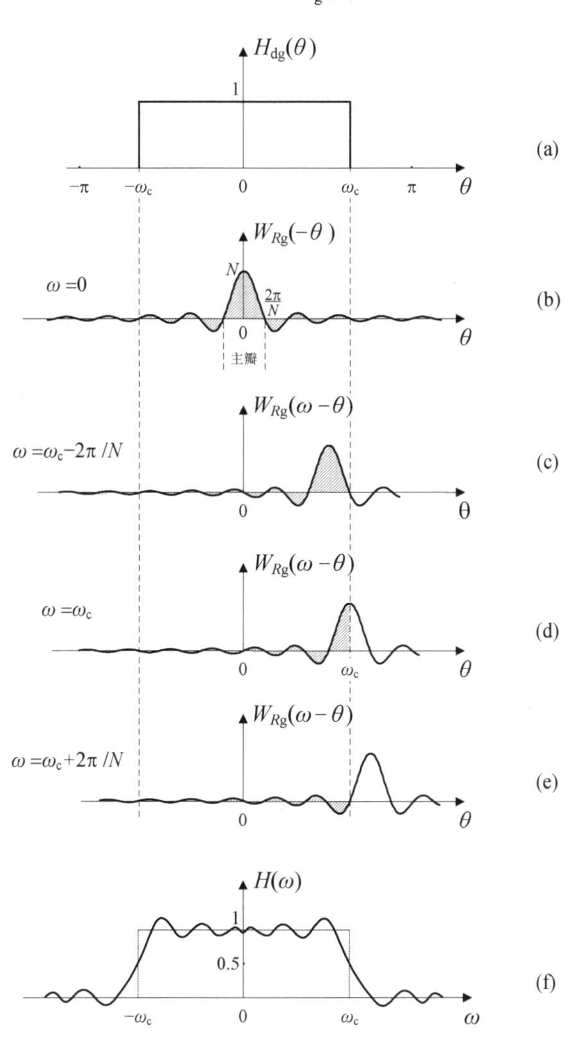

图 7-4　矩形窗截断效应

当 $\omega=0$ 时，将 $W_{Rg}(-\theta)$ 落在 $\theta\in[-\omega_c,\omega_c]$ 的面积值归一化为 $H(0)=1$。

当 $\omega=\omega_c-2\pi/N$ 时，$W_{Rg}(\omega-\theta)$ 右侧的最大负旁瓣正好完全移出 $[-\omega_c,\omega_c]$，而主瓣正好完全落在 $[-\omega_c,\omega_c]$ 内，此时 $W_{Rg}(\omega-\theta)$ 落在 $\theta\in[-\omega_c,\omega_c]$ 的面积最大，即 $H(\omega)$ 在 $\omega=\omega_c-2\pi/N$ 处有最大正峰，其值大于 $H(0)$。

当 $\omega=\omega_c$ 时，$W_{Rg}(\omega-\theta)$ 中有将近一半的主瓣和旁瓣在 $[-\omega_c,\omega_c]$ 内，$H(\omega_c)$ 的值近似为 0.5。

当 $\omega=\omega_c+2\pi/N$ 时，$W_{Rg}(\omega-\theta)$ 的主瓣正好完全移出 $[-\omega_c,\omega_c]$，而其左侧的最大负

旁瓣正好完全落在$[-\omega_c,\omega_c]$内，此时$W_{Rg}(\omega-\theta)$落在$\theta\in[-\omega_c,\omega_c]$的面积最小，且为负值，即$H(\omega)$在$\omega=\omega_c+2\pi/N$处有最大负峰。

考虑到$H_{dg}(\omega)$、$W_{Rg}(\omega)$的偶对称性和$W_{Rg}(\omega)$的衰减振荡特性，将$H(\omega)$的这些特殊点连接起来，定性画出$H(\omega)$的波形如图7-4(f)所示。

从而总结出在时域对理想滤波器加矩形窗截断，在频域对它的幅度特性曲线产生了以下影响(即截断效应)。

(1) 在理想滤波器的截止角频率ω_c附近形成单调变化的过渡带。

在$\omega=\omega_c-2\pi/N$处出现最大正峰，在$\omega=\omega_c+2\pi/N$处出现最大负峰，二者之间的频带宽度为$4\pi/N$，正好等于矩形窗的主瓣宽度。过渡带宽度与窗函数的长度N有关，N越大，则窗谱的主瓣宽度越窄，会使过渡带宽度越窄。

这里的过渡带特指$H(\omega)$的最大正峰与最大负峰之间的频带。实际滤波器的过渡带是指通带截止角频率与阻带截止角频率之间的频带，后者比前者的过渡带宽度窄。

(2) 在通带和阻带范围内产生波动。

增加N，会使波动变密，但它不会影响波动的幅度。波动的幅度取决于主瓣与旁瓣的相对幅度，也就是取决于窗函数幅度特性曲线的形状。尽可能减少窗谱最大旁瓣的相对幅度，可以减小波纹，增大阻带最小衰减。

为了使实际滤波器的幅频特性更逼近于理想滤波器的幅频特性，希望它的过渡带越窄越好，通带和阻带内的波动越小越好。前者可以通过增加窗函数的长度实现，而后者只能通过构造其他窗函数来实现了。

7.4.2 典型的窗函数

这里介绍的几种窗函数都是根据设计者的名字或者窗函数时域波形的形状命名的，均满足第一类线性相位条件，关于$n=\tau$偶对称，$\tau=(N-1)/2$。

1. 矩形(Boxcar)窗

$$w(n)=R_N(n)=\begin{cases}1, & 0\leqslant n\leqslant N-1\\ 0, & 其他n\end{cases} \tag{7-54}$$

其幅度特性函数为

$$W_{Rg}(\omega)=\frac{\sin\left(\dfrac{\omega N}{2}\right)}{\sin\left(\dfrac{\omega}{2}\right)} \tag{7-55}$$

如图 7-4(b)所示(将自变量θ换成ω)，$W_{Rg}(\omega)$的波形在$[-\pi,\pi]$区间以$\omega=0$为对称中心向两边衰减振荡，$W_{Rg}(0)=N$是它的最大值，$\omega=2\pi m/N$ ($1\leqslant m\leqslant N-1$，$m\in\mathbf{Z}$)是它在$[0,2\pi]$区间的过零点。矩形窗的主瓣宽度为$4\pi/N$，旁瓣幅度大。

2. 三角(Bartlett)窗

$$w(n)=\begin{cases}\dfrac{n}{\tau}, & 0\leqslant n\leqslant \tau\\ 2-\dfrac{n}{\tau}, & \tau<n\leqslant N-1\end{cases} \tag{7-56}$$

其幅度特性函数为

$$W_{\mathrm{g}}(\omega)=\frac{\sin^2\left(\dfrac{\omega\tau}{2}\right)}{\tau\sin^2\left(\dfrac{\omega}{2}\right)} \tag{7-57}$$

它的幅度特性永远是正的，主瓣宽度为 $8\pi/N$ ，是矩形窗的两倍，旁瓣幅度比矩形窗小。

3. 汉宁(Hanning)窗——升余弦窗

$$w(n)=0.5\left[1-\cos\left(\frac{n\pi}{\tau}\right)\right]R_N(n) \tag{7-58}$$

其幅度特性函数为

$$W_{\mathrm{g}}(\omega)=0.5W_{R\mathrm{g}}(\omega)+0.25\left[W_{R\mathrm{g}}\left(\omega-\frac{\pi}{\tau}\right)+W_{R\mathrm{g}}\left(\omega+\frac{\pi}{\tau}\right)\right] \tag{7-59}$$

$W_{R\mathrm{g}}(\omega-\pi/\tau)$ 和 $W_{R\mathrm{g}}(\omega+\pi/\tau)$ 分别是对 $W_{R\mathrm{g}}(\omega)$ 向右和向左平移 π/τ 。三者加权求和，旁瓣相互抵消，使旁瓣的相对幅度减小，主瓣的相对幅度增加，能量更加集中在主瓣。汉宁窗旁瓣幅度的减小是以主瓣宽度的增加(即过渡带宽度的增加)为代价的，它的主瓣宽度比矩形窗的主瓣宽度增加了一倍，为 $8\pi/N$ 。

4. 海明(Hamming)窗——改进的升余弦窗

$$w(n)=\left[0.54-0.46\cos\left(\frac{n\pi}{\tau}\right)\right]R_N(n) \tag{7-60}$$

其幅度特性函数为

$$W_{\mathrm{g}}(\omega)=0.54W_{R\mathrm{g}}(\omega)+0.23\left[W_{R\mathrm{g}}\left(\omega-\frac{\pi}{\tau}\right)+W_{R\mathrm{g}}\left(\omega+\frac{\pi}{\tau}\right)\right] \tag{7-61}$$

海明窗是对汉宁窗的改进，它与汉宁窗的主瓣宽度同为 $8\pi/N$ ，但比汉宁窗的旁瓣幅度更小，能量进一步集中在主瓣。海明窗是一种高效的、在 MATLAB 中默认采用的窗函数。

5. 布莱克曼(Blackman)窗——二阶升余弦窗

$$w(n)=\left[0.42-0.5\cos\left(\frac{n\pi}{\tau}\right)+0.08\cos\left(\frac{2n\pi}{\tau}\right)\right]R_N(n) \tag{7-62}$$

其幅度特性函数为

$$W_{\mathrm{g}}(\omega)=0.42W_{R\mathrm{g}}(\omega)+0.25\left[W_{R\mathrm{g}}\left(\omega-\frac{\pi}{\tau}\right)+W_{R\mathrm{g}}\left(\omega+\frac{\pi}{\tau}\right)\right]$$

$$+0.04\left[W_{Rg}\left(\omega-\frac{2\pi}{\tau}\right)+W_{Rg}\left(\omega+\frac{2\pi}{\tau}\right)\right] \tag{7-63}$$

$W_{Rg}(\omega-\pi/\tau)$、$W_{Rg}(\omega+\pi/\tau)$ 分别是对 $W_{Rg}(\omega)$ 向右、向左平移 π/τ，$W_{Rg}(\omega-2\pi/\tau)$、$W_{Rg}(\omega+2\pi/\tau)$ 分别是对 $W_{Rg}(\omega)$ 向右、向左平移 $2\pi/\tau$。五者加权求和，进一步抑制旁瓣，增加主瓣的相对幅度，它的主瓣宽度比矩形窗的主瓣宽度增加了两倍，为 $12\pi/N$。

图 7-5 依次画出了矩形窗、三角窗、汉宁窗、海明窗和布莱克曼窗的时域波形 $w(n)$，幅频特性曲线 $20\lg|W(e^{j\omega})|$ 及其对理想低通滤波器加窗截断后的幅频特性曲线 $20\lg|H(e^{j\omega})|$。由图 7-5 中矩形窗的幅频特性曲线 $20\lg|W(e^{j\omega})|$ 可知，矩形窗的旁瓣峰值幅度是 13 dB。由理想低通滤波器加矩形窗后的幅频特性曲线 $20\lg|H(e^{j\omega})|$ 可知，其阻带最小衰减可达 21 dB。

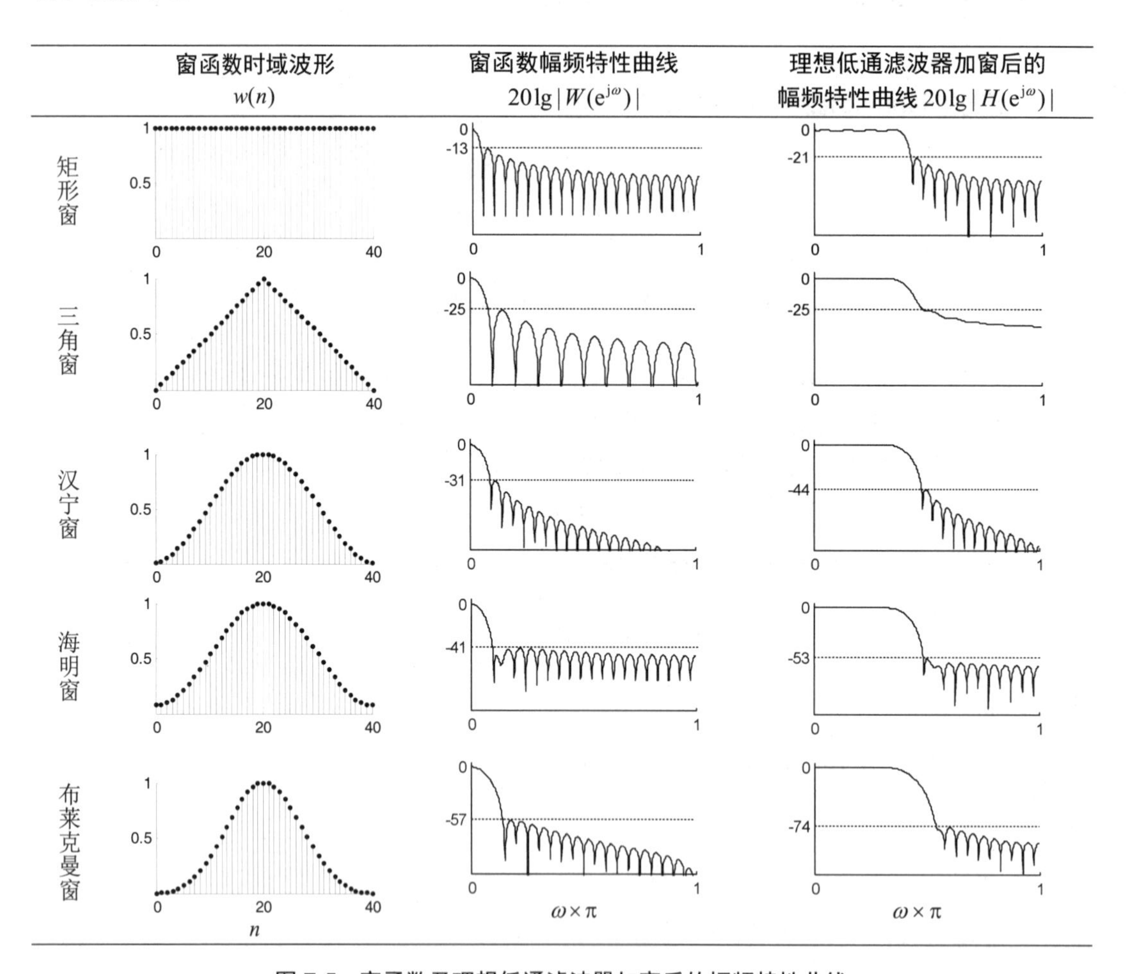

图 7-5　窗函数及理想低通滤波器加窗后的幅频特性曲线

表 7-1 为以上 5 种窗函数的窗谱性能指标和加窗后的滤波器性能指标。阻带最小衰减只由窗函数的形状(窗函数类型)决定，过渡带宽度则与窗函数的形状和窗长度 N 都有关。实际滤波器的过渡带宽度 B_t 越窄、阻带最小衰减 α_s 越大越能更好地逼近理想滤波器，但是从加窗后滤波器的性能指标可知，使 B_t 变窄和使 α_s 增加是一对矛盾，所以在选择窗函数时

需要折中考虑，首先必须使设计出来的实际滤波器满足设计指标要求。

表 7-1　各种窗函数及理想滤波器加窗后的性能指标

窗函数类型 $w(n)$	窗谱性能指标 $20\lg\lvert W(e^{j\omega})\rvert$		加窗后滤波器的性能指标 $20\lg\lvert H(e^{j\omega})\rvert$	
	旁瓣峰值幅度/dB	主瓣宽度	过渡带宽度 B_t	阻带最小衰减 α_s /dB
矩形窗	13	$4\pi/N$	$1.8\pi/N$	21
三角窗	25	$8\pi/N$	$4.2\pi/N$	25
汉宁窗	31	$8\pi/N$	$6.2\pi/N$	44
海明窗	41	$8\pi/N$	$6.6\pi/N$	53
布莱克曼窗	57	$12\pi/N$	$11\pi/N$	74

7.4.3　窗函数法的设计步骤

数字滤波器的设计指标包括通带截止角频率 ω_p、阻带截止角频率 ω_s、通带最大衰减 α_p 和阻带最小衰减 α_s。要求设计出的滤波器的幅频特性在通带内的衰减必须均小于 α_p，在阻带内的衰减必须均大于 α_s。所以，在设计过程中首先根据阻带最小衰减 α_s 选择合适的窗函数类型，再根据过渡带宽度指标要求选择窗函数的长度。设计步骤如下。

(1) 确定数字滤波器的设计指标 ω_p、ω_s、α_p、α_s。

如果给出的是模拟频率 f_p、f_s，需要用 $\omega=\Omega T_s=2\pi f/F_s$ 将其转换为数字角频率 ω_p、ω_s。

(2) 选择窗函数类型 $w(n)$，求窗长度 N。

查表 7-1，先根据阻带最小衰减 α_s 选择窗函数类型 $w(n)$，再根据过渡带宽度 $B_t\leqslant|\omega_p-\omega_s|$ 选择窗函数的长度 N。

为了使过渡带尽可能窄，选比设计指标要求的 α_s 更高且最接近 α_s 的窗函数即可；为了能够设计低通、高通、带通、带阻各种选频滤波器，取 N 为奇数。

(3) 给出第一类线性相位理想滤波器的频率响应函数 $H_d(e^{j\omega})$，即

$$H_d(e^{j\omega})=\begin{cases}e^{-j\omega\tau}, & \text{通带频率范围}\\ 0, & \text{阻带频率范围}\end{cases} \tag{7-64}$$

其中，$\tau=(N-1)/2$，通带、阻带频率范围见 7.3 节，理想滤波器的截止角频率 $\omega_c=(\omega_p+\omega_s)/2$。

(4) 求理想滤波器的单位脉冲响应 $h_d(n)$ [见 7.3 节]，即

$$h_d(n)=\mathrm{IDTFT}[H_d(e^{j\omega})]=\frac{1}{2\pi}\int_{-\pi}^{\pi}H_d(e^{j\omega})e^{j\omega n}d\omega \tag{7-65}$$

(5) 将 $h_d(n)$ 加窗截断为因果有限长的单位脉冲响应 $h(n)$，即

$$h(n)=h_d(n)w(n) \tag{7-66}$$

(6) 求频率响应函数 $H(e^{j\omega})$，检验 $|H(e^{j\omega})|$ 是否满足设计指标要求，即

$$H(e^{j\omega})=\mathrm{DTFT}[h(n)]=\sum_{n=0}^{N-1}h(n)e^{-j\omega n} \tag{7-67}$$

画出幅频特性曲线$|H(\mathrm{e}^{\mathrm{j}\omega})|$，如果阻带范围内的衰减都在阻带最小衰减$\alpha_\mathrm{s}$的下方，则满足设计指标要求；否则需要重复以上各步骤，重新选择窗函数类型$w(n)$或窗长度N，直到满足设计指标要求为止。

窗函数设计法的特点是设计过程简单、方便实用，但边界频率不易精确控制，所以设计完成后，必须检验结果是否满足设计指标要求。

【例 7-1】 选择合适的窗函数设计 FIR 数字低通滤波器。设计指标：采样频率$F_\mathrm{s}=6000$ Hz；通带截止频率$f_\mathrm{p}=400$ Hz，通带最大衰减$\alpha_\mathrm{p}=3$ dB；阻带截止频率$f_\mathrm{s}=550$ Hz，阻带最小衰减$\alpha_\mathrm{s}=50$ dB。

解：(1) 由通带、阻带截止频率f_p、f_s和采样频率F_s，用$\omega=\Omega T_\mathrm{s}=2\pi f/F_\mathrm{s}$将模拟频率转换为数字角频率。

数字通带截止角频率$\omega_\mathrm{p}=\dfrac{2\pi f_\mathrm{p}}{F_\mathrm{s}}=\dfrac{2\pi\times 400}{6000}=\dfrac{2\pi}{15}$

数字阻带截止角频率$\omega_\mathrm{s}=\dfrac{2\pi f_\mathrm{s}}{F_\mathrm{s}}=\dfrac{2\pi\times 550}{6000}=\dfrac{11\pi}{60}$

过渡带宽度$|\omega_\mathrm{p}-\omega_\mathrm{s}|=\dfrac{11\pi}{60}-\dfrac{2\pi}{15}=\dfrac{\pi}{20}$

(2) 查表 7-1，根据$\alpha_\mathrm{s}=50$ dB 选择海明窗，窗函数表达式为式(7-60)，即

$$w(n)=[0.54-0.46\cos(n\pi/\tau)]R_N(n)\,,\quad \tau=(N-1)/2$$

海明窗的过渡带宽度$B_\mathrm{t}=6.6\pi/N$。由

$$B_\mathrm{t}\leqslant|\omega_\mathrm{p}-\omega_\mathrm{s}|\Rightarrow\frac{6.6\pi}{N}\leqslant\frac{\pi}{20}$$

得$N\geqslant 132$，取N为奇数，$N=133$，$\tau=66$

$$w(n)=[0.54-0.46\cos(n\pi/66)]R_{133}(n)$$

(3) 第一类线性相位理想低通滤波器的频率响应函数为 7.3 节式(7-36)，即

$$H_\mathrm{d}(\mathrm{e}^{\mathrm{j}\omega})=\begin{cases}\mathrm{e}^{-\mathrm{j}\omega\tau}, & |\omega|\leqslant\omega_\mathrm{c}\\ 0, & \omega_\mathrm{c}<|\omega|\leqslant\pi\end{cases}$$

其中，$\tau=66$，理想低通滤波器的截止角频率为

$$\omega_\mathrm{c}=\frac{\omega_\mathrm{p}+\omega_\mathrm{s}}{2}=\frac{1}{2}\left(\frac{2\pi}{15}+\frac{11\pi}{60}\right)=\frac{19\pi}{120}$$

(4) 理想低通滤波器的单位脉冲响应为式(7-38)，即

$$h_\mathrm{d}(n)=\frac{\omega_\mathrm{c}}{\pi}\mathrm{Sa}[\omega_\mathrm{c}(n-\tau)]=\frac{19}{120}\mathrm{Sa}\left[\frac{19\pi}{120}(n-66)\right]$$

(5) 加窗截断

$$h(n)=h_\mathrm{d}(n)w(n)=\frac{19}{120}\mathrm{Sa}\left[\frac{19\pi}{120}(n-66)\right]\left[0.54-0.46\cos\left(\frac{n\pi}{66}\right)\right]R_{133}(n)$$

(6) 画幅频特性曲线，检验设计的正确性。

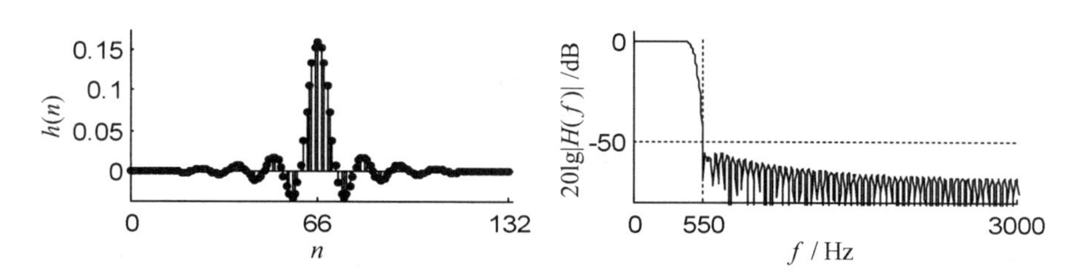

图 7-6　例 7-1 设计出的低通滤波器的单位脉冲响应与幅频特性曲线

由图 7-6 所示的幅频特性曲线可知，在阻带范围内所有值都在 −50 dB 的下方，满足设计指标要求。

7.5　用频率采样法设计 FIR 数字滤波器

窗函数法从时域出发，根据设计指标要求选择合适的窗函数，用它把理想滤波器的无限长单位脉冲响应 $h_{\mathrm{d}}(n)$ 截断为因果有限长的单位脉冲响应 $h(n)$ 。它是一种时域逼近方法，使 $h(n)$ 尽可能逼近 $h_{\mathrm{d}}(n)$ 。

而下面将要介绍的频率采样法则直接从频域出发，由理想滤波器的频率响应函数 $H_{\mathrm{d}}(\mathrm{e}^{\mathrm{j}\omega})$ 得到实际可实现的 FIR 滤波器的单位脉冲响应 $h(n)$ 、系统函数 $H(z)$ 和频率响应函数 $H(\mathrm{e}^{\mathrm{j}\omega})$ 。它是一种频域逼近方法，使 $H(\mathrm{e}^{\mathrm{j}\omega})$ 尽可能逼近 $H_{\mathrm{d}}(\mathrm{e}^{\mathrm{j}\omega})$ 。

1. 频率采样法的设计思想

图 7-7 所示为频率采样法的设计流程。

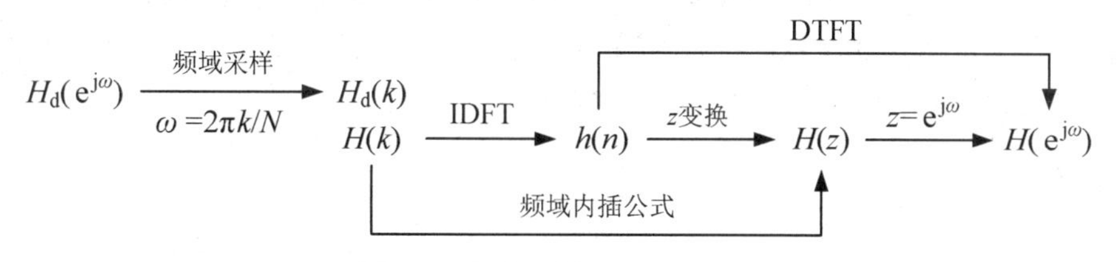

图 7-7　频率采样法的设计流程

对理想滤波器的频率响应函数 $H_{\mathrm{d}}(\mathrm{e}^{\mathrm{j}\omega})$ 在 $\omega\in[0,2\pi]$ 区间进行 N 点等间隔采样，得到 $H_{\mathrm{d}}(k)$ ，即

$$H_{\mathrm{d}}(k)=H_{\mathrm{d}}(\mathrm{e}^{\mathrm{j}\omega})\big|_{\omega=2\pi k/N}\qquad 0\leqslant k\leqslant N-1 \tag{7-68}$$

将 $H_{\mathrm{d}}(k)$ 作为单位脉冲响应 $h(n)$ 的 N 点离散傅里叶变换(DFT) $H(k)$ ，即

$$H(k)=H_{\mathrm{d}}(k) \tag{7-69}$$

则 $H(k)$ 的 N 点离散傅里叶反变换(IDFT)为 $h(n)$ ，即

$$h(n)=\mathrm{IDFT}[H(k)]=\frac{1}{N}\sum_{k=0}^{N-1}H(k)W_N^{-kn}\qquad 0\leqslant n\leqslant N-1 \tag{7-70}$$

$h(n)$ 的 z 变换为系统函数 $H(z)$ ，即

$$H(z)=\sum_{n=0}^{N-1}h(n)z^{-n} \tag{7-71}$$

或者利用频域内插公式(3-7)直接由 $H(k)$ 得到系统函数 $H(z)$ ，即

$$H(z)=\frac{1}{N}\sum_{k=0}^{N-1}H(k)\frac{1-z^{-N}}{1-W_N^{-k}z^{-1}} \tag{7-72}$$

由此可知，只要知道理想滤波器的频率响应函数 $H_{\mathrm{d}}(\mathrm{e}^{\mathrm{j}\omega})$ 在区间 $[0,2\pi]$ 的 N 点等间隔采样 $H(k)$，就可以确定 FIR 滤波器的单位脉冲响应 $h(n)$ 和系统函数 $H(z)$。

再利用离散时间傅里叶变换(DTFT)或 z 变换与 DTFT 的关系可得 $H(\mathrm{e}^{\mathrm{j}\omega})$，即

$$H(\mathrm{e}^{\mathrm{j}\omega})=\mathrm{DTFT}[h(n)]=\sum_{n=0}^{N-1}h(n)\mathrm{e}^{-\mathrm{j}\omega n}=H(z)\big|_{z=\mathrm{e}^{\mathrm{j}\omega}} \tag{7-73}$$

2. 逼近误差的产生及改进措施

用 $H(k)$ 恢复 $H(\mathrm{e}^{\mathrm{j}\omega})$ 的过程见 2.7.3 小节例 2-17。理想滤波器 $H_{\mathrm{d}}(\mathrm{e}^{\mathrm{j}\omega})$ 与实际滤波器 $H(\mathrm{e}^{\mathrm{j}\omega})$ 在各频率采样点处($\omega=2\pi k/N$，$0\leqslant k\leqslant N-1$)的值完全相同，等于 $H(k)$，即

$$H_{\mathrm{d}}(\mathrm{e}^{\mathrm{j}\omega})\big|_{\omega=2\pi k/N}=H(k)=H(\mathrm{e}^{\mathrm{j}\omega})\big|_{\omega=2\pi k/N} \quad 0\leqslant k\leqslant N-1 \tag{7-74}$$

由式(7-72)恢复的是实际滤波器在各频率采样点之间的值。如图 7-8 所示，用实际低通滤波器逼近理想低通滤波器时，实际滤波器的幅频特性曲线 $|H(\mathrm{e}^{\mathrm{j}\omega})|$ 在理想滤波器的截止角频率 ω_{c} 两侧产生肩峰，在通带和阻带范围内产生波动，使内插值与理想值之间存在一定的逼近误差，导致阻带最小衰减变小。

$H(k)$ 是对 $H_{\mathrm{d}}(\mathrm{e}^{\mathrm{j}\omega})$ 的 N 点等间隔采样，采样点之间的 $H_{\mathrm{d}}(\mathrm{e}^{\mathrm{j}\omega})$ 变化越平缓，内插值越接近理想值，逼近误差越小；采样点之间的 $H_{\mathrm{d}}(\mathrm{e}^{\mathrm{j}\omega})$ 变化越陡，内插值与理想值之差越大，逼近误差越大，即误差的大小取决于 $|H_{\mathrm{d}}(\mathrm{e}^{\mathrm{j}\omega})|$ 的曲线形状，图 7-8 中在越接近理想滤波器截止角频率 ω_{c} 两侧的 $|H(\mathrm{e}^{\mathrm{j}\omega})|$ 的波动幅度越大。

在滤波器设计中希望滤波器的阻带衰减越大越好，过渡带越窄越好，二者是一对矛盾。现在，为了减小逼近误差，也就是减小波动幅度，增加阻带衰减，就不得不以增加过渡带宽度为代价，由此提出图 7-9 所示的改进措施。

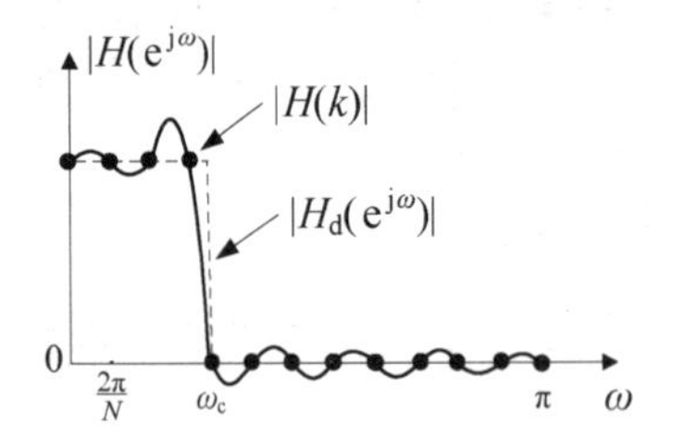

图 7-8　频域内插

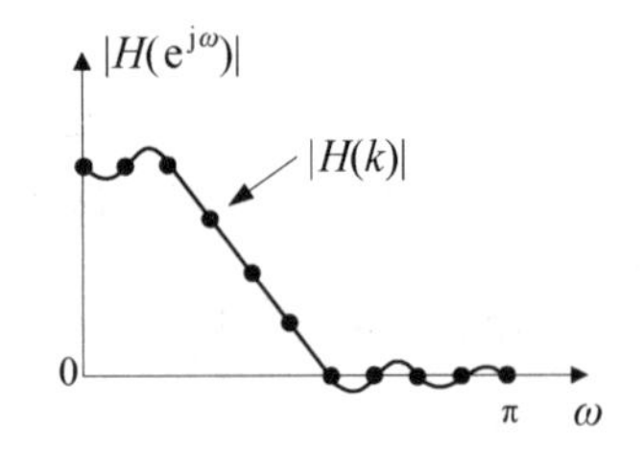

图 7-9　加过渡采样点后的频域内插

[虚线为 $|H_{\mathrm{d}}(\mathrm{e}^{\mathrm{j}\omega})|$，实线为 $|H(\mathrm{e}^{\mathrm{j}\omega})|$，实点为 $|H(k)|$]

为了减小逼近误差，使 $|H(\mathrm{e}^{\mathrm{j}\omega})|$ 的波形尽量平缓，在理想滤波器频率响应函数 $H_{\mathrm{d}}(\mathrm{e}^{\mathrm{j}\omega})$ 的截止角频率 ω_{c} 左右两侧加入一定宽度的过渡带，使 $H_{\mathrm{d}}(\mathrm{e}^{\mathrm{j}\omega})$ 的间断点变平滑后再采样，即在 ω_{c} 附近把 $H(k)$ 中加几个过渡采样点，也就是以增加过渡带宽度换取阻带最小衰减的增加。考虑到采样间隔为 $2\pi/N$ [见图 7-8]，可知增加 m 个过渡带采样点之后的过渡带宽度 B_{t} 为 $2\pi(m+1)/N$。

先通过增加过渡带采样点个数 m 使阻带最小衰减 α_s 满足设计指标要求，然后根据过渡带宽度 $B_t \leqslant |\omega_p - \omega_s|$ 选取频率采样点数 N。

频率采样法的优点是可以在频域直接设计，其缺点是采样频率只能取 $2\pi k / N$（$0 \leqslant k \leqslant N-1$），使得截止频率 ω_c 不能任意取值。通过增加频率采样点数 N 可以使 ω_c 的选取更精确，并且使过渡带变窄，但是计算量也随着 N 的增加而增加。

3. 频率采样法的设计步骤

(1) 构造希望逼近的理想滤波器的频率响应函数 $H_d(e^{j\omega})$。

(2) 查表 7-2，根据阻带最小衰减 α_s 选择过渡带采样点个数 m。

表 7-2　过渡带采样点个数 m 的选择

过渡带采样点个数 m	滤波器阻带最小衰减 α_s /dB
1	40～54
2	60～75
3	80～95

(3) 根据过渡带宽度 $B_t \leqslant |\omega_p - \omega_s|$ 选取频率采样点数 N，即

$$N \geqslant \frac{2\pi(m+1)}{|\omega_p - \omega_s|} \tag{7-75}$$

(4) 对 $H_d(e^{j\omega})$ 在 $[0, 2\pi]$ 区间范围内进行 N 点等间隔采样，并插入过渡采样点，得到 $H(k)$。

(5) 对 $H(k)$ 进行 N 点离散傅里叶反变换，得到 $h(n)$，即

$$h(n) = \text{IDFT}[H(k)] \quad 0 \leqslant n \leqslant N-1 \tag{7-76}$$

或者用频域内插公式(7-72)求系统函数 $H(z)$。

(6) 用式(7-73)求频率响应函数 $H(e^{j\omega})$，画幅频特性曲线 $|H(e^{j\omega})|$，检验 $|H(e^{j\omega})|$ 是否满足设计指标要求。

如果不满足，则改变过渡带采样值或者调整希望逼近的理想滤波器的截止频率，重新进行设计，直到满足设计指标要求为止。

7.6　IIR 系统与 FIR 系统的比较

在 5.3 节和 5.4 节已经详细介绍了 IIR 系统和 FIR 系统在单位脉冲响应 $h(n)$、系统函数 $H(z)$、差分方程和网络结构这几个方面的特点，下面对二者进行全面比较。

FIR 系统总是因果稳定的，因为它的单位脉冲响应 $h(n)$ 是因果有限长序列，它的系统函数 $H(z)$ 的收敛域 $|z|>0$ 包含 ∞ 和单位圆。而 IIR 系统的极点可位于 z 平面的任意位置，为了使其因果稳定，设计时必须保证全部极点落在单位圆内。

IIR 系统的阶数更低。阶数越低，信号延时越小，计算量越小，所用的存储单元越少，硬件结构越简单，越容易实现，生产成本越低，越经济实用。由于非零极点的存在，IIR 系统存在着输出对输入的反馈，通过调节零极点，依靠零极点的匹配，IIR 系统可以用

比 FIR 系统低得多的阶数满足相同的设计指标要求。而 FIR 系统的极点固定在原点，所以只能调节零点，它的阶数比 IIR 系统的阶数高 5~10 倍。

FIR 系统可以实现严格的线性相位，适用于图像处理和数据传输。IIR 系统的相位是非线性的，适用于对相位要求不高的场合，如语音通信。第 6 章介绍的 IIR 滤波器是借助模拟滤波器设计实现的，它脱离不了几种典型模拟滤波器(巴特沃斯、切比雪夫 I 型、切比雪夫 II 型和椭圆滤波器)的局限性，这几种典型模拟滤波器都具有非线性相位，而且过渡带越窄，相位的非线性越严重。要想得到具有线性相位的 IIR 滤波器，必须加全通滤波器进行相位校正，这样做将大大增加滤波器的阶数和复杂度。

IIR 滤波器设计利用了模拟滤波器成熟的理论和设计方法，有现成的公式和图表可查，对计算工具的要求不高，计算工作量较小。FIR 滤波器设计没有现成的设计公式，需要借助计算机求解。

在 FIR 系统设计中，可以用快速傅里叶变换(FFT)算法，使运算速度大大提高，因为它的单位脉冲响应 $h(n)$ 是因果有限长序列。而 IIR 系统的单位脉冲响应 $h(n)$ 是无限长序列，不能用 FFT 算法。

IIR 系统主要用于设计具有片段常数特性的选频滤波器(低通、高通、带通、带阻滤波器)。FIR 系统则灵活得多，有更广泛的应用场合，可用于设计具有任意幅度特性的系统，如理想正交变换器、理想微分器、90°移相器、线性调频器等。

通过以上比较可以看出，IIR 系统与 FIR 系统各有特点，在实际应用中应该全面考虑，折中选择。

习 题 7

7-1 已知线性相位 FIR 系统的系统函数 $H(z)$ 中的一个零点，求出 $H(z)$ 的其他零点。

(1) $z=0.4+0.3\mathrm{j}$ (2) $z=1$ (3) $z=-0.4$

7-2 用窗函数法设计 FIR 数字低通滤波器。设计指标：采样频率 $F_\mathrm{s}=1000$ Hz；通带截止频率 $f_\mathrm{p}=120$ Hz，通带最大衰减 $\alpha_\mathrm{p}=0.1$ dB；阻带截止频率 $f_\mathrm{s}=150$ Hz，阻带最小衰减 $\alpha_\mathrm{s}=60$ dB。

(1) 为了满足设计指标要求，需选择哪种窗函数？求该窗函数的长度 N。

(2) 写出第一类线性相位理想低通滤波器的频率响应函数 $H_\mathrm{d}(\mathrm{e}^{\mathrm{j}\omega})(-\pi\leqslant\omega\leqslant\pi)$。

7-3 用窗函数法设计 FIR 数字高通滤波器。设计指标：采样频率 $F_\mathrm{s}=6000$ Hz；通带截止频率 $f_\mathrm{p}=1300$ Hz，通带最大衰减 $\alpha_\mathrm{p}=3$ dB；阻带截止频率 $f_\mathrm{s}=1150$ Hz，阻带最小衰减 $\alpha_\mathrm{s}=50$ dB。

(1) 写出该滤波器的数字通带截止角频率 ω_p、阻带截止角频率 ω_s 和相应的理想滤波器的截止角频率 ω_c。

(2) 为了满足设计指标要求，需选择哪种窗函数？求该窗函数的长度 N (取奇数)。

(3) 写出第一类线性相位理想高通滤波器的频率响应函数 $H_\mathrm{d}(\mathrm{e}^{\mathrm{j}\omega})(-\pi\leqslant\omega\leqslant\pi)$，并画出其幅频特性曲线 $|H_\mathrm{d}(\mathrm{e}^{\mathrm{j}\omega})|(0\leqslant\omega\leqslant\pi)$。

7-4 用窗函数法设计 FIR 数字带通滤波器。设计指标：采样频率 $F_\mathrm{s}=6000$ Hz；通带上、下限截止频率 $f_{\mathrm{pl}} = 600\ \mathrm{Hz}$、$f_{\mathrm{pu}} = 1100\ \mathrm{Hz}$，通带最大衰减 $\alpha_{\mathrm{p}} = 3\ \mathrm{dB}$；阻带上、下限截止频率 $f_{\mathrm{sl}} = 500\ \mathrm{Hz}$、$f_{\mathrm{su}} = 1200\ \mathrm{Hz}$，阻带最小衰减 $\alpha_{\mathrm{s}} = 50\ \mathrm{dB}$。

(1) 写出该滤波器的数字通带截止角频率 ω_{p}、阻带截止角频率 ω_{s} 和相应的理想滤波器的截止角频率 ω_{c}。

(2) 为了满足设计指标要求，需选择哪种窗函数？求该窗函数的长度 N (取奇数)。

(3) 写出第一类线性相位理想带通滤波器的频率响应函数 $H_{\mathrm{d}}(\mathrm{e}^{\mathrm{j}\omega})\,(-\pi \leqslant \omega \leqslant \pi)$，并画出其幅频特性曲线 $|H_{\mathrm{d}}(\mathrm{e}^{\mathrm{j}\omega})|\,(0 \leqslant \omega \leqslant \pi)$。

7-5 用窗函数法设计一个线性相位 FIR 数字低通滤波器。理想低通滤波器的截止角频率 $\omega_{\mathrm{c}} = 0.5\pi$，选用矩形窗，窗函数的长度 $N = 121$。

(1) 画出理想低通滤波器的幅频特性曲线 $|H_{\mathrm{d}}(\mathrm{e}^{\mathrm{j}\omega})|\,(0 \leqslant \omega \leqslant \pi)$。

(2) 求实际滤波器的单位脉冲响应 $h(n)$。

第 8 章　MATLAB 仿真实验

8.1　实验 1 离散线性时不变系统的输入输出关系

1. 实验目的

(1) 理解离散线性时不变(LTI)系统的输入输出关系：输出响应 $y(n)$ 是输入信号 $x(n)$ 与系统单位脉冲响应 $h(n)$ 的线性卷积。

(2) 通过实验进一步掌握线性卷积的运算过程。

(3) 了解 MATLAB 工具箱中 conv、impz 和 filter 语句的功能，并会正确调用它们。

2. 实验原理

对于 LTI 系统，当输入为 $x(n)$ 时其输出响应为

$$\begin{aligned} y(n) &= \sum_{m=-\infty}^{\infty} x(m)h(n-m) = x(n) * h(n) \\ &= \sum_{m=-\infty}^{\infty} h(m)x(n-m) = h(n) * x(n) \quad -\infty < n < \infty \end{aligned} \tag{8-1}$$

式中，$h(n)$ 为系统的单位脉冲响应，即输入为单位脉冲序列 $\delta(n)$ 时的零状态响应；$x(n) * h(n)$ 为 $x(n)$ 与 $h(n)$ 的线性卷积，满足交换律、结合律和分配律；$\sum\limits_{m=-\infty}^{\infty} x(m)h(n-m)$ 指出了线性卷积的运算过程：以 n 为变量时，$y(n)$ 可以用 $h(n)$ 的“移位加权和”表示；以 m 为变量时，将 $h(m)$ 翻褶、移 n 位、与 $x(m)$ 对应位相乘后相加得到 $y(n)$。

若 $x(n)$ 的有效区间范围在 $n_{xl} \leqslant n \leqslant n_{xu}$，$h(n)$ 的有效区间范围在 $n_{hl} \leqslant n \leqslant n_{hu}$，则 $y(n)$ 的有效区间范围在求 $x(n)$ 与 $h(n)$ 的线性卷积之前即可确定，为 $n_{xl} + n_{hl} \leqslant n \leqslant n_{xu} + n_{hu}$。$y(n)$ 的有效数据长度为 $x(n)$ 与 $h(n)$ 的有效数据长度之和减 1。

MATLAB 工具箱中提供了进行线性卷积运算的 conv 语句，提供了用差分方程的递推迭代求解系统单位脉冲响应 $h(n)$ 的 impz 语句和求解系统输出响应 $y(n)$ 的 filter 语句。其中，conv 语句默认参与卷积运算的两个序列的左边界都从 $n = 0$ 开始，使得 $y(n)$ 也从 $n = 0$ 开始，所以编程时要根据 $x(n)$ 与 $h(n)$ 的自变量 n 的实际取值范围对 $y(n)$ 的自变量 n 做相应的调整。

3. 实验任务

在 MATLAB 中运行例题程序，结合实验原理、仿真波形和程序中的注释语句读懂例程，弄明白程序实现的功能。仿照例程编写程序，完成下列实验任务。

(1) 动态演示线性卷积的求解过程。运行 lab1dynamic.m 程序，体会以 m 为变量求解线性卷积的运算过程，验证 1.2.5 小节例 1-5 的正确性。按空格键，单步执行，直至在 MATLAB 命令窗中出现“>>”符号，表明程序运行完毕。

(2) 仿照例程 lab11.m 编写 MATLAB 程序。求序列 $x(n)$ 与 $h(n)$ 的线性卷积

$y(n)=x(n)*h(n)$，并画出 $x(n)$、$h(n)$ 和 $y(n)$ 的波形。

① $x(n)=(n-1)R_3(n)$，$h(n)=(4-n)R_4(n)$。

② $x(n)=(n+1)R_5(n)$，$h(n)=\delta(n)-\delta(n-1)+\delta(n-2)$。

③ $x(n)=(n+3)R_3(n+2)$，$h(n)=R_4(n+1)+R_2(n)$。

(3) 仿照例程 lab12.m 编写 MATLAB 程序，求系统的响应并画出相应波形。

已知离散线性时不变、因果系统的差分方程为

$$y(n)=x(n)-0.5x(n-1)-0.5y(n-1)$$

求系统的单位脉冲响应 $h(n)$；当输入信号 $x(n)=R_5(n-3)$ 时，求系统的输出响应 $y(n)$。

(4) 已知离散线性时不变系统的单位脉冲响应为

$$h(n)=-\delta(n+2)+\delta(n-1)+2\delta(n-3)$$

当输入信号 $x(n)=2^{(1-n)}R_3(n)$ 时，求系统的输出响应 $y(n)$，并画出 $x(n)$、$h(n)$ 和 $y(n)$ 的波形。

4. 实验报告书写内容

(1) 实验名称、目的。

(2) 手绘实验任务(2)~(4)中每个 $x(n)$、$h(n)$ 和 $y(n)$ 的波形，并写出它们的有效区间范围及有效数据长度。

(3) 简答。

① 信号通过什么样的系统时，其输出响应才是输入信号与系统单位脉冲响应的线性卷积关系？

② 写出 $\delta(n)$、$R_4(n)$、$u(n)$ 和 $u(-n-1)$ 的数学表达式，并画出其波形。

③ 简述线性卷积的运算过程。

④ 通过对实验结果进行分析得出，若 $x(n)$ 与 $h(n)$ 的有效数据长度分别为 M 和 N，则 $y(n)$ 的有效数据长度是多少？

5. 实验例程

【例 8-1】 已知序列 $x(n)=(n+1)R_3(n)$，$h(n)=R_4(n)+R_2(n-1)$，动态演示 $x(n)$ 与 $h(n)$ 的线性卷积 $y(n)=x(n)*h(n)$ 的求解过程。

源程序：lab1dynamic.m

```
% 动态演示线性卷积的求解过程
% 1.2.5 小节例 1-5，用 y(n)=Σh(m)x(n-m)求解线性卷积
% 以 m 为变量的求解过程：变量代换、翻褶移位、相乘、相加
% 序列 x(n)、h(n)的自变量 n 的取值范围、数据值与数据长度
nx=0:2;  xn=nx+1;  lx=length(nx);
nh=0:3;  hn=[1, 2, 2, 1];  lh=length(nh);
xhl=min([xn, hn])-1;  % h(m)、x(m)、x(n-m)幅值的下限-1
xhu=max([xn, hn])+1;  % h(m)、x(m)、x(n-m)幅值的上限+1
nyl=nx(1)+nh(1);  % y(n)有效区间的左边界
nyu=nx(lx)+nh(lh);  % y(n)有效区间的右边界
yn=conv(xn, hn);  % 线性卷积 y(n)=x(n)*h(n)

% ① 将 x(n)、h(n)变量代换为 x(m)、h(m)
```

```
% 将 x(n)、h(n)有效数据两端各补一个 0，用于画 h(m)、x(m)
m1x=nx(1)-1:nx(lx)+1;  xm1=[0, xn, 0];
m1h=nh(1)-1:nh(lh)+1;  hm1=[0, hn, 0];

% 画 h(m)的波形
subplot(3, 2, 1);  stem(m1h, hm1, '.');
xlabel('m');  ylabel('h(m)');  axis([nyl-lx, nyu+lx, xhl, xhu]);
% 标注出 h(m)的有效区间范围
set(gca, 'XTick', [nh(1), nh(lh)], 'XGrid', 'on');

% 画 x(m)的波形
subplot(3, 2, 4);  stem(m1x, xm1, '.');
xlabel('m');  ylabel('x(m)');  axis([nyl-lx, nyu+lx, xhl, xhu]);

lmax=max(lh, lx);  % x(n)、h(n)有效数据长度的最大值
mhx=nh(1)-lmax+1:nh(1)+2*lmax;  %x(n-m)、h(m)x(n-m)的横坐标 m
% 为使 x(m)、h(m)等长，求需要补充的零值点个数 Nx、Nh
if lh>lx
   Nx=lmax-lx;  Nh=0;  % 若 h(m)比 x(m)长，对 x(m)补 Nx 个 0
elseif lh<lx
   Nx=0;  Nh=lmax-lh;  % 若 x(m)比 h(m)长，对 h(m)补 Nh 个 0
else
   Nx=0;  Nh=0;  % 若 x(m)与 h(m)等长，不需要补 0
end
% 先将 h(m)补 0 到与 x(m)等长，再将其左边补 lmax-1 个 0，右边补 lmax+1 个 0
hm3=[zeros(1, lmax-1), hn, zeros(1, Nh), zeros(1, lmax+1)];
% 先将 x(m)补 0 到与 h(m)等长，再将其左边补 2*lmax 个 0
xm3=[zeros(1, 2*lmax), xn, zeros(1, Nx)];

% 将 x(m)作为翻褶移位的对象
xfm=fliplr(xm3);  % ② 将 x(m)翻褶为 x(-m)
lxf=length(xfm);

% 动态演示 y(n0)=Σh(m)x(n0-m)
for n0_tmp=0:2*lmax  % 先将 x(n)、h(n)看作因果序列，n0 从 0 开始
   n0=nyl+n0_tmp;  % 调整，实际的 n0
   % ③ 移位，x(-m)右移 n0 位，得到 x(n0-m)
   xnfm=[zeros(1, n0_tmp), xfm(1:lxf-n0_tmp)];
   hxnfm=hm3.*xnfm;  % ④ 相乘，h(m)x(n0-m)
   yn0=sum(hxnfm);  % ⑤ 相加，Σh(m)x(n0-m)，得到 y(n0)

   % 画 x(m)的翻褶移位序列 x(n0-m)
   subplot(3, 2, 3);  stem(mhx, xnfm, '.');
   title(['n=', num2str(n0), ',  x(', num2str(n0), '-m)']);
   xlabel('m');  axis([nyl-lx, nyu+lx, xhl, xhu]);
   set(gca, 'XTick', [nh(1), nh(lh)], 'XGrid', 'on');

   % 画 h(m)x(n0-m)
   subplot(3, 2, 5);  stem(mhx,hxnfm, '.');
   title(['n=', num2str(n0), ',  h(m)x(', num2str(n0), '-m)']);
   xlabel('m');  axis([nyl-lx, nyu+lx, min(hxnfm)-eps, max(hxnfm)+eps]);
```

```
    set(gca, 'XTick', [nh(1), nh(lh)], 'XGrid', 'on');

    % 列写求和算式
    str_tmp=[num2str(hxnfm(lh))];
    for i=1:lh-1
        str_tmp=[str_tmp, '+', num2str(hxnfm(lh+i))];
    end

    % 依次画出 y(n0)，最终得到全部 y(n)值
    subplot(3, 2, 6);  stem(n0, yn0, '.');
    title(['y(', num2str(n0), ')=Σh(m)x(', num2str(n0), '-m)=', str_tmp,
'=', num2str(yn0)]);
    xlabel('n');  ylabel('y(n)');
    axis([nyl-1, 2*lmax, min(yn)-1, max(yn)+1]);
    hold on  % 在图形窗上保留每一次运行的结果

    pause( );  % 暂停，按空格键继续

end
```

【例 8-2】 已知序列 $x(n)=1.1^n R_{20}(n)$， $h(n)=(n+1)R_8(n)$，求 $x(n)$ 与 $h(n)$ 的线性卷积 $y(n)=x(n)*h(n)$ 。

源程序：lab11.m

```
% 线性卷积的求解
nx=0:19;  % x(n)的自变量 n 的取值范围
xn=1.1.^nx;  % x(n)的数据值
lx=length(nx);  % x(n)的数据长度

nh=0:7;  % h(n)的自变量 n 的取值范围
hn=nh+1;  % h(n)的值
lh=length(nh);  % h(n)的数据长度

% 求 x(n)与 h(n)的线性卷积 y(n)
ny=(nx(1)+nh(1)):(nx(lx)+nh(lh));  % y(n)的自变量 n 的取值范围
yn=conv(xn, hn)  % y(n)=x(n)*h(n)

% 画 x(n)、h(n)和 y(n)的波形，并标出横纵坐标变量名
subplot(2, 2, 1);  stem(nx, xn, 'filled');  xlabel('n');  ylabel('x(n)');
subplot(2, 2, 2);  stem(nh, hn, 'filled');  xlabel('n');  ylabel('h(n)');
subplot(2, 1, 2);  stem(ny, yn, 'filled');  xlabel('n');  ylabel('y(n)');
```

【例 8-3】 已知离散线性时不变、因果系统的差分方程为

$$y(n)=2x(n)+\frac{1}{3}x(n-1)-\frac{1}{3}y(n-1)+\frac{2}{9}y(n-2)$$

求系统的单位脉冲响应 $h(n)$；当输入信号 $x(n)=R_4(n)$ 时，求系统的输出响应 $y(n)$ 。

N 阶线性常系数差分方程的一般表达式为

$$y(n)=\sum_{m=0}^{M}b_m x(n-m)-\sum_{k=1}^{N}a_k y(n-k)$$

源程序：lab12.m

```
% 用递推迭代法和线性卷积法求系统的输出响应
lx=16;  % x(n)的数据长度
nx=0:lx-1;  % x(n)的自变量 n 的取值范围
xn=[ones(1, 4), zeros(1, lx-4)];  % 输入信号 x(n)的数据值

% 用差分方程的递推迭代求解系统的输出响应，迭代次数 lx
% 习题 1-10
b=[2, 1/3];  % 差分方程中 x(n-m)的系数
a=[1, 1/3, -2/9];  % 差分方程中 y(n-k)的系数，y(n)的系数为 1
y1n=filter(b, a, xn)  % y1(n)的数据长度为 lx

% 用 x(n)与 h(n)的线性卷积求解系统的输出响应 y(n)=x(n)*h(n)
[hn, nh]=impz(b, a);  % 递推迭代求解系统的单位脉冲响应 h(n)
lh=length(hn);
ny=(nx(1)+nh(1)):(nx(lx)+nh(lh));
yn=conv(xn, hn')  % y(n)的有效数据长度为 lx+lh-1

% 画 x(n)、h(n)、y1(n)和 y(n)的波形
subplot(2, 2, 1);  stem(nx, xn, 'filled');  xlabel('n');  ylabel('x(n)');
subplot(2, 2, 3);  stem(nh, hn, 'filled');  xlabel('n');  ylabel('h(n)');

subplot(2, 2, 2);  stem(nx, y1n, 'filled');
xlabel('n');  ylabel('y1(n)');
% 限定 y1(n)的图形显示区域
axis([nx(1)+nh(1), nx(lx)+nh(lh), min([y1n, yn]), max([y1n, yn])]);

subplot(2, 2, 4);  stem(ny, yn, 'filled');  xlabel('n');  ylabel('y(n)');
% 限定 y(n)的图形显示区域
axis([nx(1)+nh(1), nx(lx)+nh(lh), min([y1n, yn]), max([y1n, yn])]);
```

8.2　实验 2 DFT 与 FFT 的应用

1. 实验目的

(1) 理解离散傅里叶变换(DFT)与离散时间傅里叶变换(DTFT)、快速傅里叶变换(FFT)的关系。

(2) 理解用 FFT 计算循环卷积的原理，掌握循环卷积与线性卷积的关系。

(3) 在用 FFT 对信号进行谱分析时会正确选取参数。

(4) 会正确调用 FFT 算法的 MATLAB 语句。

2. 实验原理

1) 用 FFT 对信号进行谱分析

在 5 类信号(连续周期信号、连续非周期信号、非周期序列、周期序列、有限长序列)的傅里叶变换中，有限长序列及其离散傅里叶变换(DFT)是唯一的一种在时域和频域均为离散有限长的序列，为利用计算机或者数字信号处理器对信号进行分析与处理、对系统进

行设计提供了理论依据。

对信号进行谱分析就是求信号的傅里叶变换，分析信号中含有哪些频率成分。无限长非周期序列 $x(n)$ 的离散时间傅里叶变换(DTFT)为

$$X(\mathrm{e}^{\mathrm{j}\omega}) = \mathrm{DTFT}[x(n)] = \sum_{n=-\infty}^{\infty} x(n)\mathrm{e}^{-\mathrm{j}\omega n} \tag{8-2}$$

也称为频谱，$X(\mathrm{e}^{\mathrm{j}\omega})$ 是关于 ω 以 2π 为周期的连续谱。

长度为 M 的有限长序列 $x(n)$ 的 N 点离散傅里叶变换(DFT)为

$$X(k) = \mathrm{DFT}[x(n)]_N = \sum_{n=0}^{N-1} x(n)\mathrm{e}^{-\mathrm{j}\frac{2\pi}{N}kn} = \sum_{n=0}^{N-1} x(n)W_N^{kn} \qquad 0 \leqslant k \leqslant N-1 \tag{8-3}$$

其中，$N \geqslant M$，$W_N = \mathrm{e}^{-\mathrm{j}2\pi/N}$。

$X(k)$ 是离散谱，是对 $X(\mathrm{e}^{\mathrm{j}\omega})$ 在 $\omega \in [0, 2\pi]$ 区间范围内的 N 点等间隔采样($\omega = 2\pi k/N$)。采样点数太少时不能反映 $X(\mathrm{e}^{\mathrm{j}\omega})$ 的全部信息，当 N 足够大时，$X(k)$ 的包络才接近于信号的频谱 $X(\mathrm{e}^{\mathrm{j}\omega})$，这种现象称为栅栏效应。

FFT 并不是一种新的傅里叶变换，它只是 DFT 的快速算法。利用 DFT 暗含的周期性、W_N^{kn} 的可约性及特殊点的值，取采样点数 N 为 2 的整数幂($N = 2^M$，$M \in \mathbf{Z}^+$)，N 点 DFT 经基 2FFT 算法最终变成了 M 级、每级 $N/2$ 个蝶形的运算。直接计算 N 点 DFT 需要 N^2 次复数乘法和 $N(N-1)$ 次复数加法运算，而基 2FFT 算法需要 $MN/2$ 次复数乘法和 MN 次复数加法运算。随着 N 的增加，FFT 的运算效率明显高于直接计算 DFT。

在 MATLAB 中用 fft 语句实现 DFT，用 ifft 语句实现 IDFT。当计算点数 N 取 2 的整数幂时自动按时域抽取基 2FFT 快速算法(DIT-FFT)计算，否则直接计算 N 点 DFT。

2) 用 FFT 计算循环卷积

设 $x(n)$ 的长度为 M，$h(n)$ 的长度为 N，L 点循环卷积可以在时域求解，即

$$y_{\mathrm{c}}(n) = x(n) \textcircled{L} h(n) = \sum_{m=0}^{L-1} x(m)h((n-m))_L R_L(n) \tag{8-4}$$

也可以根据循环卷积定理，先在频域计算 $X(k)$ 与 $H(k)$ 的乘积，即

$$Y_{\mathrm{c}}(k) = X(k)H(k) \tag{8-5}$$

再求 $Y_{\mathrm{c}}(k)$ 的 L 点 IDFT 即可得到 $y_{\mathrm{c}}(n)$。图 8-1 所示为用 FFT 计算 L 点循环卷积的原理框图，其中 L 取 2 的整数幂。

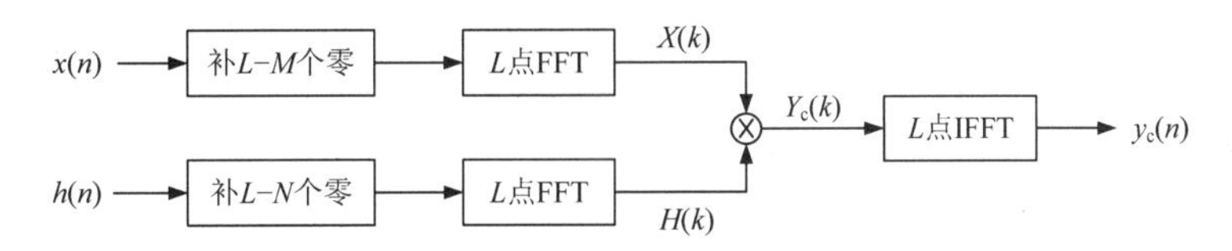

图 8-1　用 FFT 计算 L 点循环卷积的原理框图

L 点循环卷积 $y_{\mathrm{c}}(n)$ 与线性卷积 $y(n)$ 的关系为

$$y_{\mathrm{c}}(n) = y((n))_L R_L(n) = \sum_{i=-\infty}^{\infty} y(n+iL)R_L(n) \tag{8-6}$$

可以由 $y(n)$ 求 $y_{\mathrm{c}}(n)$，将 $y(n)$ 以 L 为周期进行周期延拓之后取主值即为 $y_{\mathrm{c}}(n)$（$0 \leqslant n$

$\leqslant L-1$)。$y(n)$ 的有效数据长度为 $M+N-1$，当 $L \geqslant M+N-1$ 时，也可以由 $y_c(n)$ 求 $y(n)$，$y_c(n)$ 在 $0 \leqslant n \leqslant M+N-2$ 区间范围内的值即为 $y(n)$ 的有效数据。

3. 实验任务

在 MATLAB 中运行例题程序，结合实验原理、仿真波形和程序中的注释语句读懂例程，弄明白程序实现的功能。仿照例程编写程序，完成下列实验任务。

(1) 仿照例程 lab21.m 编写 MATLAB 程序。已知序列

$$x_2(n)=\begin{cases} n+1, & 0 \leqslant n \leqslant 3 \\ 8-n, & 4 \leqslant n \leqslant 7 \\ 0, & \text{其他}n \end{cases}$$

仍然取 N 为 8 和 16，求序列 $x_2(n)$ 的 N 点 DFT $X_2(k)$ ($0 \leqslant k \leqslant N-1$)和 DTFT $X_2(\mathrm{e}^{\mathrm{j}\omega})$。画出 $x_2(n)$ 的波形、$X_2(k)$ 与 $X_2(\mathrm{e}^{\mathrm{j}\omega})$ 的幅频特性曲线 $|X_2(k)|$ 和 $|X_2(\mathrm{e}^{\mathrm{j}\omega})|$，同时画出例 8-4 中 $x_1(n)$ 的波形、$X_1(k)$ 与 $X_1(\mathrm{e}^{\mathrm{j}\omega})$ 的幅频特性曲线 $|X_1(k)|$ 和 $|X_1(\mathrm{e}^{\mathrm{j}\omega})|$。

利用 $X(k)$ 与 $X(\mathrm{e}^{\mathrm{j}\omega})$ 的关系解释为什么 $|X_2(k)|$ 与 $|X_1(k)|$ 在 $N=8$ 时相同，而在 $N=16$ 时却不同？

(2) 运行例程 lab22.m，在此程序中加入 conv 语句和画图语句，显示出线性卷积 $y(n)=x(n)*h(n)$ 的波形。

与 20 点循环卷积 $y_c(n)$ 的波形进行对比，找出 $y(n)$ 与 $y_c(n)$ 结果相同的 n 的取值范围在哪一段？

(3) 编写 MATLAB 程序。已知序列 $x(n)=(n+1)R_3(n)$，$h(n)=R_4(n)+R_2(n-1)$，求 $x(n)$ 与 $h(n)$ 的线性卷积 $y(n)$；L 分别取 4、6、8、16，求 $x(n)$ 与 $h(n)$ 的 L 点循环卷积 $y_c(n)$。画出 $x(n)$、$h(n)$、$y(n)$ 和 4 个 $y_c(n)$ 的波形。

由实验结果分析得出，若用求解循环卷积的方法得到此题的线性卷积，L 至少应取何值？

(4) 仿照例程 lab23.m 编写 MATLAB 程序。已知连续信号

$$x(t)=\cos 2\pi f_1 t+\sin 2\pi f_2 t-2\cos(2\pi f_3 t+\pi)$$

其中，$f_1=4$ Hz，$f_2=8$ Hz，$f_3=10$ Hz。用 FFT 对 $x(t)$ 进行谱分析，取采样频率 $F_s=64$ Hz，依次取采样点数 N 为 16、32、64，画出相应的幅频特性曲线(横坐标为频率)。

求信号 $x(t)$ 的最高频率 f_c，判断以 $F_s=64$ Hz 对 $x(t)$ 采样是否满足时域采样定理？若要求频率分辨率 $F_0 \leqslant 1$ Hz，求最少采样点数 $N_{\min}$ 和最短信号记录长度 $T_{0\min}$ 各为多少？

4. 实验报告书写内容

(1) 实验名称、目的。

(2) 手绘每个实验任务的仿真结果图(不用画实验任务(2)的图，实验任务(4)只画频域波形)，并回答每个任务中的相关问题。

(3) 简答。

① 简述快速傅里叶变换(FFT)与离散傅里叶变换(DFT)的关系。取 $N=2^M$，$M \in \mathbf{Z}^+$，写出直接计算 N 点 DFT 与用基 2FFT 算法计算所需复数乘法、复数加法的运算量各是多少。

② 画出用 FFT 计算 L 点循环卷积的原理框图。

③ 设序列 $x(n)$ 的 4 点 DFT 为 $X(k)\,(0\leqslant k\leqslant 3)$。画出 4 点时域抽取基 2FFT(基 2DIT-FFT)算法的蝶形运算流图，根据蝶形运算关系计算序列 $x(n)=R_2(n)$ 的 4 点 DFT。

5. 实验例程

【例 8-4】已知序列

$$x_1(n)=\begin{cases}4-n, & 0\leqslant n\leqslant 3\\ n-3, & 4\leqslant n\leqslant 7\\ 0, & \text{其他}n\end{cases}$$

分别取 N 为 8 和 16，求序列 $x_1(n)$ 的 N 点 DFT $X_1(k)\,(0\leqslant k\leqslant N-1)$和 DTFT $X_1(\mathrm{e}^{\mathrm{j}\omega})$。

源程序：lab21.m

```
% 用 FFT 求 x(n)的 N 点 DFT，当 N 足够大时近似逼近 DTFT
nx1=0:3;  xn1=4-nx1;
nx2=4:7;  xn2=nx2-3;
nx=[nx1, nx2];  % x(n)的自变量 n 的取值范围
xn=[xn1, xn2];  % x(n)的数据值

figure;  % 在新建图形窗口中画图
N_tmp=[8, 16];
for i=1:2
  N=N_tmp(i);
  Xk=fft(xn, N);  % 用 FFT 求 x(n)的 N 点 DFT X(k)
  k=0:N-1;  % X(k)的自变量 k 的取值范围
  xnN=ifft(Xk, N);  % 用 IFFT 求 X(k)的 N 点 IDFT，x(n)为 N 点有限长序列

  % 画 x(n)的 N 点 DFT 的幅频特性曲线|X(k)|
  subplot(3, 2, 2*i+2);  stem(k, abs(Xk), 'filled');
  title(['|X1(k)|=|DFT[x1(n)]|,  N=', int2str(N)]);  xlabel('k');
  axis([0, N, min(Xk), max(Xk)]);  % 限定|X(k)|的图形显示区域

  % 画 X(k)的 N 点 IDFT x(n)
  subplot(3, 2, 2*i+1);  stem(k, xnN, 'filled');
  title(['x1(n)=IDFT[X1(k)],  N=', int2str(N)]);  xlabel('n');
  axis([0, 15, 0, max(xnN)]);  % 限定 x(n)的图形显示区域
end

Nx=1024;
w=(0:Nx-1)/Nx;  % 数字角频率ω=2πk/N，对 2π归一化了
% 用 FFT 求 x(n)的 N 点 DFT X(k)，近似逼近 x(n)的 DTFT
Xw=fft(xn, Nx);

% 画无限长序列 x(n)及其 DTFT 的幅频特性曲线|X(ω)|
subplot(3, 2, 1);  stem(nx, xn, 'filled');
title('x1(n)');  xlabel('n');  axis([0, 15, 0, max(xn)]);
subplot(3, 2, 2);  plot(w, abs(Xw));
title('|X1(ω)|=|DTFT[x1(n)]|');  xlabel('ω×2π');
```

【例 8-5】已知序列 $x(n)=1.1^n R_{20}(n)$，$h(n)=(n+1)R_8(n)$，求 $x(n)$ 与 $h(n)$ 的 20 点循环

卷积 $y_c(n)=x(n)⑳h(n)$。

源程序：lab22.m

```
% 循环卷积的求解
% 序列 x(n)、h(n)的自变量 n 的取值范围、数据值与数据长度
nx=0:19;  xn=1.1.^nx;  lx=length(nx);
nh=0:7;  hn=nh+1;  lh=length(nh);

% 用 DFT 计算 L 点循环卷积 yc(n)
L=20;
Xk=fft(xn, L);  % 求 x(n)的 L 点 DFT X(k)
Hk=fft(hn, L);
Yck=Xk.*Hk;  % 频域乘积，Yc(k)=X(k)H(k)
ycn=ifft(Yck, L)  % Yc(k)的 L 点 IDFT yc(n)
nyc=0:L-1;  % yc(n)的自变量 n 的取值范围

% 画 x(n)与 h(n)的波形
subplot(2, 2, 1);  stem(nx, xn, 'filled');  xlabel('n');  ylabel('x(n)');
subplot(2, 2, 3);  stem(nh, hn, 'filled');  xlabel('n');  ylabel('h(n)');

% 画 yc(n)的波形
subplot(2, 2, 2);  stem(nyc, ycn, 'filled');
xlabel(['n   L=', num2str(L)]);  ylabel('yc(n)');
% 限定 yc(n)的图形显示区域
axis([nx(1)+nh(1), nx(lx)+nh(lh), min(ycn), max(ycn)]);
```

【例 8-6】 用 FFT 对连续信号 $x(t)=\sin 2t+\sin 2.1t+\sin 2.2t$ 进行谱分析。分别取采样间隔 $T_s=0.5$ s，采样点数 $N=256$；$T_s=0.125$ s，$N=256$；$T_s=0.125$ s，$N=2048$，画出这 3 种情况下的时域波形和幅频特性曲线(横坐标为角频率)。

源程序：lab23.m

```
% 用 DFT 对连续信号进行谱分析
Ts_tmp=[0.5, 0.125, 0.125];
N_tmp=[256, 256, 2048];
for i=1:3
  Ts=Ts_tmp(i);  % 采样间隔 Ts
  N=N_tmp(i);  % 采样点数 N

  % 对连续信号 x(t)以 Ts 为间隔进行 N 点等间隔采样，t=nTs
  n=0:N-1;
  xn=sin(2*n*Ts)+sin(2.1*n*Ts)+sin(2.2*n*Ts);
  % 用 FFT 求 x(n)的 N 点 DFT X(k)，近似逼近 x(t)的频谱 X(f)
  Xk=Ts*fft(xn, N);
  F0=1/(N*Ts);  % 频率分辨率 F0

  % 画 x(t)的波形
  subplot(3, 2, 2*i-1);  plot(n*Ts, xn);
  xlabel('t / s');  ylabel('x(t)');
  % 限定 x(t)的图形显示区域
  axis([0, max(N_tmp.*Ts_tmp), min(xn), max(xn)]);
```

```
  % 画 x(t)的 FT 的幅频特性曲线|X(f)|
  subplot(3, 2, 2*i);  plot(n*2*pi*F0, abs(Xk));
  xlabel('2πf');  ylabel('|X(2πf)|');
  title(['Ts=', num2str(Ts), 's,  N=', int2str(N)]);
  % 限定|X(f)|的图形显示区域
  axis([1.8, 2.4, min(abs(Xk)), max(abs(Xk))]);
  % 用虚线标注出角频率为 2、2.1 和 2.2 的位置
  set(gca, 'XTick', [2, 2.1, 2.2], 'XGrid', 'on');
end
```

8.3　实验 3 用双线性变换法设计 IIR 数字滤波器

1. 实验目的

(1) 熟悉用双线性变换法设计 IIR 数字滤波器的原理和变换公式。

(2) 掌握用双线性变换法设计数字低通、高通、带通、带阻滤波器的设计步骤。

(3) 会根据设计要求给出滤波器的设计指标，并会正确调用 MATLAB 信号处理工具箱中的滤波器设计语句。

2. 实验原理

1) IIR 数字滤波器的设计思想

IIR 数字滤波器是借助模拟滤波器的设计方法实现的。适用于设计不考虑相位特性，只考虑幅度特性，且幅频特性曲线具有片段常数特性的选频滤波器，包括低通、高通、带通和带阻滤波器。

设计步骤以及需要调用的 MATLAB 语句如图 8-2 所示。先给出数字滤波器的设计指标；再根据所采用的变换方法是脉冲响应不变法还是双线性变换法，将其转换为模拟滤波器的设计指标，设计归一化模拟低通滤波器 $G(p)$；再用频率变换关系将 $G(p)$ 转换为与待设计的数字滤波器相对应的过渡模拟滤波器 $H(s)$；最后用脉冲响应不变法或双线性变换法将 $H(s)$ 转换为数字滤波器 $H(z)$。

设计中借助的典型模拟滤波器包括巴特沃斯、切比雪夫 I 型、切比雪夫 II 型和椭圆滤波器，滤波器设计语句中的参数设置见 6.6 节，其中的属性参数's'的设置决定了设计的是归一化模拟低通滤波器，还是过渡模拟滤波器，抑或是直接设计数字滤波器。本实验采用图 8-2 中粗体字对应的设计步骤，直接设计过渡模拟滤波器 $H(s)$，再用双线性变换法将 $H(s)$ 转换为数字滤波器 $H(z)$。

对于直接数字滤波器的设计，MATLAB 工具箱中提供的各种 IIR 数字滤波器设计语句均默认采用双线性变换法。

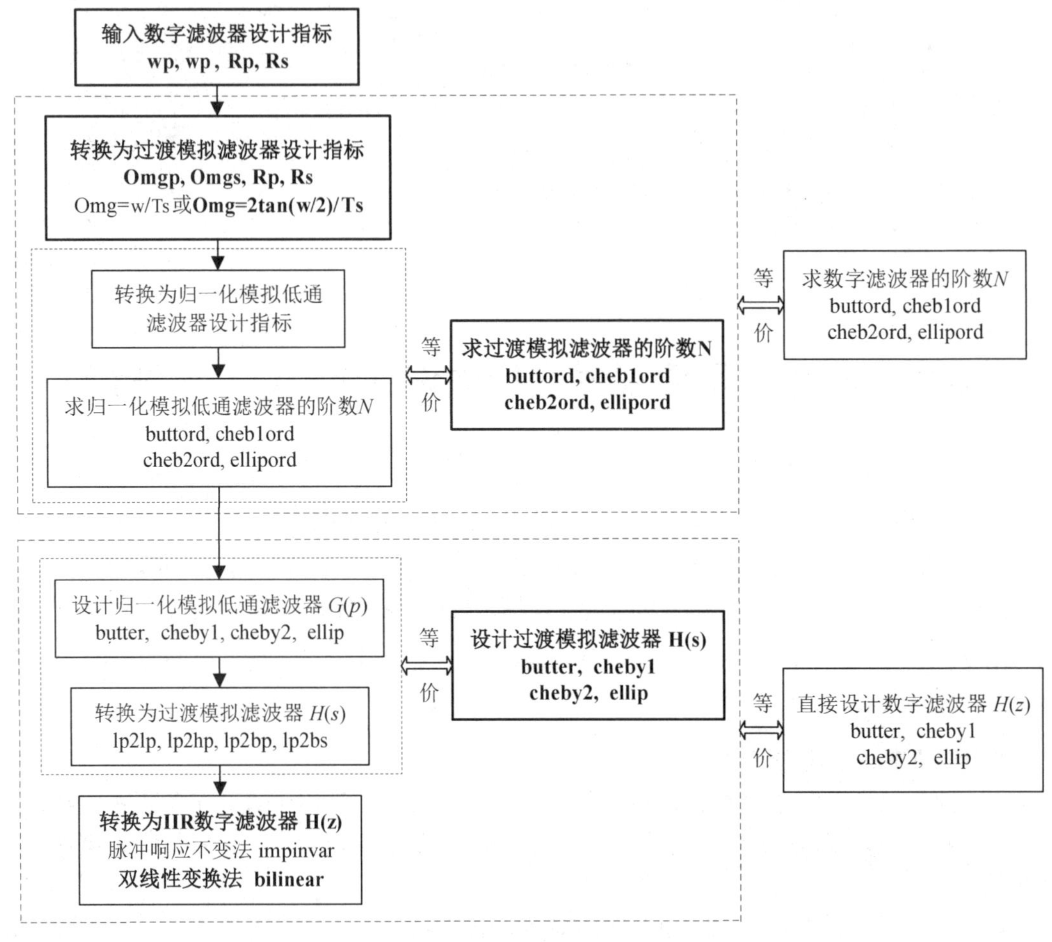

图 8-2 IIR 数字滤波器的设计步骤

2) 双线性变换法的原理

双线性变换法是用 $\varOmega=\dfrac{2}{T_s}\tan\dfrac{\varOmega_1 T_s}{2}$ 将 s 平面的整个 j$\varOmega$ 轴($-\infty<\varOmega<\infty$)非线性压缩到 s_1 平面的 j$\varOmega_1$ 轴($-\pi/T_s\leqslant\varOmega_1\leqslant\pi/T_s$)上，再用 $\omega=\varOmega_1 T_s$ 将 s_1 平面映射到 z 平面，从而得到 s 平面到 z 平面的单值映射关系，即

$$s=\frac{2(1-z^{-1})}{T_s(1+z^{-1})} \tag{8-7}$$

双线性变换法克服了脉冲响应不变法从 s 平面到 z 平面的多值映射的缺点，避免了频谱混叠现象。但是，由于 $\varOmega=\dfrac{2}{T_s}\tan\dfrac{\omega}{2}$，频率非线性失真，使转换成的数字滤波器的频率响应函数不能线性地逼近模拟滤波器的频率响应函数。

3. 实验预习

(1) 认真阅读实验原理与实验例程，明确本次实验的任务与设计步骤。

(2) 读懂实验例程的 MATLAB 语句及注释部分，找出为完成本次实验任务需要修改的语句。

(3) 预习思考题。

① 已知模拟滤波器的系统函数 $H(s)$、采样间隔 T_s。分别用脉冲响应不变法和双线性变换法将其转换为数字滤波器的系统函数 $H(z)$，写出由 $H(s)$ 得到 $H(z)$ 的变换公式。

② 在双线性变换法中模拟角频率 Ω 与数字角频率 ω 有何关系，会带来什么影响？

③ 简述脉冲响应不变法与双线性变换法的优缺点。

4. 实验任务

运行例题程序(lab3bLP.m，lab3c1BS.m)，结合实验原理、仿真波形和程序中的注释语句读懂例程，弄明白程序实现的功能。仿照例程编写 MATLAB 程序，完成下列实验任务。

(1) 已知连续信号

$$x(t) = \cos 2\pi f_1 t + \cos 2\pi f_2 t + \cos 2\pi f_3 t$$

其中，$f_1 = 200$ Hz，$f_2 = 800$ Hz，$f_3 = 1600$ Hz。用双线性变换法设计以下 3 种椭圆数字滤波器，用于从 $x(t)$ 中提取出所需频率的正弦波。画出输入信号、输出响应的时域波形及幅频特性曲线，画出滤波器的幅频特性曲线。

① 数字低通滤波器。设计指标：通带截止频率 $f_p = 400$ Hz，阻带截止频率 $f_s = 550$ Hz。

② 数字高通滤波器。设计指标：通带截止频率 $f_p = 1300$ Hz，阻带截止频率 $f_s = 1150$ Hz。

③ 数字带通滤波器。设计指标：通带上、下限截止频率 $f_{pl} = 600$ Hz、$f_{pu} = 1100$ Hz，阻带上、下限截止频率 $f_{sl} = 500$ Hz、$f_{su} = 1200$ Hz。

其他设计指标：采样频率 $F_s = 6000$ Hz，采样点数 $N_x = 1024$；通带最大衰减 $\alpha_p = 3$ dB，阻带最小衰减 $\alpha_s = 50$ dB。

(2) 用双线性变换法分别设计巴特沃斯、切比雪夫 I 型、切比雪夫 II 型数字低通滤波器，设计指标同实验任务(1)中的低通滤波器。画出输入信号、输出响应的时域波形及幅频特性曲线，画出滤波器的幅频特性曲线。

在相同的设计指标下，比较这 4 种典型模拟滤波器(包括上题的椭圆滤波器)的阶数 N 和幅频特性曲线(通带阻带的波动情况、过渡带宽度)，总结它们各自的特点。

5. 实验例程

【例 8-7】 用双线性变换法设计巴特沃斯数字低通滤波器，用于从含噪正弦信号 noisignal.m 中提取出淹没在高频噪声中的正弦波。设计指标：采样频率 $F_s = 1000$ Hz，采样点数 $N_x = 1024$；通带截止频率 $f_p = 120$ Hz，通带最大衰减 $\alpha_p = 0.1$ dB；阻带截止频率 $f_s = 150$ Hz，阻带最小衰减 $\alpha_s = 60$ dB。

源程序：lab3bLP.m

```
% 用双线性变换法设计巴特沃斯数字低通滤波器
% 6.1 节图 6-1，从含噪正弦信号中提取正弦波
Fs=1000;  Ts=1/Fs;  % 采样频率 Fs，采样间隔 Ts
```

```
% 对输入信号 x(t)以 Ts 为间隔进行 N 点等间隔采样
Nx=1024;  % 采样点数 N
n=0:Nx-1;
% 调用含噪正弦信号 noisignal.m
f0=100;  % 正弦波频率
xn=noisignal(f0, Ts, Nx);
% 用户自编的 noisignal.m 文件必须与调用它的 lab3bLP.m 在同一个文件夹下

% 用 FFT 求 x(n)的 N 点 DFT  X(k),近似逼近 x(t)的频谱 X(f)
Xk=fft(xn, Nx);
T0=Nx*Ts;  %信号记录长度 T0
F0=1/T0;  % 频率分辨率 F0

% 给出数字滤波器的设计指标
Rp=0.1;  Rs=60;  % 通带最大衰减 Rp,阻带最小衰减 Rs
fp=120;  fs=150;  % 通带截止频率 fp,阻带截止频率 fs(模拟)
% 将模拟频率转换为数字角频率 ω=ΩTs=2πfTs
wp=2*pi*fp*Ts;  ws=2*pi*fs*Ts;  % 通带、阻带截止角频率 wp、ws(数字)

% 转换为模拟滤波器的设计指标(双线性变换法, Ω=(2/Ts)tan(ω/2))
Omgp=(2/Ts)*tan(wp/2);  Omgs=(2/Ts)*tan(ws/2);

% 设计模拟滤波器 H(s)
[Nlow, Omg_tmp]=buttord(Omgp, Omgs, Rp, Rs, 's');
[ba, aa]=butter(Nlow, Omg_tmp, 's');  % 巴特沃斯,低通

% 将模拟滤波器 H(s)转换为数字滤波器 H(z)(双线性变换法)
[bd, ad]=bilinear(ba, aa, Fs);
N=length(ad)-1  % H(z)的阶数 N
[Hw, w]=freqz(bd, ad);  % 数字滤波器的频率响应函数 H(ω)
HwdB=20*log10((abs(Hw)+eps)/max(abs(Hw)));  % 幅频特性,dB

% 信号通过滤波器后的输出响应
yn=filter(bd, ad, xn);  % 递推迭代法求解系统的输出响应
Yk=fft(yn, Nx);  % y(n)的 DFT  Y(k),近似逼近 y(t)的频谱 Y(f)

% 画 x(t)的时域波形与幅频特性曲线
subplot(3, 2, 1);  plot(n*Ts, xn);
title('输入信号时域波形');  xlabel('t / s');  ylabel('x(t)');
axis([0.5*T0, 0.6*T0, min(xn), max(xn)]);
subplot(3, 2, 2);  plot(n*F0, abs(Xk)/max(abs(Xk)));
title('输入信号幅频特性');  xlabel('f / Hz');  ylabel('|X(f)|');
axis([0, Fs/2, 0, 1.2]);

% 画滤波器的幅频特性曲线
f=w*Fs/(2*pi);  %将数字角频率 w 转换为模拟频率 f
subplot(3, 2, 4);  plot(f, HwdB);
title('模拟滤波器幅频特性');  xlabel('f / Hz');  ylabel('20lg|H(f)| / dB');
axis([0, Fs/2, -(Rs+20), 5]);
% 用虚线标注出 fs 处的-Rs 值,用于验证是否满足设计指标要求
set(gca, 'XTick', fs, 'YTick', -Rs);  grid;
```

```
% 画 y(t)的时域波形与幅频特性曲线
subplot(3, 2, 5);  plot(n*Ts, yn);
title('滤波后时域波形');  xlabel('t / s');  ylabel('y(t)');
axis([0.5*T0, 0.6*T0, min(yn), max(yn)]);
subplot(3, 2, 6);  plot(n*F0, abs(Yk)/max(abs(Yk)));
title('滤波后幅频特性');  xlabel('f / Hz');  ylabel('|Y(f)|');
axis([0, Fs/2, 0, 1.2]);
```

在 lab3bLP.m 中被调用的含噪正弦信号 noisignal.m 必须与 lab3bLP.m 在同一个文件夹下。下面提供了它的源程序，不需要仔细分析程序，直接调用即可。

源程序：noisignal.m

```
% 生成含噪正弦信号 noisignal.m，单频正弦波淹没在高频噪声中
function xn=noisignal(f0, Ts, N)
% 正弦波频率 f0，采样间隔 Ts，采样点数 N

nx=0:N-1;
xsin=sin(2*pi*f0*nx*Ts);  % 正弦波的采样
noi=2*rand(1, N)-1;  % 随机噪声

% 给出滤波器的设计指标
Rp=0.1;  Rs=70;  % 通带最大衰减 Rp，阻带最小衰减 Rs
fp=150;  fs=200;  % 通带截止频率 fp，阻带截止频率 fs(模拟)
% 调用 remez 函数设计高通滤波器 hn
fb=[fp, fs];  m=[0, 1];
dev=[10^(-Rs/20), (10^(Rp/20)-1)/(10^(Rp/20)+1)];
[n, fo, mo, W]=remezord(fb, m, dev, 1/Ts);
hn=remez(n, fo, mo, W);

% 滤除随机噪声 noi 中的低频成分，生成高频噪声 xnoi
xnoi=filter(hn, 1, 10*noi);

% 生成含噪正弦信号
xn=xsin+xnoi;
```

【例 8-8】 用双线性变换法设计切比雪夫 I 型数字带阻滤波器。设计指标：采样频率 $F_s = 3000$ Hz；通带在 $0 \leqslant \omega \leqslant 0.2\pi$ 和 $0.8\pi \leqslant \omega \leqslant \pi$ 范围内，通带最大衰减 $\alpha_p = 2$ dB；阻带在 $0.3\pi \leqslant \omega \leqslant 0.7\pi$ 范围内，阻带最小衰减 $\alpha_s = 25$ dB。

源程序：lab3c1BS.m

```
% 用双线性变换法设计切比雪夫 I 型数字带阻滤波器
Fs=3000;  Ts=1/Fs;  % 采样频率 Fs，采样间隔 Ts

% 给出数字滤波器的设计指标
Rp=2;  Rs=25;  % 通带最大衰减 Rp，阻带最小衰减 Rs
wp=[0.2*pi, 0.8*pi];  % 数字带阻滤波器的两个通带截止角频率[wpl, wpu]
ws=[0.3*pi, 0.7*pi];  % 数字带阻滤波器的两个阻带截止角频率[wsl, wsu]

% 转换为模拟滤波器的设计指标(双线性变换法， Ω=(2/Ts)tan(ω/2))
Omgp=(2/Ts)*tan(wp/2);  Omgs=(2/Ts)*tan(ws/2);
```

```
% 设计模拟滤波器 H(s)
[Nlow, Omg_tmp]=cheb1ord(Omgp, Omgs, Rp, Rs, 's');
[ba, aa]=cheby1(Nlow, Rp, Omg_tmp, 'stop', 's');  % 切比雪夫 I 型，带阻

% 将模拟滤波器 H(s)转换为数字滤波器 H(z)(双线性变换法)
[bd, ad]=bilinear(ba, aa, Fs);
N=length(ad)-1  % H(z)的阶数 N
[Hw, w]=freqz(bd, ad);  % 数字滤波器的频率响应函数 H(ω)
HwdB=20*log10((abs(Hw)+eps)/max(abs(Hw)));  % 幅频特性，dB

% 画滤波器的幅频特性曲线，w 对 π 归一化
subplot(3, 2, 4);  plot(w/pi, HwdB);
title('数字滤波器幅频特性');  xlabel('w×π');  ylabel('20lg|H(w)| / dB');
axis([0, 1, -(Rs+20), 5]);
% 用虚线标注出 fs 处的-Rs 值，用于验证是否满足设计指标
set(gca, 'XTick', ws/pi, 'YTick', -Rs);  grid;
```

8.4　实验 4 用窗函数法设计 FIR 数字滤波器

1. 实验目的

(1) 掌握用窗函数法设计 FIR 数字滤波器的基本原理和设计步骤。

(2) 会根据滤波器的设计指标要求选择合适的窗函数类型及窗长度。

(3) 了解用于 FIR 数字滤波器设计的 MATLAB 语句，并会正确调用它们。

2. 实验原理

1) 线性相位 FIR 数字滤波器

FIR 数字滤波器的系统函数为

$$H(z)=\sum_{n=0}^{N-1}h(n)z^{-n} \tag{8-8}$$

若 FIR 数字滤波器具有线性相位特性，则其单位脉冲响应 $h(n)$ 满足

$$h(n)=\pm h(N-1-n) \tag{8-9}$$

“±”中的“+”号对应于第一类线性相位系统，“-”号对应于第二类线性相位系统。

由于 $h(n)$ 有限长($0\leqslant n\leqslant N-1$)，所以 $H(z)$ 的全部极点在 $z=0$ 处，因果稳定和线性相位特性是 FIR 数字滤波器最突出的优点，使其具有更广泛的实际应用价值。由于 $h(n)$ 的长度为奇数的第一类线性相位系统能够实现低通、高通、带通、带阻滤波器，因此更多地被用作选频滤波器。

2) 常用窗函数

常用的窗函数有矩形窗、三角窗、汉宁窗、海明窗、布莱克曼窗等，MATLAB 中均有相应的语句可以直接调用。

各种窗函数及理想滤波器加窗后的性能指标，如表 8-1 所示。

表 8-1　各种窗函数及理想滤波器加窗后的性能指标

窗函数类型 $w(n)$	窗谱性能指标		加窗后滤波器的性能指标	
	旁瓣峰值幅度/dB	主瓣宽度	过渡带宽度 B_t	阻带最小衰减 α_s /dB
矩形窗 boxcar(N)	13	$4\pi/N$	$1.8\pi/N$	21
三角窗 bartlett(N)	25	$8\pi/N$	$4.2\pi/N$	25
汉宁窗 hanning(N)	31	$8\pi/N$	$6.2\pi/N$	44
海明窗 hamming(N)	41	$8\pi/N$	$6.6\pi/N$	53
布莱克曼窗 blackman(N)	57	$12\pi/N$	$11\pi/N$	74

3) 窗函数法的设计步骤

(1) 确定数字滤波器的设计指标 ω_p、ω_s、α_p、α_s。

(2) 查表 8-1，先根据阻带最小衰减 α_s 选择窗函数类型 $w(n)$，再根据过渡带宽度 $B_t \leqslant |\omega_p - \omega_s|$ 选择窗函数长度 N (取 N 为奇数)。

(3) 给出第一类线性相位理想滤波器的频率响应函数，即

$$H_d(e^{j\omega}) = \begin{cases} e^{-j\omega\tau}, & \text{通带频率范围} \\ 0, & \text{阻带频率范围} \end{cases} \tag{8-10}$$

其中，$\tau = (N-1)/2$，理想低通、高通、带通、带阻滤波器的通带、阻带频率范围见 7.3 节，理想滤波器的截止角频率 $\omega_c = (\omega_p + \omega_s)/2$。

(4) 求出理想滤波器的单位脉冲响应 $h_d(n) = \text{IDTFT}[H_d(e^{j\omega})]$，见 7.3 节。

(5) 将 $h_d(n)$ 加窗截断为 $h(n) = h_d(n)w(n)$。

(6) 计算 $H(e^{j\omega}) = \text{DTFT}[h(n)]$，画出幅频特性曲线 $|H(e^{j\omega})|$，验证是否满足设计指标。

在检验滤波器是否满足设计指标要求时，主要看阻带范围内的衰减是否都在阻带最小衰减 α_s 的下方。如果不满足设计指标要求，需要重复以上各步骤，重新选择窗函数类型 $w(n)$ 或窗长度 N，直到满足设计指标要求为止。

MATLAB 信号处理工具箱中提供的 fir1 语句用于实现窗函数设计法中的第(3)~(5)步。

```
hn=fir1(N-1, wc, 'ftype', windows);
```

属性参数'ftype'用于选择选频滤波器的类型，包括低通、高通、带通、带阻滤波器。设计低通或带通滤波器时省略'ftype'，将'ftype'换成'high'时用来设计高通滤波器，将'ftype'换成'stop'时用来设计带阻滤波器。

3. 实验预习

(1) 认真阅读实验原理与实验例程，明确本次实验的任务与设计步骤。

(2) 读懂实验例程的 MATLAB 语句及注释部分，找出为完成本次实验任务需要修改的语句。

(3) 预习思考题。

① 写出用窗函数法设计 FIR 数字滤波器的设计步骤。

② 分别写出第一类线性相位理想低通、高通、带通、带阻滤波器的频率响应函数

$H_d(e^{j\omega})(-\pi\leqslant\omega\leqslant\pi)$，画出它们的幅频特性曲线$|H_d(e^{j\omega})|(0\leqslant\omega\leqslant\pi)$，并简述对理想滤波器加窗截断后幅频特性曲线形状发生了哪些变化。

③ 简述 IIR 系统与 FIR 系统各自的特点(差分方程、系统函数$H(z)$、单位脉冲响应$h(n)$、网络结构)及其他优缺点。

4. 实验任务

运行例题程序 lab4LP.m，结合实验原理、仿真波形和程序中的注释语句读懂例程，弄明白程序实现的功能。仿照例程编写 MATLAB 程序，完成下列实验任务。

(1) 已知连续信号

$$x(t)=\cos 2\pi f_1 t+\cos 2\pi f_2 t+\cos 2\pi f_3 t$$

其中，$f_1=200$ Hz，$f_2=800$ Hz，$f_3=1600$ Hz。选择合适的窗函数设计以下 FIR 数字滤波器，分别从$x(t)$中提取出频率为f_2、f_3的正弦波。画出输入信号、实际滤波器的单位脉冲响应、滤波后的输出响应三者的时域波形及幅频特性曲线。

① 数字带通滤波器。设计指标：通带在 $600\leqslant f\leqslant 1100$ Hz 范围内，阻带在$f\leqslant 500$ Hz 和$f\geqslant 1200$ Hz 范围内。

② 数字高通滤波器。设计指标：通带截止频率$f_p=1300$ Hz，阻带截止频率$f_s=1150$ Hz。

其他设计指标：采样频率$F_s=6000$ Hz，采样点数$N_x=1024$；通带最大衰减$\alpha_p=3$ dB，阻带最小衰减$\alpha_s=50$ dB。

(2) 选择合适的窗函数设计 FIR 数字低通滤波器，用于从含噪正弦信号 noisignal.m 中提取出淹没在高频噪声中的正弦波，画出输入信号、实际滤波器的单位脉冲响应、滤波后的输出响应三者的时域波形及幅频特性曲线。

设计指标：采样频率$F_s=1000$ Hz，采样点数$N_x=1024$；通带截止频率$f_p=120$ Hz，通带最大衰减$\alpha_p=0.1$ dB；阻带截止频率$f_s=150$ Hz，阻带最小衰减$\alpha_s=60$ dB。

```
% 调用含噪正弦信号 noisignal.m
f0=100;  % 正弦波频率
xn=noisignal(f0, Ts, Nx);
```

注意：noisignal.m 是用户自编的 MATLAB 程序，必须与调用它的主程序在同一个文件夹下。

5. 实验例程

【例 8-9】 已知连续信号

$$x(t)=\cos 2\pi f_1 t+\cos 2\pi f_2 t+\cos 2\pi f_3 t$$

其中，$f_1=200$ Hz，$f_2=800$ Hz，$f_3=1600$ Hz。选择合适的窗函数设计 FIR 数字低通滤波器，用于从$x(t)$中提取出频率为f_1的正弦波。

设计指标：采样频率$F_s=6000$ Hz，采样点数$N_x=1024$；通带截止频率$f_p=400$ Hz，通带最大衰减$\alpha_p=3$ dB；阻带截止频率$f_s=550$ Hz，阻带最小衰减$\alpha_s=50$ dB。

源程序：lab4LP.m

```
% 用窗函数法设计 FIR 数字低通滤波器
% 6.1 节图 6-2，7.4 节图 7-6，不同频率正弦波的分离
```

```
Fs=6000;  Ts=1/Fs;  % 采样频率 Fs，采样间隔 Ts

% 对输入信号 x(t)以 Ts 为间隔进行 N 点等间隔采样
Nx=1024;  % 采样点数 N
n=0:Nx-1;
% 3 个不同频率正弦波的叠加
f1=200;  f2=800;  f3=1600;
xn=cos(2*pi*f1*n*Ts)+cos(2*pi*f2*n*Ts)+cos(2*pi*f3*n*Ts);

% 用 FFT 求 x(n)的 N 点 DFT X(k)，近似逼近 x(t)的频谱 X(f)
Xk=fft(xn, Nx);
T0=Nx*Ts;  %信号记录长度 T0
F0=1/T0;  % 频率分辨率 F0

% 给出数字滤波器的设计指标
Rp=3;  Rs=50;  % 通带最大衰减 Rp，阻带最小衰减 Rs
fp=400;  fs=550;  % 通带截止频率 fp，阻带截止频率 fs(模拟)
% 将模拟频率转换为数字角频率ω=ΩTs=2πfTs
wp=2*pi*fp*Ts;  ws=2*pi*fs*Ts;  % 通带、阻带截止角频率 wp、ws(数字)

% 查表 8-1，由 Rs=50 dB 选择海明窗，过渡带宽度 Bt=6.6π/N
Btw=abs(wp(1)-ws(1));  % 设计指标要求的过渡带宽度 Btw
N_tmp=ceil(6.6*pi/Btw);  % Bt≤Btw，求窗函数 w(n)的长度，向上取整
N=N_tmp+mod(N_tmp+1, 2)  % 确保 w(n)的长度 N 为奇数
windows=hamming(N);  % 海明窗

% 理想数字低通滤波器的截止角频率(对π归一化)
wc=(ws+wp)/2/pi;

% 设计 FIR 滤波器，hn=fir1(N-1, wc, 'ftype', windows)
hn=fir1(N-1, wc, windows);  % 低通
nh=0:N-1;  % h(n)的自变量 n 的取值范围
Hk=fft(hn, Nx);  % 滤波器的频率响应函数 H(k)
HkdB=20*log10((abs(Hk)+eps)/max(abs(Hk)));  % 幅频特性，dB

% 信号通过滤波器后的输出响应
yn=fftfilt(hn, xn);  % 基于 FFT 的重叠相加法计算线性卷积
Yk=fft(yn, Nx);  % y(n)的 DFT Y(k)，近似逼近 y(t)的频谱 Y(f)

% 画 x(t)的时域波形与幅频特性曲线
subplot(3, 2, 1);  plot(n*Ts, xn);
title('输入信号时域波形');  xlabel('t / s');  ylabel('x(t)');
axis([0.5*T0, 0.6*T0, min(xn), max(xn)]);
subplot(3, 2, 2);  plot(n*F0, abs(Xk)/max(abs(Xk)));
title('输入信号幅频特性');  xlabel('f / Hz');  ylabel('|X(f)|');
axis([0, Fs/2, 0, 1.2]);

% 画滤波器的单位脉冲响应 h(n)与幅频特性曲线
subplot(3,2,3);  stem(nh, hn,'.');
xlabel('n');  ylabel('h(n) ');
title('数字滤波器单位脉冲响应');
```

```
axis([0, N, 1.1*min(hn), 1.1*max(hn)]);
subplot(3, 2, 4);  plot(n*F0, HkdB);
title('模拟滤波器幅频特性');  xlabel('f / Hz');  ylabel('20lg|H(f)| / dB');
axis([0, Fs/2, -(Rs+50), 5]);
% 用虚线标注出 fs 处的-Rs 值，用于验证是否满足设计指标
set(gca, 'XTick', fs, 'YTick', -Rs);  grid;

% 画 y(t)的时域波形与幅频特性曲线
subplot(3, 2, 5);  plot(n*Ts, yn);
title('滤波后时域波形'); xlabel('t / s');  ylabel('y(t)');
axis([0.5*T0, 0.6*T0, min(yn), max(yn)]);
subplot(3, 2, 6);  plot(n*F0, abs(Yk)/max(abs(Yk)));
title('滤波后幅频特性');  xlabel('f / Hz');  ylabel('|Y(f)|');
axis([0, Fs/2, 0, 1.2]);
```

附　　录

附录 1　各种类型信号及其傅里叶变换之间的关系

连续周期信号 $\tilde{x}(t)$ 的傅里叶级数(FS)及其反变换(IFS)为

$$X(k)=\mathrm{FS}[\tilde{x}(t)]=\int_{-T_0/2}^{T_0/2}\tilde{x}(t)\mathrm{e}^{-\mathrm{j}\Omega_0 kt}\mathrm{d}t=\int_{-T_0/2}^{T_0/2}\tilde{x}(t)\mathrm{e}^{-\mathrm{j}\frac{2\pi}{T_0}kt}\mathrm{d}t$$

$$\tilde{x}(t)=\mathrm{IFS}[X(k)]=\frac{1}{T_0}\sum_{k=-\infty}^{\infty}X(k)\mathrm{e}^{\mathrm{j}\Omega_0 kt}=\frac{1}{T_0}\sum_{k=-\infty}^{\infty}X(k)\mathrm{e}^{\mathrm{j}\frac{2\pi}{T_0}kt}$$

$\tilde{x}(t)$ 的周期为 T_0，称 $\Omega_0=2\pi/T_0$ 为基波角频率，$k\Omega_0$ 为 k 次谐波角频率。

当 $T_0\to\infty$ 时，$\Omega_0\to 0$，$k\Omega_0\to\Omega$，可得连续非周期信号的傅里叶变换(FT)及其反变换(IFT)为

$$X(\mathrm{j}\Omega)=\mathrm{FT}[x(t)]=\int_{-\infty}^{\infty}x(t)\mathrm{e}^{-\mathrm{j}\Omega t}\mathrm{d}t$$

$$x(t)=\mathrm{IFT}[X(\mathrm{j}\Omega)]=\frac{1}{2\pi}\int_{-\infty}^{\infty}X(\mathrm{j}\Omega)\mathrm{e}^{\mathrm{j}\Omega t}\mathrm{d}\Omega$$

对连续信号 $x(t)$ 以 T_s 为间隔进行等间隔采样，令 $t=nT_\mathrm{s}$、$\Omega T_\mathrm{s}=\omega$，可得离散时间信号(序列)的离散时间傅里叶变换(DTFT)及其反变换(IDTFT)为

$$X(\mathrm{e}^{\mathrm{j}\omega})=\mathrm{DTFT}[x(n)]=\sum_{n=-\infty}^{\infty}x(n)\mathrm{e}^{-\mathrm{j}\omega n}$$

$$x(n)=\mathrm{IDTFT}[X(\mathrm{e}^{\mathrm{j}\omega})]=\frac{1}{2\pi}\int_{-\pi}^{\pi}X(\mathrm{e}^{\mathrm{j}\omega})\mathrm{e}^{\mathrm{j}\omega n}\mathrm{d}\omega$$

$X(\mathrm{e}^{\mathrm{j}\omega})$ 以 2π 为周期。

在频域对 $X(\mathrm{e}^{\mathrm{j}\omega})$ 每 2π 周期等间隔采 N 个点，即令 $\omega=2\pi k/N$，则在时域对 $x(n)$ 以 N 为周期进行周期延拓，可得周期序列的离散傅里叶级数(DFS)及其反变换(IDFS)为

$$\tilde{X}(k)=\mathrm{DFS}[\tilde{x}(n)]=\sum_{n=0}^{N-1}\tilde{x}(n)\mathrm{e}^{-\mathrm{j}\frac{2\pi}{N}kn}\qquad -\infty<k<\infty$$

$$\tilde{x}(n)=\mathrm{IDFS}[\tilde{X}(k)]=\frac{1}{N}\sum_{k=0}^{N-1}\tilde{X}(k)\mathrm{e}^{\mathrm{j}\frac{2\pi}{N}kn}\qquad -\infty<n<\infty$$

$\tilde{X}(k)$ 和 $\tilde{x}(n)$ 均以 N 为周期。

截取 $\tilde{X}(k)$ 与 $\tilde{x}(n)$ 在一个完整周期内的值，可得有限长序列的 N 点离散傅里叶变换(DFT)及其反变换(IDFT)为

$$X(k)=\mathrm{DFT}[x(n)]_N=\sum_{n=0}^{N-1}x(n)\mathrm{e}^{-\mathrm{j}\frac{2\pi}{N}kn}\qquad 0\leqslant k\leqslant N-1$$

$$x(n)=\mathrm{IDFT}[X(k)]_N=\frac{1}{N}\sum_{k=0}^{N-1}X(k)\mathrm{e}^{\mathrm{j}\frac{2\pi}{N}kn}\qquad 0\leqslant n\leqslant N-1$$

$X(k)$ 与 $x(n)$ 暗含着以 N 为周期。

附图 1-1 所示为各种类型的矩形脉冲信号及其傅里叶变换的波形。

(a) 连续周期信号 (连续、周期 T_0) 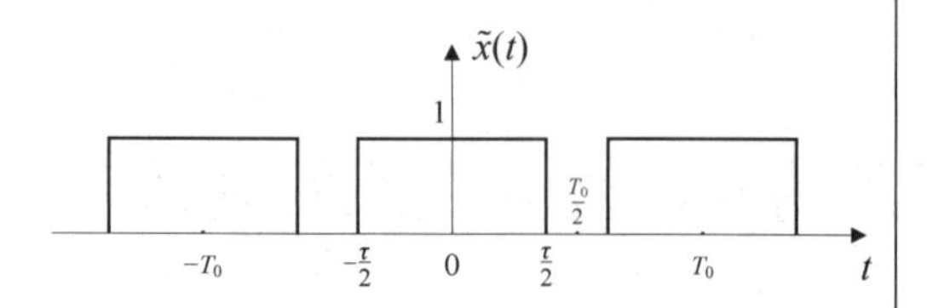 	(b) 傅里叶级数(FS) (非周期、离散) 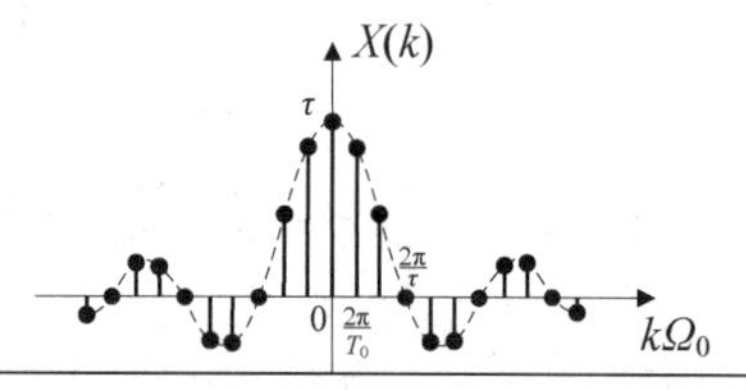
(c) 连续非周期信号 (连续、非周期) 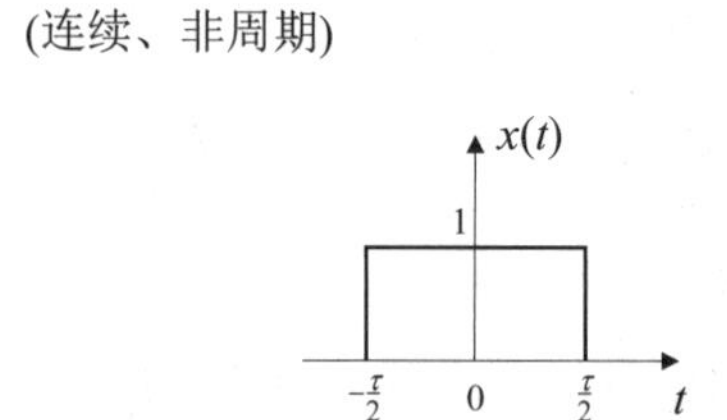 	(d) 傅里叶变换(FT) (非周期、连续) 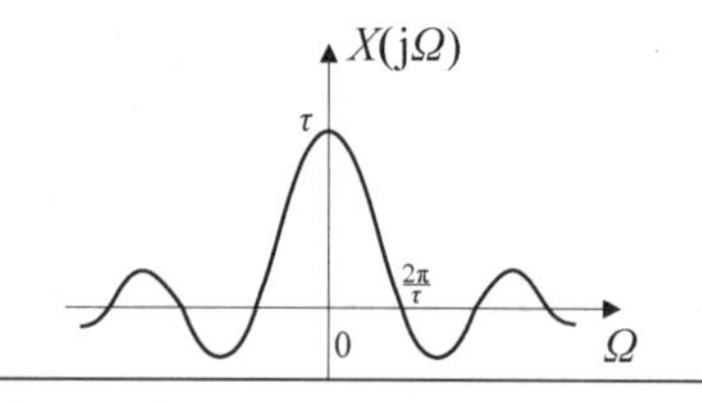
(e) 离散时间信号——序列 (离散、非周期) 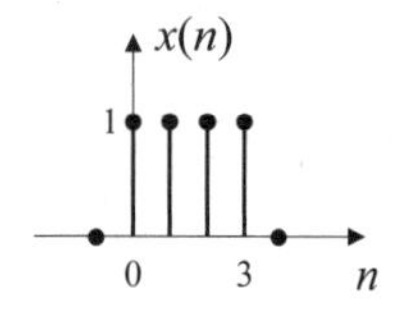 	(f) 离散时间傅里叶变换(DTFT) (周期 2π 、连续) 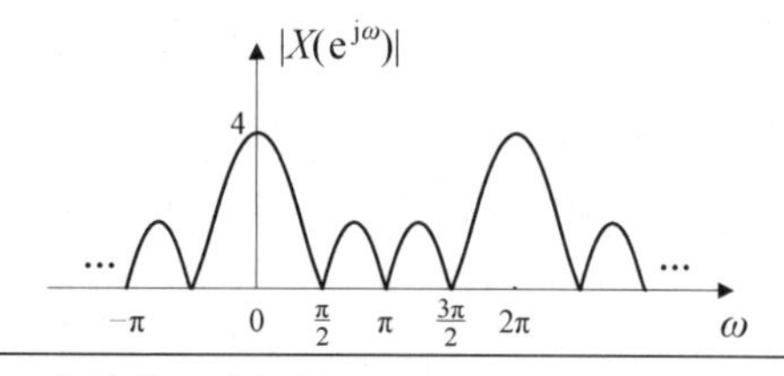
(g) 周期序列 (离散、周期 N) 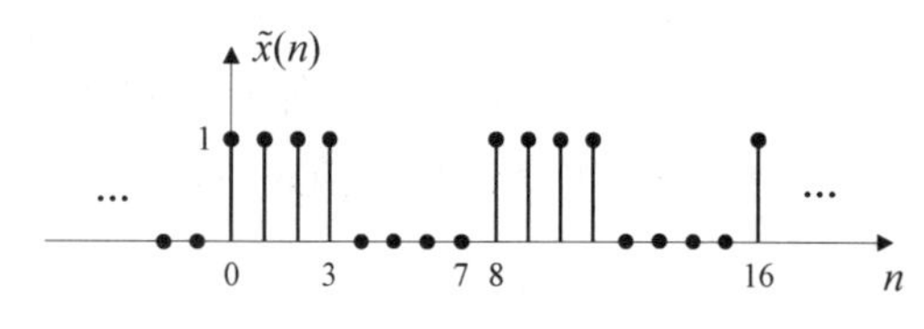 	(h) 离散傅里叶级数(DFS) (周期 N 、离散) 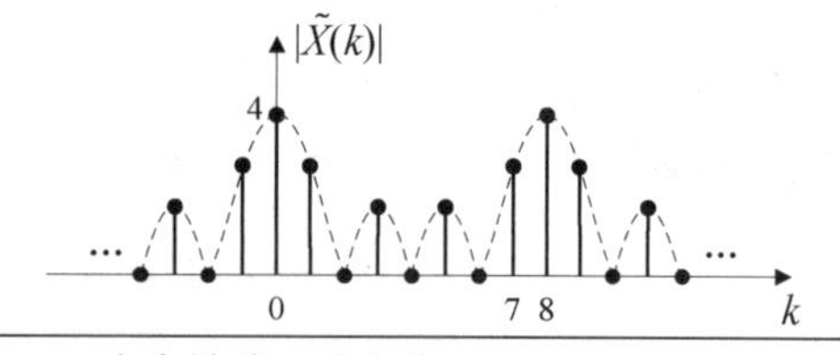
(i) N 点有限长序列 (离散、有限长，暗含着以 N 为周期) 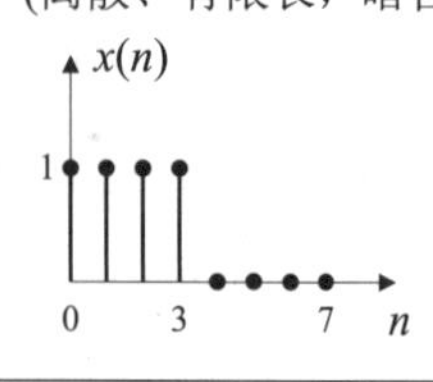 	(j) N 点离散傅里叶变换(DFT) (离散、有限长，暗含着以 N 为周期) 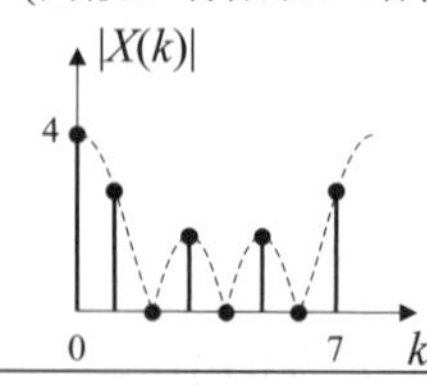

附图 1-1　各种类型矩形脉冲信号及其傅里叶变换波形

附录 2　MATLAB 操作快速入门

双击电脑桌面上的 MATLAB 图标，进入 MATLAB 主界面(MATLAB R2012a 版本)。

1. Open file(打开文件)

单击附图 2-1 所示菜单栏中的 File→Open 或者从工具栏中的 Current Folder(当前文件夹)中搜索，找到 lab11.m 文件所在的文件夹(此例的文件路径为 E:\DSP8_例程)，双击 lab11.m 文件即可打开 MATLAB 程序。如附图 2-2 所示，在此界面录入、修改、保存、运行程序。

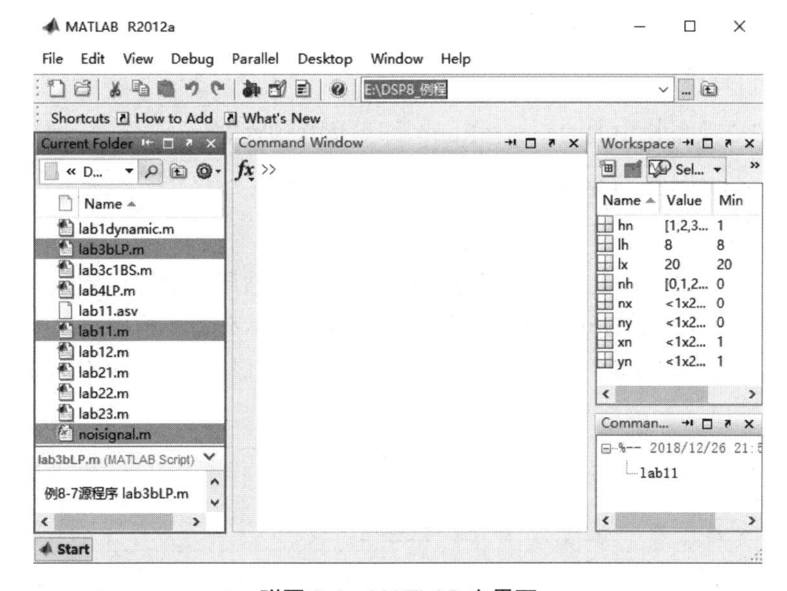

附图 2-1　MATLAB 主界面

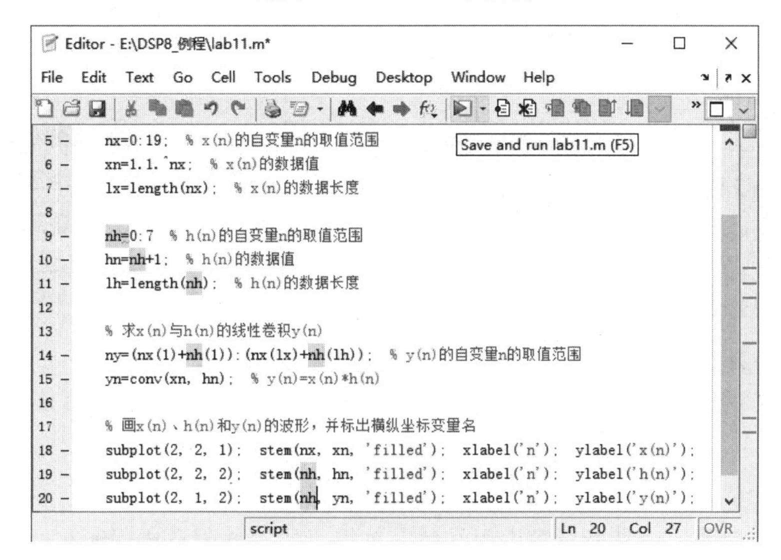

附图 2-2　有问题的 lab11.m 程序

2. Current Folder(当前文件夹)

在附图 2-1 左侧的 Current Folder 中显示的是当前正在运行的文件(lab11.m)所在文件夹(DSP8_例程)中的所有文件，双击其中的.m 文件即可打开相应的 MATLAB 程序。选中其中的.m 文件，将其拖曳到中间的 Command Window(命令窗)中即可直接运行该程序。

用户自编的、被调用的子函数必须与调用它的主程序在同一个文件夹下。例如，在 8.3 节的例 8-7 中，lab3bLP.m 调用了自编的含噪正弦信号 noisignal.m，在附图 2-1 左侧的 Current Folder 中可以看见这两个.m 文件均在“DSP8_例程”文件夹中。

3. Workspace(工作空间)

在附图 2-1 右侧的 Workspace 中存放的是当前运行的程序中所有变量的相关信息，如数据类型、维数、数据值和波形等。

4. Run(运行程序)

单击附图 2-2 菜单栏中的 Debug→Run 即可运行该程序。

5. Command Window(命令窗)

命令窗的主要作用有两个。

(1) 显示指定变量的结果。MATLAB 程序中以分号结尾的语句在后台执行，不在命令窗中显示。当语句末尾不加分号时，相应变量的结果显示在命令窗中。例如，在附图 2-2 第 9 行语句末尾没有加分号，所以程序运行后变量 nh 的值被显示在附图 2-3 的 Command Window 中。

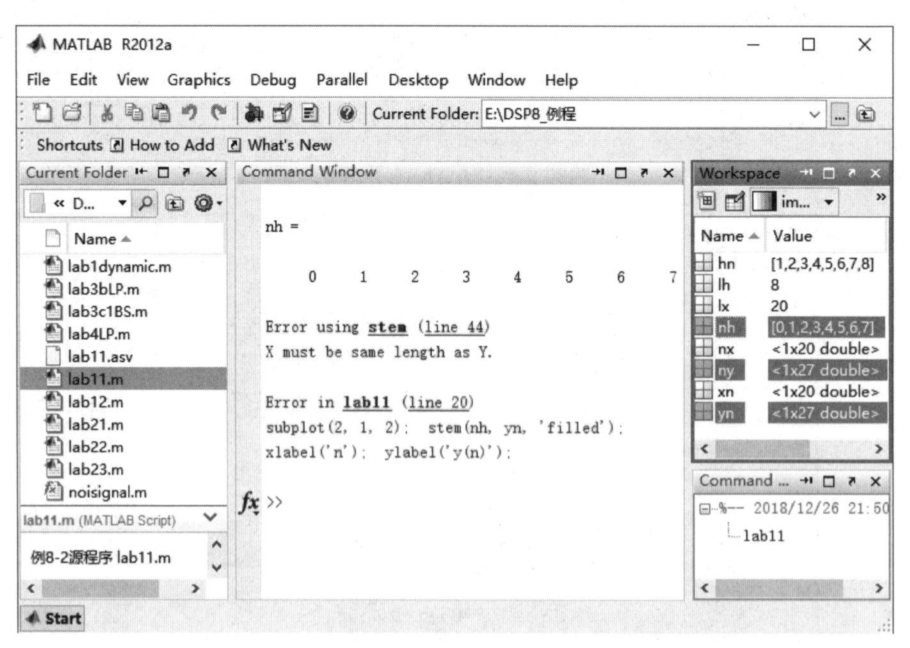

附图 2-3 命令窗显示信息

(2) 编程出错时，会在命令窗中用红色字迹提示错误原因及错误所在位置。例如，在附图 2-3 所示的 Command Window 中指出 lab11.m 文件第 20 行的 stem 语句有错，原因在于 stem 语句中 X 与 Y 的长度必须相等。从附图 2-3 右侧的 Workspace 可以看到 nh 有 8 个数据，yn 有 27 个数据，长度不匹配，原来是把 ny 误录入为 nh 了。单击 Command Window 中的(line 20)，光标可直接指向附图 2-2 的第 20 行。改正错误，重新运行。

当出现附图 2-4 所示的没有完全出图的情况时，也说明程序有错。同样根据命令窗中的错误提示信息修改程序，以显示正确的波形，如附图 2-5 所示。

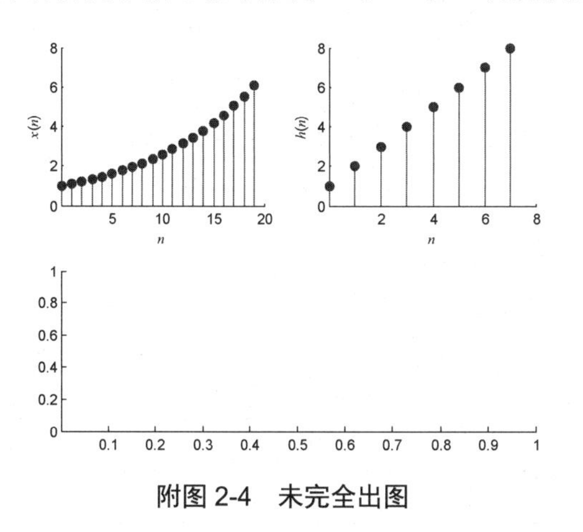

附图 2-4　未完全出图

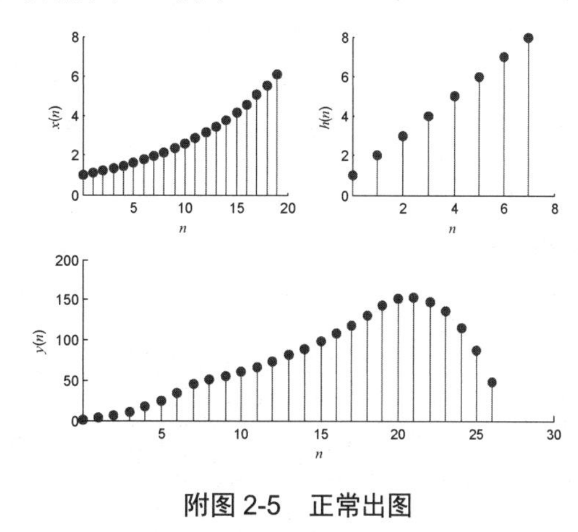

附图 2-5　正常出图

6. MATLAB 文件名的命名规则

(1) 文件名必须以英文字母开头，可由英文字母、数字和下划线组成，不能包含汉字、空格、短横、括号等其他字符。

(2) 文件名不能与程序中被调用的语句同名，即不能与 MATLAB 工具箱中的.m 文件同名。例如，8.3 节例 8-7 中的 butter ( )语句实现的是求巴特沃斯数字滤波器系统函数 $H(z)$ 的系数 a 和 b，是通过直接调用 butter.m 文件实现的，它位于 MATLAB 信号处理工具箱中，因此用户自编的程序不能与它同名。

附录 3　书中主要符号释义

1. 专业术语中英文对照

专业术语	中文释义	英文全称
DFS	(周期序列的)离散傅里叶级数	Discrete Fourier Series
DFT	(有限长序列的)离散傅里叶变换	Discrete Fourier Transform
DIT-FFT	时域抽取 FFT 算法	Decimation-in-time FFT
DIF-FFT	频域抽取 FFT 算法	Decimation-in-frequency FFT
DSP	数字信号处理	Digital Signal Processing
DTFT	(无限长序列的)离散时间傅里叶变换	Discrete Time Fourier Transform
FFT	快速傅里叶变换	Fast Fourier Transform
FIR	有限脉冲响应(系统)	Finite Impulse Response
FS	(连续周期信号的)傅里叶级数	Fourier Series
FT	(连续非周期信号的)傅里叶变换	Fourier Transform
IIR	无限脉冲响应(系统)	Infinite Impulse Response
LTI	线性时不变(系统)	Linear Time Invariant
$\mathrm{Res}[F(z), z_k]$	$F(z)$ 在 z_k 处的留数	Residue
ROC	收敛域	Region of Convergence
$\mathrm{T}[x(n)]$	$x(n)$ 的变换	Transform
ZT	z 变换	z Transform

2. 输入信号与输出响应

符　号	释　义	符　号	释　义
$x(n)$	无限长序列，$-\infty < n < \infty$	$X(\mathrm{e}^{\mathrm{j}\omega})$	无限长序列 $x(n)$ 的 DTFT
$\lvert X(\mathrm{e}^{\mathrm{j}\omega})\rvert$	$X(\mathrm{e}^{\mathrm{j}\omega})$ 的幅频特性	$\arg[X(\mathrm{e}^{\mathrm{j}\omega})]$	$X(\mathrm{e}^{\mathrm{j}\omega})$ 的相频特性
		$X(z)$	$x(n)$ 的 z 变换
$\tilde{x}(n)$	离散周期序列	$\tilde{X}(k)$	$\tilde{x}(n)$ 的 DFS
$x((n))_N$	$x(n)$ 以 N 为周期延拓		
$x(n)$ 或 $x(n)_N$	有限长序列，$0 \leqslant n \leqslant N-1$	$X(k)$	有限长序列 $x(n)$ 的 DFT
$x(t)$	连续非周期信号	$X(\mathrm{j}\Omega)$	$x(t)$ 的 FT
$\hat{x}(t)$	采样信号	$\hat{X}(\mathrm{j}\Omega)$	$\hat{x}(t)$ 的 FT
$\tilde{x}(t)$	连续周期信号	$X(k)$	$\tilde{x}(t)$ 的 FS
$x_{\mathrm{r}}(n)$	$x(n)$ 的实部(real part)	$x_{\mathrm{i}}(n)$	$x(n)$ 的虚部(imaginary part)

续表

符　号	释　义	符　号	释　义
$x_e(n)$	无限长序列 $x(n)$ 的共轭对称分量 实部偶对称(even symmetry)	$x_o(n)$	无限长序列 $x(n)$ 的共轭反对称分量 实部奇对称(odd symmetry)
$x_{ep}(n)$	有限长序列 $x(n)$ 的共轭对称分量	$x_{op}(n)$	有限长序列 $x(n)$ 的共轭反对称分量
$y(n)$	$x(n)$ 与 $h(n)$ 的线性卷积 系统的输出响应	$y_c(n)$	$x(n)$ 与 $h(n)$ 的循环卷积 (circular convolution)

3. 系统

符　号	释　义	符　号	释　义
$h(n)$	离散系统的单位脉冲响应	$H(e^{j\omega})$	离散系统的频率响应函数
$H(z)$	离散系统的系统函数		
$H_g(\omega)$	$H(e^{j\omega})$ 的幅度特性	$\phi(\omega)$	$H(e^{j\omega})$ 的相位特性
$h_d(n)$	理想滤波器的单位脉冲响应	$H_d(e^{j\omega})$ $H_d(k)$	理想滤波器的频率响应函数
$G(p)$	归一化模拟低通滤波器的系统函数，$p=\eta+j\lambda$	$G(j\lambda)$	归一化模拟低通滤波器的频率响应函数
$h(t)$	连续系统的单位冲激响应	$H(j\Omega)$	连续系统的频率响应函数
$H(s)$	连续系统的系统函数，$s=\sigma+j\Omega$	$\|H(j\Omega)\|^2$	$H(j\Omega)$ 的幅度平方函数
$w(n)$	窗函数	$W_R(e^{j\omega})$	$R_N(n)$ 的 DTFT
		$W_{Rg}(\omega)$	$W_R(e^{j\omega})$ 的幅度特性

4. 滤波器参数

符　号	释　义	符　号	释　义
f	模拟频率	ω	数字角频率
Ω	模拟角频率		
α_p	通带(passband)最大衰减	α_s	阻带(stopband)最小衰减
f_p	通带截止频率	f_s	阻带截止频率
Ω_p	通带截止角频率(模拟低通)	Ω_s	阻带截止角频率(模拟低通)
Ω_{ph}	通带截止角频率(模拟高通)	Ω_{sh}	阻带截止角频率(模拟高通)
Ω_{pl}	通带下限(lower limit)截止角频率(模拟带通/带阻)	Ω_{sl}	阻带下限截止角频率(模拟带通/带阻)

续表

符　号	释　义	符　号	释　义
Ω_{pu}	通带上限(upper limit)截止角频率(模拟带通/带阻)	Ω_{su}	阻带上限截止角频率(模拟带通/带阻)
λ_p	归一化模拟低通滤波器的通带截止角频率	λ_s	归一化模拟低通滤波器的阻带截止角频率
B_{pw}	通带宽度(passband width)	B_{sw}	阻带宽度(stopband width)
		B_t	过渡带(transition band)宽度
ω_p	通带截止角频率(数字)	ω_s	阻带截止角频率(数字)
ω_c	理想数字低通或高通滤波器的截止角频率		
ω_{cl}	理想数字带通或带阻滤波器的下限截止角频率	ω_{cu}	理想数字带通或带阻滤波器的上限截止角频率
Ω_{3dB}	3dB 截止角频率(模拟)	Ω_0	几何中心角频率(模拟)

5. 典型信号、谱分析参数

符　号	释　义	符　号	释　义
$\delta(n)$	单位脉冲序列(Dirac)	$\delta(t)$	单位冲激信号
$R_N(n)$	N 点矩形脉冲序列(rectangular pulse)	$p_\delta(t)$	单位冲激串
$u(n)$	单位阶跃序列(unit step)	$u(t)$	单位阶跃信号
T_s	时域采样间隔(sampling interval)	F_s	采样频率
		Ω_s	采样角频率
T_0	信号记录长度 时域连续周期信号的周期	F_0	频率分辨率、频域采样间隔 连续周期信号的基波频率
		Ω_0	连续周期信号的基波角频率
f_c	信号最高频率	Ω_c	信号最高角频率(模拟)

注：个别同一符号在不同章节代表不同的含义。例如，Ω_s在 1.5 节用作采样角频率，在第 6 章用作模拟滤波器的阻带截止角频率。N 在不同章节分别被用作了周期序列的周期、采样点数、系统(滤波器、差分方程)的阶数、$h(n)$ 的长度、窗函数长度、某一确定整数。

参 考 文 献

[1] Alan V. Oppenheim, Ronald W. Schafer. 离散时间信号处理[M]. 2 版. 刘树棠, 黄建国，译. 西安: 西安交通大学出版社, 2001.

[2] John G. Proakis, Dimitris G. Manolakis. 数字信号处理[M]. 4 版. 北京: 电子工业出版社, 2010.

[3] Joyce Van de Vegte. 数字信号处理基础(英文版)[M]. 尹霄丽, 改编. 北京: 电子工业出版社, 2009.

[4] Sanjit K Mitra. 数字信号处理——基于计算机的方法(英文版)[M]. 3 版. 北京: 清华大学出版社, 2006.

[5] Simon Haykin, Barry Van Veen.信号与系统[M]. 2 版. 林秩盛, 黄元福, 林宁，等译. 北京: 电子工业出版社, 2006.

[6] 陈后金. 数字信号处理[M]. 2 版. 北京: 高等教育出版社, 2008.

[7] 程佩青. 数字信号处理教程[M]. 3 版. 北京: 清华大学出版社, 2007.

[8] 高西全, 丁玉美. 数字信号处理[M]. 3 版. 西安: 西安电子科技大学出版社, 2008.

[9] 李亚峻, 李红, 何静, 等. 用矩阵方程法求解循环卷积的改进算法[J]. 大学数学, 2014, 30(1): 28-32.

[10] 李亚峻, 史兴荣, 李毅. 傅里叶变换在信号处理中的优越性[J]. 数学学习与研究, 2012, (13), 120-121.

[11] 刘舒帆, 费诺, 陆辉. 数字信号处理实验(MATLAB 版)[M]. 西安: 西安电子科技大学出版社, 2008.

[12] 彭启琮. DSP 技术的发展与应用[M]. 2 版. 北京: 高等教育出版社, 2007.

[13] 同济大学数学系. 高等数学[M]. 2 版. 北京: 高等教育出版社, 2007.

[14] 王华奎. 数字信号处理及应用[M]. 2 版. 北京: 高等教育出版社, 2009.

[15] 吴镇扬. 数字信号处理[M]. 北京: 高等教育出版社, 2004.

[16] 郑君里, 应启珩, 杨为理. 信号与系统[M]. 2 版. 北京: 高等教育出版社, 2004.

[17] 周正中, 郑吉富. 复变函数与积分变换[M]. 北京: 高等教育出版社, 2005.